N

1:60000

皇岗山景区

东风景区

莲花山景区

公园入口

稔菇山景区

图 例

森林公园边界

# 韶关国家森林公园

# 植物

黄章平　丘英华◎主编

中国林业出版社

图书在版编目（CIP）数据

韶关国家森林公园植物 / 黄章平，丘英华主编 —
北京 :中国林业出版社, 2019.7
ISBN 978-7-5219-0150-4

Ⅰ. ①韶… Ⅱ. ①黄… ②丘… Ⅲ. ①国家公园—
森林公园—植物—介绍—韶关 Ⅳ. ①Q948.526.53

中国版本图书馆CIP数据核字（2019）第131745号

中国林业出版社·自然保护分社／国家公园分社
策划编辑：肖　静
责任编辑：肖　静　何游云
校　　对：刘清帅

| | | |
|---|---|---|
| 出版发行 | 中国林业出版社（100009 | 北京市西城区德内大街刘海胡同7号） |
| | http://lycb.forestry.gov.cn | 电话：（010）83143577　83143574 |
| 印　　刷 | 北京中科印刷有限公司 | |
| 版　　次 | 2019年7月第1版 | |
| 印　　次 | 2019年7月第1次 | |
| 开　　本 | 889mm×1194mm　1/16 | |
| 印　　张 | 34 | |
| 字　　数 | 650千字 | |
| 定　　价 | 400.00元 | |

# 编写委员会

主　　编：黄章平　丘英华
副 主 编：邱智雄　张朝斌
编　　委：孔华清　吴林芳　何永佳　张新明
　　　　　张振能　梁广海　邱丽平　李耀苋
　　　　　陈伦鹏　王　伟　潘　超　邱细华

植物摄影：叶华谷　吴林芳　黄萧洒　钟智明
　　　　　李玉峰　李　成　蒋　蕾　莫祥怀
　　　　　陈接磷

# 序 F O R E W O R D

　　欣闻《韶关国家森林公园植物》一书付梓在即，倍感振奋，欣然提笔为序。

　　森林是陆地生态系统的主体，是人类赖以生存和发展的物质基础。森林公园是以大面积人工林或天然林为主体建设的公园，建立森林公园的目的是保护其范围内的一切自然环境和自然资源，并为人们游憩、疗养、避暑、文化娱乐和科学研究提供良好的环境。

　　韶关国家森林公园是在原韶关林场基础上，于1993年经林业部批准建立的。其森林主体多为各种人工林，但经多年改造和自然演替，目前许多林分已成人工针阔混交林或阔叶混交林状态。为体现园区生物多样性管护成效，全面摸清园内植物资源现状，韶关国家森林公园管理处自筹资金对区内植物资源进行了较全面的调查。

　　项目组利用一年多时间，栉风沐雨、翻山越岭寻找园区每一处默默无闻的植物身影，通过标本制作和科学鉴定，最终促成了《韶关国家森林公园植物》的问世。该书不仅是韶关国家森林公园良好生态环境的体现，更彰显了韶关林业人奋发有为、锐意进取的工作作风，也是践行"绿水青山就是金山银山"生态文明建设思想和全面推进"绿美南粤"工作的具体举措。

韶关市林业局局长　郭少雄

2019年1月

韶关国家森林公园位于广东省韶关市南郊，公园中心区经纬度为113°E、24°N，总面积4388hm²。其所在区域地形为低山丘陵，土壤类型主要为山地红壤，在区域内分布有森林、湖泊、溪流、石山、洞穴等各种自然景观，间有喀斯特地貌类型的石山。公园所处区域为亚热带山地季风气候，年平均气温20.2℃，年平均降水量1600mm，集中降雨期为4~6月，无霜期较长。公园海拔范围为60~494.8m，其中，最高峰为皇岗山峰，海拔494.8m。其植被类型以常绿阔叶林及针阔混交林为主，针叶林多为人工林，竹林及喀斯特灌丛面积较小。该区是亚热带常绿阔叶林保存较为完整的林区之一，区内生物多样性高，同时也是珍稀野生动植物基因库。

韶关国家森林公园管理处成立以来，进行了《韶关国家森林公园总体规划》的修编（2006年），在本规划期内加强了对本森林公园的管理，园内森林质量显著提高，森林环境明显改善，植物物种明显增加。为了准确掌握区域内植物多样性资源状况，促进保护区的保护、管理和科研、科普事业的发展，韶关国家森林公园管理处立项由广州林芳生态科技有限公司进行"韶关国家森林公园植物调查及物种多样性数据库建设"的相关工作。

2017年5~12月，项目组成员对韶关国家森林公园采用野外全面踏查和重点调查相结合的方法，选取路线进行全面调查，重点调查韶关国家森林公园山沟、山谷、水旁等物种较为集中的区域。随后，参考了《中国植物志》《Flora of China》《广东植物志》《广东植物图鉴》《南岭植物名录》等植物学专著，并查阅了中国科学院华南植物园标本馆的馆藏标本。在此基础上，项目组成员花费大量时间进行标本和照片的鉴定与整理，最终集结成《韶关国家森林公园植物》。

本书共收录韶关国家森林公园内的维管束植物162科499属822种（包括种下等级）。其中，蕨类植物22科33属55种；裸子植物7科9属12种；被子植物133科457属755种。

本书科的系统排序依次为：蕨类植物按照秦仁昌系统（1978年），裸子植物按照郑万钧系统（1978年），被子植物按照哈钦松系统。属、种按照拉丁学名首字母顺序排列。书中文字部分包括科、属、种的描述；绝大部分物种都配有图片展示；栽培植物用"*"在名字前进行标注。

本书在编写和出版过程中，得到韶关市林业局、韶关国家森林公园管理处、中国科学院华南植物园、广州林芳生态科技有限公司等单位的支持和帮助。谨向在本书调查及编写过程中做出贡献的单位和个人表示衷心的感谢。

本书的出版将为我国亚热带地区植物学研究、生物多样性保护与植物资源可持续利用提供基础资料，并供植物学、林学、生态学研究人员，大专院校、科研机构、植物保护组织工作人员，以及植物爱好者参考。由于水平所限，时间仓促，疏漏和错误之处在所难免，恳请读者、专家和朋友们提出宝贵意见和建议。

编者

2018年12月

# 目 录

C O N T E N T S

# 目 录

CONTENTS

# 蕨类植物门

PTERIDOPHYTA

# P3 石松科 Lycopodiaceae

多年生土生蕨类。主茎长而匍匐，发出直立或斜升的侧枝，常为不等位的二歧分枝。叶二型或三型，常为线形或钻形，螺旋状排列或轮生；罕一型，钻形而螺旋状排列。孢子囊穗顶生，圆柱形，或柔荑花序状而生于总柄上；孢子囊无柄，单生于叶腋，肾形；孢子球状四面体形。

## 灯笼草属 | **Palhinhaea** Franco et Vasc. ex Vasc. et Franco |

中型陆生蕨类。主茎直立，侧枝平伸，一至多回二叉分枝，基部侧枝常着地生根，形成新株。小枝密，有纵棱。叶钻形，螺旋状排列。孢子囊穗单生于小枝顶端，卵状长圆形；孢子叶卵状菱形，边缘具睫状齿；孢子囊生于孢子叶腋，黄色。

### 垂穗石松（灯笼石松、铺地蜈蚣）**Palhinhaea cernua** (L.) A. Franco et Vasc.

多年生草本。须根白色。主茎直立，基部有次生匍匐茎，长30~50cm，侧枝多回不等位二叉分枝，有毛。叶稀疏，螺旋状排列，常向下弯弓；分枝上的叶密生，条状钻形，长2~3mm。孢子囊穗单生于小枝顶端，长8~20 mm，淡黄色；孢子叶覆瓦状排列，卵状菱形；孢子囊圆肾形，生于叶腋。

# P4 卷柏科 Selaginellaceae

中小型草本。主茎直立或匍匐后直立，纤细，节上常生不定根。叶一型或二型，单叶，细小，草质，无柄；不育叶二型，罕一型，二型叶互生而呈4行排列，一型叶常呈直角交叉的4行；能育叶螺旋状排列，紧密，在小枝顶端聚生成穗状。囊穗四棱形或扁圆形，生于小枝顶端；孢子囊异型，单生于孢子叶腋。

## 卷柏属 | Selaginella P. Beauv. |

属的特征与科相同。

### 1. 深绿卷柏 Selaginella doederleinii Hieron.

多年生常绿草本。高约40cm。主茎倾斜或直立，常在分枝处生不定根，侧枝密集，多次分枝。侧生叶大而阔，近平展，在茎上近连接，但在小枝上呈覆瓦状；中间的较小，贴生于茎、枝上，互相毗连。孢子囊穗双生于枝顶，四棱形；孢子囊二型，单生于能育叶内。

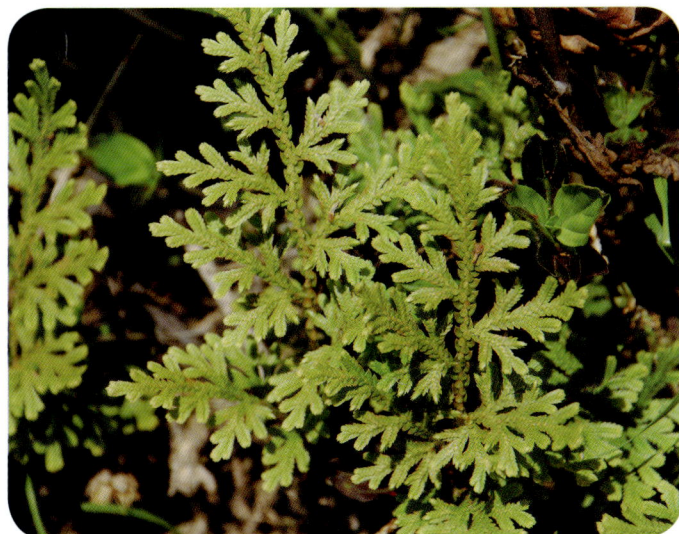

### 2. 江南卷柏 Selaginella moellendorffii Hieron.

草本。高达40cm。主茎直立，中上部羽状分枝，复叶状。卵状三角形，疏生；枝生不育叶二型；能育叶一型，阔卵形，具小齿及膜质狭边，龙骨状。孢子穗单生于小枝顶端。

# P6 木贼科 Equisetaceae

土生草本，稀湿生或浅水生。根茎长而横行，黑色，分枝，有节，节上生根，被绒毛。地上枝直立，圆柱形，绿色，有节，中空有腔，表皮常有矽质小瘤，单生或在节上有轮生的分枝；节间有纵行的脊和沟。不育叶退化成鳞片状，节上轮生，基部合生成筒状鞘筒，前段分裂呈鞘齿；能育叶轮生，盾状，下部悬密着生5~10个孢子囊，组成顶生圆柱状囊穗。

## 木贼属 | Equisetum L. |

属的特征与科相同。

### 1. 节节草 Equisetum ramosissimum Desf.

多年生草本。高70 cm。根茎黑褐色，生少数黄色须根。茎直立，单生或丛生。叶轮生，退化连接成筒状鞘，似漏斗状，具棱；鞘口随棱纹分裂成长尖三角形的裂齿，齿短，外面中心部分及基部黑褐色。孢子囊穗紧密，矩圆形，无柄。

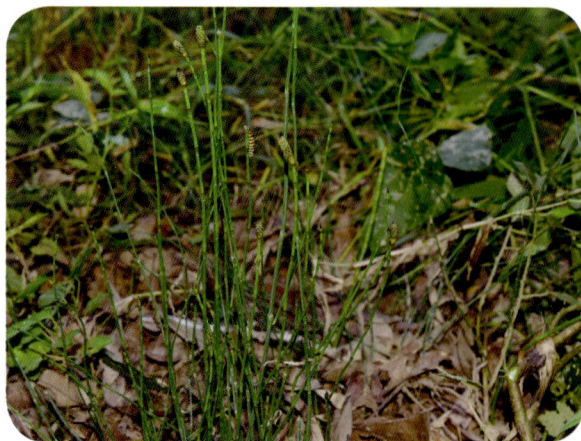

### 2. 笔管草 Equisetum ramosissimum subsp. **debile** (Roxb. ex Vaucher) Hauke

多年生草本。高达120cm。茎单生或簇生，上部分枝，主枝有脊10~20条，茎基被棕色的残鞘。基生叶基部鞘状扩大，抱茎；鞘筒短，有狭三角形的鞘齿10~22枚；叶退化。孢子囊穗短棒状，长1~2.5cm。

## P13 紫萁科 Osmundaceae

　　多年生草本。植株无鳞片，也无真正的毛，仅有黏质腺状长绒毛，老则脱落。叶二型或同一叶片的羽片为二型；叶脉分离，二叉分歧。孢子囊大，圆球形，裸露，着生于强度收缩变质的孢子叶的羽片边缘，孢子囊有不发育的环带；孢子为球状四面体形。

### 紫萁属 | Osmunda L. |

　　属的特征与科相同。

**华南紫萁 Osmunda vachellii Hook.**

　　多年生草本。植株高达1m。根状茎直立，粗肥，成圆柱状的主轴。叶簇生于顶部，叶片长圆形，一型，但羽片为二型，一回羽状；下部羽片通常能育，生孢子囊羽片紧缩为线形，中肋两侧密生孢子囊穗，深棕色。

# P15 里白科 Gleicheniaceae

陆生蕨类。根状茎长而横走。叶一型，有柄，纸质至近革质；叶片一回羽状，或因顶芽不发育；主轴一至多回二叉分枝或假二叉分枝，分枝处具休眠芽，有时有一对篦齿状的托叶；顶生羽片为一至二回羽状；末回裂片或小羽片线形。孢子囊群小而圆，无盖，由2~6枚无柄孢子囊组成，生于叶背，常1行列于主脉和叶边之间。

## ① 芒萁属 | Dicranopteris Bernh. |

草本。根状茎细长而横走，分枝，密被红棕色长毛。叶远生，无限生长，纸质到近革质，下面通常为灰白色；主轴常多回二叉或假二叉分枝，末回主轴顶端有一对不大的一回羽状叶片；主轴分叉处常有一对篦齿状托叶及休眠芽；末回一对羽片二叉状，羽状深裂，无柄，裂片篦齿状排列，平展，线形或线状披针形，全缘。孢子囊群圆形，无盖，常由6~10枚无柄的孢子囊组成，生于叶背，在中脉与叶边间排成1列。

**芒萁 Dicranopteris pedata** (Houtt.) Nakaike [**D. dichotoma** (Thunb. ) Bernh.]

多年生草本。高可达120cm。根状茎横走，密被暗锈色长毛。叶远生，柄长24~56cm，棕禾秆色，光滑；叶轴分叉较少，一至三回，各回分叉处有一对托叶状的羽片；末回羽片长16~23.5cm，裂片长1.5~2.9cm，宽3~4mm，全缘，纸质，下面灰白色，侧脉在两面隆起。孢子囊群圆形，沿羽片下面中脉两侧各1列。

## ② 里白属 ｜ **Diplopterygium** (Diels) Nakai ｜

草本。根状茎粗长而横走，分枝，密被披针形红棕色鳞片。叶远生，厚纸质，有长柄；主轴粗壮，单一，不为二叉分枝，仅顶芽一次或多次生出一对二叉的大二回羽状羽片；分叉点具一休眠芽，密被厚鳞片，不具篦齿状托叶；顶生羽片长过1m，二回羽状，叶柄多少被鳞片，叶脉一次分叉。孢子囊群小，圆形，无盖，由2~4枚无柄的孢子囊组成，在叶背以1列生于中脉和叶边中间。

### 1. 中华里白 **Diplopterygium chinensis** (Ros.) De Vol

多年生草本。高约3m。根状茎横走，密被棕色鳞片。叶片巨大，坚纸质，二回羽状；叶柄深棕色，密被红棕鳞片，后几变光滑；羽片长约1m，小羽片互生，多数，几无柄，长14~18cm，宽2.4cm，披针形，裂片互生，全缘，先端钝而不凹，侧脉在两面凸起，明显。孢子囊群圆形，1列，位于中脉和叶缘之间。

### 2. 光里白 **Diplopterygium laevissimum** (Christ) Nakai

多年生草本。植株高约1.5m。叶柄除基部有鳞片外，其余光洁无毛；顶芽密披棕色卵形鳞片，苞片二回羽状细裂；小羽片斜向上，狭披针形；叶坚纸质，上面绿色，下面灰绿色。孢子囊群圆形，在中脉两侧各排成1列。

# P17 海金沙科 Lygodiaceae

陆生攀缘植物。根状茎长而横走，有毛而无鳞片。叶轴无限生长，细长，常攀缘达数米；羽片对生于叶轴的短距上；一至二回掌状或羽状复叶，近二型；不育羽片常生于叶轴下部，能育羽片位于上部；叶脉通常分离，少为疏网状；能育羽片边缘生流苏状孢子囊穗，由2行并生的孢子囊组成。孢子囊生于小脉顶端，梨形。

## 海金沙属 | **Lygodium** Sw. |

属的特征与科相同。

### 1. 曲轴海金沙 **Lygodium flexuosum** (L.) Sw.

草质藤本。攀缘高可达7m。叶草质，下面光滑，三回羽状；羽片多数，对生于叶轴短距上；末回裂片1~3对，有短柄或无柄，无关节，具细齿，基部一对三角状卵形或阔披针形；不育羽片和能育羽片为一型，裂片宽1~3cm，能育叶羽状。孢子囊穗长3~9mm，线形，棕褐色，无毛，生于小羽片顶端的孢子囊不育。

## 2. **海金沙 Lygodium japonicum** (Thunb.) Sw.

草质藤本。攀缘高1~4m。叶纸质，二回羽状；羽片多数，对生于叶轴短距上，二型；不育叶末回羽片3裂，裂片短而阔，中央裂片长约3cm，宽约6mm；不育叶与能育叶略为二型，羽片基部3~5裂，裂片宽4~6mm，末回裂片基部或小羽柄基部无关节；能育叶羽状。孢子囊穗长超过小羽片的中央不育部分，排列稀疏，暗褐色，无毛。

## 3. **小叶海金沙 Lygodium scandens** (L. ) Sw.

草质藤本。攀缘高可达7m。叶轴纤细如铜丝；叶薄草质，两面光滑，二回奇数羽状；羽片对生于叶轴的短距上，顶端密生红棕色毛；小羽片4对，互生，柄端有关节；能育叶羽状。孢子囊穗排列于叶缘，到达先端，5~8对，线形，黄褐色，光滑。

## P19 蚌壳蕨科 Dicksoniaceae

树形蕨类。主干粗大而高耸或短而平卧，密被垫状长柔毛茸，顶端生出冠状叶丛。叶有粗健的长柄；叶片大型，长、宽能达数米，三至四回羽状复叶，一型或二型，革质；叶脉分离。孢子囊群边缘着生，顶生于叶脉顶端，囊群盖形如蚌壳；孢子囊梨形，有柄，环带稍斜生，完整，侧裂。

### 金毛狗属 | Cibotium Kaulf. |

草本。根状茎粗壮，木质，平卧或偶上升，密被柔软锈黄色长毛茸，形如金毛狗头。叶同型，有粗长的柄；叶片大，广卵形，多回羽状分裂；末回裂片线形，有锯齿，叶脉分离。孢子囊群着生于叶边，顶生于小脉上，囊群盖两瓣状，形如蚌壳；孢子囊梨形，有长柄，侧裂。

**金毛狗 Cibotium barometz (L. ) J. Sm.**

大型草本。根状茎横卧，粗大，顶端生出一丛大叶，棕褐色，基部被有一大丛垫状的金黄色茸毛。叶片大，革质，长、宽达180cm，三回羽状分裂；末回裂片线形略呈镰刀形，边缘具浅齿；叶脉在两面隆起，斜出，单一，但在不育羽片为二叉。孢子囊群生于叶边，顶生于小脉；囊群盖如蚌壳，露出孢子囊群。

# P20 桫椤科 Cyatheaceae

陆生蕨类植物。通常为树状、乔木状或灌木状，通常不分枝。叶大型，多数，簇生于茎干顶端，成对称的树冠；叶脉通常分离，单一或分叉。孢子囊群圆形，生于隆起的囊托上，生于小脉背上；孢子囊卵形，具细柄和完整而斜生的环带。

## 桫椤属 ｜ **Alsophila** R. Br. ｜

乔木状或灌木状。叶大型，叶柄平滑或有刺及疣突，通常乌木色、深禾秆色或红棕色，基部的鳞片坚硬，中部棕色或黑棕色，边缘特化成淡棕色窄边，易被擦落而呈啮蚀状；叶下面绿色或灰绿色；叶片一回羽状至多回羽裂，裂片侧脉通常一或二叉。孢子囊群圆形，背生于叶脉上，囊托凸出，囊群盖有或无。

### 桫椤 **Alsophila spinulosa** (Wall. ex Hook.) R. M. Tryon

乔木状蕨类。高可达8m。大型叶螺旋状排列于茎顶端；叶柄长30~50cm，通常棕色或上面较淡，连同叶轴和羽轴有刺状凸起；叶片大，纸质，三回羽状深裂；小羽片主脉及裂片中脉上面被硬毛，背面无毛。孢子囊群生于侧脉分叉处，靠近中脉；囊群盖包裹整个孢子囊群，成熟后开裂反折向中脉。

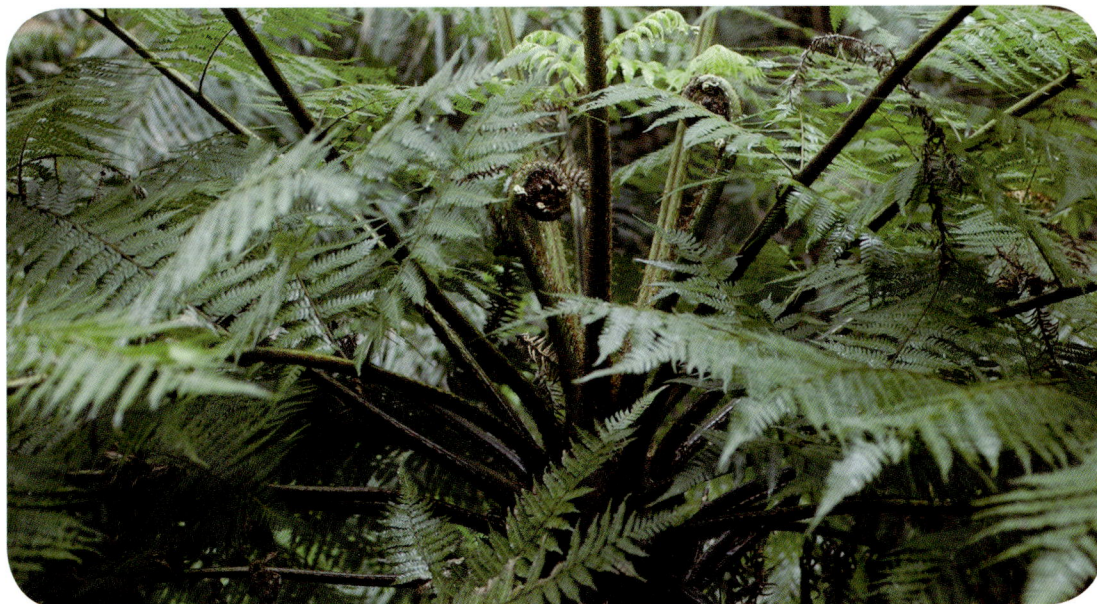

# P22 碗蕨科 Dennstaedtiaceae

陆生中型直立或少为蔓性草本。根状茎横走，被灰白色刚毛。叶同型，草质或厚纸质，有粗糙感；叶柄基部不以关节着生，叶片一至四回羽状细裂；叶轴上面有一纵沟；叶脉分离，羽状分枝。孢子囊群圆形，小，在叶缘或近叶缘顶生于一条小脉上，囊托不融合；囊群盖碗状着生于叶缘，或为向下反折的锯齿状和半杯状；孢子囊梨形，环带直立。

## 鳞盖蕨属 | Microlepia Presl |

陆生中型草本。根状茎横走，被淡灰色刚毛。叶中等大小至大型；叶柄基部不以关节着生，有毛，上面有纵的浅沟；叶片从长圆形至长圆状卵形，一至四回羽状复叶；小羽片或裂片偏斜；叶脉分离，羽状分枝。孢子囊群圆形，边内着生于小脉顶端，常接近裂片间的缺刻；囊群盖为半杯形或肾圆形；囊托短；孢子囊环带直立。

### 1. 华南鳞盖蕨 Microlepia hancei Prantl

中型草本。根状茎横走，密被灰棕色透明节状长茸毛。叶远生，草质，中脉上面有毛；三至四回羽状，羽片卵状披针形，一回小羽片渐头尖，末回小羽片长2~3cm，宽1cm，不具粗齿。孢子囊群圆形，生于小裂片基部上侧近缺刻处；囊群盖近肾形，仅以基部着生，膜质，灰棕色，偶有毛。

### 2. 边缘鳞盖蕨 Microlepia marginata (Houtt.) C. Chr.

中型草本。高约60cm。根状茎长而横走，密被锈色长柔毛。叶远生；叶柄长20~30cm，粗1.5~2mm，深禾秆色，上面有纵沟；羽片20~25对，上部互生，接近，平展，有短柄；侧脉明显，在裂片上为羽状，2~3对；叶纸质，干后绿色，叶下面灰绿色；叶轴密被锈色开展的硬毛，在叶下面各脉及囊群盖上较稀疏。孢子囊群圆形，每小裂片上1~6枚，向边缘着生；囊群盖杯形，上边截形，棕色，坚实，多少被短硬毛，距叶缘较远。

# P23 鳞始蕨科 Lindsaeaceae

陆生草本，稀附生。根状茎短而横走，或长而蔓生，有鳞片。叶一型，有柄，与根状茎之间不以关节相连，羽状分裂，稀二型，草质，光滑；叶脉分离，或少有为稀疏的网状。孢子囊群为叶缘生的汇生囊群，着生在2至多条细脉的结合线上，或单独生于脉顶，有盖，稀无盖；囊群盖为2层，里层为膜质，外层即为绿色叶边；孢子囊为水龙骨型，柄长而细。

## ① 鳞始蕨属 | Lindsaea Dry. |

中型陆生或附生草本。根状茎横走，被钻状狭鳞片。叶近生或远生；叶柄基部不具关节；叶为一回或二回羽状，羽片或小羽片为对开式，或扇形，主脉常靠近下缘；叶脉分离，稀连接。孢子囊群沿上缘及外缘着生，连接2至多条细脉顶端而为线形，稀圆形顶生于脉端；囊群盖线形、横长圆形或圆形，向叶边开口；孢子囊有细柄，环带直立。

### 1. 剑叶鳞始蕨 Lindsaea ensifolia Sw.

草本。植株高约40cm。根状茎密被褐色鳞片。叶近生；柄长6~20cm，具4棱；叶片椭圆形，奇数一回羽状；羽片4~5对，斜展，有短柄，线状披针形，长6~13cm，宽1~2cm；不育羽片有锯齿，顶生羽片分离。孢子囊群线形。

### 2. 团叶鳞始蕨 Lindsaea orbiculata (Lam.) Mett.

草本。高可达30cm。根状茎短，横走，先端密被红棕色狭小鳞片。叶近生，草质；叶柄长5~11cm，栗色，光滑；一回羽状，或下部常二回羽状；下部羽片对生而远离，中上部羽片互生而接近，具短柄，对开式，近圆形或肾圆形；能育叶具圆齿，不育叶具尖齿。孢子囊群长线形，或偶中断；囊群盖线形，棕色，膜质。

## ② 乌蕨属 | **Odontosoria** Fée |

附生草本。根状茎短而横走，密被深褐色钻形鳞片。叶近生，光滑，三至五回羽状；末回小羽片楔形或线形，无主脉；叶脉分离。孢子囊群圆形，近叶缘着生，顶生脉端；囊群盖卵形，以基部及两侧的下部着生，向叶缘开口，通常不达于叶的边缘；孢子囊具细柄，环带宽。

### 乌蕨 Odontosoria chinensis (L.) J. Sm.

附生草本。高达65cm。根状茎短而横走，粗壮，密被赤褐色的钻状鳞片。叶近生；叶柄长达25cm，略粗，禾秆色至褐禾秆色，光滑；叶片披针形，草质，四回羽状；末回裂片近线形，顶端截形，宽约1mm。孢子囊群边缘着生，每裂片上1枚或2枚，顶生1~2条细脉上；囊群盖灰棕色，半杯形，宿存。

## P26 蕨科 Pteridiaceae

陆生中型或大型蕨类。根状茎长而横走，密被锈黄色或栗色的有节长柔毛，不具鳞片。叶一型，远生，具长柄；叶片大，三回羽状，革质或纸质，上面无毛，下面多少被柔毛；叶脉分离。孢子囊群线形，沿叶缘生于连接小脉顶端的一条边脉上；囊群盖双层，外层为假盖，线形，宿存，内层为真盖，薄，不明显。

### 蕨属 | Pteridium Scopoli |

陆生粗壮草本。根状茎粗长而横走，密被浅锈黄色柔毛，无鳞片。叶远生，革质或纸质，上面无毛，下面多少被毛，有长柄；叶片大，三回羽状；叶轴通直不曲折；羽片近对生或互生，有柄；叶脉分离。孢子囊群沿叶边成线形分布，无隔丝；囊群盖双层，外层为假盖，内层为真盖；孢子囊有长柄；孢子四面体形。

### 蕨（如意菜）Pteridium aquilinum var. latiusculum (Desv.) Underw. ex Heller

中型草本。高可达1m。根状茎长而横走，密被锈黄色柔毛，以后逐渐脱落。叶远生，近革质，上面无毛，下面裂片主脉多少被毛；叶柄长20~80cm，光滑；叶片三回羽状，末回全缘裂片阔披针形至长圆形，彼此接近，各回羽轴上面均有深纵沟1条，沟内无毛。孢子囊群沿叶边成线形分布，无隔丝；孢子四面体形。

# P27 凤尾蕨科 Pteridaceae

陆生草本。根状茎长而横走，或短而直立或斜升，密被狭长而质厚的鳞片。叶一型，少为二型或近二型，有柄；草质、纸质或革质，光滑，罕被毛；叶脉分离或罕为网状。孢子囊群线形，沿叶缘生于连接小脉顶端的一条边脉上；囊群具假盖，不具内盖。

## 凤尾蕨属 | Pteris L. |

陆生草本。根状茎直立或斜升，被鳞片。叶簇生，下面绿色，草质或纸质，稀近革质；叶片一回羽状或为篦齿状的二至三回羽裂，或三叉分枝，或很少为单叶或掌状分裂；羽片对生或互生，有柄或近无柄，基部不具托叶状的小羽片；叶脉分离。囊群盖为反卷的膜质叶缘形成。

### 1. 狭眼凤尾蕨 Pteris biaurita L.

草本。植株高达1m。根状茎直立。叶簇生；柄长40~60cm，基部浅褐色；叶片长卵形，基部三回深裂；侧生羽片8~10对，长15~20cm，宽3~5.5cm，具尖尾；裂片20~25对，长1.8~3.5cm；叶脉在羽轴两侧各形成1列狭长的网眼。孢子囊群线形。

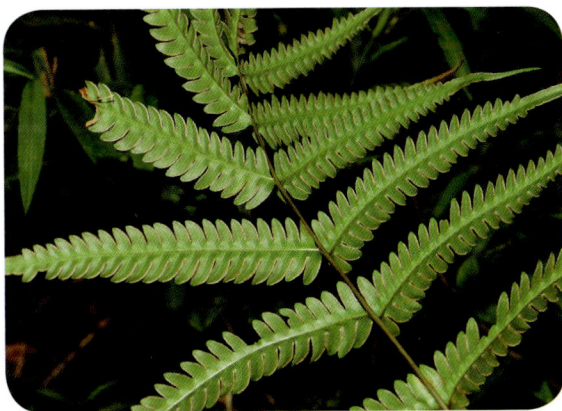

### 2. 刺齿半边旗 Pteris dispar Kze. Funze

草本。根状茎短而直立，先端及叶柄基部被黑褐色鳞片，鳞片先端具睫毛。叶簇生，近二型，草质，无毛；柄长15~40cm，有光泽；半边深羽裂，顶生羽片披针形，篦齿状深裂；不育叶缘具长尖刺锯齿；能育叶顶生羽片较短，基部不下延。

### 3. 剑叶凤尾蕨 **Pteris ensiformis** Burm.f.

草本。高30~50cm。根状茎细长，斜升或横走，被黑褐色鳞片。叶密生，二型，干后草质，无毛；叶柄长10~30cm，光滑；不育叶二回羽状，小羽片2~3对，对生，先端和上部具尖齿；能育叶羽片疏离，顶生羽片基部不下延，二至三叉；先端不育叶缘有密尖齿。

### 4. 井栏边草（井栏凤尾蕨）**Pteris multifida** Poir.

草本。高30~40cm。根状茎短而直立，先端被黑褐色鳞片。叶簇生，二型，草质，无毛；叶脉明显，侧脉单一或分叉；不育叶一回羽状，羽片常3对，对生，无柄，边缘具齿，下部1~2对羽片常分叉，偶近羽状，顶生三叉羽片及上部羽片的基部显著下延，成翅；能育叶羽片4~6对，狭线形，仅不育部分具齿，基部一对有时有近羽状的柄，余均无柄，下部2~3对通常二至三分叉，上部几对的基部显著下延成翅。

### 5. 半边旗 *Pteris semipinnata* L.

草本。高35~120cm。根状茎长而横走，先端及叶柄基部被黑褐色鳞片。叶簇生，近一型，草质，无毛；叶二回深羽裂或二回半边深羽裂；顶生羽片篦齿状深羽裂；侧生羽片4~7对，对生或近对生，半三角形，上侧为一条阔翅，下侧篦齿状深裂；不育叶片的叶缘具尖锯齿；羽轴的纵沟旁有啮蚀状的边；侧脉明显，二叉或二回二叉，小脉伸仅达锯齿基部。

### 6. 蜈蚣草 *Pteris vittata* L.

喜钙草本。高20~150cm。根状茎短而粗壮，密被蓬松黄褐色鳞片。叶簇生，薄革质，无毛；柄长10cm以上，幼时被鳞片；叶一回羽状；侧生羽片较多，可达40枚，互生或近对生，无柄，狭线形，基部两侧稍呈耳形；顶生羽片与侧羽片同型；不育叶缘具密锯齿；侧脉纤细，单一或分叉。

# P30 中国蕨科 Sinopteridaceae

中小型草本。根状茎短而直立或斜升，稀横走，被鳞片。叶簇生，罕远生，草质或坚纸质，下面常被白色或黄色蜡质粉末；柄常栗色；叶一型，罕二型或近二型，二回羽状或三至四回羽状细裂；叶脉分离，偶为网状。孢子囊群小，球形，沿叶缘着生于小脉顶端或顶部的一段，罕线形，具反折叶边变质形成的盖。

## ❶ 碎米蕨属 | **Cheilosoria** Trevis |

中小型中生性草本。根状茎短而直立，稀斜升，被鳞片。叶簇生，高30cm左右；叶柄栗色至栗黑色，有1条纵沟，基部鳞片小而全缘；叶片小，一型，草质，下面常秃净，一般为披针形，二至三回羽状细裂；叶脉分离。孢子囊群小，圆形，生于小脉顶端，成熟时往往汇合，有盖。

### 毛轴碎米蕨 **Cheilosoria chusana** (Hook.) Ching et Shing

草本。高10~30cm。柄根状茎短而直立，被栗黑色披针形鳞片。叶簇生；柄亮栗色，密被红棕色鳞片及少数短毛，具纵沟，沟两侧隆起的锐边上有棕色粗短毛；叶片披针形，草质，无毛，二回羽状全裂，基部羽片多少缩短，羽片彼此接近，先端短尖或钝。囊群盖圆肾形，全缘，断裂。

## ❷ 金粉蕨属 | Onychium Kaulf. |

中型陆生草本。根状茎横走，细长，被全缘鳞片。叶远生或近生，一型或近二型，坚草质，无毛；叶柄光滑，禾秆色或间为栗棕色，腹面有阔浅沟；叶片三至五回羽状细裂，罕二回，末回裂片狭小，尖头，基部楔形下延。孢子囊群圆形，线状着生于小脉顶端的连接边脉上；囊群盖膜质，由反折变质的叶边形成。

### 野雉尾金粉蕨（野鸡尾）**Onychium japonicum** (Thunb.) Kze.

草本。高60cm左右。根状茎长而横走，疏被棕色或红棕色披针形鳞片。叶散生，坚纸质；叶柄禾秆色，基部鳞片红棕色；叶片阔，卵形至卵状三角形，四至五回羽状，各回羽轴坚直，末回裂片全缘并彼此接近。孢子囊群长（3~）5~6mm，淡黄色，不被粉末；囊群盖线形或短长圆形，膜质，灰白色，全缘。

# P31 铁线蕨科 Adiantaceae

陆生中小型蕨类。根状茎短而直立或细长横走，被披针形鳞片。叶一型，螺旋状簇生、二列散生或聚生，不以关节着生于根状茎上；叶柄黑色或红棕色，有光泽，通常细圆，坚硬如铁丝；叶片多为一至三回以上的羽状复叶或二叉掌状分枝，稀团扇形单叶，草质或厚纸质；叶脉分离，罕为网状。孢子囊群着生在叶片或羽片顶部边缘的叶脉上，被反折的叶缘覆盖；孢子囊为球圆形。

## 铁线蕨属 | Adiantum L. |

属的特征与科相同。

### 1. 扇叶铁线蕨 Adiantum flabellulatum L.

草本。高20~45cm。根状茎短而直立，密被棕色、有光泽的钻状披针形鳞片。叶簇生；柄紫黑色，基部被鳞片，有纵沟，沟内有棕色短硬毛；叶片扇形，二至三回不对称二叉分

枝，两面无毛，近革质；小羽片8~15对，互生，平展，对开式的半圆形（能育的），或为斜方形（不育的）。孢子囊群每羽片2~5枚，横生于裂片上缘和外缘，以缺刻分开；囊群盖半圆形或长圆形，全缘，宿存。

## 2. 假鞭叶铁线蕨 Adiantum malesianum Ghatak

草本。植株高15~20cm。根状茎短而直立，密被披针形、棕色、边缘具锯齿的鳞片。叶簇生，通体被多细胞的节状长毛；叶片线状披针形，一回羽状；羽片约25对，无柄，平展，互生或近对生；叶脉多回二歧分叉，在下面不明显，在上面显著隆起；叶干后厚纸质，褐绿色；叶轴先端往往延长成鞭状，落地生根，行无性繁殖。孢子囊群每羽片5~12枚；囊群盖圆肾形，上缘平直，上面被密毛，棕色，纸质，全缘，宿存。

# P32 水蕨科 Parkeriaceae

　　一年生的多汁水生（或沼生）草本。根状茎短而直立，下端有一簇粗根，上部着生莲座状的叶子；鳞片为阔卵形，质薄，全缘，透明。叶簇生；叶柄绿色，肉质，光滑；叶二型，绿色，薄草质，单叶或羽状复叶；在羽片基部上侧的叶腋间常有一个圆卵形棕色的小芽胞，成熟后脱落，行无性繁殖。孢子囊群沿主脉两侧生，形大，几无柄，幼时完全为反卷的叶边所覆盖，环带宽而直立；孢子大，四面体形，各面有明显的肋条状的纹饰。

## 水蕨属 | Ceratopteris Brongn. |

　　属的特征与科相同。

### 水蕨 Ceratopteris thalictroides (L.) Brongn.

　　水生草木。植株幼嫩时呈绿色，多汁，柔软，由于水湿条件不同，形态差异较大。根状茎短而直立。叶簇生，二型；不育叶圆柱形，肉质，叶片直立或幼时漂浮，有时略短于能育叶；能育叶片长圆形或卵状三角形，二至三回羽状深裂；叶片边缘薄而透明；叶片主脉两侧的小脉连接成网状；叶干后为软草质，绿色。孢子囊沿能育叶的裂片主脉两侧的网眼着生，稀疏，棕色；孢子四面体形。

# P36 蹄盖蕨科 Athyriaceae

中小型土生草本，稀大型。根状茎横走，或斜升至直立，有鳞片。叶簇生、近生或远生；叶柄上面有1~2条纵沟，基部略有与根状茎同形的鳞片；叶片通常草质或纸质，罕革质，一至三回羽状，顶部羽裂渐尖或奇数羽状；裂片常有齿或缺刻；各回羽轴常有纵沟；叶脉分离，少网状。孢子囊群生于叶脉背部或上侧，有或无囊群盖。

## ① 短肠蕨属 ｜ **Allantodia** R. Br. emend. Ching ｜

中型至大型陆生草本。根状茎粗大，直立、斜升、横卧或横走，褐色或近黑色，多少被鳞片。叶簇生、远生或近生；叶柄基部常被与根状茎同形的鳞片，无毛；叶片常一至三回奇数羽状，顶生羽片与侧生同形；罕三出复叶或单叶，全缘或具锯齿；叶脉分离，罕具网眼。孢子囊群线形，罕卵圆形，多单生于小脉上侧，少双生于一脉两侧，有盖。

### 1. 毛柄短肠蕨 **Allantodia dilatata** (Bl.) Ching

常绿大型林下植物。根状茎横走、横卧至斜升或直立；鳞片深褐色或黄褐色。叶疏生至簇生；能育叶长可达3m；叶柄粗壮；叶片三角形；小羽片达15对，互生，平展；叶脉羽状；叶干后纸质，上面通常绿色或深绿色。孢子囊群线形；囊群盖褐色，膜质，边缘睫毛状；孢子近肾形，周壁明显，具少数褶皱。

### 2. 淡绿短肠蕨 **Allantodia virescens** (Kze.) Ching

常绿中型林下植物。根状茎横走至横卧；鳞片披针形，黑褐色，厚膜质。叶近生或远生；叶片三角形；小羽片约10对，互生，平展，通常披针形；叶脉在上面不明显，在下面可见，羽状。孢子囊群矩圆形，短而直；囊群盖成熟时褐色，膜质；孢子肾形或近肾形，表面密被锐尖头的小刺状纹饰。

## ② 双盖蕨属 | Diplazium Sw. |

中型陆生草本。根状茎直立或斜升，罕为细长横走，先端被鳞片。叶通常簇生或近生，罕为远生，厚纸质或近革质，上面光滑；叶柄长，略被鳞片；叶片椭圆形，奇数一回羽状或间为三出复叶或披针形的单叶，或有时同一种兼有3种形态的能育叶；羽片通常3~8对，一型，几同大；叶脉分离，主脉明显。孢子囊群与囊群盖均线形，多生于每组小脉的基部两小脉，或基部一小脉。

### 单叶双盖蕨 Diplazium subsinuatum (Wall. ex Hook. et Grev.) Tagawa

中型陆生草本。根状茎细长横走，被鳞片。叶远生，纸质或近革质；能育叶长40cm；叶柄长8~15cm，基部被褐色鳞片；单叶，叶片披针形或线状披针形，全缘或稍呈波状；中脉明显，小脉每组3~4条，平行，达叶边。孢子囊群线形，多生于叶片上半部，在每组小脉上常有1条，单生或偶双生，有盖。

## P38 金星蕨科 Thelypteridaceae

陆生草本。以植株遍体或至少叶轴和羽轴上面被灰白色针状毛为其特色。根状茎粗壮，直立、斜升或细长而横走，顶端被鳞片。叶簇生，近生或远生，草质或纸质；叶柄通常基部有鳞片，向上多少被灰白色针状毛；叶一型，罕近二型，通常二回羽裂，少三至四回羽裂，罕一回羽状；叶脉分离、部分或全部连接。孢子囊群圆形、长圆形或粗短线形，背生于叶脉，有盖或无盖。

### 1 毛蕨属 | Cyclosorus Link |

中型陆生林下草本。全株各部被灰白色针状毛。根状茎横走，疏被鳞片。叶疏生或近生，少有簇生，有柄；叶草质至厚纸质，下面往往有或疏或密的橙黄色或橙红色的棒形或球形腺体，二回羽裂，罕为一回羽状；叶脉部分连接。孢子囊群大，圆形，背生于侧脉中部，罕生于侧脉基部或顶部，有盖。

#### 1. 渐尖毛蕨 Cyclosorus acuminatus (Houtt. ) Nakai

草本。高70~80cm。根状茎长而横走，先端密被棕色披针形鳞片。叶2列，远生，坚纸质，除羽轴下面疏被针状毛外，羽片上面被极短的糙毛；叶柄基部无鳞片；叶片先端尾状渐尖并羽裂，基部不变狭，二回羽裂；叶脉部分连接。孢子囊群圆形，生于侧脉中部以上；囊群盖大，深棕色或棕色，密生短柔毛。

#### 2. 齿牙毛蕨 Cyclosorus dentatus (Forssk.) Ching

草本。植株高40~60cm。根状茎短而直立。叶簇生，叶柄向上禾秆色，有短毛密生；叶片披针形；羽片11~13对，近开展；叶脉在两面可见，侧脉斜上；叶干后草质或纸质，淡褐绿色，上面密生短刚毛，沿叶脉有1~2根针状毛，下面密被短柔毛。

孢子囊群小，生于侧脉中部以上，每裂片2~5对；囊群盖中等大，厚膜质，深棕色，有短毛，宿存。

### 3. 华南毛蕨 Cyclosorus parasiticus (L.) Farwell.

草本。高达70cm。根状茎横走，连同叶柄基部有深棕色披针形鳞片。叶近生，草质，下面沿叶轴、羽轴及叶脉密生针状毛，脉上有橙红色腺体；叶先端羽裂，尾状渐尖头，基部不变狭，二回羽裂；叶脉在两面可见，部分连接。孢子囊群圆形，生于侧脉中部以上；囊群盖小，膜质，棕色，上面密生柔毛。

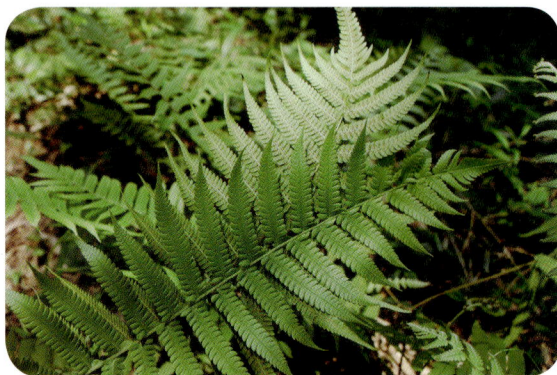

### ❷ 针毛蕨属 | Macrothelypteris (H. Ito) Ching |

土生中型蕨类。根状茎直立、斜生或横卧，被棕色厚鳞片。叶簇生；叶柄禾秆色或红棕色；叶片大，沿羽轴或小羽轴两侧以狭翅相连；叶脉羽状，分离，在羽轴和小羽轴上面隆起，被细长针状毛。孢子囊群小，生于侧脉近顶部，无盖或盖早落。

### 普通针毛蕨 Macrothelypteris torresiana (Gaudich.) Ching

土生中型蕨类。高0.6~1.5 m。根茎直立或斜生，顶端密被红棕色毛鳞片。叶簇生；叶柄长30~70 cm，灰绿色；叶片长30~80 cm，三角状卵形；羽片约15对，有柄，基部1对最大，长

10~30 cm，长圆状披针形。孢子囊群圆形，生于侧脉近顶部；囊群盖圆肾形。

### ③ 新月蕨属 | **Pronephrium** Presl |

土生中型蕨类。根状茎长而横走，或短而横卧，略被通常带毛的棕色鳞片。叶远生或近生，草质或纸质，两面多少被针状毛或钩状毛；叶片通常为奇数一回羽状，少为单叶或三出；顶生羽片分离，同侧生羽片同形，全缘或有粗锯齿；羽裂侧脉明显、整齐、多对，小脉在侧脉之间连接成斜方形网眼。孢子囊群圆形，在侧脉间排成2行，背生于小脉上，无盖或有盖。

#### 1. 单叶新月蕨 **Pronephrium simplex** (Hook.) Holtt.

多年生草本。根状茎细长横走。单叶，强度二型；不育叶椭圆状披针形；能育叶远高过不育叶，具长柄，基部心脏形。孢子囊群生于小脉上，初为圆形，无盖，成熟时布满整个羽片下面。

#### 2. 三羽新月蕨 **Pronephrium triphyllum** (Sw.) Holtt.

植株高20~50cm。根状茎细长横走。叶疏生，一型或近二型；叶片卵状三角形；顶生羽片远较大；叶脉在下面较明显，侧脉斜展，并行；叶干后坚纸质；能育叶略高出于不育叶，有较长的柄，羽片较狭。孢子囊群生于小脉上，初为圆形，后变长形并成双汇合，无盖；孢子囊体上有2根钩状毛。

# P42 乌毛蕨科 Blechnaceae

土生蕨类，有时为亚乔木状，或有时为附生。根状茎横走或直立，偶横卧或斜升，有时形成树干状的直立主轴，被鳞片。叶一型或二型；叶片一至二回羽裂，罕单叶，厚纸质至革质，无毛或常被小鳞片；叶脉分离或网状。孢子囊群为长或椭圆形的汇生囊群，着生于与主脉平行的小脉上或网眼外侧的小脉上；有盖，稀无盖；孢子囊大，环带纵行而于基部中断。

## ❶ 乌毛蕨属 | Blechnum L. |

土生大型草本。根状茎通常粗短，直立，被鳞片。叶簇生，一型；叶柄粗硬；叶片通常革质，无毛，一回羽状；羽片线状披针形，两边平行，全缘或具锯齿；主脉粗壮，上面有纵沟，下面隆起，小脉分离。孢子囊群线形，连续，少有中断，着生于主脉两侧的一条纵脉上，有盖；孢子囊有柄。

### 乌毛蕨 Blechnum orientale L.

大型草本。高0.5~2m。根状茎直立，粗短，先端及叶柄下部密被鳞片。叶簇生于根状茎顶端，近革质；叶柄长而坚硬，无毛；叶片一回羽状；羽片多数，二型，上部羽片能育，线形或线状披针形，全缘或呈微波状；叶脉在上面明显，主脉在两面均隆起，小脉分离，单一或二叉。孢子囊群线形，连续，紧靠主脉两侧；囊群盖线形。

## ❷ 狗脊属 | Woodwardia Sm. |

土生大型草本。根状茎短而粗壮，直立或斜生，或为横卧，密被披针形大鳞片。叶簇生，有柄，叶纸质至近革质；叶二回深羽裂，侧生羽片多对，披针形，分离，深羽裂，裂片边缘有细锯齿；叶脉部分为网状，部分分离。孢子囊群粗线形或椭圆形，着生于靠近主脉的网眼的外侧小脉上，有盖。

**狗脊蕨 Woodwardia japonica** (L. f.) Sm.

大型草本。根茎粗壮，横卧，暗褐色。叶近生；叶柄暗棕色，坚硬；叶片长卵形，二回羽裂，顶生羽片卵状披针形或长三角状披针形；叶干后棕色或棕绿色，近革质。孢子囊群线形，着生于主脉两侧窄长网眼，不连续，单行排列；囊群盖同形，开向主脉或羽轴。

# P45 鳞毛蕨科 Dryopteridaceae

陆生中小型草本。根状茎短而直立或斜升，或横走，密被鳞片。叶簇生或散生；叶片一至五回羽状，罕单叶，纸质或革质，光滑，或下面多少被鳞片；叶边通常有锯齿或有具触痛感的芒刺；叶脉通常分离，顶端往往膨大成球杆状的小囊。孢子囊群小，圆形，顶生或背生于小脉，有盖，偶无盖。

## 1 复叶耳蕨属 | Arachniodes Bl. |

陆生中型草本。根状茎粗壮，长而横走，罕斜升，连同叶轴基部被鳞片。叶远生或近生，叶片多三角形，常三至四回羽状，少二回或五回羽状；末回小羽片基部不对称（上侧多少耳状凸起），边缘具芒刺状锯齿；各回羽轴无毛；叶脉羽状，分离。孢子囊群顶生或近顶生于小脉上，圆形；囊群盖圆肾形。

### 斜方复叶耳蕨 Arachniodes rhomboidea (Wall. ex Mett.) Ching

草本。植株高40~80cm。叶柄禾秆色，基部密被披针形鳞片；叶片长卵形，顶生羽状羽片长尾状，二回羽状，往往基部三回羽状；侧生羽片，互生，基部一对最大，三角状披针形；小羽片16~22对，互生，有短柄。孢子囊群生于小脉顶端，近叶边，通常上侧边1行，下侧边上部丰行，耳片有时3~6枚；囊群盖棕色，膜质，边缘有睫毛，脱落。

## 2 贯众属 | Cyrtomium Presl |

草本。根状茎短，直立或斜生，连同叶柄基部密被鳞片。叶簇生，叶片卵形或长圆披针形，少为三角形，奇数一回羽状，有时下部有1对裂片或羽片；侧生羽片多少上弯成镰状，其基部两侧近对称或不对称，有时上侧间或两侧有耳状凸起；主脉明显，侧脉羽状，小脉连接在主脉两侧成2至多行的网眼；网眼为或长或短的不规则的近似六角形，有内含小脉。孢子囊群圆形，背生于内含小脉上，在主脉两侧各1至多行；囊群盖圆形，盾状着生。

**镰羽贯众 Cyrtomium balansae (Christ) C. Chr.**

多年生草本。叶纸质，羽片10~20对，长5~8cm，宽1.5~2.5cm；主脉两侧有2行网眼，有内藏小脉；与贯众（*Cyrtomium fortunei*）相似，羽片基部下角尖。孢子囊位于中脉两侧各成2行；囊群盖圆形，盾状，边缘全缘。

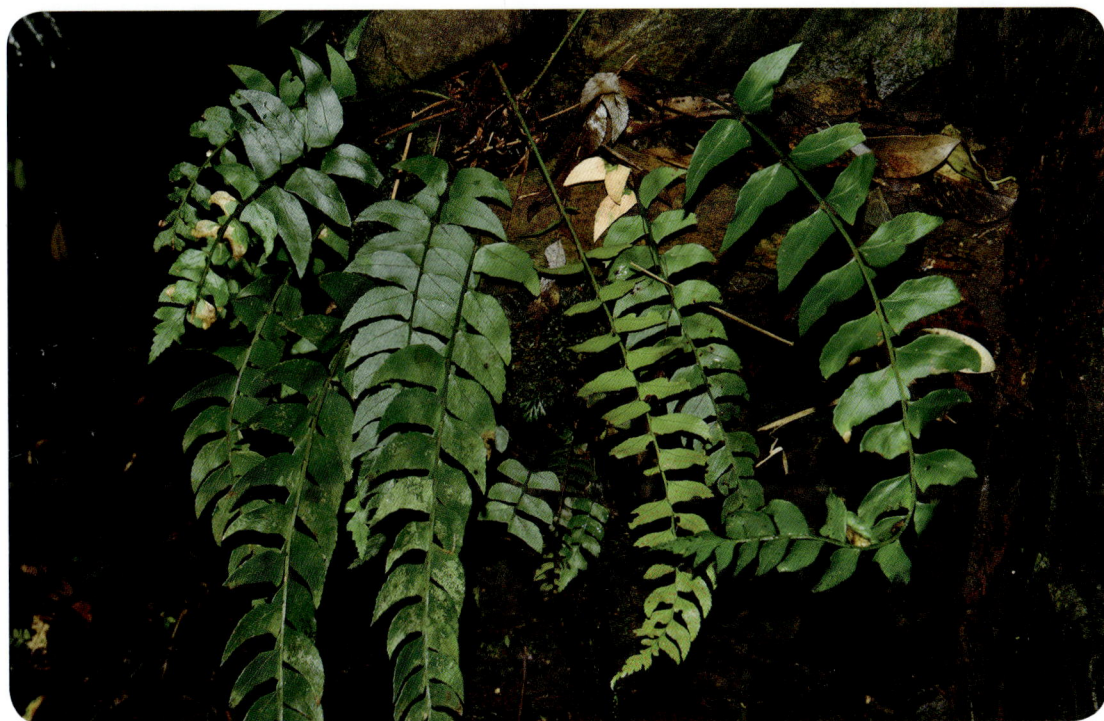

### ③ 鳞毛蕨属 | **Dryopteris** Adanson |

陆生中型草本。根状茎粗短，直立或斜升，稀横走，先端密被鳞片。叶簇生，螺旋状排列，纸质至近革质，少为草质；叶片一回羽状或二至四回羽状或四回羽裂，顶部羽裂，罕为一回奇数羽状；羽片通常多少有鳞片；叶脉分离，羽状，先端往往有明显的膨大水囊。孢子囊群圆形，生于叶脉背部，通常有盖。

### 1. 阔鳞鳞毛蕨 Dryopteris championii (Benth.) C. Chr.

草本。高50~80cm。根状茎横卧或斜升，先端及叶柄基部密被鳞片。叶簇生，草质；叶柄长，密被阔披针形鳞片；叶片二回羽状，小羽片羽状浅裂或深裂；基部一对裂片明显最大；叶轴密被阔披针形棕色鳞片；侧脉羽状，在下面明显可见。孢子囊群大，在小羽片中脉两侧或裂片两侧各1行；囊群盖圆肾形，全缘。

## 2. 黑足鳞毛蕨 Dryopteris fuscipes C. Chr.

常绿植物。植株高50~80cm。根状茎横卧或斜升。叶簇生；叶柄长约20~40cm；叶片卵状披针形或三角状卵形，二回羽状；羽片约10~15对，披针形；叶轴、羽轴和小羽片中脉上的上面具浅沟；叶纸质，干后褐绿色。孢子囊群大，在小羽片中脉两侧各1行，略靠近中脉着生；囊群盖圆肾形，边缘全缘。

## 3. 变异鳞毛蕨 Dryopteris varia (L.) O. Kuntze

草本。植株高约50~70cm。叶簇生；叶片五角状卵形，三回羽状，基部下侧小羽片向后伸长呈燕尾状；羽片约10~12对，披针形，基部一对最大；小羽片约6~10对，镰状披针形，下侧第一片小羽片最大，其余向上各小羽片逐渐缩短，边缘浅裂至有锯齿。孢子囊群较大，着生于小脉中部以上，位于裂片弯缺处，沿羽轴两侧各1行。

# P52 骨碎补科 *Davalliaceae*

中型附生草本，少土生。根状茎横走，稀直立，通常密被鳞片。叶远生，草质至坚革质，常无毛；叶柄基部以关节着生于根状茎上；叶片二至四回羽状分裂，羽片不以关节着生于叶轴；叶脉分离。孢子囊群为叶缘内生或叶背生，着生于小脉顶端；囊群盖为半管形、杯形、圆形、半圆形或肾形。

## 阴石蕨属 ∣ **Humata** Cav. ∣

小型附生草本。根状茎长而横走，密被鳞片。叶远生，革质，光滑或稍被鳞片；叶柄基部以关节着生于根状茎上；叶片通常为一型或近二型，多回羽裂（能育叶细裂），少单叶或羽状；叶脉分离，小脉通常特别粗大。孢子囊群生于小脉顶端，通常近于叶缘；囊群盖圆形或半圆状阔肾形。

### 1. 阴石蕨 **Humata repens** (L. f.) Diels

草本。植株高10~20cm。根状茎长而横走，密被鳞片。叶远生；叶片三角状卵形；羽片6~10对，无柄；叶脉在上面不见，在下面粗而明显，褐棕色或深棕色，羽状；叶革质，干后褐色，两面均光滑或下面沿叶轴偶有少数棕色鳞片。孢子囊群沿叶缘着生，通常仅于羽片上部有3~5对；囊群盖半圆形，棕色，全缘，质厚，基部着生。

## 2. 杯盖阴石蕨 Humata griffithiana (Hooker) C. Christensen

　　草本。高约20cm。根状茎长而横走，密被蓬松的鳞片。叶远生，革质，两面光滑，有柄；叶片三至四回羽状深裂；羽片彼此密接，基部一对最大，三回深羽裂；叶脉在上面隆起，在下面隐约可见，羽状，小脉单一或分叉，不达叶边。孢子囊群生于小脉顶端，通常近叶缘；囊群盖圆形或半圆状阔肾形。

## P56 水龙骨科 Polypodiaceae

中小型附生草本，稀土生。根状茎长而横走，被鳞片。叶一型或二型，以关节着生于根状茎上，单叶，全缘，或分裂，或羽状，草质或纸质，无毛或被星状毛；叶脉网状，少分离。孢子囊群通常为圆形或近圆形，或为椭圆形，或为线形，或有时布满能育叶片下面部分或全部，无盖而有隔丝。

### ① 线蕨属 | Colysis C. Presl |

中型土生或附生草本。根状茎纤细，长而横走，被鳞片。叶远生，一型或为近二型；叶草质或纸质，无毛；柄长，与根状茎相连接处的关节不明显，通常有翅；叶为单叶或指状深裂至羽状深裂，或为一回羽状；叶脉网状，侧脉通常仅下部明显，并形成2行网眼。孢子囊群线形，连续或有时中断。

#### 1. 线蕨 Colysis elliptica (Thunb.) Ching

附生草本。植株高20~60cm。叶远生，近二型；不育叶叶片长圆状卵形或卵状披针形，长20~70cm，一回羽裂深达叶轴，羽片或裂片4~11对，顶端长渐尖，基部狭楔形而下延，在叶轴两侧形成狭翅；能育叶和不育叶近同形，但叶柄较长，羽片远较狭。孢子囊群线形，斜展，在每对侧脉间各排列成1行。

#### 2. 胄叶线蕨 Colysis hemitoma (Hance) Ching

草本。植株高25~60cm。根状茎长而横走，密生鳞片；鳞片黑褐色，卵状披针形。叶远生，叶片阔三角状披针形或戟形，顶端长渐尖，基部截形。孢子囊群线形，着生于网状脉上，在每对侧脉间排列成1行，伸达叶边，连续或有中断，幼时有盾状隔丝覆盖，易脱落；孢子极面观为椭圆形，赤道面观为肾形；周壁表面具球形颗粒和缺刻状刺；刺表面有颗粒状物，有时刺会脱落。

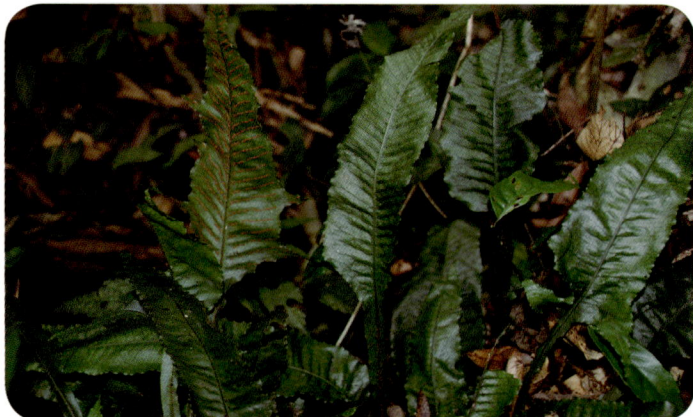

## ② 伏石蕨属 | **Lemmaphyllum** C. Presl |

小型附生蕨类。根状茎细长而横走。叶疏生，二型；叶柄以关节与根状茎相连；不育叶倒卵形，或椭圆形，全缘，近肉质，无毛或近无毛，或疏被披针形小鳞片；能育叶线形，或线状倒披针形；叶脉网状，主脉不明显，分离的内藏小脉常朝向主脉。孢子囊群线形，与主脉平行，连续，但叶片顶端通常不育。

### 伏石蕨 **Lemmaphyllum microphyllum** C. Presl

小型附生蕨类。根状茎细长而横走。叶远生，二型；不育叶近无柄，近球圆形或卵圆形，长1.6~2.5cm，全缘；能育叶柄长3~8mm，狭缩成舌状或狭披针形，干后边缘反卷。孢子囊群线形，位于主脉与叶边之间。

## ③ 骨牌蕨属 | **Lepidogrammitis** Ching |

小型附生蕨类。根状茎细长而横走，粗如铁丝。叶远生，肉质，二型或近二型；叶柄短或近无柄；不育叶披针形至圆形，下面疏被鳞片；能育叶狭披针形至短舌形，干后硬革质，浅绿色；叶脉网状，不显，通常有朝向主脉的内藏小脉，内藏小脉单一或分叉。孢子囊群圆形，分离，在主脉两侧各排成1行，幼时被盾状隔丝覆盖。

**抱石莲 Lepidogrammitis drymoglossoides** (Baker) Ching

小型附生蕨类。植株高约5cm。根状茎细长而横走。叶远生，明显多型；不育叶片近圆形或倒卵形，长1.5~3cm，先端圆或钝，基部狭楔形，下延；能育叶片披针形或舌形，长2~3cm，但有时与不育叶同形；叶肉质，下面疏被小鳞片。孢子囊群圆形，沿主脉两侧各成1行，位于主脉与叶边之间。

## 4 星蕨属 ｜ **Microsorum** Link ｜

中大型附生蕨类。根茎粗壮而横走，肉质，密被褐棕色鳞片。叶疏生或近生；叶柄基部具关节着生根茎；单叶，披针形，稍戟形或羽状深裂；叶脉网状。孢子囊群圆形，着生于网脉交结处，不规则散生于叶脉与叶缘间；孢子豆瓣形。

**江南星蕨 Microsorum fortunei** (T. Moore) Ching

中大型附生蕨类。高25~70 cm。根状茎长而横走，淡绿色，肉质，顶端有卵状披针形鳞片。叶远生，厚纸质，一型；叶片带状披针形，有软骨质的边。孢子囊群大，橘黄色，近主脉各成1行或不整齐的2行排列。

# P57 槲蕨科 Drynariaceae

多年生大中型附生草本。根状茎横生，粗壮肉质，密被鳞片。叶近生或疏生，无柄或有短柄，基部不以关节着生于根状茎上；叶片通常大，坚革质或纸质，一回羽状或深羽裂，二型或一型或基部膨大成阔耳形；一至三回叶脉粗而隆起，直角相连，形成四方形的网眼。孢子囊群不具囊群盖，也无隔丝。

## 槲蕨属 | **Drynaria**（Bory）J. Sm. |

大型或中型附生草本。根状茎横走，粗肥，肉质，密被鳞片；叶二型，偶有一型；短而基生的不育叶(偶有生孢子囊者)无柄；大而正常的营养叶和能育叶绿色，有柄，通常具叶片下延的狭翅；叶脉均明显隆起。孢子囊群着生于叶脉交叉处，圆形，一般着生于叶表面，不具囊群盖，多无隔丝；孢子极面观为椭圆形，赤道面观为超半圆形或豆形，单裂缝，外壁具疣状纹饰或纹饰模糊。

### 槲蕨 **Drynaria fortunei** (Kze.) J. Sm.

大型附生草本。通常附生于岩石上，匍匐生长，或附生于树干上，螺旋状攀缘。根状茎，密被鳞片；鳞片斜升，盾状着生。叶二型，基生不育叶圆形；正常能育叶叶柄具明显的狭翅；叶片裂片7~13对，互生，稍斜向上，披针形；叶脉在两面均明显；叶干后纸质。孢子囊群圆形，椭圆形，沿裂片中肋两侧各排列成2~4行，混生有大量腺毛。

# 裸子植物门

GYMNOSPERMAE

# G2 银杏科 Ginkgoaceae

　　落叶乔木。枝分长枝与短枝。叶扇形，有长柄，具多数叉状并列细脉，在长枝上螺旋状排列散生，在短枝上成簇生状。球花单性，雌雄异株，呈簇生状；雄球花具梗，柔荑花序状，雄蕊多数，螺旋状着生，花药2枚；雌球花具长梗，叉顶生珠座，各具1枚直立胚珠。种子核果状，外种皮肉质，中种皮骨质，内种皮膜质，胚乳丰富；子叶常2枚，发芽时不出土。

## *银杏属 | Ginkgo L. |

　　属的特征与科相同。

### * 银杏 Ginkgo biloba L.

　　乔木。高达40m。枝近轮生，斜上伸展（雌株的大枝常较雄株开展）；短枝密被叶痕。叶扇形，有长柄，淡绿色，无毛，在一年生长枝上螺旋状散生；雄球花柔荑花序状，下垂，花药常2枚；雌球花具长梗。种子具长梗，下垂，常为椭圆形、长倒卵形、卵圆形或近圆球形，外种皮肉质，熟时黄色或橙黄色。

# G3 红豆杉科 Taxaceae

常绿乔木或灌木。叶条形或披针形，螺旋状排列或交互对生，下面沿中脉两侧各有1条气孔带。球花单性，雌雄异株，稀同株；雄球花单生于叶腋或苞腋，或组成穗状花序集生于枝顶；雌球花单生或成对生于叶腋或苞片腋部，有梗或无梗。种子核果状，全部为肉质假种皮所包（无梗），或其顶端尖头露出（具长梗）；或种子坚果状，包于杯状肉质假种皮中，有短梗或近无梗。

## *红豆杉属 ｜ Taxus L. ｜

常绿乔木或灌木。小枝不规则互生。叶条形，螺旋状着生。雌雄异株，球花单生于叶腋；雄球花圆球形；雌球花几无梗，胚珠直立，单生于苞腋。种子坚果状，当年成熟，生于杯状肉质的假种皮中，稀生于近膜质盘状的种托（即未发育成肉质假种皮的珠托）之上，种脐明显，成熟时肉质假种皮红色，有短梗或几无梗；子叶2枚，发芽时出土。

### * 南方红豆杉 Taxus wallichiana var. mairei (Lemée et Lévl.) L. K. Fu et Nan Li

乔木。高达30m。树皮灰褐色、红褐色或暗褐色。大枝开展。冬芽黄褐色、淡褐色或红褐色，有光泽，芽鳞三角状卵形。叶排列成2列，条形。雄球花淡黄色，雄蕊8~14枚，花药4~8（多为5~6）枚。种子生于杯状红色肉质的假种皮中，先端有凸起的短钝尖头；种脐近圆形或宽椭圆形，稀三角状圆形。

## G4 罗汉松科 Podocarpaceae

常绿乔木或灌木。叶多型，螺旋状散生，近对生或交互对生。球花单性，雌雄异株，稀同株；雄球花穗状，单生或簇生于叶腋，或生于枝顶；雌球花单生于叶腋或苞腋，或生于枝顶，稀穗状。种子核果状或坚果状，全部或部分为肉质或较薄而干的假种皮所包，或苞片与轴愈合发育成肉质种托，有梗或无梗。

### 1 *竹柏属 | **Nageia** Gaertn. |

常绿乔木或灌木。叶对生或近对生，叶较宽，具多数并列细脉，无主脉，树脂道多数。雄球花穗状、腋生，单生或分枝状，或数枚簇生于总梗上；雌球花通常单生于叶腋。种子有梗，种托肥厚肉质或不发育。

#### 1. * 长叶竹柏 **Nageia fleuryi** (Hickel) de Laub.

乔木。叶交叉对生，宽披针形，质地厚，无中脉，有多数并列的细脉。雄球花穗腋生，

常3~6枚簇生于总梗上，药隔三角状，边缘有锯齿；雌球花单生于叶腋，有梗，梗上具数枚苞片，轴端的苞腋着生1~2枚胚珠，仅1枚发育成熟，上部苞片不发育成肉质种托。种子圆球形，熟时假种皮蓝紫色，直径1.5~1.8cm，梗长约2cm。

### 2. * 竹柏 Nageia nagi (Thunb.) Kuntze

乔木。高达20m。树皮近于平滑，红褐色或暗紫红色。树冠广圆锥形。叶对生，革质，有多数并列的细脉，无中脉。雄球花穗状圆柱形，单生于叶腋，常呈分枝状；雌球花单生于叶腋，稀成对腋生，基部有数枚苞片。种子圆球形，直径1.2~1.5cm，成熟时假种皮暗紫色，有白粉，其上有苞片脱落的痕迹；骨质外种皮黄褐色，内种皮膜质。

## ❷ *罗汉松属 | Podocarpus L. Her. ex Persoon |

常绿乔木或灌木。叶条形、披针形、椭圆状卵形或鳞形，螺旋状排列，近对生或交互对生。雌雄异株；雄球花穗状，单生或簇生于叶腋，或成分枝状，稀顶生；雌球花常单生于叶腋或苞腋，稀顶生，有梗或无梗。种子当年成熟，核果状，有梗或无梗，全部为肉质假种皮所包，生于肉质或非肉质的种托上。

### * 罗汉松 Podocarpus macrophyllus (Thunb.) D. Don

乔木。高达20m。树皮灰色或灰褐色，浅纵裂，成薄片状脱落。叶螺旋状着生，条状披针形，中脉显著隆起。雄球花穗状，腋生，常3~5枚簇生于极短的总梗上，基部有数枚三角状苞片；雌球花单生于叶腋，有梗。种子卵圆形，直径约1cm，先端圆，熟时肉质假种皮紫黑色，有白粉；种托肉质圆柱形，红色或紫红色，柄长1~1.5cm。

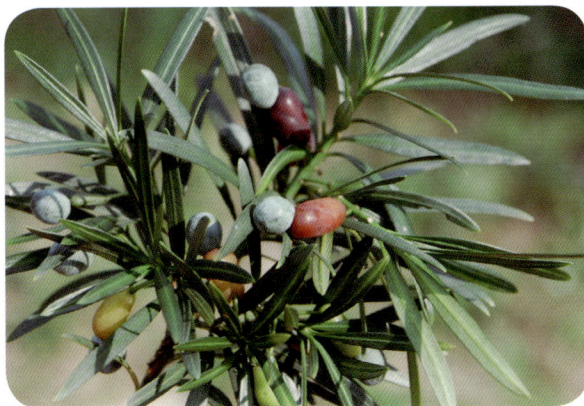

## G7 松科 Pinaceae

常绿或落叶乔木，稀为灌木状。仅有长枝，或兼有长枝与生长缓慢的短枝。叶条形或针形，基部不下延生长；条形叶扁平，稀呈四棱形，在长枝上螺旋状散生，在短枝上呈簇生状；针形叶2~5针（稀1针或多至8针）成一束。花单性，雌雄同株。球果直立或下垂；种鳞的腹面基部有2粒种子，种子通常上端具一膜质之翅，稀无翅或几无翅。

### 松属 | **Pinus** L. |

常绿乔木，稀为灌木。枝轮生。叶二型；鳞叶单生，螺旋状着生；针叶螺旋状着生，常2、3或5针一束，生于苞片状鳞叶的腋部，针叶全缘或有细锯齿，腹面两侧具气孔线。球花单性，雌雄同株；雄球花生于新枝下部的苞片腋部；雌球花单生或2~4枚生于新枝近顶端。球果翌年（稀第三年）秋季成熟；发育的种鳞具2粒种子。种子上部具长翅。

### 1. * 湿地松 **Pinus elliottii** Engelm.

常绿乔木。高可达30m，胸径90cm。树杆较通直，树形整齐。树皮纵裂成鳞状块片剥落。枝年生长3~4轮，春季生长的节间较长，夏秋生长的节间较短，小枝粗壮。针叶2~3针一束并存，稍粗壮。球果圆锥形或窄卵圆形，翌年成熟；种鳞的鳞盾近斜方形，肥厚。种子卵圆形，微具3棱，具翅，易脱落。

### 2. 马尾松 **Pinus massoniana** Lamb.

常绿乔木。高达45m，胸径1.5m。树皮裂成不规则的鳞状块片。枝年生长一般2轮。针叶2针一束，稀3针一束，细柔，微扭曲；叶鞘宿存。球果卵圆形或圆锥状卵圆形；鳞盾菱形，微隆起或平，横脊微明显，鳞脐微凹，无刺。种子长卵圆形，具翅。

## G8 杉科 Taxodiaceae

常绿或落叶乔木。树干端直。大枝轮生或近轮生。叶螺旋状排列，散生，稀交互对生，披针形、钻形、鳞状或条形；叶一型或二型。球花单性，雌雄同株；雄球花小，常单生或簇生于枝顶；雌球花顶生或生于去年生枝近枝顶。球果当年成熟，熟时张开；种鳞扁平或盾形，腹面有2~9粒种子。种子扁平或三棱形，具翅。

### 杉木属 | Cunninghamia R. Br. |

常绿乔木。枝轮生或不规则轮生。叶螺旋状着生，披针形或条状披针形，有锯齿，上下两面均有气孔线，上面的气孔线较下面少。雌雄同株；雄球花多数簇生于枝顶；雌球花单生或2~3枚集生于枝顶，球形或长圆球形。球果近球形或卵圆形；苞鳞革质，扁平；种鳞很小，发育种鳞的腹面着生3粒种子。种子扁平，两则边缘有窄翅。

#### 杉木 Cunninghamia lanceolata (Lamb.) Hook.

常绿乔木。高达30m，胸径可达2.5~3m。幼树尖塔形，大树圆锥形，树皮裂成长条片脱落。大枝平展。叶披针形或条状披针形，通常微弯，边缘有细缺齿，叶下面沿中脉两侧各有1条白粉气孔带。雄球花圆锥状簇生于枝顶；雌球花单生或2~3（~4）枚集生。球果卵圆形，熟时苞鳞革质，棕黄色，三角状卵形；种鳞很小，腹面着生3粒种子。种子扁平，两侧边缘有窄翅。

# G9 柏科 Cupressaceae

常绿乔木或灌木。叶交叉对生或3~4叶轮生，鳞形或刺形。雌雄同株或异株，球花单生；雄球花具2~16枚交叉对生雄蕊；雌球花具3~8枚交叉对生或3枚轮生的珠鳞。球果较小；种鳞薄或厚，扁平或盾形，木质或近革质，熟时张开。

## ① *柏木属 | Cupressus L. |

乔木。有香气。生鳞叶的小枝四棱形或圆柱形，鳞叶交叉对生，排成4行，单型或二型，边缘具极细齿毛。雌雄同株，球花单生于枝顶；雄球花具多数雄蕊；雌球花具4~8对珠鳞。球果翌年成熟，球形或近球形；种鳞木质，盾形，熟时张开。种子长圆形或长圆状倒卵形，有棱角，两侧具窄翅。

### * 柏木 Cupressus funebris Endl.

乔木。高达35 m。树皮淡褐灰色，裂成窄长条片。小枝绿色，老后呈暗褐紫色。鳞叶二型，先端锐尖，两侧叶对折，背有棱脊。雄球花椭圆形或卵圆形；雌球花近球形。球果圆球形，熟时暗褐色。种子宽倒卵状菱形或近圆形，熟时淡褐色，边缘具窄翅。

## ② *刺柏属 | Juniperus L. |

乔木或灌木。小枝近圆柱形或近圆形。叶刺形，3叶轮生，基部有关节，披针形或近线形。雌雄异株或同株；球花单生于叶腋。球果近球形，2~3年成熟；苞鳞与种鳞合生，肉质，熟时不张开或仅球果顶端微张开。种子有棱脊及树脂槽。

### 1. * 圆柏 Juniperus chinensis L.

乔木。高达20 m。树皮灰褐色，裂成不规则的薄片脱落。幼枝呈尖塔形树冠，老枝呈广圆形树冠。叶二型，刺叶生于幼树，老龄树全为鳞叶。雄球花黄色，椭圆形。球果近圆形，成熟时暗褐色。种子扁，顶端钝。

## 2.* 龙柏 Juniperus chinensis L.'Kaizuca'

乔木。高达20m。树皮深灰色，裂成不规则的薄片脱落。幼树树冠尖塔形，老树下部大枝平展，树冠呈广圆形。小枝密，在枝端成几相等长之密簇。叶二型；鳞叶排列紧密，呈覆瓦状，幼时淡黄绿色，后呈翠绿色。球果近圆球形，两年成熟，蓝色，微被白粉。种子卵圆形。

# G11 买麻藤科 Gnetaceae

常绿木质大藤本，稀为直立灌木或乔木。茎节呈膨大关节状。单叶对生，有叶柄，无托叶；叶片革质或半革质，具羽状叶脉。花单性，雌雄异株，稀同株；雄球花穗单生或数穗组成顶生及腋生聚伞花序，着生在小枝上；雌球花穗单生或数穗组成聚伞圆锥花序，通常侧生于老枝上。种子核果状，包于红色或橘红色肉质假种皮中。

## *买麻藤属 | Gnetum L. |

属的特征与科相同。

### 小叶买麻藤 Gnetum parvifolium (Warb.) C. Y. Cheng ex Chun

常绿缠绕藤本，常较细弱。茎枝呈土棕色或灰褐色，皮孔常较明显。叶片革质，椭圆形或长倒卵形，长4~10cm，宽2.5cm，先端急尖，侧脉在下面稍隆起。雄球花穗每轮总苞内具雄花40~70枚及不育雌花10~12枚；雌球花序的每总苞内有雌花5~8枚。成熟种子长椭圆形或窄矩圆状倒卵圆形，长1.5~2cm，直径约1cm，无柄或近无柄；种脐近圆形，直径约2mm。

被子
植物门

ANGIOSPERMAE

# 双子叶植物纲

## DICOTYLEDONEAE

# 1. 木兰科 Magnoliaceae

常绿或落叶乔木或灌木。单叶互生，全缘，稀分裂，羽状脉；小枝上具托叶环痕，但无乳汁，若托叶贴生于叶柄，则叶柄上也有托叶痕。花大，顶生或腋生，常两性，稀杂性；花被片通常花瓣状；雄蕊多数；子房上位，心皮多数，离生，罕合生。蓇葖果为离心皮或有时为合心皮果。种子1~12粒。

## 1 *鹅掌楸属 | Liriodendron L. |

落叶乔木。树皮灰白色，纵裂小块状脱落。小枝具分隔的髓心。冬芽卵形，为2枚黏合的托叶所包围，幼叶在芽中对折，向下弯垂。叶互生，具长柄，托叶与叶柄离生；叶片先端平截或微凹，近基部具1对或2列侧裂。花无香气，单生于枝顶，与叶同时开放；两性；药室外向开裂；雌蕊群无柄。聚合果纺锤状，成熟心皮木质，种皮与内果皮愈合，顶端延伸成翅状，成熟时自花托脱落，花托宿存。种子1~2粒，具薄而干燥的种皮，胚藏于胚乳中。

### *鹅掌楸 Liriodendron chinense (Hemsl.) Sarg.

乔木。高达40m，胸径1m以上。小枝灰色或灰褐色。叶马褂状，长4~12（~18）cm，近基部每边具1侧裂片，先端具2浅裂，下面苍白色，叶柄长4~8（~16）cm。花杯状；花被片9枚，外轮3枚绿色，萼片状，向外弯垂，内2轮6枚，直立，花瓣状、倒卵形，长3~4cm，绿色，具黄色纵条纹；花药长10~16mm，花丝长5~6mm；花期时雌蕊群超出花被之上，心皮黄绿色。聚合果长7~9cm，具翅的小坚果长约6mm，顶端钝或钝尖，具种子1~2粒。花期5月，果期9~10月。

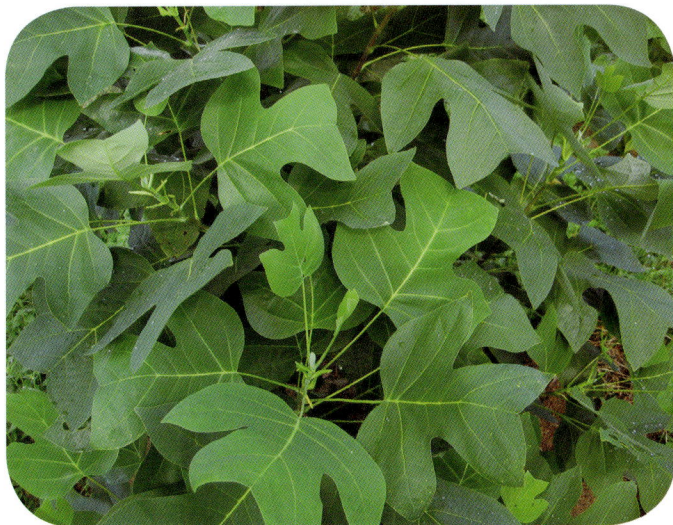

## ② *木兰属 | Magnolia L. |

乔木或灌木。树皮通常灰色，光滑。混合芽顶生（枝、叶及花芽）。叶膜质或厚纸质，互生。花通常芳香，大而美丽；花被片白色、粉红色或紫红色；雄蕊早落；心皮分离。聚合果。种子1~2粒；外种皮橙红色或鲜红色，肉质，含油分；内种皮坚硬，种脐有丝状假珠柄与胎座相连，悬挂种子于外。

### 1. * 夜合 Magnolia coco (Lour.) DC.

常绿灌木或小乔木。高2~4m。树皮灰色。叶革质，椭圆形；托叶痕达叶柄顶端。花梗向下弯垂；花圆球形；雄蕊长4~6mm，花丝白色；雌蕊群绿色，卵形，柱头短，脱落后顶端平截。聚合果长约3cm；蓇葖果近木质。种子卵圆形，高约1cm；内种皮褐色，腹面顶端具侧孔，腹沟不明显，基部尖。花期夏季（在广州几全年持续开花），果期秋季。

### 2. * 玉兰 Magnolia denudata Desr.

落叶乔木。高达25m。树皮深灰色。叶纸质，倒卵形、宽倒卵形，网脉明显；有托叶痕。花蕾卵圆形；花梗显著膨大，密被淡黄色长绢毛；花被片9枚，白色；雄蕊长7~12mm；雌蕊群淡绿色。聚合果圆柱形；蓇葖果厚木质。种子心形，侧扁，高约9mm，宽约10mm；外种皮红色；内种皮黑色。花期2~3月（亦常于7~9月再开一次花），果期8~9月。

### 3. * 荷花木兰 *Magnolia grandiflora* L.

常绿乔木。树皮淡褐色或灰色。叶厚革质，椭圆形，无托叶痕，具深沟。花白色；花被片厚肉质，倒卵形；雄蕊长约2cm；雌蕊群椭圆形，密被长绒毛。聚合果圆柱状长圆形或卵圆形。种子近卵圆形或卵形，长约14mm，直径约6mm；外种皮红色，除去外种皮的种子顶端延长成短颈。花期5~6月，果期9~10月。

### 4. * 凹叶厚朴 Magnolia officinalis subsp. **biloba** (Rehd. et Wils.) et Law

落叶乔木。树皮厚，褐色。叶大，近革质，7~9枚聚生于枝端；叶柄粗壮。花白色，芳香；雄蕊约72枚，长2~3cm，花药长1.2~1.5cm；雌蕊群椭圆状卵圆形，长2.5~3cm。聚合果长圆状卵圆形，长9~15cm；蓇葖果具长3~4mm的喙。种子三角状倒卵形，长约1cm。花期5~6月，果期8~10月。

## ③ 木莲属 ｜ **Manglietia** Bl. ｜

常绿乔木，稀落叶。小枝和叶柄具托叶痕。叶革质，全缘，幼叶在芽中对折。花两性，单生于枝顶；花被片通常3~13（~16）枚，外轮3枚常较薄，近革质，常带绿色或红色；雌蕊群与雄蕊群相连接，雌蕊群无柄，心皮多数，离生，螺旋状排列。蓇葖果宿存，背缝裂或同时腹缝裂，具种子1~12（~16）粒。

### 1. 木莲 Manglietia **fordiana** Oliv.

常绿乔木。高达20m。幼枝及芽被红褐色短毛。叶革质，狭椭圆状倒卵形或倒披针形，长8~17cm，先端短急尖，下面疏生红褐色短毛；叶柄托叶痕短于1/3。花梗短而被褐色毛；花被片9枚，白色；雄蕊群红色；雌蕊群卵圆形。蓇葖果褐色，卵球形，无毛，直立，长2~5cm。种子红色。花期5~6月，果期10月。

## 2. 毛桃木莲 Manglietia kwangtungensis（Merr.）Dandy

乔木。高达14m。嫩枝、芽、幼叶、果柄均密被锈褐色绒毛。叶革质，倒卵状椭圆形、狭倒卵状椭圆形或倒披针形；托叶披针形；托叶痕狭三角形。花芳香；花被片9枚，乳白色；雄蕊群红色；雌蕊群卵圆形，基部心皮狭椭圆形，长10~12mm（连花柱），宽约3mm，背面具4~6条纵棱，每心皮有6~8枚胚珠，排成2列。聚合果卵球形，长5~7cm，直径3.5~6cm；蓇葖果背面有疣状凸起。花期5~6月，果期8~12月。

## 4 *含笑属 | Michelia L. |

常绿乔木或灌木。叶革质，单叶，互生，全缘；小枝及有些种类的叶柄具托叶环痕；幼叶在芽中直立、对折。花蕾单生于叶腋，稀2~3枚形成聚伞花序；花两性，通常芳香；雌蕊群有柄，心皮多数或少数。聚合果为离心皮果，常因部分蓇葖果不发育而形成疏松的穗状聚合果，背缝开裂或腹背为2瓣裂。种子2至数粒。

### 1. * 白玉兰 Michelia alba DC.

常绿乔木。高达17m。树皮灰色。叶薄革质，长椭圆形或披针状椭圆形，干时两面网脉均很明显；叶柄长1.5~2cm，疏被微柔毛；托叶痕几达叶柄中部。花白色，极香；花被片10枚；雄蕊的药隔伸出长尖头；雌蕊群被微柔毛，雌蕊群柄长约4mm，心皮多数，成熟时随着花托的延伸，形成蓇葖果疏生的聚合果；蓇葖果熟时鲜红色。花期4~9月（夏季盛开），通常不结实。

### 2. * 黄兰 Michelia champaca L.

常绿乔木。高达15m。芽、嫩枝、叶和叶柄均被淡黄色平伏柔毛。叶薄革质，披针状卵形或披针状长椭圆形，长10~25cm，顶端长渐尖或尾状渐尖。花橙黄色，极香；花被片15~20枚，披针形，长3~4cm。聚合果长7~12cm；蓇葖果倒卵状长圆形。种子2~4粒，有皱纹。花期6~7月，果期9~10月。

### 3. * 乐昌含笑 Michelia chapensis Dandy

乔木。树皮灰色至深褐色。叶薄革质，倒卵形，狭倒卵形或长圆状倒卵形，长 6.5~15 (~16)cm，宽3.5~6.5 (~7) cm；叶柄长1.5~2.5cm；无托叶痕。花梗长4~10mm，被平伏灰色微柔毛；花被片淡黄色，6枚，芳香，2轮；雌蕊群狭圆柱形，长约1.5cm。聚合果长约10cm；果梗长约2cm。种子红色，卵形或长圆状卵圆形，长约1cm。花期3~4月，果期8~9月。

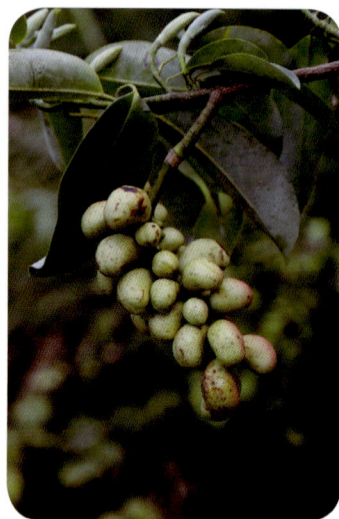

### 4. * 含笑 Michelia figo (Lour.) Speng.

常绿灌木。高2~3m。芽、嫩枝、叶柄、花梗均密被黄褐色绒毛。叶革质，狭椭圆形或倒卵状椭圆形，长4~10cm，宽1.8~4.5cm，上面有光泽，无毛，下面中脉被毛；托叶痕长达叶柄顶端。花直立，生于叶腋，淡黄色而边缘有时红色或紫色，芳香。少见结果；蓇葖果顶端有短尖的喙。花期3~5月，果期7~8月。

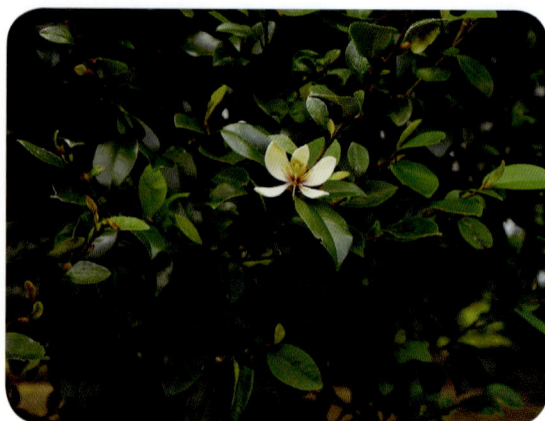

### 5. * **石碌含笑 Michelia shiluensis** Chun et Y. F. Wu

乔木。高达18m。树皮灰色。叶革质，稍坚硬，倒卵状长圆形；叶柄长1~3cm，具宽沟，无托叶痕。花白色；花被片9枚；雄蕊长2~2.5cm，花丝红色；雌蕊群被微柔毛。聚合果长4~5cm；蓇葖果有时仅数枚发育，倒卵圆形或倒卵状椭圆体形，长8~12mm，顶端具短喙。种子宽椭圆形，长约8mm。花期3~5月，果期6~8月。

## ⑤ ﹡**玉兰属** | **Yulania** Spach |

落叶乔木或灌木。叶螺旋状排列；叶片膜质或厚纸质，边缘全缘或稀先端2浅裂；托叶膜质，贴生于叶柄，在小枝上留下托叶痕。花顶生在短轴上，单生，两性；花被片9~15(~45)枚，每轮3枚。果实成熟时通常圆柱状，常因心皮部分不育而弯曲；成熟的心皮通常明显或很少合生，宿存于环面上。

### * **紫玉兰 Yulania liliflora** Desr.

落叶灌木，常丛生。叶椭圆状倒卵形或倒卵形，沿脉有短柔毛。花蕾卵圆形，被淡黄色绢毛；雄蕊紫红色，花药长约7mm，侧向开裂，药隔伸出成短尖头；雌蕊群长约1.5cm，淡紫色，无毛。聚合果深紫褐色，变褐色，圆柱形，长7~10cm；成熟蓇葖果近圆球形，顶端具短喙。花期3~4月，果期8~9月。

# 8.番荔枝科 Annonaceae

乔木、灌木或攀缘灌木。单叶互生，全缘；羽状脉；有叶柄；无托叶。花通常两性，少数单性，辐射对称；通常有苞片或小苞片；下位花；花瓣6枚，稀3~4枚，2轮，覆瓦状或镊合状排列。成熟心皮离生，少数合生成一肉质的聚合浆果，果通常不开裂，少数呈蓇葖状开裂，有果柄，少数无果柄。

## 1 假鹰爪属 | **Desmos** Lour. |

攀缘灌木或直立灌木。叶互生，羽状脉，有叶柄。花单枚腋生或与叶对生，或2~4枚簇生；花萼裂片3个，镊合状排列；花瓣6枚，2轮，外轮常较内轮大；花托凸起，顶端平坦或略凹陷；雄蕊多数；柱头卵状或圆柱状，成熟心皮多数，通常伸长而在种子间缢缩成念珠状，每节含种子1粒。果托圆球状。

### 假鹰爪（酒饼叶）**Desmos chinensis** Lour.

直立或攀缘灌木。除花外，全株无毛。叶薄纸质或膜质，长圆形或椭圆形，中等大小，顶端钝或急尖，基部圆形或稍偏斜，上面有光泽，下面粉绿色。花黄白色，单花与叶对生或互生；萼片外面被微毛；外轮花瓣比内轮花瓣大。果有柄，念珠状，熟时红色，多果簇生。种子球状。花期夏至冬季，果期6月至翌年春季。

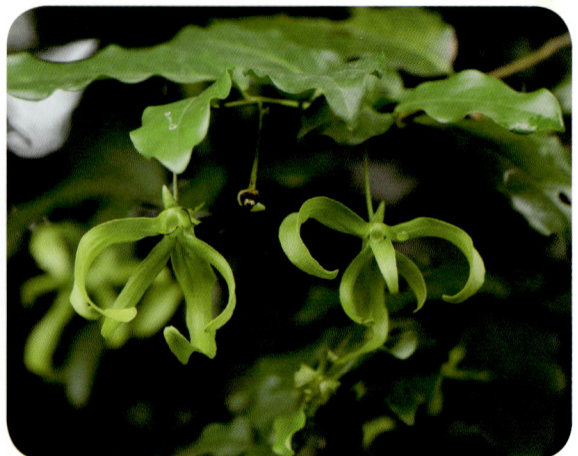

## ② 紫玉盘属 | Uvaria L. |

　　灌木呈攀缘状或蔓延状，有时直立，少数为小乔木（外国种）。全株通常被星状毛。叶互生，羽状脉，有叶柄。花单生至多花集成密伞花序或短总状花序；萼片3枚；花瓣6枚；花托凹陷，被短柔毛或绒毛；雄蕊多数。成熟心皮多数，长圆形或卵圆形或近圆球形，有长柄，内有种子多粒，少数为单粒，有或无假种皮。

**紫玉盘 Uvaria macrophylla** Roxb.

　　直立灌木。高约2m。枝条蔓延性。叶革质，长倒卵形或长椭圆形。花1~2枚，与叶对生，暗紫红色或淡红褐色；萼片阔卵形；花瓣内、外轮相似，卵圆形；雄蕊线形，长约9mm；心皮长圆形或线形，长约5mm，柱头马蹄形，顶端2裂而内卷。果卵圆形或短圆柱形，长1~2cm，直径1cm，暗紫褐色。种子圆球形，直径6.5~7.5mm。花期3~8月，果期7月至翌年3月。

# 11.樟科 Lauraceae

常绿或落叶乔木或灌木，稀为缠绕性寄生草本。单叶具柄，通常革质，富含芳香油细胞，全缘，稀分裂；羽状脉、三出脉或离基三出脉；无托叶。花通常小，白色或绿白色，有时黄色或淡红色，通常芳香；花两性或由于败育而成单性，雌雄同株或异株；辐射对称，通常3基数。浆果或核果，小至很大。

## 1 无根藤属 | Cassytha L. |

寄生缠绕草本。茎线形，分枝，绿色或绿褐色。叶退化为很小的鳞片。花小，两性，极稀雌雄异株；穗状、头状或总状花序；花被裂片6个，2轮，外轮3个很小；能育雄蕊9枚，第三轮雄蕊花丝基部有一对近无柄的腺体。果包藏于花后增大的肉质花被筒内，但彼此分离，顶端开口，并有宿存的花被片。

### 无根藤 Cassytha filiformis L.

寄生缠绕草本。茎线形，绿色或绿褐色，稍木质，幼时被毛。叶退化为微小的鳞片。穗状花序密被锈色短柔毛；花小，白色，无梗；花被裂片6个，2轮，外轮3个较小；能育雄蕊9枚，第三轮雄蕊花丝基部有一对无柄腺体。果小，卵球形，包于肉质果托内，分离，具宿存花被。花果期5~12月。

## 2 樟属 | Cinnamomum Trew |

常绿乔木或灌木。树皮、小枝和叶极芳香。单叶，互生、近对生或对生，革质，离基三出脉或三出脉，或羽状脉。花小或中等大，黄色或白色，两性，稀为杂性，组成腋生或近顶生、顶生的圆锥花序；花被裂片6个，近等大；能育雄蕊9枚，第三轮花丝近基部有1对具柄或无柄的腺体。果肉质，有果托。

### 1. 阴香 Cinnamomum burmannii (C. G. et Th. Nees) Bl.

乔木。高达14m。树皮光滑。叶互生或近对生，稀对生，长5.5~10.5cm，宽2~5cm，具离基三出脉；中脉及侧脉在上面明显。圆锥花序腋生或近顶生；花绿白色，长约5mm；能育雄蕊9枚，花丝全长及花药背面被微柔毛，退化雄蕊3枚；子房近球形，柱头盘状。果卵球形；果托长4mm。花期主要在秋、冬季，果期主要在冬末及春季。

### 2. 樟 Cinnamomum camphora (L.) Presl

常绿大乔木。树冠广卵形。枝、叶及木材均有樟脑气味。枝条圆柱形，淡褐色，无毛。叶互生，卵状椭圆形，具离基三出脉；叶柄纤细，长2~3cm。圆锥花序腋生，长3.5~7cm。花绿白色或带黄色；能育雄蕊9枚，退化雄蕊3枚。果卵球形或近球形，直径6~8mm，紫黑色；果托杯状。花期4~5月，果期8~11月。

### 3. 黄樟 Cinnamomum parthenoxylon (Jack.) Meisn.

常绿乔木。高10~20m。树皮深纵裂，具有樟脑气味。叶椭圆状卵形，长6~12cm，基部楔形或阔楔形；羽状脉，侧脉每边4~5条。圆锥花序腋生或近顶生；花小，绿色带黄色；花梗纤细。果球形，直径6~8mm，黑色；果托狭长倒锥形，红色。花期3~5月，果期4~10月。

## ③ 厚壳桂属 | Cryptocarya R. Br. |

常绿乔木或灌木。叶互生，稀近对生；通常羽状脉，稀离基三出脉。芽鳞少数，叶状。花两性，小，组成腋生或近顶生的圆锥花序；花被筒陀螺形或卵形，宿存，花后顶端收缩；花被裂片6个，近相等或稍不相等，早落。果核果状，全部包藏于肉质或硬化的增大的花被筒内，顶端有一小开口，外面平滑或有多数纵棱。

### 厚壳桂 Cryptocarya chinensis (Hance) Hemsl.

常绿乔木。高达20m，胸径达100cm。树皮暗灰色，具皮孔。叶互生或对生，长椭圆形，中等大小，革质，幼时被毛后脱落；离基三出脉，中脉上凹下凸。圆锥花序腋生及顶生，被黄色小绒毛；花淡黄色。果球形或扁球形，较小，熟时紫黑色，约有纵棱12~15条。花期4~5月，果期8~12月。

## ④ 山胡椒属 | Lindera Thunb. |

常绿或落叶乔、灌木。具香气。叶互生，全缘或三裂；羽状脉、三出脉或离基三出脉。花单性，雌雄异株，黄色或绿黄色；伞形花序单生于叶腋或簇生于短枝；花被片6枚，有时为7~9

枚，近等大或外轮稍大，通常脱落。果圆形或椭圆形，浆果或核果，熟时红色，后变紫黑色。

### 1. 乌药 Lindera aggregata (Sims) Kosterm.

常绿灌木或小乔木。高可达5m。树皮灰褐色。根有纺锤状或结节状膨胀。叶互生，卵形，椭圆形至近圆形。伞形花序腋生，无总梗；花被片6枚；雄花花被片长约4mm，宽约2mm，雄蕊长3~4mm；雌花花被片长约2.5mm，子房椭圆形，长约1.5mm，被褐色短柔毛，柱头头状。果卵形或有时近圆形，长0.6~1cm，直径4~7mm。花期3~4月，果期5~11月。

### 2. 香叶树 Lindera communis Hemsl.

常绿小乔木。高可达12m。树皮淡褐色，具皮孔。顶芽卵形。叶互生，通常披针形、卵形或椭圆形，革质，上面绿色，无毛，下面灰绿色或浅黄色，略被毛，边缘内卷；羽状脉。伞形花序具5~8花，单生或2枚同生于叶腋。果卵形，长约1cm，有时略小而近球形，无毛，熟时红色。花期3~4月，果期9~10月。

### 3. 山胡椒 Lindera glauca (Sieb. et Zucc.) Bl.

落叶灌木或小乔木。高可达8m。树皮平滑，灰色或灰白色。叶互生，宽椭圆形、椭圆形、倒卵形到狭倒卵形，纸质；羽状脉。伞形花序腋生；雄花花被片黄色，椭圆形，雄蕊9枚；雌花花被片黄色，椭圆形或倒卵形，子房椭圆形，长约1.5mm，花柱长约0.3mm，柱头盘状。果梗长1~1.5cm。花期3~4月，果期7~8月。

### 4. 绒毛山胡椒 Lindera nacusua (D. Don) Merr.

常绿灌木或小乔木。树皮灰色，有纵向裂纹。枝条褐色。顶芽宽卵形。叶互生，宽卵形、椭圆形至长圆形，革质。伞形花序单生或2~4个簇生于叶腋。雄花黄色，花被片6枚，卵形，退化雌蕊的子房卵形；雌花黄色，退化雄蕊9，长约1.5mm，子房倒卵形，柱头头状。果近球形，成熟时红色；果梗粗壮，长5~7mm，向上渐增粗，略被黄褐色微柔毛。花期5~6月，果期7~10月。

### 5 木姜子属 | Litsea Lam. |

落叶或常绿乔木或灌木。叶互生，稀对生或轮生；羽状脉。花单性，雌雄异株，3基数；伞形花序或为伞形花序式的聚伞花序或圆锥花序，单生或簇生于叶腋；苞片4~6枚，交互对生，开花时尚宿存，迟落；花被裂片通常6枚，排成2轮。果着生于多少增大的浅盘状或深杯状果托（即花被筒）上，或无果托。

### 1. 尖脉木姜子 Litsea acutivena Hay.

常绿乔木。嫩枝被密毛，老枝近无毛。叶互生，常聚生于枝顶，披针形、倒披针形或长圆状披针形，宽2~4cm，上面幼时沿中脉有毛，下面有黄褐色短柔毛；羽状脉，叶脉上凹下凸。伞形花序簇生于当年生短枝上。果椭圆形，长1.2~2cm，熟时黑色；果梗长1cm；果托杯状。花期7~8月，果期12月至翌年2月。

### 2. 山苍子 Litsea cubeba (Lour.) Pers.

落叶灌木或小乔木。高达8~10m。幼树树皮黄绿色，光滑，老树树皮灰褐色。叶互生，披针形或长圆形，纸质，上面深绿色，下面粉绿色，两面均无毛；羽状脉，叶脉在两面均凸起。伞形花序单生或簇生。果近球形，直径约5mm，无毛，成熟时黑色。花期2~3月，果期7~8月。

### 3. 黄丹木姜子 Litsea elongata (Wall. ex Nees) Benth. et Hook. f.

常绿小乔木或中乔木。高达12m。树皮灰黄色或褐色。小枝黄褐色至灰褐色，密被褐色绒毛。叶互生，较窄长，上面无毛，下面被短柔毛；羽状脉，叶脉在上面平在下面凸。伞形花序单生。果长圆形，熟时黑紫色；果托杯状。花期5~11月，果期翌年2~6月。

### 4. 潺槁木姜子 Litsea glutinosa (Lour.) C. B. Rob.

常绿小乔木或乔木。树皮灰色或灰褐色。叶互生，倒卵形、倒卵状长圆形或椭圆状披针形。伞形花序生于小枝上部叶腋；每一年新花序梗长1~1.5cm，均被灰黄色绒毛；苞片4枚；退化雌蕊椭圆形，无毛；雌花中子房近于圆形，无毛，花柱粗大，柱头漏斗形；退化雄蕊有毛。果球形。花期5~6月，果期9~10月。

### 5. 木姜子 Litsea pungens Hemsl.

落叶小乔木。树皮灰白色。幼枝黄绿色，被柔毛。顶芽圆锥形，鳞片无毛。叶互生，常聚生于枝顶，披针形或倒卵状披针形。伞形花序腋生；每一花序有雄花8~12枚，花被裂片6枚，黄色，倒卵形，能育雄蕊9枚，退化雌蕊细小，无毛。果球形，成熟时蓝黑色。花期3~5月，果期7~9月。

## 6. 豺皮樟 **Litsea rotundifolia** var. **oblongifolia** (Nees) Allen

常绿灌木或小乔木。叶散生，宽卵圆形至近圆形，小，先端钝圆或短渐尖，基部近圆，薄革质，上面绿色，光亮，无毛，下面粉绿色，无毛，羽状脉。与原种的主要区别在于：叶卵状长圆形，先端钝或短渐尖，基部楔形或钝，薄革质，两面无毛，羽状脉，叶脉上凹下凸。伞形花序常3个簇生于叶腋，几无总梗。果球形，直径约6mm，几无果梗，成熟时灰蓝黑色。花期8~9月，果期9~11月。

## ⑥ 润楠属 ｜ **Machilus** Nees ｜

常绿乔木或灌木。树皮稍粗糙，具皮孔。叶互生，全缘；羽状脉。圆锥花序顶生或近顶生；花两性；花被裂片6个，排成2轮，近等大或外轮的较小，第三轮雄蕊有具柄腺体。果肉质，球形或少有椭圆形，果下有宿存反曲的花被裂片；果梗不增粗或略微增粗。

### 1. 华润楠 **Machilus chinensis** (Champ. ex Benth.) Hemsl.

常绿乔木。高可达20m，无毛。叶倒卵状长椭圆形至长椭圆状倒披针形，先端钝或短渐尖，基部狭，革质；中脉上凹下凸，侧脉不明显。圆锥花序顶生，2~4个聚集，常较叶短；花白色；花被

裂片外面有小柔毛；第三轮雄蕊腺体几无柄。果球形，直径8~10mm。花期11月，果期翌年2月。

### 2. 红楠 Machilus thunbergii Sieb. et Zucc.

常绿乔木。高达15m。树皮黄褐色，新枝、叶紫红色。叶革质，倒卵形至倒卵状披针形，长4~13cm，顶端短突或短渐尖，基部楔形。花序顶生或在新枝上腋生；总梗与分枝带红色；花被裂片长圆形。果球形，直径8~10mm，熟时黑紫色；宿存的花被裂片反卷。花期3~4月，果期7月。

## 7 檫木属 ｜ Sassafras Trew ｜

落叶乔木。顶芽大，具鳞片。叶互生，聚集于枝顶，坚纸质。花通常雌雄异株；总状花序（假伞形花序）顶生；苞片线形至丝状；花被黄色，花被筒短；雄花能育雄蕊9枚，退化雄蕊3枚或无，退化雌蕊有或无；雌花子房卵珠形，柱头盘状增大。果为核果，卵球形，深蓝色。种子长圆形，先端有尖头，种皮薄；胚近球形，直立。

### 檫木 Sassafras tzumu (Hemsl.) Hemsl.

常绿乔木。高达14m。树皮灰褐色。幼枝有毛。叶互生于或聚生于枝顶呈轮生状，披针形或倒披针形，较狭窄，上面绿色，无毛，下面略被毛，易脱落，具白粉，革质。伞形花序3~5个簇生于枝顶或节间；花2基数，具短总梗；花被片外有毛。果椭圆形，长8mm；果托浅盘状。花期2~3月，果期9~10月。

# 15.毛茛科 Ranunculaceae

多年生或一年生草本，少有灌木或木质藤本。叶通常互生或基生，少数对生，单叶或复叶，通常掌状分裂，无托叶；叶脉掌状，稀羽状。花两性，少有单性，雌雄同株或雌雄异株，辐射对称，稀两侧对称，单生或组成各种聚伞花序或总状花序。果实为蓇葖果或瘦果，少数为蒴果或浆果。种子有小的胚和丰富胚乳。

## 1 铁线莲属 | Clematis L. |

多年生藤本，稀灌木或草本。叶对生，罕在下部互生，三出复叶至二回羽状复叶或二回三出复叶，稀单叶。花两性，稀单性；聚伞花序或为总状、圆锥状聚伞花序，稀单生或数花与叶簇生；萼片4枚，或6~8枚，无花瓣。瘦果；宿存花柱伸长呈羽毛状，或不伸长而呈喙状。种子1枚。

### 1. 钝齿铁线莲 Clematis apiifolia var. argentilucida Rehd. et Wils.

藤本。小枝和花序梗、花梗密生贴伏短柔毛。三出复叶；小叶片卵形或宽卵形，边缘有锯齿。圆锥状聚伞花序多花；花直径约1.5cm；萼片4枚，开展，白色，狭倒卵形，长约8mm，两面有短柔毛，外面较密；雄蕊无毛，花丝比花药长5倍。瘦果纺锤形或狭卵形。花期7~9月，果期9~10月。

### 2. 小木通 Clematis armandii Franch.

木质藤本。茎圆柱形，有纵条纹，小枝有棱。三出复叶；小叶片革质，卵状披针形、长椭圆状卵形至卵形。聚伞花序或圆锥状聚伞花序；萼片开展，白色，长圆形或长椭圆形，大小变异极大；雄蕊无毛。瘦果扁，卵形至椭圆形，疏生柔毛；宿存花柱长达5cm。花期3~4月，果期4~7月。

### 3. 威灵仙 Clematis chinensis Osbeck

木质藤本。干后变黑色。茎、小枝近无毛或疏生短柔毛。一回羽状复叶有5枚小叶；小叶片纸质，卵形至卵状披针形。常为圆锥状聚伞花序，多花，腋生或顶生；花开展，白色，长圆形或长圆状倒卵形；雄蕊无毛。瘦果扁，卵形至宽椭圆形。花期6~9月，果期8~11月。

### 4. 山木通 Clematis finetiana Lévl. et Vant.

木质藤本，无毛。茎圆柱形，有纵纹，小枝有棱。三出复叶，基部有时为单叶，叶腋常有多数三角状宿存芽鳞；小叶片薄革质或革质，卵状披针形至卵形，全缘。花常单生，或为聚伞花序、总状聚伞花序，腋生或顶生；萼片4(~6)枚，开展，白色，外面边缘被毛。瘦果镰刀状狭卵形。花期4~6月，果期7~11月。

### 5. 小蓑衣藤 Clematis gouriana Roxb. ex DC.

藤本。一回羽状复叶；小叶片纸质，卵形、长卵形至披针形。圆锥状聚伞花序，多花；萼片4枚，开展，白色，椭圆形或倒卵形；雄蕊无毛；子房有柔毛。瘦果纺锤形或狭卵形，不扁，顶端渐尖。花期9~10月，果期11~12月。

### ② 毛茛属 | Ranunculus L. |

多年生稀一年生草本，陆生或部分水生。茎直立、斜升或有匍匐茎。叶大多基生并茎生，单叶或三出复叶，三浅裂至三深裂，或全缘及有齿；叶柄基部扩大成鞘状。花单生或成聚伞花序；花两性，整齐；萼片5枚，绿色，草质，大多脱落；花瓣5枚，稀更多，黄色，基部有爪。聚合果球形或长圆形；瘦果卵球形或两侧压扁。

## 1. 禹毛茛 Ranunculus cantoniensis DC.

多年生草本。须根伸长簇生。茎直立。叶为三出复叶；叶片宽卵形至肾圆形；小叶卵形至宽卵形。花序有较多花，疏生；花梗长2~5cm；萼片卵形，开展；花瓣5枚，椭圆形；花药长约1mm；花托长圆形，生白色短毛。聚合果近球形；瘦果扁平。花果期4~7月。

## 2. 石龙芮 Ranunculus sceleratus L.

一年生草本。须根簇生。茎直立。基生叶多数；叶片肾状圆形，基部心形；叶柄近无毛；茎生叶多数。聚伞花序，有多数花；花小；花梗无毛；萼片椭圆形；花瓣5枚，倒卵形；雄蕊十多枚，花药卵形；花托在果期伸长、增大，呈圆柱形。聚合果长圆形；瘦果极多数，倒卵球形，无毛，喙短至近无。花果期5~8月。

# 18.睡莲科 Nymphaeaceae

水生草本。具根茎。叶盾状，心形或戟形，漂浮于水面；叶柄长。花大，单生于花莛顶端；萼片4~6枚，有时呈花瓣状；花瓣多数，常变态成雄蕊。果浆果状，海绵质，或下部为海绵质，不裂或不规则开裂。种子小，常具假种皮。

## 1 ▶ *莲属 | Nelumbo Adans. |

多年生水生草本。具乳汁。根茎肥大，横走，具多节，节上生根，节间多孔。叶盾状，近圆形，具长柄，从根茎生出；具高出水面的叶及浮水叶两种。花大，单生；花莛常高于叶；花被片螺旋状着生，外层4~5枚绿色，花萼状，较小，向内渐大，花瓣状。坚果椭圆形，果皮革质。花托海绵质。种子无胚乳，子叶肥厚。

### * 莲 Nelumbo nucifera Gaertn.

多年生水生草本。根茎横生于地下，节长。叶盾状圆形，伸出水面，中空，常具刺。花单生于花莛顶端，早落；花瓣多数，红、粉红色或白色；雄蕊多数，花丝细长，药隔棒状；心皮多数，离生，埋于倒圆锥形花托穴内。坚果椭圆形或卵形，黑褐色。种子卵形或椭圆形，红色或白色。花期6~8月，果期8~10月。

## 2 ▶ *睡莲属 | Nymphaea L. |

多年生水生草本植物。根茎平生或直立。叶浮于水面，圆形或卵形，基部心形，背面常有颜色。花大而美丽，浮水或凸出水面；萼片4枚；花瓣和雄蕊多；心皮多数，藏于肉质的花托内，并愈合成一多室、半下位的子房，顶冠以放射状的花柱。果为一海绵质的浆果，于水中成熟。种子多数。

### 1. * 白睡莲 Nymphaea alba L.

多年水生草本。根状茎匍匐。叶纸质，近圆形，全缘或波状，叶缘有浅三角形齿牙，两面无毛，有小点；幼叶紫红色，老时上面转为墨绿色，有光泽，下面暗紫红色。花芳香；花瓣白色，卵状矩圆形，外轮比萼片稍长。浆果扁平至半球形。种子椭圆形。

## 2. * 睡莲 Nymphaea tetragona Georgi

多年生水生草本。根状茎肥厚。叶椭圆形，浮生于水面，全缘；叶二型，浮水叶圆形或卵形，沉水叶薄膜质，脆弱；叶柄圆柱形。花单生；花萼4枚，绿色；花瓣通常8枚；花大型、美丽，白天开花而夜间闭合。浆果球形，在水面下成熟。种子坚硬。

# 19. 小檗科 Berberidaceae

常绿或落叶灌木或多年生草本，稀小乔木。有时具根状茎或块茎。叶互生，稀对生或基生，单叶或一至三回羽状复叶。花序顶生或腋生；花单生、簇生或组成各式总状花序；花两性，辐射对称；萼片6~9枚，常花瓣状，离生，2~3轮；花瓣6枚。浆果，蒴果，蓇葖果或瘦果。种子1至多数，有时具假种皮。

## 南天竹属 | **Nandina** Thunb. |

常绿灌木。无根状茎。叶互生，二至三回羽状复叶；叶轴具关节；小叶全缘，叶脉羽状；无托叶。大型圆锥花序顶生或腋生；花两性；萼片多数，螺旋状排列；花瓣6枚；雄蕊6枚，与花瓣对生。浆果球形，红色或橙红色，顶端具宿存花柱。种子1~3枚，灰色或淡棕褐色，无假种皮。

### 南天竹 **Nandina domestica** Thunb.

常绿小灌木。茎常丛生而少分枝。叶互生，三回羽状复叶；二至三回羽片对生；小叶薄革质，椭圆形或椭圆状披针形，全缘。圆锥花序直立；花小，白色，具芳香；萼片多轮；花瓣长圆形；雄蕊6枚，花丝短。浆果球形，直径5~8mm，熟时鲜红色，稀橙红色。种子扁圆形。花期3~6月，果期5~11月。

# 23.防己科 Menispermaceae

攀缘或缠绕藤本，稀直立灌木或小乔木。叶螺旋状排列，无托叶，单叶，稀复叶；掌状脉，稀羽状脉；叶柄两端肿胀。聚伞花序组成圆锥状或总状，罕单花；花单性，雌雄异株；萼片通常轮生；花瓣常6枚，2轮，有时缺。核果。种皮薄。

## 1 木防己属 | Cocculus DC. |

木质藤本，很少直立灌木或小乔木。叶非盾状，全缘或分裂，具掌状脉。聚伞花序或聚伞圆锥花序，腋生或顶生；花单性；萼片和花瓣常6枚，2轮；雄花瓣顶端2裂，雄蕊离生，花药横裂；心皮6或3个。核果倒卵形或近圆形，稍扁。种子马蹄形，胚乳少，子叶线形，扁平。

### 木防己 Cocculus orbiculatus (L.) DC.

木质藤本。小枝被毛或无。叶片非盾状纸质至革质，形状变异大，两面被毛或仅下面中脉被毛；掌状脉3条，稀5条；叶柄长1~3cm，被毛。聚伞花序，少花，腋生，或聚伞圆锥花序顶生或腋生；萼片和花瓣均6枚，2轮；雄花瓣顶端2裂，雄蕊离生；心皮6个，无毛。核果近球形。花期4~8月，果期8~10月。

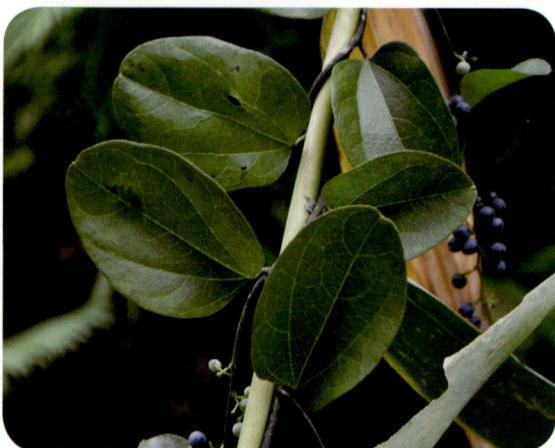

## ② 轮环藤属 | **Cyclea** Arn. ex Wight |

藤本。叶具掌状脉，叶常盾状着生。聚伞圆锥花序，腋生、顶生或生于老茎上；雄花萼片常合生而具4~5裂片，花瓣常合生，雄蕊合生成盾状，花药4~5枚，横裂；雌花萼片和花瓣均1~2枚，彼此对生，稀无，心皮1个。核果倒卵状球形或近圆球形，常稍扁。

### 1. 粉叶轮环藤 **Cyclea hypoglauca** (Schauer) Diels

藤本。小枝除叶腋有簇毛外无毛。叶纸质，基部近截平或近圆形，两面无毛或背面被疏长白毛；叶脉掌状，5~7条。花序腋生；雄花序为间断的穗状花序状，萼片4~5枚，离生，无毛；雌花总状花序，萼片2枚。核果红色，无毛。花期秋季，果期冬季。

### 2. 轮环藤 **Cyclea racemosa** Oliv.

藤本。老茎木质化。叶盾状或近盾状，纸质，卵状三角形或三角状近圆形，全缘，上面被毛或无，下面常被密毛；掌状脉9~11条。聚伞圆锥花序总状，被毛；雄花萼钟形，4深裂，顶部反折，花冠碟状或浅杯状；聚药雄蕊有花药4个；雌花萼片和花瓣均2或1枚。核果扁球形，疏被刚毛。花期4~5月，果期8月。

## ③ 夜花藤属 | **Hypserpa** Miers |

木质藤本。小枝顶端有时延长成卷须状。叶全缘；掌状脉常3条，稀5~7条。聚伞花序或圆锥花序腋生；雄花萼片7~12枚，非轮生，外小内大，花瓣4~9枚，肉质，稀无花瓣，雄蕊6枚至多枚，分离或黏合，花药纵裂；雌花萼片和花瓣与雄花的相似，心皮常2~3个。核果为稍扁的倒卵形至近球形。

### 夜花藤 **Hypserpa nitida** Miers

木质藤本。嫩枝被毛，老枝近无毛。叶片纸质至革质，卵状椭圆形至长椭圆形，常两面无毛，上面光亮；掌状脉3条。聚伞花序腋生，花序通常仅有数花；萼片7~11枚，非轮生，自外至内渐大；花瓣4~5枚；雄蕊5~10枚，分离或基部稍合生；雌花心皮常2个。核果熟时黄色或橙红色，近球形，稍扁。花果期夏季。

## ④ 细圆藤属 | **Pericampylus** Miers |

木质藤本。叶非盾状或稍呈盾状，具掌状脉。聚伞花序腋生，单生或2~3个簇生；萼片

9枚，3轮，外小内大；花瓣6枚；雄蕊6枚，花丝分离或黏合，药室纵裂；雌花退化雄蕊6枚，心皮3个，花柱短，柱头深2裂。核果扁球形。

**细圆藤 Pericampylus glaucus (Lam.) Merr.**

木质藤本。叶一般非盾状，纸质至薄革质，三角状卵形至三角状近圆形，边缘有圆齿或近全缘，两面被毛或近无毛；掌状脉常5条。聚伞花序伞房状腋生，被绒毛；萼片9枚，3轮，外小内大；花瓣6枚，边缘内卷；雄蕊6枚，花丝分离；雌花退化雄蕊6枚，柱头2裂。核果红色或紫色。花期4~6月，果期9~10月。

**5 千金藤属 | Stephania Lour. |**

草质或木质藤本。有或无块根。叶片常纸质，三角状近圆形或三角状近卵形；叶脉掌状；叶柄两端肿胀，盾状着生。花序腋生或腋生于短枝上，稀生于老茎上，通常为伞形聚伞花序；花被辐射对称；雄花萼片2轮，花瓣1轮，雄蕊合生盾状；雌花萼片和花瓣各1轮，互生，心皮1个。核果近球形，红色或橙红色。

**粪箕笃 Stephania longa Lour.**

草质藤本。除花序外全株无毛。盾状叶纸质，三角状卵形；掌状脉10~11条；叶柄基部常扭曲。复伞形聚伞花序腋生；雄花萼片常8枚，排成2轮，花瓣4或3枚，绿黄色；雌花萼片和花瓣均4枚，很少3枚。核果红色，长5~6mm。花期春末夏初，果期秋季。

**6 青牛胆属 | Tinospora Miers |**

藤本。叶具掌状脉。花序腋生或生于老枝上。总状花序、聚伞花序或圆锥花序；雄花花瓣6枚；雄蕊6枚；雌花退化雄蕊6枚，心皮3个，囊状椭圆形。核果1~3枚，具柄，球形或椭圆形；果核近骨质，背部具棱脊，有时有小瘤体。种子新月形；子叶叶状，卵形，极薄，叉开，比胚根长很多。

**中华青牛胆 Tinospora sinensis (Lour.) Merr.**

藤本。枝稍肉质，嫩枝绿色，老枝肥壮，散生疣突状皮孔。叶纸质，阔卵状近圆形；掌状脉5条；叶柄被短柔毛。总状花序先叶抽出；雄花萼片6枚，花瓣6枚，近菱形，雄蕊6枚；雌花序单生，雌花，心皮3个。核果红色，近球形，有明显的背肋和许多小疣状凸起。花期4月，果期5~6月。

# 28.胡椒科 Piperaceae

草本、灌木或攀缘藤本，稀为乔木。常有香气。叶互生，少有对生或轮生；单叶，两侧常不对称，具掌状脉或羽状脉；托叶有或无。花小，两性、雌雄异株或间有杂性，密集成穗状花序或由穗状花序再排成伞形花序，罕总状，花序与叶对生或腋生，稀顶生；无花被。浆果小，具肉质、薄或干燥的果皮。种子具少量的内胚乳和丰富的外胚乳。

## ❶ 草胡椒属 | **Peperomia** Ruiz et Pavon |

一年生或多年生草本。茎常矮小，带肉质，常附生于树上或石上。叶互生、对生或轮生，全缘；无托叶。花极小，两性，常与苞片同着生于花序轴凹陷处，排成顶生、腋生或与叶对生的细弱穗状花序；花序单生、双生或簇生；苞片圆形、近圆形或长圆形。浆果小，不开裂。

### 草胡椒 **Peperomia pellucida** (L.) Kunth

一年生肉质草本。茎分枝，无毛，下部节上常生不定根。叶片半透明，互生，阔卵形或卵状三角形，两面均无毛；叶脉网状脉不明显。穗状花序顶生和与叶对生，细弱；花疏生；苞片近圆形；花药近圆形，有短花丝；子房椭圆形，柱头顶生。浆果球形，花期4~7月。

## ❷ 胡椒属 | **Piper** L. |

灌木或攀缘藤本，稀有草本或小乔木。茎、枝有膨大的节，揉之有香气。叶互生，全缘；具托叶，早落。花单性，雌雄异株，稀两性或杂性；穗状花序与叶对生，稀顶生；花序常宽于总花梗3倍以上；苞片常离生，稀合生，盾状或杯状；柱头3~5个，稀有2个。浆果卵形或球形，稀长圆形，红色或黄色。

### 山蒟 **Piper hancei** Maxim.

攀缘藤本。除花序轴和苞片柄外，余均无毛。茎、枝具细纵纹，节上生根。叶近革质，卵状披针形或椭圆形；叶脉5~7条。花单性，雌雄异株，聚集成与叶对生的穗状花序；苞片近圆形，盾状，向轴面和柄上被柔毛。浆果球形，黄色。花期3~8月。

# 29.三白草科 Saururaceae

多年生草本。茎直立或匍匐状，具明显的节。叶互生，单叶；托叶贴生于叶柄上。花两性，聚集成稠密的穗状花序或总状花序；具总苞或无总苞，苞片显著；无花被；雄蕊3、6或8枚，稀更少，离生或贴生于子房基部或完全上位，花药纵裂；雌蕊由3~4个心皮所组成，离生或合生。果为分果片或蒴果，顶端开裂。

## ① 蕺菜属 | Houttuynia Thunb. |

多年生草本。叶全缘，具柄；托叶贴生于叶柄上，膜质。花小，聚集成顶生或与叶对生的穗状花序，花序基部有4枚白色花瓣状的总苞片；雄蕊3枚，下部与子房合生，花药纵裂；雌蕊由3个部分合生的心皮所组成，花柱3个。蒴果近球形，顶端开裂。

### 蕺菜（鱼腥草） Houttuynia cordata Thunb.

多年生腥臭草本。高30~60cm。茎下部伏地，节上轮生小根，上部直立，无毛或节上被毛。叶薄纸质，有腺点，背面尤甚，卵形或阔卵形，基部心形，两面有时除叶脉被毛外余无毛，叶背面常呈紫红色；叶脉5~7条，全部或近基出。穗状花序长约2cm；总苞片4枚，白色；雄蕊3枚。蒴果小。花期4~7月。

## ② 三白草属 | Saururus L. |

草本。具根茎。茎具沟槽。叶全缘，具柄；托叶着生于叶柄边缘，膜质。花小，组成与叶对生或顶生总状花序，无总苞片；苞片小，贴生于花梗基部；雄蕊6枚，有时8枚；雌蕊由3~4个心皮组成，分离或基部合生。果裂为3~4分果片。

### 三白草 Saururus chinensis (Lour.) Baill.

湿生草本。根茎白色，粗壮，具纵棱及沟槽。叶纸质，密被腺点，宽卵形或卵状披针形，两面无毛，上部叶较小；茎顶端2~3叶花期常白色，呈花瓣状。总状花序腋生或顶生，无毛；花序轴密被柔毛；苞片近匙形，下部线形，被柔毛，贴生于花梗，上部圆，无毛或疏被缘毛。果近球形，表面多疣状凸起。花期4~6月。

# 30. 金粟兰科 Chloranthaceae

草本、灌木或小乔木。单叶对生，具羽状叶脉，边缘有锯齿；叶柄基部常合生；托叶小。花小，两性或单性，排成穗状花序、头状花序或圆锥花序；无花被或在雌花中有浅杯状3齿裂的花被；两性花具雄蕊1或3枚；雌蕊1枚；单性花具雄蕊1枚；雌花少数，有3齿萼状花被。核果卵形或球形。

## 草珊瑚属 | **Sarcandra** Gardn. |

亚灌木。无毛。叶对生，常多对，椭圆形、卵状椭圆形或椭圆状披针形，边缘具锯齿，齿尖有一腺体；叶柄短，基部合生；托叶小。穗状花序顶生，通常分枝，多少成圆锥花序状；花两性，无花被亦无花梗；苞片1枚，宿存；雄蕊1枚，肉质；无花柱，柱头近头状。核果球形或卵形。

### 草珊瑚（九节茶） **Sarcandra glabra** (Thunb.) Nakai

常绿亚灌木。高50~120cm。茎与枝均有膨大的节。叶革质，椭圆形、卵形至卵状披针形，边缘具粗锐锯齿，齿尖有一腺体，无毛；叶柄基部合生；托叶钻形。穗状花序顶生，通常分枝，多少成圆锥花序状；花黄绿色；雄蕊1枚，肉质，棒状至圆柱状；无花柱。核果球形，熟时亮红色。花期6月，果期8~10月。

# 36.白花菜科 Cleomaceae

草本、灌木或乔木，常为木质藤本。叶互生，稀对生，单叶或掌状复叶；托叶刺状，细小或不存在。花两性，排成总状或伞房状，顶生或腋生；萼片4~8枚，分离或合生；花瓣4~8枚，与萼片互生，稀缺；雄蕊4枚至多数，分离或基部与雌蕊合生成雌雄蕊柄；花柱不明显。果为浆果或蒴果，球形或伸长，有时近念珠状。

## 白花菜属 | Cleome L. |

一年生或多年生草本，很少亚灌木或攀缘植物。常被黏质柔毛或腺毛，有特殊气味，有时具刺。叶有柄，互生，掌状复叶，少有单叶。总状花序顶生或再组成圆锥花序；花两性，有时雄花与两性花同株；花瓣4枚；花盘常存在；雌蕊有柄或无柄，子房1室，侧膜胎座2个。蒴果伸长，圆柱形。种子少数至多数，肾形，常具开张的爪，背部有细疣状凸起或雕刻状细皱纹，有时光滑；假种皮有或无。

### 1. * 醉蝶花 Cleome spinosa Jacq.

一年生强壮草本。高1~1.5m。全株被黏质腺毛，有特殊臭味。叶为具5~7枚小叶的掌状复叶；小叶草质，椭圆状披针形或倒披针形。总状花序长达40cm，密被黏质腺毛；苞片1枚，叶状，卵状长圆形；花蕾圆筒形；萼片长圆状椭圆形；花瓣粉红色，少见白色；雄蕊6枚，花药线形。果圆柱形。种子直径约2mm，表面近平滑或有小疣状凸起。花期初夏，果期夏末秋初。

### 2. 臭矢菜 Cleome viscosa L.

一年生直立草本。全株密被黏质腺毛与淡黄色柔毛，无刺，有恶臭气味。叶为具3~5（~7）枚小叶的掌状复叶；小叶薄草质，全缘但边缘有腺纤毛；无托叶。花单生于茎上部，近顶端则成总状或伞房状花序；萼片分离；花瓣淡黄色或橘黄色；雄蕊10~22（~30）枚，花丝比花瓣短；子房无柄，圆柱形，胚珠多数。果直立，圆柱形。种子黑褐色。无明显的花果期，通常3月出苗，7月果熟。

# 39.十字花科 Brassicaceae

一年生、二年生或多年生草本。有时具块根。基生叶呈旋叠状或莲座状，茎生叶通常互生，有柄或无柄，单叶全缘、有齿或分裂，基部有时抱茎或半抱茎；通常无托叶。花整齐，两性，罕单性；花序常总状，顶生或腋生，稀单生；萼片和花瓣4枚，分离，成"十"字形排列，花色各异。果实为长角果或短角果。种子小。

## 1 荠属 | Capsella Medic. |

一年生或二年生草本。茎直立。无毛或具单毛或分叉毛。基生叶莲座状，羽状分裂至全缘，有叶柄；茎生叶无柄，基部耳状抱茎。总状花序伞房状，花疏生，果期延长；萼片近直立，长圆形；花瓣白色或带粉红色，匙形。短角果倒三角形或倒心状三角形，扁平，无翅，无毛。种子每室6~12粒，椭圆形，棕色。

**荠 Capsella bursa-pastoris** (L.) Medic.

一年生或二年生草本。高可达50cm。无毛或有单毛或分叉毛。茎直立。基生叶丛生，呈莲座状，大头羽状分裂，具柄；茎生叶窄披针形或披针形，基部箭形，抱茎，边缘有缺刻或锯齿。总状花序顶生及腋生；萼片长圆形；花瓣白色，卵形，有短爪。短角果倒三角形或倒心状三角形，扁平，无毛，顶端微凹。种子2行，长椭圆形，浅褐色。花果期4~6月。

## 2 碎米荠属 | Cardamine L. |

一年生、二年生或多年生草本。有单毛或无毛。根状茎不明显或显著。茎单一，不分枝或自基部上部分枝。叶为单叶或为各种羽裂，或为羽状复叶；具叶柄，稀无柄。总状花序通常无苞片，初开时伞房状；萼片直立或稍开展；花瓣白色或紫色，倒卵形或倒心形，有时具爪。长角果线形，扁平。种子较少，表面光滑或具纹理，边缘有翅或无翅，无胚乳。

### 1. 弯曲碎米荠 Cardamine flexuosa With.

一年生或二年生草本。高达30cm。茎自基部多分枝。基生叶有叶柄；顶生小叶卵形、倒卵形或长圆形。总状花序多数，生于枝顶；花小，花梗纤细；萼片长椭圆形；花瓣白色，倒卵状楔形；雌蕊柱状，花柱极短，柱头扁球状。长角果线形。种子长圆形而扁，长约1mm，黄绿色，顶端有极窄的翅。花期3~5月，果期4~6月。

### 2. 碎米荠 Cardamine hirsuta L.

一年生小草本。高15~35cm。茎直立，下部有时淡紫色，被毛，上部毛渐少。基生叶具叶柄，有小叶2~5对，有圆齿；茎生叶具短柄，有小叶3~6对，常3齿裂；全部小叶两面稍有毛。总状花序生于枝顶；花小；萼片绿色或淡紫色；花瓣白色，倒卵形。长角果线形，稍扁，无毛，长达30mm。种子椭圆形，顶端有明显的翅。花期2~4月，果期4~6月。

## ❸ 独行菜属 | Lepidium L. |

一年生至多年生草本或半灌木。常具单毛、腺毛、柱状毛。茎单一或多数，分枝。叶草质至纸质，线状钻形至宽椭圆形，全缘、锯齿缘至羽状深裂。总状花序顶生及腋生；花瓣白色；雄蕊6枚；花柱短或无，子房常有2枚胚珠。短角果卵形、倒卵形、圆形或椭圆形，扁平。种子卵形或椭圆形，无翅或有翅。

### 北美独行菜 Lepidium virginicum L.

一年生或二年生草本。茎单一，直立，上部分枝，具柱状腺毛。基生叶倒披针形，叶柄长1~1.5cm；茎生叶有短柄，倒披针形或线形。总状花序顶生；萼片椭圆形；花瓣白色，倒卵形；雄蕊2枚或4枚。短角果近圆形。种子卵形，长约1mm，光滑，红棕色，边缘有窄翅；子叶缘倚胚根。花期4~5月，果期6~7月。

## ❹ 蔊菜属 | Rorippa Scop. |

一年生、二年生或多年生草本。植株无毛或具单毛。茎直立或呈铺散状，多数有分枝。叶全缘，浅裂或羽状分裂。花小，多数，黄色，总状花序顶生；萼片4枚；花瓣4枚或有时缺，倒卵形；雄蕊6枚或较少；柱头全缘或2裂。长角果多数呈细圆柱形，也有短角果呈椭圆形或球形的。种子细小，多数，每室1行或2行；子叶缘倚胚根。

### 1. 广州蔊菜 Rorippa cantoniensis (Lour.) Ohwi

一年生或二年生草本。高10~30cm。植株无毛。茎直立或呈铺散状分枝。基生叶具柄，基部扩大贴茎；叶片羽状深裂或浅裂。总状花序顶生；花黄色，近无柄，每花生于叶状苞片腋部；萼片4枚，宽披针形；花瓣4枚，倒卵形；雄蕊6枚，近等长，花丝线形。短角果圆柱形。种子极多数，细小，扁卵形，红褐色，表面具网纹；子叶缘倚胚根。花期3~4月，果期4~6月。

### 2. 无瓣蔊菜 Rorippa dubia (Pers.) Hara

一年生草本。高10~30cm。植株较柔弱，光滑无毛，直立或呈铺散状分枝，表面具纵沟。单叶互生；基生叶与茎下部叶倒卵形或倒卵状披针形。总状花序顶生或侧生；花小，多数，具细花梗；萼片4枚；雄蕊6枚。长角果线形；果梗纤细，斜升或近水平开展。种子褐色，近卵形，一端尖而微凹，表面具细网纹；子叶缘倚胚根。花期4~6月，果期6~8月。

### 3. 蔊菜 Rorippa indica (L.) Hiern

一年生或二年生直立草本。高20~40cm。植株较粗壮，无毛或具疏毛。茎单一或分枝，表面具纵沟。叶互生；基生叶及茎下部叶具长柄；叶形多变化，通常大头羽状分裂。总状花序顶生或侧生；花小，多数，具细花梗；萼片4枚；花瓣4枚，黄色，匙形；雄蕊6枚。长角果线状圆柱形。种子卵圆形而扁；子叶缘倚胚根。花期4~6月，果期6~8月。

## 40.董菜科 Violaceae

多年生草本、半灌木或小灌木，稀为一年生草本、攀缘灌木或小乔木。叶为单叶，常互生，稀对生，全缘、有锯齿或分裂；有叶柄；托叶小或叶状。花两性或单性，稀杂性，辐射对称或两侧对称，单生或组成腋生或顶生的穗状、总状或圆锥状花序；萼片和花瓣各5枚，覆瓦状；雄蕊5枚。果为蒴果或浆果状。种子无柄或具极短的种柄；种皮坚硬，有光泽。

### 董菜属 | Viola L. |

多年生，少数为二年生草本，稀为半灌木。具根状茎。叶为单叶，互生或基生，全缘、具齿或分裂；托叶呈叶状，离生或与叶柄合生。花两性，两侧对称，单生，稀为2花；春季花有花瓣，夏季花无花瓣；花梗腋生，有2枚小苞片；萼片5枚，略同形；花瓣5枚，异形，稀同形；雄蕊5枚。蒴果球形、长圆形或卵圆状。种子倒卵状；种皮坚硬，有光泽。

#### 1. 戟叶董菜 Viola betonicifolia J. E. Sm.

多年生草本。无地上茎。根状茎粗短。叶基生，莲座状；叶片长三角状戟形或三角状卵形，基部截形或略呈浅心形；叶柄较长，常无毛；托叶约3/4与叶柄合生。花白色或淡紫色，有深色条纹；花梗细长，与叶等长或超出叶，常无毛；萼片基部附属物较短，末端圆；距管状。蒴果椭圆形至长圆形。花果期4~9月。

#### 2. 蔓茎董菜（七星莲）Viola diffusa Ging.

一年生草本。全体被糙毛或白色柔毛。花期生出地上匍匐枝。基生叶多数，丛生呈莲座状；叶片卵形或卵状长圆形，边缘具钝齿及缘毛；叶柄长2~4.5cm，具明显的翅，通常有毛；托叶1/3与叶柄合生。花较小，淡紫色或浅黄色，具长梗，生于叶腋；距极短。蒴果长圆形；花柱宿存，无毛。花期3~5月，果期5~8月。

#### 3. 长萼董菜（犁头草）Viola inconspicua Bl.

多年生草本。无地上茎。叶均基生，莲座状；叶片三角形、三角状卵形或戟形，基部宽心形，边缘具圆锯齿，两面通常无毛；叶柄无毛；托叶3/4与叶柄合生。花淡紫色，有暗色条纹；花梗细弱，与叶等长或稍长；萼片基部附属物伸长，末端具缺刻状浅齿；距管状。蒴果长圆形，无毛。种子卵球形，深绿色。花果期3~11月。

### 4. 紫花地丁 Viola philippica Cav.

多年生草本。无地上茎。根状茎短，垂直，淡褐色。叶多数，基生，莲座状；叶片下部者通常较小，呈三角状卵形或狭卵形；托叶膜质，苍白色或淡绿色。花中等大，紫堇色或淡紫色，稀呈白色；萼片卵状披针形或披针形；花瓣倒卵形或长圆状倒卵形；距细管状；花药长约2mm；子房卵形，无毛，花柱棍棒状。蒴果长圆形。种子卵球形，淡黄色。花果期4月中下旬至9月。

# 42.远志科 Polygalaceae

一年生或多年生草本，或灌木或乔木，罕为寄生小草本。单叶互生、对生或轮生；叶片纸质或革质，全缘；羽状脉，稀退化为鳞片状；无托叶。花两性，两侧对称，白色、黄色或紫红色，排成总状花序、圆锥花序或穗状花序，腋生或顶生；花萼5枚，常呈花瓣状；花瓣通常3枚；雄蕊4~8枚；果为蒴果，或为翅果、坚果。种子卵形、球形，黄褐色、暗棕色。

## 1 ▸ 远志属 | Polygala L. |

一年生或多年生草本、灌木或小乔木。单叶互生，稀对生或轮生；叶片纸质或近革质，全缘。总状花序顶生、腋生或腋外生；花两性，两侧对称，具苞片；萼片5枚，不等大，常花瓣状；花瓣3枚，白色、黄色或紫红色，侧瓣与龙骨瓣常于中部以下合生，龙骨瓣顶端背部具鸡冠状附属物；雄蕊8枚。果为蒴果，具翅或无。种子卵形、圆形，通常黑色，被短柔毛。

### 华南远志（金不换、蛇总管）Polygala chinensis L.

一年生直立草本。茎枝较粗。叶互生，纸质，倒卵形、椭圆形或披针形，全缘，微反卷，疏被短柔毛；叶柄极短，被柔毛。总状花序腋上生，花少而密集；花梗极短，基部具苞片2枚，早落；萼片5枚，绿色，宿存；花瓣3枚，淡黄色或淡红色，侧瓣较龙骨瓣短。蒴果圆形，具狭翅及缘毛。种子卵形，黑色，密被白色柔毛。花期4~10月，果期5~11月。

## ② 齿果草属 | *Salomonia* Lour. |

一年生草本或寄生小草本。茎枝绿色、黄色、褐色或紫罗兰色。单叶互生；叶膜质或纸质，全缘，或为褐色鳞片状。花极小，两侧对称；顶生穗状花序，具小苞片；萼片5枚；花瓣3枚，白色或淡紫红色，中间1枚龙骨瓣状。蒴果肾形、宽圆形或倒心形。种子2粒，卵形，黑色。

**齿果草 *Salomonia cantoniensis* Lour.**

一年生直立草本。根纤细，芳香。茎细弱，多分枝，无毛，具狭翅。单叶互生；叶片膜质，卵状心形或心形，绿色，无毛；基出3脉。穗状花序顶生，多花，花后延长；萼片5枚，线状钻形；花瓣3枚，淡红色。果爿具蜂窝状网纹。种子2粒，卵形，亮黑色。花期7~8月，果期8~10月。

# 45.景天科 Crassulaceae

草本、亚灌木或灌木。常有肥厚、肉质的茎、叶。叶互生、对生或轮生；常为单叶，全缘或稍有缺刻，稀单数羽状复叶；无托叶。常为聚伞花序，或为伞房状、穗状、总状或圆锥状，稀单生；花两性，或为单性而雌雄异株，辐射对称，各部常分离，稀合生；雄蕊和心皮均与萼片或花瓣同数或倍数。蓇葖果，稀蒴果。种子小，长椭圆形。

## 落地生根属 | **Bryophyllum** Salisb. |

肉质草本、亚灌木或灌木。茎常直立。叶对生或三叶轮生；单叶，有浅裂或羽状分裂，或为羽状复叶。花常下垂，色艳，花为4基数；萼片常合生成钟状或圆柱形；花冠与萼同长，合生，花冠裂片4个，较管部短，稀较长；雄蕊着生在花冠管基部或中部以下，花丝与花冠管同长；鳞片半圆形、正方形或线形，全缘或有微缺；心皮常有较长的花柱。蓇葖果。

### 落地生根 **Bryophyllum pinnatum** (L. f.) Oken

多年生草本。高40~150cm。茎有分枝。羽状复叶，肉质；小叶长圆形至椭圆形，边缘有圆齿，圆齿底部容易生芽，芽长大后落地即成一新植物。圆锥花序顶生；花下垂；花萼圆柱形；花冠高脚碟形，基部稍膨大，向上成管状，裂片4个，淡红色或紫红色；雄蕊8枚；心皮4个。蓇葖果包在花萼及花冠内。种子小，有条纹。花期1~3月。

# 53.石竹科 Caryophyllaceae

一年生或多年生草本，稀亚灌木。茎节通常膨大，具关节。单叶对生，稀互生或轮生，全缘，基部多少连合；托叶有或缺。聚伞花序或聚伞圆锥花序，花辐射对称，稀单生，两性，稀单性；萼片5枚，稀4枚；花瓣5枚，稀4枚，瓣片全缘或分裂；雄蕊10枚，2轮列，稀5枚或2枚；雌蕊1枚，由2~5个合生心皮构成。果为蒴果。

## 1 鹅肠菜属 | Myosoton Moench |

二年生或多年生草本。茎下部匍匐，上部直立，被腺毛。叶对生。花两性，白色，排列成顶生二歧聚伞花序；萼片5枚；花瓣5枚。蒴果卵形，比萼片稍长，5瓣裂至中部，裂瓣再2齿裂。种子肾状圆形，种脊具疣状凸起。

### 牛繁缕 Myosoton aquaticum (L.) Moench

二年生或多年生草本。具须根。茎上升，多分枝。叶片卵形或宽卵形。顶生二歧聚伞花序；苞片叶状，边缘具腺毛；花梗细，长1~2cm，密被腺毛；萼片卵状披针形或长卵形；花瓣白色，2深裂至基部，裂片线形或披针状线形；雄蕊10枚；子房长圆形，花柱短，线形。蒴果卵圆形。种子近肾形，直径约1mm，稍扁，褐色，具小疣。花期5~8月，果期6~9月。

## 2 漆姑草属 | Sagina L. |

一年生或多年生小草本。茎多丛生。叶线形或线状锥形，基部合生成鞘状；托叶无。花小，单生于叶腋或顶生成聚伞花序；花瓣白色；雄蕊4~5枚，有时为8枚或10枚；子房1室，含多数胚珠，花柱4~5个，与萼片互生。蒴果卵圆形，4~5瓣裂，裂瓣与萼片对生。种子细小，肾形，表面有小凸起或平滑。

### 漆姑草 Sagina japonica (Sw.) Ohwi

一年生小草本。上部被稀疏腺柔毛。茎丛生，稍铺散。叶片线形。花小型，单生于枝端；花梗细，被稀疏短柔毛；萼片5枚，卵状椭圆形；花瓣5枚，狭卵形，白色；雄蕊5枚，短于花瓣；子房卵圆形，花柱5个，线形。蒴果卵圆形，微长于宿存萼，5瓣裂。种子细，圆肾形，

微扁，褐色，表面具尖瘤状凸起。花期3~5月，果期5~6月。

## ❸ 繁缕属 | Stellaria L. |

一年生或多年生草本。叶扁平，形状各异。花小，多数组成顶生聚伞花序，稀单生于叶腋；萼片5枚，稀4枚；花瓣5枚，稀4枚，白色，稀绿色，2深裂，稀微凹或多裂，有时无花瓣；雄蕊10枚，稀少数；花柱3个，稀2个。蒴果圆球形或卵形，裂齿数为花柱数的2倍。种子多数，稀1~2粒，近肾形，扁，具瘤或平滑。

### 1. 雀舌草 Stellaria alsine Grimm

二年生草本。高15~35cm。全株无毛。茎丛生，稍披散，多分枝。叶无柄；叶片披针形至长圆状披针形，细小，半抱茎，边缘软骨质，下面粉绿色。聚伞花序通常具3~5枚花，顶生或花单生于叶腋；萼片5枚，基部多少合生；花瓣5枚，白色，略短于萼片，2深裂；雄蕊5~7枚。蒴果卵圆形。种子多数。花期5~6月，果期7~8月。

### 2. 繁缕 Stellaria media (L.) Vill

一年生或二年生草本。茎基部多少分枝，常带淡紫红色，被1~2列毛。叶片宽卵形或卵形，小，全缘；基生叶具长柄。疏聚伞花序顶生；花梗细弱；萼片5枚，离生；花瓣白色，比萼片短，深2裂达基部；雄蕊3~5枚，短于花瓣；花柱3个。蒴果卵形。种子卵圆形至近圆形，稍扁，红褐色，表面具半球形瘤状凸起，脊较显著。花期6~7月，果期7~8月。

# 54.粟米草科 Molluginaceae

草本。叶对生、互生或假轮生，有时肉质；托叶有或无。花两性，小，辐射对称，单生、簇生或组成聚伞花序、伞形花序；萼片通常5枚，花被片5枚，分离或基部合生，覆瓦状排列，宿存；雄蕊常3枚或多数；心皮3~5个，连合或离生，花柱、柱头与子房同数。蒴果，室背开裂或环裂，稀不裂。种子多数。

## 粟米草属 ｜ Mollugo L. ｜

一年生草本。茎披散、斜升或直立，多分枝，无毛。单叶，基生、近对生或假轮生，全缘。花小，具梗，顶生或腋生，簇生或成聚伞花序、伞形花序；花被片5枚，离生，草质；雄蕊通常3枚，有时4枚或5枚，稀更多(6~10枚)，与花被片互生；心皮3~5个，合生，花柱3~5个。蒴果，球形。种子多数。

### 粟米草 Mollugo stricta L.

铺散一年生草本。茎纤细，多分枝，有棱角，无毛，老茎通常淡红褐色。叶3~5枚假轮生或对生；叶片披针形或线状披针形，细长，全缘；中脉明显；叶柄短或近无柄。花极小，组成疏松聚伞花序，顶生或与叶对生；花被片5枚，淡绿色；雄蕊通常3枚；花柱3个，短。蒴果近球形。种子多数。花期6~8月，果期8~10月。

# 56.马齿苋科 Portulacaceae

一年生或多年生草本，稀亚灌木。单叶，互生或对生，全缘，常肉质；托叶有或无。花两性，整齐或不整齐，腋生或顶生，单生或簇生，或成各种花序；萼片2枚，稀5枚，分离或基部连合；花瓣4~5枚，稀更多，覆瓦状排列，分离或基部稍连合；雄蕊与花瓣同数，对生；柱头2~5裂。蒴果，稀坚果。种子多数，稀2粒。

## ❶ 马齿苋属 | Portulaca L. |

一年生或多年生肉质草本。无毛或被疏柔毛。茎披散。叶互生或近对生或在茎上部轮生；叶片圆柱状或扁平；有托叶，稀无。花顶生，单生或簇生；常具数枚叶状总苞；萼片2枚，筒状；花瓣4枚或5枚，离生或下部连合，花开后黏液质；雄蕊4枚至多数，着生于花瓣上；花柱上端3~9裂成线状柱头。蒴果盖裂。种子细小，多数，肾形或圆形，光亮，具疣状凸起。

### 1. 马齿苋 Portulaca oleracea L.

一年生草本。全株无毛。茎伏地披散，多分枝，圆柱形，常带暗红色。叶互生，有时近对生；叶片扁平，肥厚，倒卵形，似马齿状，全缘；叶柄粗短。花无梗，常3~5枚簇生于枝端，午时盛开；苞片2~6枚，叶状；萼片2枚，对生，绿色，盔形，基部合生；花瓣5枚，黄色，基部合生。蒴果卵球形。种子细小，多数，偏斜球形，黑褐色，有光泽。花期5~8月，果期6~9月。

### 2. * 大花马齿苋 Portulaca grandiflora Hook.

一年生草本。茎平卧或斜升。叶密集于枝端，较下的叶分开，不规则互生，叶片细圆柱形，顶端圆钝，无毛；叶柄极短或近无柄，叶腋常生一撮白色长柔毛。花单生或数枚簇生于枝端；总苞8~9枚，叶状，具白色长柔毛。蒴果近椭圆形，盖裂。种子细小，多数，圆肾形。花期6~9月，果期8~11月。

## ❷ *土人参属 | Talinum Adans. |

一年生或多年生草本，或亚灌木。茎直立，肉质，无毛。叶互生或部分对生；叶片扁平，全缘；无柄或具短柄；无托叶。花小，成顶生总状花序或圆锥花序，稀单生于叶腋；萼片2枚，分离或基部短合生；花瓣5枚，稀更多，红色；雄蕊5枚至多数，通常贴生于花瓣基部；花柱顶端3裂。蒴果常俯垂，3瓣裂。种子近球形或扁球形，亮黑色，具瘤或棱。

### \* **土人参 Talinum paniculatum** (Jacq.) Gaertn.

一年生或多年生草本。全株无毛。茎直立，肉质，基部近木质，多少分枝，圆柱形，有时具槽。叶互生或近对生；具短柄或近无柄；叶片稍肉质，倒卵形或倒卵状长椭圆形，全缘。圆锥花序顶生或腋生，常二叉状分枝；花小；花瓣粉红色或淡紫红色。蒴果近球形，3瓣裂。种子多数，扁圆形，黑褐色或黑色，有光泽。花期6~8月，果期9~11月。

## 57.蓼科 Polygonaceae

草本，有时亚灌木或稍木质藤本。茎直立，平卧、攀缘或缠绕，通常具膨大的节。单叶，互生，稀对生或轮生，常全缘，稀分裂；叶柄有或无；托叶常成鞘状。花序穗状、总状、头状或圆锥状，顶生或腋生；花小，两性，稀单性，雌雄异株或雌雄同株，辐射对称；花梗通常具关节。瘦果，卵形或椭圆形，具棱、翅或刺。

### ① 金线草属 | Antenoron Rafin. |

多年生草本。根状茎粗壮。茎直立，不分枝或上部分枝。叶互生，叶片椭圆形或倒卵形；托叶鞘膜质。总状花序呈穗状，顶生或腋生；花两性；花被4深裂；雄蕊5枚；花柱2个，果时伸长，硬化，顶端呈钩状，宿存。瘦果卵形，双凸镜状。

**金线草 Antenoron filiforme (Thunb.) Rob. et Vant.**

多年生草本。根状茎粗壮。茎直立，节部膨大。叶椭圆形或长椭圆形，全缘，两面均具糙伏毛；托叶鞘筒状，膜质，褐色。总状花序呈穗状，顶生或腋生；花梗长3~4mm；苞片漏斗状，绿色；花被4深裂，红色，花被片卵形；雄蕊5枚；花柱2个。瘦果卵形，双凸镜状，褐色，有光泽，长约3mm，包于宿存花被内。花期7~8月，果期9~10月。

### ② *珊瑚藤属 | Antigonon Hook. et Arn. |

藤本。稍木质。叶互生，基部心形或戟形。花序轴顶端延伸成卷须；花两性，粉红色，有时白色，排成总状花序；花被裂片5；雄蕊7~8枚，花丝基部合生；花柱3个。瘦果大，三棱形，包藏于扩大、纸质的宿存花被内。

**\* 珊瑚藤 Antigonon leptopus Hook. et Arn.**

多年生稍木质攀缘藤本。长达10m。茎自肥厚的块根发出，稍木质，有棱角和卷须。叶有短柄；叶片卵形或卵状三角形，顶端渐尖，基部心形，近全缘，下面毛较密；叶脉明显；托叶鞘极小。花序总状，顶生或腋生，花序轴顶部延伸变成卷须；花稀疏，淡红色或白色；花被片5枚，在果期稍增大；雄蕊7~8枚。瘦果卵状三角形，长约10mm，平滑，包于宿存的花被内。花果期全年。

### ③ 何首乌属 | **Fallopia** Adans. |

一年生或多年生草本，稀半灌木。茎缠绕。叶互生，卵形或心形；具叶柄；托叶鞘筒状，顶端截形或偏斜。花序总状或圆锥状，顶生或腋生；花两性，花被5深裂。瘦果卵形，具3棱，包于宿存花被内。

#### 何首乌 **Fallopia multiflora** var. **multiflora**

多年生草本。根茎块状，黑褐色。茎缠绕，多分枝，具纵棱。叶卵形或长卵形，长3~7cm，两面粗糙，全缘；托叶鞘膜质。花序圆锥状，顶生或腋生；苞片三角状卵形；花被5深裂，白色或淡绿色。瘦果卵形，具3棱，黑褐色。花期8~9月，果期9~10月。

### ④ 蓼属 | **Polygonum** L. |

一年生或多年生草本，稀亚灌木或小灌木。茎直立，平卧或上升，被毛或无，通常节部膨大。叶互生，线形、披针形、卵形、椭圆形、箭形或戟形，全缘，稀具裂片；托叶鞘筒状。花序穗状、总状、头状或圆锥状，顶生或腋生，稀簇生于叶腋；花两性，稀单性；花梗具关节。瘦果卵形，具3棱或双凸镜状。

#### 1. 火炭母 **Polygonum chinense** L.

多年生草本。茎直立，无毛，具纵棱，多分枝，斜上。叶卵形或长卵形，宽2~4cm，全缘，无毛，稀下面叶脉被疏毛；叶具柄或无；托叶鞘膜质，无毛，无缘毛。头状花序再排成圆锥状，顶生或腋生，花序梗被腺毛；花被时增大，呈肉质，蓝黑色。瘦果宽卵形，具3棱，包于宿存的花被。花期7~9月，果期8~10月。

#### 2. 水蓼 **Polygonum hydropiper** L.

一年生草本。高40~70cm。茎直立，多分枝，节部膨大。叶披针形或椭圆状披针形，具辛辣味；托叶鞘筒状，膜质，褐色。总状花序呈穗状，顶生或腋生；苞片漏斗状；花被5深裂；雄蕊6枚；花柱2~3个，柱头头状。瘦果卵形，黑褐色，无光泽，包于宿存花被内。花期5~9月，果期6~10月。

### 3. 蚕茧草 Polygonum japonicum Meisn.

多年生草本。根状茎横走。茎直立，淡红色，节部膨大。叶披针形，近薄革质，坚硬，全缘；托叶鞘筒状，膜质。总状花序呈穗状；苞片漏斗状，绿色，上部淡红色，具缘毛；雌雄异株；花被5深裂，白色或淡红色。雄花雄蕊8枚；雌花花柱2~3个。瘦果卵形，黑色，有光泽。花期8~10月，果期9~11月。

### 4. 酸模叶蓼 Polygonum lapathifolium L.

一年生草本。高40~90cm。茎直立，具分枝，节部膨大。叶披针形或宽披针形，全缘，边缘具粗缘毛；叶柄短，具短硬伏毛；托叶鞘筒状。总状花序呈穗状，顶生或腋生，近直立；花紧密，通常由数个花穗再组成圆锥状；花被淡红色或白色，4(~5)深裂；雄蕊通常6枚。瘦果宽卵形，双凹，长2~3mm，黑褐色，有光泽，包于宿存花被内。花期6~8月，果期7~9月。

### 5. 长鬃蓼 Polygonum longisetum De Br.

一年生草本。茎直立，上升或基部近平卧，节部稍膨大。叶披针形或宽披针形；叶柄短或近无柄；托叶鞘筒状。总状花序呈穗状，顶生或腋生；苞片漏斗状；花梗长2~2.5mm，与苞片近等长；花被5深裂，淡红色或紫红色，花被片椭圆形；雄蕊6~8枚；花柱3个。瘦果宽卵形，具3棱，黑色，有光泽，包于宿存花被内。花期6~8，果期7~9月。

### 6. 小蓼花 Polygonum muricatum Meisner

一年生草本。茎细弱，通常自基部分枝，上升或外倾，红褐色。叶线状披针形或狭披针形；叶柄极短或近无柄；托叶鞘筒状，膜质。总状花序呈穗状，直立，长2~3cm，顶生或腋生；花排列紧密；苞片漏斗状，具粗缘毛；每苞内具2~4花；花被5深裂，花被片椭圆形；雄蕊5~6枚；花柱2个，柱头头状。瘦果卵形，双凸镜状，黑色，有光泽，包于宿存花被内。花期5~9月，果期6~10月。

### 7. 糙毛蓼 Polygonum muricatum Meissn.

一年生草本。茎上升，多分枝，具纵棱。叶卵形或长圆状卵形，沿中脉具倒生短皮刺或糙伏毛，边缘密生短缘毛；托叶鞘筒状，膜质。总状花序呈穗状，极短；苞片宽椭圆形或卵形，具缘毛；花被5深裂，白色或淡紫红色，花被片宽椭圆形；雄蕊通常6~8枚；花柱3个，柱头头状。瘦果卵形，具3棱，黄褐色，平滑，包于宿存花被内。花期7~8月，果期9~10月。

### 8. 杠板归 Polygonum perfoliatum L.

一年生草本。茎攀缘，多分枝，茎具纵棱，沿棱具稀疏的倒生皮刺。叶三角形，基部截形或微心形，薄纸质，上面无毛；叶柄与叶片近等长，盾状着生；托叶鞘叶状。总状花序呈短穗状，不分枝，顶生或腋生；花被5深裂，白色或淡红色，花被果时增大，呈肉质，深蓝色。瘦果球形。花期6~8月，果期7~10月。

### 9. 习见蓼 Polygonum plebeium R. Br.

一年生草本。茎平卧，自基部分枝。叶狭椭圆形或倒披针形，两面无毛；侧脉不明显；叶柄极短或近无柄；托叶鞘膜质，白色，透明。花3~6枚，簇生于叶腋，遍布于全植株；苞片膜质；花梗中部具关节；花被5深裂，花被片长椭圆形，绿色；雄蕊5枚，花丝基部稍扩展；花柱3个，柱头头状。瘦果宽卵形，黑褐色，平滑，有光泽，包于宿存花被内。花期5~8月，果期6~9月。

### 10. 伏毛蓼 Polygonum pubescens Bl.

一年生草本。茎直立，节部明显膨大。叶卵状披针形或宽披针形，中部具黑褐色斑点，两面密被短硬伏毛，边缘具缘毛；叶柄稍粗壮；托叶鞘筒状，膜质。总状花序呈穗状，顶生或腋生；花稀疏；苞片漏斗状；花梗细弱；花被5深裂，绿色，上部红色，密生淡紫色透明腺点；花柱3个，中下部合生。瘦果卵形，具3棱，黑色，密生小凹点，包于宿存花被内。花期8~9月，果期8~10月。

### 11. 粗刺蓼 Polygonum strigosum R. Br.

多年生草本。茎近直立或外倾，沿棱具倒生皮刺。叶长椭圆形或披针形，边缘具短缘毛；叶柄具倒生皮刺；托叶鞘筒状，膜质，基部密被倒生皮刺。总状花序呈穗状；苞片椭圆形或卵形；花梗长1~2mm，比苞片短；花被5深裂，白色或淡红色，花被片椭圆形，长2~4mm，雄蕊

5~7枚；子房宽卵形，花柱2~3个。瘦果近圆形，包于宿存花被内。花期8~9月，果期9~10月。

### 12. 戟叶蓼 Polygonum thunbergii Sieb. et Zucc.

一年生草本。茎直立或上升，具纵棱，沿棱具倒生皮刺。叶戟形，具倒生皮刺，通常具狭翅；托叶鞘膜质，边缘具叶状翅，翅近全缘，具粗缘毛。花序头状，顶生或腋生；苞片披针形；花梗无毛，比苞片短；花被5深裂，淡红色或白色，花被片椭圆形；雄蕊8枚，成2轮；花柱3个。瘦果宽卵形，具3棱，黄褐色，无光泽，长3~3.5mm，包于宿存花被内。花期7~9月，果期8~10月。

## 5 酸模属 ｜ Rumex L. ｜

一年生或多年生草本，稀为灌木。根通常粗壮，有时具根状茎。茎直立，通常具沟槽，分枝或上部分枝。叶基生和茎生；茎生叶互生，边缘全缘或波状；托叶鞘膜质。花序圆锥状，多花簇生成轮；花两性，雌雄异株；花梗具关节；花被片6枚，雄蕊6枚；子房卵形，具3棱，1室，含1枚胚珠。瘦果卵形或椭圆形，具3锐棱，包于增大的内花被片内。

### 长刺酸模 Rumex trisetifer Stokes

一年生草本。根粗壮，红褐色。茎直立，褐色或红褐色，具沟槽，分枝开展。茎下部叶长圆形或披针状长圆形；茎上部的叶较小，狭披针形，叶柄长1~5cm，托叶鞘膜质，早落。花序总状，顶生和腋生，具叶，再组成大型圆锥状花序；花两性，多花轮生。瘦果椭圆形，具3锐棱，两端尖，长1.5~2mm，黄褐色，有光泽。花期5~6月，果期6~7月。

# 59.商陆科 Phytolaccaceae

草本或灌木，稀为乔木。茎直立，稀攀缘。植株通常不被毛。单叶互生，全缘。花小，雌雄异株，辐射对称或近辐射对称，排列成总状花序或聚伞花序、圆锥花序、穗状花序，腋生或顶生；雄蕊数目变异大，花丝线形或钻状；子房上位。果实肉质，浆果或核果，稀蒴果。种子小，侧扁；胚乳丰富，粉质或油质，为一弯曲的大胚所围绕。

## *商陆属 | Phytolacca L. |

草本。常具肥大的肉质根。茎、枝圆柱形。叶片卵形、椭圆形或披针形；托叶无。花通常两性；花被片5枚，辐射对称，草质或膜质；雄蕊6~33枚，着生于花被基部，花药长圆形或近圆形；子房近球形，上位，花柱钻形，直立或下弯。浆果，肉质多汁，后干燥，扁球形。种子肾形，扁压，外种皮硬脆，亮黑色，光滑，内种皮膜质；胚环形，包围粉质胚乳。

### * 垂序商陆 Phytolacca americana L.

多年生草本。全株无毛。根肥大，肉质，倒圆锥形。茎直立，肉质，绿色或红紫色。叶片薄纸质，椭圆形、长椭圆形或披针状椭圆形，两面散生细小白色斑点（针晶体）。总状花序顶生或与叶对生，圆柱状；花被片5枚，白色、黄绿色；雄蕊8~10枚，花丝白色，钻形；花柱短，直立。果序直立；浆果扁球形。种子肾形，黑色，长约3mm，具3棱。花期5~8月，果期6~10月。

# 61.藜科 Chenopodiaceae

一年生草本、亚灌木、灌木，稀多年生。茎和枝有时具关节。叶互生或对生，扁平或圆柱状及半圆柱状，稀鳞片状；无托叶。花为单被花，两性，稀杂性或单性；有苞片或无苞片；花被膜质、草质或肉质，果时常常增大；雄蕊与花被片同数对生或较少。果实为胞果，很少为盖果。种子直立、横生或斜生。

## 藜属 | **Chenopodium** L. |

一年生或多年生草本，稀亚灌木。有毛。很少有气味。叶互生；有柄；叶片通常宽阔扁平，全缘或具不整齐锯齿或浅裂片。花两性或兼有雌性；不具苞片和小苞片；通常数花聚集成团伞花序（花簇），再成腋生或顶生的穗状、圆锥状或复二歧式聚伞状的花序，较少为单生；花被球形。胞果。种子横生，稀斜生或直立。

### 1. 藜 **Chenopodium album** L.

一年生草本。高30~150cm。茎直立，粗壮，具棱和色条，多分枝。叶片菱状卵形至宽披针形，中等大小，先端急尖或微钝，下面多少有粉，边缘具不整齐锯齿；叶柄与叶等长或短。花两性；花簇于枝上部排列成穗状，再成圆锥状花序；雄蕊5枚，花药伸出花被。胞果。种子横生，双凸镜状。花果期5~10月。

### 2. 土荆芥 **Chenopodium ambrosioides** L.

一年生或多年生草本。有强烈香味。茎直立，有色条及钝条棱。叶片矩圆状披针形至披针形，边缘具稀疏不整齐的大锯齿。花两性及雌性；花被裂片5个，绿色，果时通常闭合；雄蕊5枚，花药长0.5mm。胞果扁球形。种子横生或斜生，黑色或暗红色，平滑，有光泽，边缘钝。花期和果期的时间都很长。

### 3. 小藜 **Chenopodium ficifolium** Sm.

一年生草本。茎直立，具条棱及绿色色条。叶片卵状矩圆形。花两性，数枚团集，排列于上部的枝上形成较开展的顶生圆锥状花序；花被近球形，5深裂，裂片宽卵形，不开展，背面具微纵隆脊并有密粉；雄蕊5枚；柱头2个，丝形。胞果包在花被内；果皮与种子贴生。种子双凸镜状，黑色，有光泽，直径约1mm，表面具六角形细洼；胚环形。花期4~5月。

## 63.苋科 Amaranthaceae

一年或多年生草本，少数攀缘藤本或灌木。叶互生或对生，全缘，少数有微齿；无托叶。花小，两性或单性同株或异株，或杂性，簇生于叶腋，成疏散或密集的穗状花序、头状花序、总状花序或圆锥花序；具苞片；花被片3~5枚，覆瓦状排列；雄蕊常和花被片等数且对生。胞果或小坚果，稀浆果。种子1粒或多数。

### ① 牛膝属 | Achyranthes L. |

草本或亚灌木。茎具明显节，枝对生。叶对生；有叶柄。穗状花序顶生或腋生，后期下折；花两性，小苞片有1枚长刺，基部加厚，两旁各有一短膜质翅；花被片4~5枚，顶端芒尖，花后变硬，包裹果实；退化雄蕊5枚，花药2室；柱头头状。胞果卵状矩圆形、卵形或近球形，有1粒种子。种子矩圆形，凸镜状。

#### 土牛膝（倒扣草）Achyranthes aspera L.

多年生草本。高120cm。茎四棱形，有柔毛，节部稍膨大，分枝对生。叶对生，纸质，宽卵状倒卵形或椭圆状矩圆形，顶端圆钝，具突尖，全缘或波状；有柄。穗状花序顶生，直立，后反折；花疏生；小苞片刺状，坚硬，基部两侧有翅，退化雄蕊顶端有具分枝流苏状长缘毛。胞果卵形。种子卵形，不扁压，棕色。花期6~8月，果期10月。

### ② 莲子草属 | Alternanthera Forsk. |

匍匐或上升草本。茎多分枝。叶对生，全缘。花两性；头状花序，单生在苞片腋部，花小；苞片及小苞片干膜质，宿存；花被片5枚，干膜质，常不等；雄蕊2~5枚，花丝基部连合成管状或短杯状，花药1室；退化雄蕊全缘，有齿或条裂；花柱短或长，柱头头状。胞果球形或卵形，不裂，边缘翅状。种子凸镜状。

#### 1.* 锦绣苋 Alternanthera bettzickiana (Regel) G. Nicholson

多年生草本。茎直立或基部匍匐，多分枝，上部四棱形，下部圆柱形，两侧各有一纵沟。叶片矩圆形、矩圆倒卵形或匙形；叶柄长1~4cm，稍有柔毛。头状花序顶生及腋生；苞片及小苞片卵状披针形；花被片卵状矩圆形，白色；雄蕊5枚，花药条形；退化雄蕊带状，高达花药的中部或顶部，顶端裂成3~5极窄条；子房无毛，花柱长约0.5mm。果实不发育。花期8~9月。

### 2. * 巴西莲子草 Alternanthera dentata (Moench) Stuchl.‘Ruliginosa’

多年生草本。基部木质化。直立，多分枝，高可达1.5m。叶对生，长卵形或阔披针形，先端尖，基部圆或楔形，长5~8cm，宽4~5cm，暗紫红色。密生穗状花序腋生，乳白色；苞片卵形锐尖。

### 3. 喜旱莲子草（空心莲子草）Alternanthera philoxeroides (Mart.) Griseb.

多年生草本。茎基部匍匐，上部上升，管状，不明显4棱，节上生根。叶对生，矩圆形、矩圆状倒卵形，顶端急尖或圆钝，具短尖，全缘，两面无毛；有叶柄。头状花序，单生于叶腋，球形，具总梗；花密生；苞片、小苞片、花被片均白色；雄蕊5枚，花丝基部连合成杯状；退化雄蕊舌状。少见果。花期5~10月。

### 4. 莲子草 Alternanthera sessilis (L.) DC.

多年生草本。茎上升或匍匐，绿色或稍带紫色，纵沟及节有毛。叶对生，条状倒披针形至倒卵状矩圆形，基部渐狭，常无毛；有柄。头状花序，腋生，无总花梗；花密生；苞片、小苞片花被片均白色；雄蕊3枚，花丝基部连合成杯状；退化雄蕊三角状钻形。胞果倒心形。种子卵球形。花期5~7月，果期7~9月。

## 3 苋属 | Amaranthus L. |

一年生草本。茎直立或伏卧。叶互生，全缘；有叶柄。花单性，雌雄同株或异株，或杂性，成无梗花簇，腋生，或腋生及顶生，再集合成单一或圆锥状穗状花序；具大小苞片；花被片常5枚；雄蕊常5枚，花丝基部离生，花药2室；无退化雄蕊；花柱极短或缺，柱头2~3个。胞果球形或卵形，侧扁。种子无假种皮。

### 1. * 尾穗苋 Amaranthus caudatus L.

一年生草本。高达15m。茎直立，粗壮，具钝棱角。叶片菱状卵形或菱状披针形，顶端短渐尖或圆钝；叶柄长1~15cm。圆锥花序顶生，下垂；苞片及小苞片披针形；花被片长2~2.5mm，红色，透明；雄花的花被片矩圆形，雌花的花被片矩圆状披针形。胞果近球形。种子近球形，淡棕黄色，有厚的环。花期7~8月，果期9~10月。

### 2. 刺苋 Amaranthus spinosus L.

一年生草本。茎直立，多分枝，有纵条纹，绿色或带紫色，无毛或稍有毛。叶互生，菱状卵形或卵状披针形，顶端圆钝，具微凸头，全缘，无毛；叶柄旁有2枚刺。圆锥花序腋生及顶生；苞片在腋生花簇及顶生花穗的基部者变成尖锐直刺；花被片5枚；雄蕊5枚；柱头3个。胞果矩圆形。种子近球形，黑色或带棕黑色。花果期7~11月。

### 3. * 苋 Amaranthus tricolor L.

一年生草本。茎粗壮，绿色或红色，常分枝，幼时有毛或无毛。叶片卵形、菱状卵形或披针形；叶柄长2~6cm，绿色或红色。花簇腋生，花簇球形；雄花和雌花混生；苞片及小苞片卵状披针形；花被片矩圆形，绿色或黄绿色；雄蕊比花被片长或短。胞果卵状矩圆形，包裹在宿存花被片内。种子近圆形或倒卵形，黑色或黑棕色，边缘钝。花期5~8月，果期7~9月。

### 4. 皱果苋 Amaranthus viridis L.

一年生草本。全株无毛。茎直立，稍分枝。叶卵形、卵状长圆形或卵状椭圆形，长3~9 cm，具1枚芒尖，全缘或微波状，叶面常有"V"字形白斑。穗状圆锥花序，顶生；苞片和小苞片披针形，花被片长圆形或宽倒披针形。胞果扁球形，绿色。种子近球形。花期6~8月，果期8~10月。

## 4 青葙属 | Celosia L. |

一年生或多年生草本、亚灌木或灌木。叶互生，卵形至条形，全缘；有叶柄。花两性，成顶生或腋生、密集或间断的穗状花序，或排列成圆锥花序；总花梗有时扁化；苞片着色，宿存；花被片5枚，着色，宿存；雄蕊5枚，花丝基部连合成杯状；无退化雄蕊；花柱1个，宿存，柱头头状。胞果卵形或球形，盖裂。种子凸镜状肾形，黑色，光亮。

### 1. 青葙 Celosia argentea L.

一年生草本。高1m。全体无毛。茎直立，有分枝，绿色或红色，具显明条纹。叶互生，矩圆披针形、披针形或披针状条形，绿色常带红色，基部渐狭。花多数，密生，在茎端或枝端成单一、无分枝的塔状或圆柱状穗状花序；花被片顶端带红色，后成白色；花柱紫色，伸长。胞果卵形，盖裂。种子凸透镜状肾形，直径约1.5mm。花期5~8月，果期6~10月。

### 2. * 鸡冠花 Celosia cristata L.

一年生直立草本。全株无毛，茎绿色或带红色，有棱纹凸起。叶片卵形、卵状披针形或披针形，全缘。花多数，极密生，成扁平肉质鸡冠状、卷冠状或羽毛状的穗状花序；大花序下数个分枝，圆锥状矩圆形，表面羽毛状；花被片红色、紫色、黄色、橙色或红黄色相间。胞果卵形。花果期7~9月。

## 5 *千日红属 | Gomphrena L. |

草本或亚灌木。叶对生，稀互生。花两性，头状花序球形或半球形；花被片5枚；雄蕊5枚；子房1室。胞果球形或长圆形，侧扁，不裂。种子双凸；种皮革质，平滑。

### * 千日红 Gomphrena globosa L.

一年生草本。茎粗壮，有分枝，被灰色糙毛。叶纸质，长椭圆形或长圆状倒卵形，被白色柔毛；叶柄被灰色柔毛。顶生球形或长圆形头状花序，紫红色、淡紫或白色；总苞具2枚绿色对生叶状苞片，卵形或心形；苞片卵形，白色，先端紫红色。胞果近球形。种子肾形。花期6~7月，果期8~9月。

# 64.落葵科 Basellaceae

缠绕草质藤本。全株无毛。单叶，互生，全缘，稍肉质；常具柄；无托叶。穗状、总状或圆锥花序，稀单花；花小，两性，稀单性，辐射对称；苞片3枚，小苞片2枚；花被片5枚，离生或下部连合，白色或淡红色，在芽内覆瓦状排列。胞果，干燥或肉质。种子球形。

## 1 *落葵薯属 | Anredera Juss. |

多年生草质藤本。茎多分枝。叶稍肉质；无柄或具柄。总状花序，腋生，稀分枝；花梗宿存；花被片基部合生，裂片薄，开花时伸展，以后加厚，包裹果实；花丝线形，基部宽，在花蕾中弯曲；花柱3个，柱头球形或棍棒状，有乳头。果实球形；外果皮肉质或似羊皮纸质。种子双凸镜状。

### * 落葵薯 Anredera cordifolia (Tenore) Steen.

缠绕藤本。长可达数米。根状茎粗壮。叶具短柄；叶片卵形至近圆形。总状花序具多花，花序轴纤细；苞片狭，不超过花梗长度，宿存；花梗长2~3mm；下面1对小苞片宿存，宽三角形，急尖，透明；花被片白色，渐变黑；雄蕊白色；花柱白色，分裂成3个柱头臂，每臂具1个棍棒状或宽椭圆形柱头。果实、种子未见。花期6~10月。

## 2 *落葵属 | Basella L. |

一至二年生缠绕草本。叶稍肉质。穗状花序腋生；花序轴粗长；花无梗，淡红色或白色；苞片极小，早落；小苞片和坛状花被连合，肉质，花后肿大，卵球形；花被5浅裂，裂片钝圆，具脊；雄蕊5枚。胞果球形，肉质。种子胚螺旋状。

### * 落葵 Basella alba L.

一年生缠绕草本。茎无毛，肉质，绿或稍紫红色。叶卵形或近圆形，长3~9 cm。穗状花序腋生；苞片小，早落，小苞片2枚，萼状，长圆形；花被片淡红色或淡紫色，卵状长圆形，顶端内摺，下部白色，连合成筒。果球形，红色、深红色至黑色，多汁液；外包宿存小苞片及花被。花期5~9月，果期7~10月。

# 67.牻牛儿苗科 Geraniaceae

草本，稀为亚灌木或灌木。叶互生或对生；叶片通常掌状或羽状分裂；具托叶。聚伞花序，腋生或顶生，稀花单生；花两性，整齐，辐射对称或稀为两侧对称；萼片覆瓦状排列；花瓣5枚或稀为4枚；雄蕊10~15枚；子房上位，心皮2~3（~5）个，倒生胚珠。果实为蒴果。种子具微小胚乳或无胚乳；子叶折叠。

## *天竺葵属 | **Pelargonium** L. Her. |

草本、亚灌木或灌木。具浓裂香气。茎略呈肉质。叶对生或互生；叶片圆形、肾圆形或扇形。边缘波状，具齿；具托叶。花序通常为伞形或聚伞花序；具苞片；花通常两侧对称；萼片5枚，覆瓦状排列；花瓣5枚，覆瓦状排列；无蜜腺；雄蕊10枚；子房合生，5个心皮，5室，每室具2枚胚珠，花柱分支5个。蒴果具喙，5裂，每室具1粒种子。种子无胚乳，包于两子叶之间。

### * 天竺葵 **Pelargonium hortorum** L. H. Bailey

多年生草本。茎直立，基部木质化，上部肉质。托叶宽三角形或卵形，被柔毛和腺毛；叶柄长3~10cm，被细柔毛和腺毛；叶片圆形或肾形，茎部心形。伞形花序腋生，具多花；总花梗长于叶，被短柔毛；总苞片数枚，宽卵形，芽期下垂，花期直立；萼片狭披针形；花瓣红色、橙红色、粉红色或白色，宽倒卵形；子房密被短柔毛。蒴果长约3cm，被柔毛。花期5~7月，果期6~9月。

# 69.酢浆草科 Oxalidaceae

　　一年生或多年生草本，极少为灌木或乔木。指状或羽状复叶或小叶萎缩而成单叶，基生或茎生；小叶在芽时或晚间背折而下垂，通常全缘。花两性，辐射对称；单花或组成近伞形花序或伞房花序，少有总状花序或聚伞花序；萼片5枚，离生或基部合生；花瓣5枚；雄蕊10枚。果为开裂的蒴果或为肉质浆果。种子通常为肉质，干燥时产生具弹力的外种皮。

## ❶ 阳桃属 | Averrhoa L. |

　　乔木。叶互生或近于对生；奇数羽状复叶；小叶全缘；无托叶。花小，微香，数枚至多枚组成聚伞花序或圆锥花序，生于叶腋或枝干上；萼片5枚，覆瓦状排列，基部合生，红色；花瓣5枚；雄蕊10枚；花柱5个。浆果肉质，下垂，有明显的3~6棱，通常5棱，横切面呈星芒状。种子数粒。

### * 阳桃 Averrhoa carambola L.

　　乔木。高可达12m。树皮暗灰色。奇数羽状复叶，互生；小叶5~13枚，全缘，卵形或椭圆

形，基部圆，一侧歪斜，疏被柔毛或无毛；小叶柄甚短。花小，微香，数枚组成聚伞花序或圆锥花序，生于叶腋或枝干上；萼片5枚；花瓣5枚；雄蕊5~10枚；花柱5个。浆果肉质，下垂，有5棱。种子黑褐色。花期4~12月，果期7~12月。

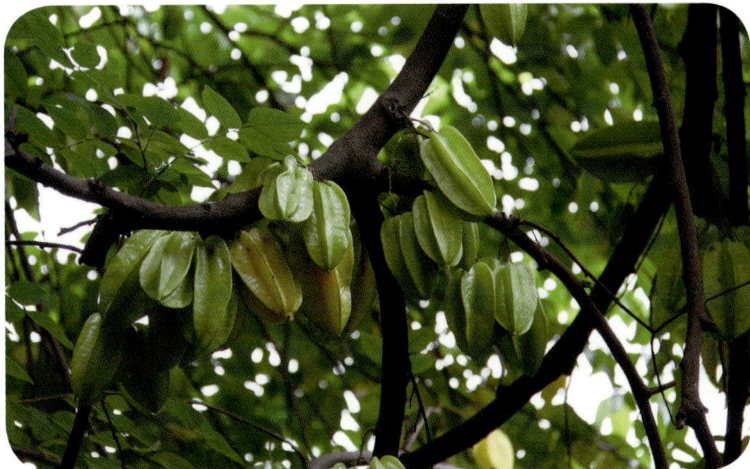

## ② 酢浆草属 ｜ Oxalis L. ｜

一年生或多年生草本。茎匍匐或披散。叶互生或基生，指状复叶，通常有3小叶；小叶夜晚闭合下垂；无托叶或托叶极小。花基生或为聚伞花序式；总花梗腋生或基生；花黄色、红色、淡紫色或白色；萼片5枚，覆瓦状排列；花瓣5枚，覆瓦状排列；雄蕊10枚；花柱5个，分离。蒴果，室背开裂。种子具2瓣状的假种皮，种皮光滑。

### 1. 酢浆草 Oxalis corniculata L.

草本。高10~35cm，全株被柔毛。茎细弱，多分枝，直立或匍匐，匍匐茎节上生根。叶基生或茎上互生；托叶小；叶柄基部具关节；小叶3枚，无柄，倒心形，两面被柔毛或表面无毛。花单生或数枚集为伞形花序状，腋生；萼片5枚，宿存；花瓣5枚，黄色；雄蕊10枚；花柱5个。蒴果长圆柱形，5棱。种子长卵形，褐色或红棕色，具横向肋状网纹。花果期2~9月。

### 2. 红花酢浆草 Oxalis corymbosa DC.

多年生直立草本。无地上茎。叶基生；叶柄长，被毛；小叶3枚，扁圆状倒心形，顶端凹入，被毛或近无毛；托叶与叶柄基部合生。总花梗基生；二歧聚伞花序，通常排列成伞形花序式；花梗、苞片、萼片均被毛；萼片5枚；花瓣5枚，倒心形，淡紫色至紫红色；雄蕊10枚；花柱5个。花果期3~12月。

# 71.凤仙花科 Balsaminaceae

一年生或多年生草本，稀附生或亚灌木。茎通常肉质。单叶；无托叶或有时叶柄基具1对托叶状腺体，边缘具圆齿或锯齿，齿端具小尖头，齿基部常具腺状小尖；羽状脉。花两性；雄蕊先熟，两侧对称，常呈180°倒置，排成腋生或近顶生总状或假伞形花序；萼片3枚，稀5枚，侧生萼片离生或合生，全缘或具齿，下面倒置的1枚萼片（亦称唇瓣）大，花瓣状，通常呈舟状，漏斗状或囊状，基部渐狭或急收缩成具蜜腺的距；花瓣5枚，分离，位于背面的1枚花瓣（即旗瓣）离生；雄蕊5枚；雌蕊由4个或5个心皮组成。果实为假浆果或多少肉质，4~5裂片弹裂的蒴果。

## *凤仙花属 | Impatiens L. |

属的特征与科相同。

### * 凤仙花 Impatiens balsamina L.

一年生草本。高60~100cm。茎粗壮，肉质，直立。叶互生，最下部叶有时对生；叶片披针形、狭椭圆形或倒披针形，边缘有锐锯齿；叶柄上面有浅沟。花单生或2~3枚簇生于叶腋；无总花梗；花白色、粉红色或紫色，单瓣或重瓣；苞片线形，位于花梗的基部；侧生萼片2枚，卵形或卵状披针形；雄蕊5枚，花丝线形，花药卵球形，顶端钝；子房纺锤形，密被柔毛。蒴果宽纺锤形。种子多数，圆球形，直径1.5~3mm，黑褐色。花期7~10月。

# 72. 千屈菜科 Lythraceae

草本、灌木或乔木。枝常具4棱，稀具枝刺。叶对生，稀轮生或互生，全缘；托叶细小或无。花两性，通常辐射对称，稀左右对称，单生或簇生，或组成顶生或腋生的穗状花序、总状花序或圆锥花序；花萼筒状或钟状；花瓣与萼裂片同数或无花瓣；雄蕊通常为花瓣的倍数；花柱单生。蒴果。种子多数。

## 1 水苋菜属 | Ammannia L. |

一年生草本。茎直立，柔弱，多分枝，枝通常具4棱。叶对生或互生，全缘；无托叶。花小，4基数，辐射对称，单生或组成腋生的聚伞花序或稠密花束；苞片通常2枚；萼筒钟形或管状钟形；雄蕊2~8枚；子房矩圆形或球形，胚珠多数，着生于中轴胎座上。蒴果球形或长椭圆形。种子多数，细小，有棱；种皮革质。

### 耳基水苋 Ammannia auriculate Willd.

草本。直立，少分枝，无毛，高15~60cm，上部的茎4棱或略具狭翅。叶对生，膜质，狭披针形或矩圆状披针形。聚伞花序腋生；小苞片2枚，线形；萼筒钟形；花瓣4枚，紫色或白色，近圆形，早落，有时无花瓣；雄蕊4~8枚，约一半凸出于萼裂片之上；子房球形。蒴果扁球形，紫红色，直径2~3.5mm，成不规则周裂。种子半椭圆形。花期8~12月。

## 2 *紫薇属 | Lagerstroemia L. |

落叶或常绿灌木或乔木。叶对生、近对生或聚生于小枝的上部，全缘；托叶极小。花两性，辐射对称；顶生或腋生的圆锥花序；花梗在小苞片着生处具关节；花萼半球形或陀螺形；花瓣通常6枚，基部有细长的爪，边缘波状或有皱纹；雄蕊6枚至多数。蒴果，基部有宿存的花萼包围，室背开裂。种子多数，顶端有翅。

### 1.* 广东紫薇 Lagerstroemia fordii Oliv. et Koehne ex Koehne

乔木。高可达8m。枝圆柱形，有时幼枝稍有4棱。叶互生，纸质，阔披针形或椭圆状披针形。花6基数；顶生圆锥花序长6~12cm，被灰白色绒毛；花芽顶端圆形；花萼长约6mm，三角形；花瓣心状圆形；雄蕊25~30枚，着生于萼筒最基部；子房无毛。蒴果褐色，卵球形，长1~1.2cm，直径7~9mm，无毛。

### 2. * 紫薇 Lagerstroemia indica L.

落叶灌木或小乔木。高可达7m。树皮平滑。枝干多扭曲，小枝纤细。叶互生或有时对生，纸质，椭圆形、阔矩圆形或倒卵形；小脉不明显。花淡红色或紫色、白色，常组成7~20cm的顶生圆锥花序；花瓣6枚，皱缩。蒴果椭圆状球形或阔椭圆形，长1~1.3cm。种子有翅，长约8mm。花期6~9月，果期9~12月。

### 3. * 大花紫薇 Lagerstroemia speciosa (L.) Pers.

大乔木。树皮灰色，平滑。小枝圆柱形，无毛或微被糠秕状毛。叶革质，矩圆状椭圆形或卵状椭圆形。圆锥花序顶生；花淡紫色或紫红色；花萼有棱12条，被糠秕状毛，6裂，裂片三角形，反曲，内面无毛；花瓣6枚，具短爪。蒴果球形至倒卵状矩圆形。种子多数，长10~15mm。花期5~7月，果期10~11月。

### ③ 节节菜属 | Rotala L. |

一年生草本，稀多年生。无毛或近无毛。叶交互对生或轮生，稀互生；无柄或近无柄。花小，3~6基数，辐射对称，单生于叶腋，或组成顶生或腋生的穗状花序或总状花序，常无花梗；萼筒钟形至半球形或壶形，3~6裂，裂片间无附属体；花瓣3~6枚，细小或无；雄蕊1~6枚。蒴果不完全为宿存的萼管包围。种子细小。

### 圆叶节节菜 Rotala rotundifolia (Buch.-Ham. ex Roxb.) Koehne

一年生草本。各部无毛。茎单一或稍分枝，直立，丛生，带紫红色。叶对生，近圆形、阔倒卵形或阔椭圆形。花单生于苞片内，组成顶生稠密的穗状花序；花极小；萼筒阔钟形，裂片4个，裂片间无附属体；花瓣4枚，淡紫红色，长约为花萼裂片的2倍；雄蕊4枚。蒴果椭圆形，3~4瓣裂。花果期12月至翌年6月。

# 75.安石榴科 Punicaeae

落叶乔木或灌木。单叶，对生或簇生，有时呈螺旋状排列；无托叶。花顶生或近顶生，单生或几枚簇生或组成聚伞花序；花两性，辐射对称；萼革质，萼管与子房贴生，近钟形，裂片5~9个，镊合状排列；花瓣5~9枚，覆瓦状排列。浆果球形。种子多数；种皮外层肉质，内层骨质。

## *石榴属 | **Punica** L. |

属的特征与科相同。

### * 石榴 **Punica granatum** L.

落叶灌木或乔木。枝顶常成尖锐长刺，幼枝具棱角，老枝近圆柱形。叶对生，纸质，长圆状披针形。花大，1~5枚生于枝顶或腋生；萼筒红色或淡黄色，裂片稍外展，卵状三角形，近顶端有一黄绿色腺体，边缘具小乳突；花瓣红色、黄色或白色。浆果近球形，淡黄褐色或淡黄绿色，偶为白色。肉质外种皮淡红色至乳白色。

# 77.柳叶菜科 Onagraceae

一年生或多年生草本，有时为半灌木或灌木，稀为小乔木，有的为水生草本。叶互生或对生；托叶小或无。花两性，稀单性，辐射对称或两侧对称，单生于叶腋或排成顶生的穗状花序、总状花序或圆锥花序。花通常4枚；花管存在或不存在；萼片4枚或5枚；花瓣4枚或5枚，或更少或无。果为蒴果，有时为浆果或坚果。种子为倒生胚珠，多数或少数，稀1粒，无胚乳。

## 丁香蓼属 | Ludwigia L. |

直立或匍匐草本，多为水生植物，稀灌木或小乔木。叶互生或对生，稀轮生；常全缘；托叶早落。花单生于叶腋，或组成顶生的穗状花序或总状花序；花管不存在；萼片4~5枚，花后宿存；花瓣与萼片同数，稀不存在，黄色，稀白色；雄蕊与萼片同数或为萼片的2倍。蒴果。种子多数。

### 1. 草龙 Ludwigia hyssopifolia (G. Don) Exell

一年生直立草本。茎基部常木质化，具棱，多分枝，幼枝及花序被微柔毛。叶披针形至线形，侧脉每侧9~16条，下面脉上疏被短毛。花腋生，萼片4枚；花瓣4枚，黄色，小，长2~3mm；雄蕊8枚。蒴果近无梗，幼时近四棱形，熟时近圆柱状。种子在蒴果上部每室排成多列，游离生。花果期几乎四季。

### 2. 毛草龙 Ludwigia octovalvis (Jacq.) Raven

多年生粗壮直立草本，有时亚灌木状。多分枝，稍具纵棱，常被伸展的黄褐色粗毛。叶披针形至线状披针形，两面被黄褐色粗毛，边缘具毛；侧脉每侧9~17条。花腋生；萼片4枚；花瓣4枚，黄色，稍大，长7~14mm；雄蕊8枚。蒴果圆柱状，有梗，具8条棱。种子每室多列。花期6~8月，果期8~11月。

### 3. 丁香蓼 Ludwigia prostrata Roxb.

一年生直立草本。茎下部圆柱状，上部四棱形，常淡红色。叶狭椭圆形；托叶几乎全退化。萼片4枚，三角状卵形至披针形；花瓣黄色；雄蕊4枚，花丝长0.8~1.2mm，花药扁圆形；花柱长约1mm，柱头近卵状或球状；花盘围以花柱基部，稍隆起，无毛。蒴果四棱形。种子呈1列横卧于每室内，里生，卵状；种脊线形，长约0.4mm。花期6~7月，果期8~9月。

# 78.小二仙草科 Haloragaceae

水生或陆生草本，稀灌木状。叶互生、对生或轮生，生于水中的常为篦齿状分裂；托叶缺。花小，两性或单性，腋生，单生或簇生，或成顶生的穗状花序、圆锥花序、伞房花序；萼筒与子房合生，萼片2~4枚或缺；花瓣2~4枚，或缺；雄蕊2~8枚，排成2轮，外轮对萼分离。果为坚果或核果状，小型，有时有翅。

## 小二仙草属 | **Haloragis** J. R. |

陆生平卧或直立的纤细草本，稀亚灌木。常具棱。分枝或不分枝。叶小，下部和幼枝常为对生，稀在上部互生，革质或薄革质，全缘或具齿；常具叶柄。花小，单生或簇生于上部叶腋，成假二歧聚伞状，多为总状花序或圆锥花序，稀成短穗状花序；萼管具棱；花瓣4~8枚或缺；雄蕊4枚或8枚。果小，坚果状，不开裂。

### 小二仙草 **Haloragis micrantha** (Thunb.) R. Br. ex Sieb. et Zucc.

多年生陆生草本。茎具纵槽，多分枝，多少粗糙。叶对生，卵形或卵圆形，边缘具稀疏锯齿，两面无毛；具短柄。花序为顶生的圆锥花序，由纤细的总状花序组成；花两性，极小，基部具1枚苞片与2枚小苞片；花萼绿色；花瓣4枚，红色。坚果极小。花期4~8月，果期5~10月。

# 81.瑞香科 Thymelaeaceae

落叶或常绿灌木或乔木，稀草本。单叶互生或对生，革质或纸质，稀草质，全缘；羽状脉；具短叶柄；无托叶。花辐射对称，两性或单性，雌雄同株或异株；花序各异；花萼通常为花冠状，基部连合，裂片4~5个；花瓣常缺；雄蕊通常为萼裂片的2倍或同数。浆果、核果或坚果，稀为2瓣开裂的蒴果。

## ❶ *沉香属 ｜ **Aquilaria** Lam. ｜

乔木或小乔木。叶互生，具纤细闭锁的平行脉。花两性，腋生或顶生，通常组成无梗或具梗的伞形花序，无苞片；萼筒钟状，宿存；蒴果具梗，两侧压扁，倒卵形；果皮革质或木质，基部为宿存萼筒所包被。种子卵形或椭圆形。

### * 土沉香 **Aquilaria sinensis** (Lour.) Spreng.

常绿小乔木。树皮暗灰色。叶互生，近革质，卵形至椭圆形，长5~10 cm。花黄绿色，芳香，多枚组成伞形花序；萼筒浅钟状，5裂，裂片卵形；花瓣10枚，鳞片状。蒴果卵球形，木质，被黄褐色短柔毛。花期4月，果期7月。种子褐色，卵球形，疏被柔毛，基部具有附属体，上部宽扁，下部成柄状。花期春夏，果期夏秋。

## ❷ 荛花属 ｜ **Wikstroemia** Endl. ｜

乔木，灌木或亚灌木。具木质根茎。叶对生或少有互生。花两性或单性；花序短总状、穗状或头状，顶生，稀腋生；无苞片；萼筒管状、圆筒状或漏斗状，顶端4裂，稀5裂；无花瓣；雄蕊8枚，稀10枚；花柱短，柱头头状。核果，基部常被宿存花萼包裹。种子有少量胚乳或无胚乳。

### 1. 了哥王 **Wikstroemia indica** (L.) C. A. Mey.

灌木。小枝红褐色，无毛。叶对生，纸质至近革质，倒卵形、长圆形至披针形，无毛；侧脉细密，极倾斜。花黄绿色，数枚组成顶生头状总状花序；花序梗较短，长5~10mm；花萼裂片4个；雄蕊8枚；花柱极短或近于无，柱头头状。核果椭圆形，成熟时红色至暗紫色。花期3~4月，果期8~9月。

### 2. 北江荛花 **Wikstroemia monnula** Hance

灌木。小枝暗绿色，被短柔毛。叶对生或近对生，纸质或坚纸质，卵状椭圆形至椭圆形；下面脉上被疏柔毛，侧脉纤细稍稀疏，每边4~5条。花黄色带紫色或淡红色，10余枚组成顶生总状花序；花萼顶端4裂；雄蕊8枚；花柱短，柱头球形。核果卵圆形，基部为宿存花萼所包被。花期4月，果期7~8月。

## 83.紫茉莉科 Nyctaginaceae

草本、灌木、藤状灌木或乔木。单叶，对生、互生或近轮生，全缘；具柄；无托叶。花辐射对称，两性，稀单性或杂性；单生、簇生或成聚伞、伞形花序；具苞片或小苞片；单被花，常花冠状，圆筒形、漏斗状或钟形，裂片5~10个，在芽内镊合状或摺扇状排列。瘦果包于宿存花被，具棱或槽，有时具翅，常具腺体。种子有胚乳，胚乳直生或弯生。

### 1 *叶子花属 ｜ Bougainvillea Comm. ex Juss. ｜

灌木或小乔木，有时攀缘。枝有刺。叶互生；叶片卵形或椭圆状披针形；具柄。花两性，通常3枚簇生于枝端，外包3枚鲜艳的叶状苞片，红色、紫色或橘色，具网脉；花梗贴生于苞片中脉上；花被合生成管状；雄蕊5~10枚；子房纺锤形，花柱侧生，短线形，柱头尖。瘦果圆柱形或棍棒状，具5棱。种皮薄，胚弯，子叶席卷，围绕胚乳。

### * 光叶子花 Bougainvillea glabra Choisy.

藤状灌木。茎粗壮。枝下垂。刺腋生。叶片纸质，卵形或卵状披针形；叶柄长1cm。花顶生于枝端的3枚苞片内；花梗与苞片中脉贴生；苞片叶状，紫色或洋红色，长圆形或椭圆形，纸质；花被管淡绿色，疏生柔毛，有棱；雄蕊6~8枚；花柱侧生，线形；花盘基部合生呈环状，上部撕裂状。花期冬春间（广州、海南、昆明），北方温室栽培3~7月开花。

### 2 *紫茉莉属 ｜ Mirabilis L. ｜

一年生或多年生草本。单叶，对生；具柄或上部叶无柄。花两性，1至数枚簇生于枝顶或腋生；每花基部包以一枚5深裂萼状总苞，裂片直立，摺扇状；花被色艳，高脚碟状，花被筒在子房顶端缢缩，5裂。瘦果球形或倒卵状球形，具棱或疣状凸起，总苞宿存。

**\* 紫茉莉 Mirabilis jalapa L.**

一年生草本。茎直立，圆柱形，多分枝，节稍膨大。叶卵形或卵状三角形。花常数枚簇生于枝顶；总苞钟形，5裂；花被紫红色、黄色或杂色，高脚碟状，檐部5浅裂，午后开放，有香气，次日午前凋萎。瘦果球形，黑色，革质，具皱纹。种子胚乳白粉质。花期6~10月，果期8~11月。

## 84.山龙眼科 Proteaceae

乔木或灌木，稀多年生草本。叶互生，稀对生或轮生，全缘或各式分裂；无托叶。花两性，稀单性，辐射对称或两侧对称，排成总状、穗状或头状花序，腋生或顶生，有时生于茎上；花蕾时花被管细长，顶端较大，开花时分离或开裂；花被片4枚；雄蕊4枚；花柱细长。果为蓇葖果、坚果、核果或蒴果。种子有时具翅。

### *银桦属 | Grevillea R. Br. |

乔木或灌木。叶互生，不分裂或羽状分裂。总状花序，通常再集成圆锥花序，顶生或腋生；花两性；雄蕊4枚，花药卵球形或椭圆状；花盘半环状，侧生，肉质；子房具柄或近无柄，侧膜胎座，胚珠2枚，并列、倒生。蓇葖果，稀分裂为2果爿；果皮革质或近木质。种子1~2粒，盘状或长盘状，边缘具膜质翅。

### * 银桦 Grevillea robusta A. Cunn.ex R. Br.

乔木。高10~25m。树皮暗灰色或暗褐色。叶二次羽状深裂，下面被褐色绒毛和银灰色绢状毛；叶柄被绒毛。总状花序；花序梗被绒毛；花橙色或黄褐色；花药卵球状；花盘半环状；柱头锥状。果卵状椭圆形，长约1.5cm，直径约7mm；果皮革质，黑色。种子长盘状，边缘具窄薄翅。花期3~5月，果期6~8月。

## 88.海桐花科 Pittosporaceae

常绿乔木或灌木。秃净或被毛。偶或有刺。叶互生，稀对生，革质，全缘，稀有齿或分裂；无托叶。花通常两性，有时杂性，辐射对称，稀为左右对称；花5基数，单生或为伞形花序、伞房花序或圆锥花序；有苞片及小苞片；萼片常分离，或略连合；花瓣分离或连合；雄蕊与萼片对生。蒴果沿腹缝裂开，或为浆果。种子通常多数，常有黏质或油质物包在外面，种皮薄，胚乳发达，胚小。

### 海桐花属 | **Pittosporum** Banks |

常绿乔木或灌木。被毛或秃净。叶互生，常簇生于枝顶呈对生或假轮生状，全缘或有波状浅齿或皱折，革质，有时为膜质。花两性，稀为杂性，单生或排成伞形、伞房或圆锥花序，生于枝顶或枝顶叶腋；花5基数；子房被毛或秃净。蒴果椭圆形或圆球形，2~5片裂开；果片木质或革质，内侧常有横条。种子有黏质或油质物包着。

#### 1. 短萼海桐 Pittosporum brevicalyx (Oliver) Gagnep.

常绿灌木或小乔木。高达10m。叶簇生于枝顶，二年生，薄革质，倒卵状披针形；上面深绿色，发亮；侧脉9~11对；边缘平展；叶柄长1~1.5cm，有时更长。伞房花序3~5个生于枝顶叶腋内；苞片狭窄披针形；萼片长约2mm，卵状披针形；花瓣长6~8mm；雄蕊比花瓣略短；子房卵形。蒴果近圆球形；果爿薄。种子7~10粒，长约3mm；种柄极短。

#### 2. * 海桐 Pittosporum tobira (Thunb.) Ait.

常绿灌木或小乔木。幼枝被柔毛。叶聚生于枝顶，革质，倒卵形，长4~7 cm。伞形或伞房花序顶生，密被褐色柔毛；花白色，有香气，后黄色；萼片卵形；花瓣倒披针形，离生。蒴果球形，有棱或三角状3瓣裂；果瓣厚。种子多数，红色。花期3~5月，果期9~10月。

# 93.大风子科 Flacourtiaceae

常绿或落叶乔木或灌木。稀有枝刺和皮刺。单叶，互生，稀对生和轮生，全缘或有齿，常有腺体或腺点。花小，稀较大，两性，或单性，雌雄异株或杂性同株，单生或簇生，顶生或腋生；总状、圆锥或团伞花序；萼片2~7枚或更多；花瓣2~7枚，稀更多或缺；雄蕊多数，稀少数。果实为浆果和蒴果，稀为核果和干果。种子1至多粒，有时被假种皮，或边缘有翅，稀被绢状毛。

## 柞木属 | **Xylosma** G. Forst. |

小乔木或灌木。有枝刺和皮刺。单叶，互生，薄革质，边缘有锯齿，稀全缘；有短柄；托叶缺。花小，单性，雌雄异株，稀杂性，排成腋生花束或短的总状花序、圆锥花序；花萼小，4~5枚；花瓣缺；雄花的花盘通常4~8裂，稀全缘，雄蕊多数；雌花的花盘环状，花柱短或缺，柱头头状或裂。浆果核果状，黑色。种子少数，倒卵形；种皮骨质，光滑；子叶宽大，绿色。

### 柞木 **Xylosma racemosum** (Sieb. et Zucc.) Miq.

常绿大灌木或小乔木。树皮棕灰色；枝条近无毛或有疏短毛。叶薄革质，雌雄株稍有区别，基部楔形或圆形，边缘有锯齿；叶柄短，有短毛。花小；总状花序腋生；花梗极短；花瓣缺；雄花有多数雄蕊，花丝细长，花药椭圆形；雌花的萼片与雄花同，子房椭圆形，花柱短；花盘圆形，边缘稍波状。浆果黑色，球形。种子2~3粒，卵形，鲜时绿色，干后褐色，有黑色条纹。花期春季，果期冬季。

# 103.葫芦科 Cucurbitaceae

一年生或多年生草质或木质藤本，极稀为灌木或乔木状。须根或块根。具卷须，罕无。叶互生，不分裂或分裂，多具齿；掌状脉；无托叶；具叶柄。花单性（罕两性），常较大，雌雄同株或异株，单生、簇生，或集成总状、圆锥或近伞形花序；花萼和花瓣基部多合生成筒状或钟状。果大或小，肉质浆果状或果皮木质。种子常多数，稀少数至1粒，扁压状；种皮骨质，硬革质或膜质，有各种纹饰，边缘全缘或有齿。

## 1 绞股蓝属 | Gynostemma Bl. |

多年生草质攀缘藤本。无毛或被短柔毛。茎具纵棱。叶互生，鸟足状，具3~9枚小叶，稀单叶；小叶片卵状披针形。卷须2歧，稀单一。花雌雄异株，组成腋生或顶生圆锥花序；花梗具关节；基部具小苞片；雌、雄花的花萼和花冠相似，花冠淡绿色或白色。浆果球形，不开裂，或蒴果，顶端3裂。种子阔卵形，压扁，无翅，具乳突状凸起或具小凸刺。

### 绞股蓝（五叶参） Gynostemma pentaphyllum (Thunb.) Makino

草质攀缘藤本。茎具纵棱。叶膜质或纸质，鸟足状，具3~9枚小叶；小叶片卵状长圆形或披针形，中央小叶长3~12cm，侧生的较小，边缘具波状齿或圆齿。卷须2歧。花雌雄异株；圆锥花序；花冠淡绿色或白色，5深裂，裂片卵状披针形。浆果，肉质，不裂，球形，熟后黑色。种子卵状心形，灰褐色或深褐色，顶端钝，基部心形。花期3~11月，果期4~12月。

## 2 马㼎儿属 | Zehneria Endl. |

一年生至多年生攀缘或匍匐草质藤本。叶片膜质或纸质，形状多变，全缘或3~5浅裂至深裂。卷须细，不分枝。雌雄同株或异株；雄花序总状或近伞房状，花萼钟状，裂片5个，花冠钟状，黄色或黄白色，裂片5个；雌花单生或少数几枚呈伞房状，花萼和花冠同雄花的，子房卵球形或纺锤形。果实圆球形或长圆形或纺锤形，不开裂。种子多数，卵形。

### 1. 马㼎儿 Zehneria indica (Lour.) Keraudren

攀缘或平卧草本。茎枝纤细，有棱沟。叶片膜质，三角状卵形、卵状心形或戟形，不分裂或3~5浅裂；脉掌状。花雌雄同株；雄花单生或2~3枚生于短的总状花序上；花萼宽钟形，萼齿5枚；花冠5裂，淡黄色；雌花在与雄花同一叶腋内单生或稀双生；花梗丝状，无毛，花冠阔钟形；子房狭卵形，有疣状凸起。果长圆形或狭卵形，两端钝，熟后橘红色或红色。种子灰白色，卵形。花期4~7月，果期7~10月。

## 2. 钮子瓜 Zehneria maysorensis (Wight et Arn.) Arn.

草质藤本。茎、枝细弱。叶柄细，无毛；叶片膜质，宽卵形或稀三角状卵形，上面深绿色，背面苍绿色。卷须丝状。雌雄同株；雄花生于总梗顶端成近头状或伞房状花序，雄花梗开展，花冠白色，雄蕊插生在花萼筒基部；雌花子房卵形。果实球状或卵状。种子卵状长圆形。花期4~8月，果期8~11月。

# 104.秋海棠科 Begoniaceae

多年生肉质草本，稀为亚灌木。单叶互生，稀复叶，边缘具齿或分裂，极稀全缘，通常基部偏斜，两侧不相等；具长柄；托叶早落。花单性，雌雄同株，偶异株，通常组成聚伞花序；花被片花瓣状，离生，稀合生；雄蕊多数；花柱离生或基部合生。蒴果，稀浆果状，常具不等大3翅，稀无翅而带棱。种子极多数。

## *秋海棠属 | **Begonia** L. |

多年生肉质草本，罕亚灌木。单叶，稀复叶，互生或全部基生；叶片常偏斜，基部两侧不相等，边缘常具疏浅齿，浅至深裂，稀全缘；具长柄；托叶早落。花单性，多雌雄同株，罕异株，数枚组成聚伞花序，稀圆锥状；花被片花冠状，对生；雄蕊多数；柱头膨大。蒴果有时浆果状，常具3翅，稀无翅。种子极多数。

### 1. * 珊瑚秋海棠 **Begonia coccinea** Hook.

多年生半灌木状植物。属须根类秋海棠。株高60~80cm。全株光滑无毛。茎直，分枝。叶斜椭圆状卵形，先端尖，叶缘波状，鲜绿色；叶柄短。花成簇，下垂，花和花梗鲜红色。夏季开花，花期长。

### 2. * 四季秋海棠 **Begonia cucullata** Willd.

肉质草本。高15~30cm。根纤维状。茎直立，肉质，无毛，基部多分枝，多叶。叶卵形或宽卵形，长5~8cm，基部略偏斜，边缘有锯齿和睫毛，两面光亮，绿色，但主脉通常微红。花淡红色或带白色，数枚聚生于腋生的总花梗上；雄花较大，有花被片4枚；雌花稍小，有花被片5枚。蒴果绿色，有带红色的翅。常年开花。

### 3. * 秋海棠 **Begonia evansiana** Andr.

多年生草本。根状茎近球形。茎直立。基生叶未见；茎生叶互生，具长柄。雄花花梗长约8mm，无毛；雌花子房长圆形，长。蒴果下垂，长圆形，2翅极窄，呈窄三角形，长3~5mm，上方的边平，下方的边斜，或2窄翅呈窄檐状或完全消失，均无毛或几无毛。种子极多数，小，长圆形，淡褐色，光滑。花期7月，果期8月。

### 4. * 竹节秋海棠 Begonia maculata Raddi

直立或披散的亚灌木。平滑而秃净。分枝。茎具明显呈竹节状的节。单叶互生；叶柄圆柱形，紫红色；叶片厚，斜长圆形或长圆状卵形，先端尖，基部心形，边缘浅波状，上面深绿色，并有多数圆形的小白点，背部深红色。花淡玫瑰色或白色；聚伞花序腋生而悬垂；总花梗短；苞片2枚，对生，披针形；雄花花被片2枚；雌花的花被片与花瓣均5枚。蒴果。花期夏秋间，果期秋季。

# 106.番木瓜科 Caricaceae

小乔木或灌木。具乳汁。常不分枝。叶聚生于茎顶，掌状分裂，稀全缘；具长柄；无托叶。花单性或两性，同株或异株；雄花无柄，组成下垂圆锥花序，花萼5裂，花冠管细长，雄蕊10枚；雌花单生或数枚成伞房花序，柱头5个，花萼5裂；花冠管状。果为肉质浆果，通常较大。种子卵球形至椭圆形。

## *番木瓜属 | Carica L. |

小乔木或灌木。树干不分枝或有时分枝。叶聚生于茎顶端，近盾形，各式锐裂至浅裂或掌状深裂，稀全缘；具长柄。花单性或两性；雄花为下垂圆锥花序，花萼5裂，花冠管细长，雄蕊10枚；雌花单生或数枚成伞房花序，柱头5个。浆果大，肉质。种子多数，卵球形或略压扁。

### * 番木瓜 Carica papaya L.

常绿软木质小乔木。高达8~10m。具乳汁。茎具螺旋状排列的托叶痕。叶大，聚生于茎顶端，近盾形，直径可达60cm，通常5~9深裂，每裂片再为羽状分裂；叶柄长达60~100cm。花单性或两性，有雄株、雌株和两性株；雄花为圆锥花序，下垂；雌花单生或由数枚排列成伞房花序，生于叶腋。浆果肉质。种子多数，卵球形，成熟时黑色；外种皮肉质，内种皮木质，具皱纹。花果期全年。

# 107.仙人掌科 Cactaceae

多年生肉质草本、灌木或乔木，地生或附生。茎直立、匍匐、悬垂或攀缘，圆柱状、球状、侧扁或叶状；节常缢缩；具水汁，稀具乳汁。叶扁平，全缘或圆柱状、针状、钻形至圆锥状，互生，或完全退化；无托叶。花通常单生，无梗；总状、聚伞状或圆锥状花序；两性花，稀单性花，辐射对称或左右对称；雌蕊由3个至多个心皮合生而成，子房通常下位。浆果肉质。种子多数；种皮坚硬；胚通常弯曲；胚乳存在或缺失；子叶叶状，扁平至圆锥状。

## **1** *昙花属 | **Epiphyllum** Haw. |

附生肉质灌木。叶状扁平，具1条两面凸起的粗大中肋，有时具3翅，边缘波状或圆齿状，悬垂或藉气根攀缘。花单生于枝侧的小窠，无梗，两性；花托筒细长；花被片多数，螺旋状生于花托筒上部。浆果球形至长球形。种子卵球形至肾形，黑色。

### * 昙花 **Epiphyllum oxypetalum** (DC.) Haw.

附生肉质灌木。高2~6m。老茎圆柱状，木质化；茎节扁平，节间长15~40cm，边缘波形；小窠无刺。花单生于枝侧的小窠，漏斗状，于夜间开放，芳香；萼状花被片绿白色、淡琥珀色或带红晕，线形至倒披针形，长8~10cm；瓣状花被片白色，倒卵状披针形至倒卵形。浆果长球形，具纵棱脊，紫红色。种子多数，卵球形至肾形，黑色，有光泽，具细皱纹，无毛。花期8~10月。

## **2** * 量天尺属 | **Hylocereus** (Berg.) Britt. et Rose |

攀缘肉质灌木。分枝延伸，具3个棱、角或翅状棱，节缢缩；小窠生于角、棱边缘凹缺处，有1枚至少数粗短硬刺。叶不存在。花单生于枝侧的小窠上，无梗，两性；花被片多数，螺旋状着生于花托筒上部。浆果球形、椭圆形或卵球形，通常红色。种子多数，卵形至肾形，黑色，有光泽。

### * 量天尺 **Hylocereus undatus** (Haw.) Britt. et Rose

攀缘肉质灌木。长3~15m。分枝多数，具3角或棱，棱常翅状，边缘波状或圆齿状；小窝沿棱排列，每小窝具1~3枚开展的硬刺。花漏斗状，直径15~25cm，于夜间开放；萼状花被片黄绿色，线形至线状披针形，长10~15cm；瓣状花被片白色，长圆状倒披针形。浆果红色，长球形，长7~12cm。种子多数，卵形至肾形，黑色，有光泽。花果期5~9月。

### ③ * 仙人掌属 | **Opuntia** Mill. |

肉质灌木或小乔木。茎直立、匍匐或上升，常具多数分枝。叶钻形或针形，先端急尖或渐尖，无脉及叶柄，肉质，早落，稀宿存。花单生于二年生枝上部的小窝，无梗，两性，稀单性。浆果球形、倒卵球形或椭圆球形。种子稀单生，具骨质假种皮。

#### * 仙人掌 **Opuntia stricta** var. **dillenii** (Ker-Gaw.) L. D. Benson

丛生肉质灌木。高1~3m。茎下部木质化，圆柱形；茎节扁平，倒卵形至椭圆形，长15~40cm；小窝上簇生1~3cm长的刺。叶钻形，长4~6mm，早落。花单生于茎顶端的小窝上；萼状花被片黄色，具绿色中肋；瓣状花被片倒卵形或匙状倒卵形，黄色或其他颜色。浆果倒卵球形，紫红色。种子多数，扁圆形，边缘稍不规则，无毛，淡黄褐色。花期6~10月。

### ④ * 蟹爪兰属 | **Schlumbergera** Lem. |

附生肉质植物。茎通常二歧分枝，有节，茎节扁平，叶状，倒卵状或长圆形，顶端多截形；小窝散生于节上或仅生于助节的边缘，无刺及倒刺毛。无叶。花托圆形或围着子房有肋；花被裂片条形，开展或弯曲。浆果球形或倒圆锥形。种子肾形或半圆形；种皮光滑。

#### * 蟹爪兰 **Schlumbergera truncata** (Haw.) Moran

肉质植物。老茎木质化；茎节绿色，扁平，倒卵形至长圆形，长3~7cm，每边有粗齿2~4枚。花水平状自嫩节顶端生出，长6~9cm；萼片基部合生成短管状，顶端有齿；花瓣玫瑰红色，下部合生成长管状。浆果常梨形，红色，直径约1cm。花期冬季。

# 108.山茶科 Theaceae

常绿、半常绿乔木或灌木。叶革质，互生，全缘或有锯齿、羽状脉；具柄；无托叶。花两性，稀雌雄异株，单生或数花簇生，有柄或无柄；具苞片；萼片5枚至多枚；花瓣5枚至多枚，白色，或红色及黄色；雄蕊多数。果为蒴果，或不分裂的核果及浆果状。种子圆形、多角形或扁平，有时具翅。

## ① 杨桐属 | Adinandra Jack |

常绿乔木或灌木。嫩枝通常被毛。顶芽常被毛。单叶互生，2列，革质，有时纸质，常具腺点，或有茸毛，全缘或具锯齿；具叶柄。花两性，单枚腋生，偶有双生，具花梗；小苞片2枚；萼片5枚；花瓣5枚；雄蕊多数，花丝通常连合；花柱1个，不分叉。浆果不开裂。种子常细小，深色，有光泽。

### 1. 川杨桐 Adinandra bockiana E. Pritzel

灌木或小乔木。树皮淡黑褐色；枝圆筒形，小枝深褐色或黑褐色。叶互生，革质，长圆形至长圆状卵形，边全缘，上面亮绿色，无毛，下面淡绿色；侧脉11~12对，两面均不明显；花单朵腋生，密被黄褐色柔毛；果圆球形，疏被绢毛。种子多数，淡红褐色。

### 2. 杨桐（黄瑞木）Adinandra millettii (Hook. et Arn.) Benth. et Hook. f. ex Hance

常绿灌木或小乔木。高2~16m。树皮灰褐色。嫩枝初被毛后秃净。顶芽被毛。叶互生，革质，长圆状椭圆形，长4.5~9cm，常全缘，几无毛；侧脉不明显。花单枚腋生；花梗纤细而长；萼片5枚；花瓣5枚，白色；雄蕊约25枚。果圆球形，直径约1cm，熟时黑色；具宿存花萼和花柱。种子多数，深褐色，有光泽，表面具网纹。花期5~7月，果期8~10月。

## ② 山茶属 | Camellia L. |

灌木或乔木。叶多为革质，有锯齿；羽状脉；具柄，少数抱茎叶近无柄。花两性，顶生或腋生；单花或2~3枚并生，有短柄；具苞片；萼片常5~6枚，分离或基部连生；花瓣5~12枚，栽培种常为重瓣，覆瓦状排列；雄蕊多数。果为蒴果，3~5片自上部裂开，稀从下部裂开；果爿木质。种子圆球形或半圆形，无翅；种皮角质；胚乳丰富。

### 1. * 杜鹃叶山茶 Camellia azalea C. F. Wei

常绿灌木。叶片倒卵形或长倒卵形，叶革质，叶面深绿色，叶背淡绿色，叶表面无毛；叶柄无毛。花近顶生，单生，近无梗；花瓣倒卵形至长倒卵形，基部渐狭，先端微缺。蒴果卵球形。种子棕色，半球形，无毛。

### 2. * 山茶 Camellia japonica L.

灌木或小乔木。叶革质，椭圆形，边缘有细锯齿。花顶生，红色；苞片及萼片约10枚，组成长约2.5~3cm的杯状苞被；花瓣6~7枚，外侧2枚近圆形，内侧5枚基部连生，倒卵圆形。蒴果圆球形，直径2.5~3cm，2~3室，每室有种子1~2粒，3片裂开；果爿厚木质。花期1~4月。

### 3. 油茶 Camellia oleifera Abel

常绿灌木或中乔木。嫩枝有粗毛。叶革质，椭圆形、长圆形或倒卵形，长5~7cm，叶腋被毛，边缘有齿；叶柄被粗毛。花顶生，近于无柄；苞片与萼片约10枚；花瓣白色，5~7枚，倒卵形，先端凹入或2裂，近于离生；外侧雄蕊仅基部略连生；子房3~5室。蒴果球形或卵圆形，上部裂开。花期冬春间，果期9~10月。

### 4. 南山茶 Camellia semiserrata Chi

小乔木。嫩枝无毛。叶革质，椭圆形或长圆形，上面深绿色，干后浅绿色，稍暗晦。花顶生，红色，无柄；苞片及萼片11枚，花开后脱落，半圆形至圆形，外面有短绢毛，边缘薄；花瓣6~7枚，红色，阔倒卵圆形；雄蕊排成5轮；子房被毛，顶端3~5浅裂，无毛或近基部有微毛。蒴果卵球形，每室有种子1~3粒；果皮厚木质，厚1~2cm，表面红色，平滑。种子长2.5~4cm。花期4月。

### 5. 茶（茶叶） Camellia sinensis (L.) O. Ktze.

常绿灌木或小乔木。嫩枝无毛。叶革质，长圆形或椭圆形，长4~12cm，先端钝或尖锐，基部楔形，上面发亮，边缘有锯齿；叶柄无毛。花1~3枚腋生，白色，有短柄；苞片2枚，早落；萼片5枚，宿存；花瓣5~6枚，阔卵形，基部略连合；雄蕊基部略连生。每球有种子1~2粒。花期10月至翌年2月。

### 3 柃木属 | Eurya Thunb. |

常绿灌木或小乔木，稀为大乔木。冬芽裸露。嫩枝常具棱，被毛或无毛。叶革质至几膜质，互生，排成2列，边缘具齿，稀全缘；通常具柄。花较小，1至数枚簇生于叶腋或叶腋痕，具短梗；单性，雌雄异株；雄花萼片5枚，宿存，花瓣5枚，雄蕊排成1轮，花药无毛亦无芒；雌花无退化雄蕊，花柱2~5枚，柱头线形。浆果，小，圆球形至卵形。种子多数。

#### 1. 尖叶毛柃 Eurya acuminatissima Merr. et Chun

灌木或小乔木。嫩枝圆柱形，红褐色；小枝纤细，无毛。叶坚纸质或薄革质，卵状椭圆形，上面深绿色，下面淡绿。花腋生。雄花圆形，萼片5枚，圆形，膜质，淡绿色，花瓣5枚，白色，长圆形，雄蕊14~16枚，退化子房密被柔毛；雌花圆形或近于卵圆形，花瓣5枚，长圆状披针形，子房卵圆形，密被柔毛。果实椭圆状卵形或圆球形，疏被柔毛。花期9~11月，果期翌年7~8月。

#### 2. 米碎花 Eurya chinensis R. Br.

常绿灌木。嫩枝具2棱，被短毛。顶芽密被短毛。叶薄革质，2列，倒卵形或倒卵状椭圆形，长2~5.5cm，顶端常凹，边缘密生细齿；中脉上凹下凸。花1~4枚簇生于叶腋，单性，异株；花瓣白色；雄蕊约15枚，花药不具分格；子房无毛，花柱短，3裂。浆果圆球形，熟时紫黑色。种子肾形，稍扁，黑褐色，有光泽。花期11~12月，果期翌年6~7月。

#### 3. 二列叶柃 Eurya distichophylla Hemsl.

常绿灌木或小乔木。嫩枝圆而密被毛。顶芽被毛。叶坚纸质，2列，卵状披针形或卵状长圆形，顶端渐尖或长渐尖，基部圆形，边缘有细齿，叶背被毛。花1~3枚簇生于叶腋，单性，异株；花瓣白色带蓝色；雄蕊15~18枚，花药具多分格；子房密被毛，花柱短，顶3深裂。浆果小。种子多数，褐色，有光泽，表面具密网纹。花期10~12月，果期翌年6~7月。

### 4 木荷属 | Schima Reinw. |

常绿乔木。树皮有块状裂纹。叶全缘或有锯齿。花大，两性，单生于枝顶叶腋，白色，有长柄；苞片2~7枚，早落；萼片5枚，离生或基部连生，宿存；花瓣5枚，最外1枚在花蕾时完全包着花朵，雄蕊多数，多轮，花丝离生；花柱连合，柱头头状或5裂。蒴果球形，室背裂开，中轴宿存。种子周围有薄翅。

### 1. 银木荷 **Schima argentea** Pritz ex Diels

乔木。嫩枝有柔毛；老枝有白色皮孔。叶厚革质，长圆形或长圆状披针形，上面发亮，下面有银白色蜡被，有柔毛或秃净，在两面明显，全缘。花数枚生于枝顶，花柄长1.5~2.5cm，有毛；苞片2枚，卵形，有毛；萼片圆形，外面有绢毛；花瓣长1.5~2cm，最外1枚较短，有绢毛；雄蕊长1cm；子房有毛，花柱长7mm。蒴果直径1.2~1.5cm。花期7~8月。

### 2. 木荷 **Schima superba** Gardn.

常绿大乔木。高25m。叶革质或薄革质，椭圆形，先端尖锐，基部楔形；侧脉7~9对，在两面明显，边缘有钝齿；叶柄长1~2cm。花生于枝顶叶腋，常多枚排成总状花序，直径3cm，白色，花柄纤细；苞片2枚，小，早落；萼片半圆形，外面无毛，内面有绢毛。蒴果球形，室背开裂。花期6~8月，果期10~12月。

## ⑤ 厚皮香属 | **Ternstroemia** Mutis ex L. f. |

常绿乔木或灌木。全株无毛。叶革质，单叶，螺旋状互生，常聚生于枝顶，全缘或有腺齿刻；具柄。花两性、杂性或单性和两性异株，常单生于叶腋或侧生于无叶小枝，有花梗；小苞片2枚，宿存；萼片常5枚，宿存；花瓣5枚，基部合生；雄蕊30~50枚，1~2轮，花丝短，基部合生；花柱1个，柱头全缘或裂。常为浆果。种子每室2粒，有时仅1粒，肾形或马蹄形，稍压扁。

### 厚皮香 **Ternstroemia gymnanthera** (Wight et Arn.) Beddome

常绿灌木或小乔木。全株无毛。叶革质或薄革质，常聚生于枝顶，椭圆形、椭圆状倒卵形至长圆状倒卵形，全缘，稀上半部疏生浅齿，齿尖具黑色小点；侧脉5~6对，不明显。花两性或单性，通常生于当年生无叶小枝上或生于叶腋。浆果圆球形，直径1cm；苞萼片宿存；果梗长1~1.2cm。种子肾形，每室1粒；成熟时肉质假种皮红色。花期5~7月，果期8~10月。

# 113.水东哥科 *Saurauiaceae*

乔木或灌木。小枝常被爪甲状或钻状鳞片。单叶互生，常有锯齿；常有很多平行脉；无托叶。花两性，排成腋生聚伞花序或圆锥花序，单生或簇生于叶腋或老茎落叶叶腋；萼片5枚；花瓣5枚，分离或基部合生；雄蕊多数；花柱3~5个，中部以下合生，稀离生。浆果球形或扁球形，常具棱。种子小，多数，黄褐色。

## 水东哥属 | **Saurauia** Willd. |

乔木或灌木。小枝常被爪甲状或钻状鳞片。单叶互生，叶缘具锯齿；侧脉密而平行；无托叶。花序聚伞式或圆锥式，单生或簇生，常具鳞片，有绒毛或无；花两性；萼5枚；花瓣5枚，白色、淡红色或紫色；雄蕊多数；花柱3~5个，中部以下合生，稀分离。浆果球形或扁球形，白色，稀红色，通常具棱。种子多数。

### 水东哥 **Saurauia tristyla** DC.

灌木或小乔木。小枝被爪甲状鳞片或钻状刺毛。叶纸质或薄革质，常倒卵状椭圆形，较长，叶缘具刺状锯齿；平行脉，叶脉具刺毛或鳞片，侧脉间具偃伏刺毛；叶柄具刺毛。花序聚伞式，1~4枚簇生于叶腋或老枝落叶叶腋，被毛和鳞片；花粉红色或白色，小。浆果球形，白色或淡黄色。花期3~7月，果期9~11月。

# 118.桃金娘科 Myrtaceae

乔木或灌木。单叶对生或互生；具羽状脉或基出脉，全缘，具边脉；常有油腺点；无托叶。花两性，有时杂性，单生或排成各式花序；萼管与子房合生；花瓣4~5枚，稀缺，分离或连成帽状体；雄蕊多数，稀定数，花丝常分离；花柱单一，柱头单一，稀2裂。果为蒴果、浆果、核果或坚果。种子1至多粒，马蹄形或螺旋形；种皮坚硬或薄膜质。

## 1▶ 岗松属 | Baeckea L. |

小乔木或乔木。叶线形或披针形，全缘；有油腺点。花小，白色或红色，5数，有短梗或无梗，单花腋生或数枚排成聚伞花序；萼管钟形或半球形，常与子房合生，宿存；花瓣5枚；雄蕊5~10枚或稍多，比花瓣短，花丝短，花药背部着生；花柱短，柱头稍扩大。蒴果开裂为2~3瓣，每室有种子1~3粒，稀更多。

### 岗松 Baeckea frutescens L.

灌木，有时为小乔木。叶小；无柄，或有短柄；叶片狭线形或线形，先端尖，上面有沟，下面凸起；有透明油腺点；中脉1条，无侧脉。花小，白色，单生于叶腋内；苞片早落；萼管钟状，萼齿5枚；花瓣圆形，分离；雄蕊10枚或稍少，成对与萼齿对生；花柱短，宿存。蒴果小。种子扁平，有角。花期夏秋。

## 2▶ *桉属 | Eucalyptus L. Herit |

乔木或灌木。叶片多为革质，多型性，幼态叶与成长叶常截然两样；成熟叶互生，全缘，具柄，阔卵形或狭披针形，常为镰状，侧脉多数，有透明腺点，具边脉。花数枚排成伞形花序，腋生或多枝集成顶生或腋生圆锥花序，有花梗或缺；花瓣与萼片合生成一帽状体；雄蕊多数，多列；子房与萼管合生。蒴果，果瓣位于果缘的顶端。种子极多，大部分发育不全。

### 1.* 柠檬桉 Eucalyptus citriodora Hook.

大乔木。高28m。树干挺直。树皮光滑，灰白色，大片状脱落。幼态叶片披针形，有腺毛，基部圆形，叶柄盾状着生；成熟叶片狭披针形，稍弯曲，两面有黑腺点，揉之有浓厚的柠檬气味；过渡性叶阔披针形。圆锥花序腋生；雄蕊长6~7mm，排成2列，花药椭圆形，背部着生，药室平行。蒴果壶形，果瓣藏于萼管内。花期4~9月。

### 2. * 尾叶桉 Eucalyptus urophylla S. T. Blake

乔木。树皮红棕色，上部剥落灰褐色。幼态叶披针形，对生；成熟叶披针形或卵形，互生，革质，长10~24cm，揉之有红花油气味。伞形花序腋生；花白色；总花梗扁；帽状花等腰圆锥形。蒴果半球形，果瓣内陷。花期8~10月，果期翌年4~6月。

### ❸ *番石榴属 | Psidium L. |

乔木。树皮平滑，灰色。嫩枝有毛。叶对生，全缘；羽状脉；有柄。花较大，通常1~3枚腋生；萼管钟形或壶形；花瓣4~5枚，白色；雄蕊多数，离生，排成多列；花柱线形，柱头扩大。浆果多肉，球形或梨形，顶端有宿存萼片。种子多数，种皮坚硬。

#### * 番石榴 Psidium guajava L.

乔木。树皮平滑，灰色，片状剥落。嫩枝有棱，被毛。叶片革质，长圆形至椭圆形，中等大小，上面稍粗糙，下面有毛；网脉明显。花单生或2~3枚排成聚伞花序；萼管钟形，有毛；花瓣白色；雄蕊多数，较长；花柱与雄蕊同长。浆果球形、卵圆形或梨形，顶端有宿存萼片。花期8~9月，果期秋冬。

### ❹ 桃金娘属 | Rhodomyrtus (DC.) Reich. |

灌木或乔木。叶对生；离基三出脉，具边脉。花较大，1~3枚腋生；萼管卵形或近球形，萼裂片4~5枚，宿存；花瓣4~5枚，比萼片大；雄蕊多数，分离，排成多列，通常比花瓣短，花药背部及近基部着生，纵裂；花柱线形，柱头扩大为头状或盾状，宿存。浆果卵状壶形或球形。有多数种子。

#### 桃金娘 Rhodomyrtus tomentosa (Ait.) Hassk.

常绿灌木。嫩枝有灰白色柔毛。叶对生，革质，叶片椭圆形或倒卵形，中偏小，先端常微凹，叶背被灰色茸毛；离基三出脉，网脉明显，具边脉。花有长梗，常单生，紫红色；萼管倒卵形，裂片5枚，宿存；花瓣5枚；雄蕊红色；花柱单一。浆果卵状壶形，熟时紫黑色。花期4~5月。

# 120.野牡丹科 Melastomataceae

草本、灌木或小乔木，直立或攀缘。枝条对生。单叶，对生或轮生，全缘或具锯齿；通常为基出脉，侧脉通常平行，多数，极少为羽状脉；具叶柄或无；无托叶。花两性，辐射对称，通常为4~5数，稀3或6数；花序各式，稀单生或簇生；花萼常合生；花瓣鲜艳；雄蕊定数。蒴果或浆果，常顶孔开裂，具宿存萼。种子较小，近马蹄形或楔形，无胚乳，胚小且直立。

## 1 柏拉木属 | Blastus Lour. |

### 1. 线萼金花树 Blastus apricus (Hand.-Mazz.) H. L. Li

灌木。高1~2m。叶纸质，披针形至卵状披针形或卵形，基部圆形或微心形，长4~14cm；基出脉5条，背面被黄色小腺点。聚伞花序组成圆锥花序，顶生；花萼漏斗形，具4棱，裂片线状三角形；花瓣紫红色；花药线形，弯曲，基部呈羊角状叉开。蒴果椭圆形，4纵裂，为宿存萼所包。花期6~7月，果期10~11月。

### 2. 柏拉木 Blastus cochinchinensis Lour.

灌木。茎圆柱形，分枝多。叶片纸质或近坚纸质，顶端渐尖，基部楔形，全缘或具极不明显的小浅波状齿。伞状聚伞花序，腋生，密被小腺点；花梗密被小腺点；花萼钟状漏斗形；花瓣白色至粉红色，卵形。蒴果椭圆形，为宿存萼所包；宿存萼与果等长，檐部平截。长期6~8月，果期10~12月。

## 2 野牡丹属 | Melastoma L. |

灌木。茎四棱形或近圆形，通常被毛。叶对生，被毛，全缘；基出脉；具叶柄。花单生或组成圆锥花序顶生，5数；花萼坛状球形，被糙毛；花瓣淡红色至红色，或紫红色；雄蕊5长5短，长者带紫色，花药披针形，弯曲，基部无瘤，短者较小，黄色，花药基部具瘤。蒴果卵形，顶裂或宿存萼中部横裂。种子小，近马蹄形，常密布。

### 1. 野牡丹 Melastoma candidum D. Don

常绿灌木。茎钝四棱形或近圆形。全株密被糙伏毛及短柔毛。叶片坚纸质，卵形或广卵形，顶端急尖，基部浅心形或近圆形，全缘；基出脉7条。伞房花序生于分枝顶端，近头状，有花3~5枚，基部具叶状总苞2枚；花萼坛状球形；花瓣玫瑰红色或粉红色；短雄蕊药室基部具瘤。蒴果坛状球形。花期5~7月，果期10~12月。

### 2. 地菍 Melastoma dodecandrum Lour.

草本。茎匍匐上升。叶片坚纸质，较小，卵形或椭圆形，顶端急尖，基部广楔形，全缘或具密细齿；基出脉3~5条；叶缘、叶背被糙伏毛。聚伞花序，顶生，有花1~3枚；花萼坛状球形，被疏糙毛；花瓣淡紫红色至紫红色；长雄蕊药隔末端具瘤，短雄蕊基部具瘤。蒴果坛状球形，平截，肉质。花期5~7月，果期7~9月。

### 3. 展毛野牡丹 Melastoma normale D. Don

灌木。茎钝四棱形或圆形，密被平展的长粗毛及短柔毛。叶坚纸质，卵形至椭圆状披针形，顶端渐尖，基部圆形或近心形，全缘；基出脉5条，叶面两面密被糙伏毛。伞房花序生于分枝顶端，具花3~10枚，基部具叶状总苞片2枚；花瓣紫红色；长雄蕊药隔末端2裂，短雄蕊花药基部具瘤。蒴果坛状球形。花期春夏，果期秋季。

### 4. 毛菍 Melastoma sanguineum Sims

大灌木。高1.5~3m。全株几乎被平展的长粗毛。叶厚纸质，卵状披针形至披针形，长8~15cm，均被糙伏毛。花单生于枝顶或3~5朵组成顶生聚伞花序；花瓣粉红色或紫红色。果近球形，包于杯状花萼筒中，外密被红色长硬毛。花果期全年，主要在8~10月。

# 121. 使君子科 Combretaceae

乔木、灌木或稀木质藤本。有些具刺。单叶对生或互生；具叶柄；无托叶；叶基、叶柄或叶下缘齿间具腺体。毛被有时分泌草酸钙而成鳞片状。花通常两性，有时两性花和雄花同株；由多花组成头状花序、穗状花序、总状花序或圆锥花序；子房下位，柱头头状或不明显。坚果、核果或翅果。种子常1粒。

## ① *使君子属 | Quisqualis L. |

木质藤本或蔓生灌木。叶膜质，对生或近对生，全缘；叶柄在落叶后宿存。花较大，两性，白色或红色；穗状花序；花瓣5枚，远较萼大，在花时增大；雄蕊10枚，成2轮，插生于萼管内部或喉部，花药"丁"字着；花盘狭管状或缺。果革质，长圆形，两端狭，具5棱或5纵翅，在翅间具深槽。种子1粒，具纵槽。

### * 使君子 Quisqualis indica L.

攀缘状灌木。小枝被棕黄色短柔毛。叶对生或近对生，叶片膜质，卵形或椭圆形，幼时密生锈色柔毛。顶生穗状花序，组成伞房花序式；苞片卵形至线状披针形，被毛；花瓣5枚，先端钝圆，初为白色，后转淡红色；雄蕊10枚；子房下位。果卵形，短尖，无毛，具明显的锐棱角5条；成熟时外果皮脆薄，呈青黑色或栗色。种子1粒，白色，圆柱状纺锤形。花期初夏，果期秋末。

## ② *诃子属 | Terminalia L. |

大乔木，稀为灌木。具板根。叶通常互生，全缘或稍有锯齿，无毛或被毛，间或具细瘤点及透明点；叶柄上或叶基部常具2个以上腺体。穗状花序或总状花序腋生或顶生，有时排成圆锥花序状；花小，两性，稀花序上部为雄花，下部为两性花；雄花无梗，两性花无梗；苞片早落；花瓣缺；雄蕊10枚或8枚，2轮；子房下位。假核果，大小形状悬殊，通常肉质；内果皮具厚壁组织。种子1粒。

## \* 小叶榄仁 Terminalia mantaly H. Perriei

落叶大乔木。株高10~15m。主干直立。冠幅2~5m。侧枝轮生呈水平展开。树冠呈伞形，层次分明，质感轻细。叶小，提琴状倒卵形，全缘；具4~6 对羽状脉；4~7叶轮生，深绿色，冬季落叶前变红或紫红色。穗状花序腋生；花两性；花萼5裂；无花瓣；雄蕊10枚，2轮排列，着生于萼管上；子房下位，1 室，胚珠2枚，花柱单生，伸出。核果纺锤形。种子1粒。

# 123. 藤黄科 Guttiferae

乔木、灌木或草本。常有黄色的树脂液和腺点。单叶，对生，稀轮生；无托叶或有。花两性或单性，通常雌雄异株，稀杂性，辐射对称，单生或排成聚伞花序；萼片和花瓣2~6枚，稀更多，覆瓦状排列；雄蕊多数，花丝分离或基部合生；柱头形状多样。果为蒴果或浆果，稀为核果。种子1至多粒，完全被直伸的胚所充满；假种皮有或不存在。

## 金丝桃属 | **Hypericum** L. |

灌木或多年生至一年生草本。具腺点。叶对生，全缘；具柄或无柄。花序为聚伞花序，1花至多花，顶生或有时腋生；花两性；萼片与花瓣4枚或5枚；花黄色至金黄色，偶有白色；雄蕊多数，基部常连合成几束；花柱2枚或3~5枚，离生或部分至全部合生。蒴果，室间开裂。种子小，通常具凸起或多少具翅。

### 1. 金丝桃 **Hypericum monogynum** L.

灌木。丛状或通常有疏生的开张枝条。茎红色，皮层橙褐色。叶对生；无柄或具短柄；叶片倒披针形或椭圆形至长圆形；叶片腺体小而点状。花序疏松的近伞房状，早落；花星状；

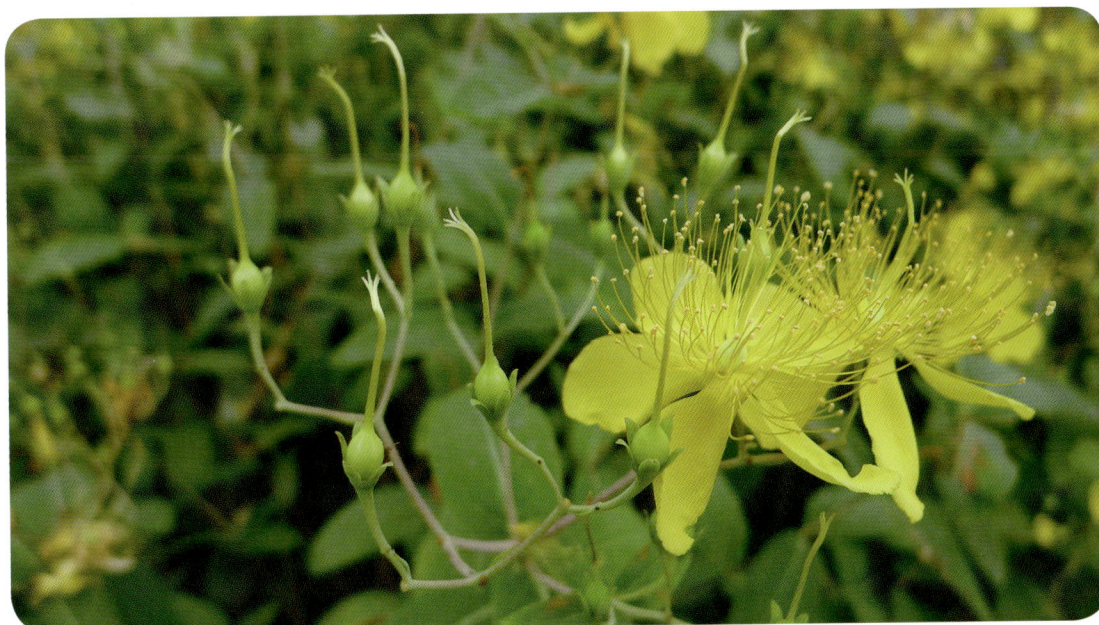

花蕾卵珠形；花瓣金黄色至柠檬黄色，无红晕，三角状倒卵形，边缘全缘；雄蕊5枚，花药黄色至暗橙色；子房卵珠形或卵珠状圆锥形至近球形。蒴果宽卵珠形或稀为卵珠状圆锥形至近球形。种子深红褐色，圆柱形。花期5~8月，果期8~9月。

### 2. 元宝草 Hypericum sampsonii Hance

多年生草本。全体无毛。茎圆柱形，无腺点，上部分枝。叶对生，坚纸质，基部完全合生为一体而茎贯穿其中心，全缘，边缘密生有黑色腺点；全面散生透明或间有黑色腺点；无柄。花序顶生，多花，伞房状；萼片5枚；花瓣淡黄色；雄蕊3枚，宿存；花柱3个。蒴果有囊状腺体。种子黄褐色，长卵柱形。花期5~6月，果期7~8月。

# 128. 椴树科 Tiliaceae

乔木、灌木或草本。单叶互生，稀对生，具基出脉，全缘或有锯齿，有时浅裂；托叶有或缺。花两性或单性，雌雄异株，辐射对称，排成聚伞花序或再组成圆锥花序；萼片5枚，稀4枚，分离或多少连生；花瓣与萼片同数，分离，或缺；雄蕊多数，稀5数；花柱单生。果为核果、蒴果、裂果，有时浆果状或翅果状。种子无假种皮，胚乳存在，胚直，子叶扁平。

## 1 田麻属 | Corchoropsis Sieb. et Zucc. |

一年生草本。茎被星状柔毛或平展柔毛。叶互生，边缘具牙齿或锯齿，被星状柔毛，基出三脉；具叶柄；托叶细小，早落。花黄色，单生于叶腋；萼片5枚，狭窄披针形；花瓣与萼片同数，倒卵形；雄蕊20枚，其中5枚无花药，与萼片对生，匙状条形；子房被短茸毛或无毛，3室，每室有胚珠多数，花柱近棒状，柱头顶端截平。蒴果角状圆筒形，3片裂开。种子多数。

### 田麻 Corchoropsis tomentosa (Thunb.) Makino

一年生草本。分枝有星状短柔毛。叶卵形或狭卵形，边缘有钝牙齿，两面均密生星状短柔毛；基出脉3条；托叶钻形，脱落。花有细柄，单生于叶腋；萼片5枚，狭窄披针形；花瓣5枚，黄色，倒卵形；发育雄蕊15枚，每3枚成一束，退化雄蕊5枚，与萼片对生，匙状条形；子房被短绒毛。蒴果角状圆筒形，有星状柔毛。果期秋季。

## 2 黄麻属 | Corchorus L. |

草本或亚灌木。叶纸质，基出脉3条，两侧常有伸长线状小裂片，边缘有锯齿；具叶柄；托叶2枚，线形。花两性，黄色，单生或数枚排成腋生或腋外生聚伞花序；萼片4~5枚；花瓣与萼片同数，无腺体。蒴果长筒形或球形，有棱或具短角。种子多数。

### 1. 甜麻 Corchorus aestuans L.

一年生草本。高约1m。叶卵形，长4.5~6.5cm，两面疏被长毛，边缘有锯齿，基部有1对线状小裂片。花单生或数枚组成聚伞花序，生于叶腋；花黄色。蒴果长筒形，具纵棱6条。种子多数。花期5~7月，果期8~11月。

### 2. * 黄麻 Corchorus capsularis L.

直立木质草本。无毛。叶纸质，卵状披针形至狭窄披针形，边缘有粗锯齿；叶柄有柔毛。花单生或数花排成腋生聚伞花序，有短的花序柄及花柄；萼片4~5枚；花瓣黄色，倒卵形，与萼片约等长；雄蕊18~22枚，离生；子房无毛，柱头浅裂。蒴果球形，顶端无角，表面有直行钝棱及小瘤状凸起，5片裂开。花期夏季，果秋后成熟。

### 3. 长蒴黄麻 Corchorus olitorius L.

木质草本。叶纸质，长圆披针形，边缘有细锯齿；叶柄长，上部有柔毛；托叶卵状披针形。花单生或数花排成腋生聚伞花序，有短的花序柄及花柄；萼片长圆形，顶端有长角，基部有毛；花瓣与萼片等长或稍短，长圆形；雄蕊多数，离生；雌雄蕊柄极短，无毛；子房有毛，柱头盘状，有浅裂。蒴果，稍弯曲。种子倒圆锥形，略有棱。花期夏秋。

### 3 刺蒴麻属 | Triumfetta L. |

直立或匍匐草本或为亚灌木。叶互生，不分裂或掌状3~5裂，有基出脉，边缘有锯齿。花两性，单生或数枚排成腋生或腋外生的聚伞花序；萼片5枚，离生；花瓣与萼片同数，离生，内侧基部有增厚的腺体；雄蕊5枚至多数，离生；花柱单一。蒴果近球形，裂或不裂，表面具针刺。种子有胚乳。

#### 刺蒴麻 Triumfetta rhomboidea Jacq.

亚灌木。嫩枝被灰褐色短茸毛。叶纸质，生于茎下部的阔卵圆形，先端常3裂，基部圆形；生于上部的叶长圆形，上面有疏毛，下面有星状柔毛，边缘有不规则的粗锯齿；叶柄长1~5cm。聚伞花序数个腋生，花序柄及花柄均极短；萼片狭长圆形，顶端有角，被长毛；花瓣比萼片略短，黄色，边缘有毛；雄蕊10枚；子房有刺毛。果球形，不开裂，被灰黄色柔毛，具勾针刺，长2mm。有种子2~6粒。花期夏秋季。

# 128A.杜英科 Elaeocarpaceae

常绿或半落叶乔木或灌木。单叶互生或对生；具柄；具托叶或缺。花单生或排成总状花序；花两性或杂性；萼片4~5枚；花瓣4~5枚，镊合状或覆瓦状排列，有时无花瓣。核果或蒴果；有时果皮有针刺。种子椭圆形。

## 杜英属 | Elaeocarpus L. |

常绿乔木。叶互生，全缘或有锯齿；下面常有黑色腺点；有叶柄；托叶线形，稀叶状，或缺。总状花序腋生；花两性或杂性；萼片4~6枚，花瓣4~6枚，白色，先端常撕裂或有浅齿。核果1~5室；内果皮骨质。种子每室1粒，胚乳肉质，子叶薄。

### 1. * 水石榕 Elaeocarpus hainanensis Oliver

小乔木。具假单轴分枝。树冠宽广。嫩枝无毛。叶革质，狭窄倒披针形；幼时上、下两面均秃净；老叶上面深绿色，干后发亮，下面浅绿色，边缘密生小钝齿。总状花序生于当年枝的叶腋内；花较大；苞片叶状，无柄，卵形，基部圆形或耳形；花瓣白色，倒卵形，外侧有柔毛；雄蕊多数，约和花瓣等长；花盘多裂而连续，围着子房基部；子房2室，无毛。核果纺锤形，两端尖；内果皮坚骨质，表面有浅沟。种子长2cm。花期6~7月。

### 2. 山杜英 Elaeocarpus sylvestris (Lour.) Poir.

乔木。小枝红褐色，枝条圆柱形，无毛或被微毛。叶纸质，狭倒卵形，长4~8cm，边缘有钝齿。总状花序无毛；花瓣顶端撕裂，裂片约10个，略被毛。核果椭圆形；内果皮有腹沟3条，熟后暗紫色。花期4~5月，果期9~12月。

# 130.梧桐科 Sterculiaceae

乔木或灌木，稀为草本或藤本。幼嫩部分常有星状毛。树皮常有黏液，富有纤维。叶互生，单叶，稀为掌状复叶，全缘、具齿或深裂；通常有托叶。花序腋生，稀顶生，排成各式花序，稀单生；花单性、两性或杂性；萼片常5枚；花瓣5枚或缺，分离或基部与雌雄蕊柄合生。蒴果或蓇葖果，极少为浆果或核果。种子有胚乳或无胚乳；胚直立或弯生，胚轴短。

## ❶ *梧桐属 | Firmiana Marsili |

乔木或灌木。叶为单叶。花通常排成圆锥花序，腋生或顶生，单性或杂性；无花瓣；雄花的花药10~15枚，聚集在雌雄蕊柄的顶端成头状，有退化雌蕊；雌花的子房5室，花柱在基部连合，柱头与心皮同数而分离。果为蓇葖果，具柄；果皮膜质，在成熟前甚早就开裂成叶状；每蓇葖果有种子1枚或多枚，着生在叶状果皮的内缘。种子圆球形；胚乳扁平或摺合；子叶扁平，甚薄。

### * 梧桐 Firmiana simplex W. F. Wight

落叶乔木。树皮青绿色，平滑。叶心形，裂片三角形，顶端渐尖，两面均无毛或略被短柔毛；叶柄与叶片等长。圆锥花序顶生；花淡黄绿色；萼片外面被淡黄色短柔毛，内面仅在基部被柔毛；花梗与花几等长；雄花的雌雄蕊柄与萼等长，下半部较粗，无毛，退化子房梨形且甚小；雌花的子房圆球形，被毛。蓇葖果膜质，有柄，成熟前开裂成叶状。种子圆球形，表面有皱纹。花期6月。

## ❷ 山芝麻属 | Helicteres L. |

乔木或灌木。叶为单叶，全缘或具锯齿。花两性，单生或排成聚伞花序，腋生，稀顶生；小苞片细小；萼筒状，5裂，裂片常不相等而成二唇状；花瓣5枚，彼此相等或成二唇状；雄蕊10枚，围绕雌蕊，退化雄蕊5枚。成熟的蒴果劲直或螺旋状扭曲，通常密被毛。种子有多数瘤状凸起。

**山芝麻 Helicteres angustifolia** L.

小灌木。高达1m。小枝被灰绿色短柔毛。叶狭矩圆形或条状披针形；叶柄长5~7mm。聚伞花序有2至数枚花；萼管状，长6mm；花瓣5枚，淡红色或紫红色，比萼略长，基部有2个耳状附属体；雄蕊10枚，退化雄蕊5枚，线形，甚短；子房5室，被毛。蒴果卵状矩圆形，密被星状毛及混生长绒毛。种子小，褐色，有椭圆形小斑点。花期几乎全年。

### ❸ 马松子属 ｜ Melochia L. ｜

草本或亚灌木，稀乔木。略被星状柔毛。叶卵形或宽心形，有锯齿。花小，两性；聚伞花序或团伞花序；萼5深裂或浅裂，钟状；花瓣5枚，匙形或长圆形。蒴果室背5瓣裂。种子倒卵圆形。

**马松子 Melochia corchorifolia** L.

亚灌木状草本。枝黄褐色，略被星状柔毛。叶薄纸质，卵形、长圆状卵形或披针形，长3~7cm，有锯齿，叶背略被星状柔毛。花排成顶生或腋生密聚伞花序或团伞花序；花瓣白色，后淡红色。蒴果球形，5棱。种子卵圆形，略成三角状，褐黑色。花期夏秋季。

### ❹ *苹婆属 ｜ Sterculia L. ｜

乔木或灌木。单叶，全缘、具齿或掌状深裂，稀掌状复叶。圆锥花序腋生；花单性或杂性；花萼5浅裂或深裂；无花瓣。蓇葖果多革质或木质，熟时开裂，内有1或多粒种子。

**\* 苹婆 Sterculia monosperma** Vent.

乔木。树皮褐黑色。小枝幼时略有星状毛。叶薄革质，矩圆形或椭圆形，两面均无毛；托叶早落。圆锥花序顶生或腋生，柔弱且披散；花梗远比花长；萼初时乳白色，后转为淡红色，钟状，外面有短柔毛；雄花较多，雌雄蕊柄弯曲，无毛，花药黄色；雌花较少，略大，子房圆球形。蓇葖果鲜红色，厚革质，矩圆状卵形。种子椭圆形或矩圆形，黑褐色。花期4~5月，但在10~11月常可见少数植株开第二次花。

## 5 蛇婆子属 | Waltheria L. |

草本或半灌木，稀为木本。被星状柔毛。叶为单叶，边缘有锯齿；托叶披针形。花细小，两性，排成顶生或腋生的聚伞花序或团伞花序；花瓣5枚，匙形，宿存；雄蕊5枚，在基部合生，与花瓣对生，花药2室，药室平行；子房无柄，1室，有胚珠2枚，花柱的上部棒状或流苏状。蒴果2瓣裂，有种子1粒。种子有胚乳；子叶扁平。

### 蛇婆子 Waltheria indica L.

略直立或匍匐状半灌木。小枝密被短柔毛。叶卵形或长椭圆状卵形，边缘有小齿，两面均密被短柔毛。聚伞花序腋生，头状；小苞片狭披针形；萼筒状，5裂，裂片三角形，远比萼筒长；花瓣5枚，淡黄色，匙形；雄蕊5枚，花丝合生成筒状，包围着雌蕊；子房无柄，被短柔毛。蒴果小，二瓣裂，倒卵形，被毛，为宿存的萼所包围，内有种子1粒。种子倒卵形，很小。花期夏秋季。

# 131. 木棉科 Bombacaceae

乔木。常具板状根。叶互生，掌状复叶或单叶，常具鳞秕；托叶早落。花两性，大而美丽，辐射对称，腋生或近顶生，单生或簇生；花萼杯状；花瓣5枚，覆瓦状排列。蒴果，室背开裂或不裂。种子被内果皮的丝状绵毛包围。

## ❶ *木棉属 | Bombax L. |

落叶大乔木。树干常具圆锥状粗刺。掌状复叶。花单生或簇生于叶腋或近顶生；花大，先于叶开放，红色、橙红色或黄白色；无苞片；花萼革质，杯状；花瓣5枚，倒卵形或倒卵状披针形。蒴果，室背开裂。种子小，黑色，藏于绵毛内。

### * 木棉 **Bombax ceiba** L.

落叶大乔木。幼树树干和老树枝条具圆锥状皮刺。掌状复叶；小叶5~7枚，长圆形至长圆状披针形，全缘。花大，单生于枝顶叶腋，红色，偶橙红色。蒴果长圆形，密被灰白色长柔毛和星状柔毛，果内有丝状绵毛。种子多数，倒卵形，光滑。花期春季，果期夏季。

## ❷ *瓜栗属 | Pachira Aubl. |

乔木。叶互生，掌状复叶；小叶3~9枚，全缘。花单生于叶腋，具梗；苞片2~3枚；花萼杯状，果期宿存；花瓣长圆形或线形，白色或淡红色，外面常被绒毛；雄蕊多数，花药肾形；子房5室，每室胚珠多数，花柱伸长。果近长圆形，木质或革质，室背开裂为5 爿，内面具长绵毛。种子大，近梯状楔形，无毛；种皮脆壳质，光滑；子叶肉质，内卷。

### * 瓜栗 **Pachira aquatica** (Champ. et Schltdl.) Walp.

小乔木。树冠较松散，无毛。小叶5~11枚，长圆形至倒卵状长圆形，全缘。花单生于枝顶叶腋，花梗粗壮，被黄色星状茸毛；萼杯状，近革质，疏被星状柔毛，内面无毛；花瓣淡黄绿色，狭披针形至线形；雄蕊管较短，花药狭线形。蒴果近梨形；果皮厚，木质；每室种子多数。种子大，不规则的梯状楔形，表皮暗褐色，有白色螺纹；内含多胚。花期5~11月，果先后成熟。

# 132.锦葵科 Malvaceae

草本、灌木或乔木。常被星状毛或鳞秕。茎皮层纤维发达，具黏液腔。单叶，互生，全缘或分裂；叶脉常掌状；具托叶。花单生、簇生或为总状、圆锥、聚伞花序，腋生或顶生；花两性，辐射对称；花萼3~5枚；花瓣5枚。蒴果，常几枚果爿分裂，稀浆果状。种子肾形或倒卵形。

## ❶ 秋葵属 | Abelmoschus Medicus |

草本或亚灌木。植株常被长硬毛。叶片常掌状分裂或呈戟形、箭形，稀全缘花单枚腋生或排成顶生总状花序；花柱5裂；花大而美丽。蒴果，室背开裂。种子肾形。

### 黄葵 Abelmoschus moschatus (L.) Medicus

一年生至二年生草本或小灌木。茎、小枝、叶柄及叶片疏被硬毛。叶掌状5~7裂，裂片椭圆状披针形或三角形，具不规则锯齿。花单生于叶腋，花梗被倒硬毛；花萼佛焰苞状；花冠黄色，内暗紫色。蒴果长圆状卵形，被黄色长硬毛。种子肾形，具腺状乳突排成的条纹。花期6~10月。

## ❷ *蜀葵属 | Althaea L. |

一年生至多年生草本。直立。被长硬毛。叶近圆形；托叶宽卵形，先端3裂。花单生或排列成总状花序式生于枝端，腋生；花冠漏斗形，各色；花瓣倒卵状楔形，爪被髯毛；雄蕊柱顶端着生有花药；子房室多数，每室具胚珠1枚，花柱丝形，柱头近轴。果盘状，分果爿有30枚至更多，成熟时与中轴分离。

### * 蜀葵 Althaea rosea (L.) Cavan.

二年生直立草本。茎枝密被刺毛。叶近圆心形，上面疏被星状柔毛，粗糙，下面被星状长硬毛或绒毛。花腋生，单生或近簇生，排列成总状花序式；花大，有红、紫、白、粉红、黄和黑紫等色，单瓣或重瓣；花瓣倒卵状三角形；雄蕊柱无毛，花药黄色；花柱分枝多数，微被细毛。果盘状，被短柔毛，分果爿近圆形，多数，背部厚达1mm，具纵槽。花期2~8月。

### 3 *棉属 | Gossypium L. |

一年生或多年生草本，有时成乔木状。叶掌状分裂。花大，单生于枝端叶腋，白色、黄色，有时花瓣基部紫色，凋萎时常变色；花萼杯状；花瓣5枚；雄蕊柱有多数具花药的花丝，顶端平截；子房3~5室，每室具胚珠2枚至多枚。蒴果圆球形或椭圆形，室背开裂。种子圆球形，密被白色长棉毛，或混生具紧着种皮而不易剥离的短纤毛，或有时无纤毛。

#### * 陆地棉 Gossypium hirsutum L.

一年生草本。小枝疏被长毛。叶阔卵形，上面近无毛，沿脉被粗毛，下面疏被长柔毛；叶柄疏被柔毛；托叶卵状镰形，早落。花单生于叶腋，花梗通常较叶柄略短；花萼杯状，三角形，具缘毛；花白色或淡黄色，后变淡红色或紫色；雄蕊柱长1.2cm。蒴果卵圆形，具喙。种子分离，卵圆形，具白色长棉毛和灰白色不易剥离的短棉毛。花期夏秋季。

### 4 *木槿属 | Hibiscus L. |

草本、灌木或乔木。叶互生，掌状分裂或不分裂；具掌状脉；有托叶。花两性，5数，花常单生于叶腋间；小苞片5枚或多数，分离或于基部合生；花萼钟状，稀浅杯状或管状，5齿裂，宿存；花瓣5枚，各色，基部与雄蕊柱合生；雄蕊柱顶端平截或5齿裂；花柱5裂，柱头头状。蒴果胞背开裂成5果爿。种子肾形，被毛或为腺状乳突。

#### 1. * 木芙蓉 Hibiscus mutabilis L.

落叶灌木或小乔木。小枝、叶柄、花梗和花萼均密被星状毛。叶宽卵形至圆卵形或心形，常5~7裂，具钝圆齿，两面被毛；掌状脉7~11条；托叶早落。花单生于枝端叶腋；小苞片8枚，线形，长10~16mm，宽约2mm，密被毛，基部合生；萼钟形；花初白色后变深，直径约8cm。蒴果扁球形。种子肾形，背面被长柔毛。花期8~10月。

#### 2.* 重瓣木芙蓉 Hibiscus mutabilis L. f. plenus (Andrews) S. Y. Hu

与木芙蓉的主要区别在于：花重瓣。

#### 3. * 扶桑 Hibiscus rosa-sinensis L.

灌木。小枝圆柱形，疏被星状柔毛。叶阔卵形或狭卵形，长4~9 cm，边缘具粗齿或缺刻。

花单生于上部叶腋间，常下垂，疏被星状柔毛或近平滑无毛；萼钟形；花冠漏斗形，玫瑰红色或淡红、淡黄等色。蒴果卵形，有喙。花期全年。

### 4. * 玫瑰茄 Hibiscus sabdariffa L.

一年生直立草本。茎淡紫色，无毛。叶异型，具锯齿；叶柄疏被长柔毛；托叶线形，疏被长柔毛。花单性，生于叶腋，近无梗；小苞片红色，肉质，披针形，疏被长硬毛，近顶端具刺状附属物，基部与萼合生；花萼杯状，淡紫色，疏被刺和粗毛；花黄色，内面基部深红色。蒴果卵球形，密被粗毛，果爿5枚。种子肾形，无毛。花期夏秋季。

### 5. * 木槿 Hibiscus syriacus L.

落叶灌木。小枝密被黄色星状绒毛。叶菱形至三角状卵形，边缘具不整齐齿缺；叶柄上面被星状柔毛；托叶线形，疏被柔毛。花单生于枝端叶腋间，花梗被星状短绒毛；小苞片线形，密被星状疏绒毛；花萼钟形，密被星状短绒毛，三角形；花钟形，淡紫色；花瓣倒卵形；雄蕊柱长约3cm。蒴果卵圆形，密被黄色星状绒毛。种子肾形，背部被黄白色长柔毛。花期7~10月。

## ⑤ 赛葵属 | Malvastrum A. Gray |

草本或亚灌木。叶卵形，掌状分裂或具缺齿。花单生于叶腋或呈顶生总状花序；小苞片3枚，线形或钻形；花萼杯状，5裂；花冠黄色；花瓣5枚。分果，成熟时各分果爿分别脱离。种子肾形。

### 赛葵 Malvastrum coromandelianum (L.) Garcke

亚灌木状草本。高达1m。疏被星状粗毛。叶卵形或卵状披针形，长2~6cm，具粗齿。花单生于叶腋；花萼浅杯状，5裂，裂片卵形，基部合生，疏被星状长毛和单长毛；花冠黄色。果扁球形、肾形，近顶端具芒刺1条，背部被毛，具芒刺2条。种子肾形。

## ⑥ *悬铃花属 | Malvaviscus Dill. ex Adans. |

灌木或粗壮草本。叶互生，常心形，浅裂或不裂。花单生于叶腋或枝端，略倒垂；小苞片7~12枚；花萼裂片5个；花冠红色；花瓣5枚，直立。果为肉质浆果。

### * 悬铃花 Malvaviscus arboreus Cav.

灌木。高达2m。小枝被长柔毛。叶互生，卵形或卵状披针形，长6~12cm，两面近无毛或脉上被星状疏柔毛，单叶，有时浅裂，叶形变化较多。花单生于叶腋；萼钟状；花红色，下垂；花冠呈漏斗形。

### ⑦ 黄花稔属 | Sida L. |

草本或亚灌木。具星状毛。叶为单叶或稍分裂。花单生、簇生或呈圆锥花序，腋生或顶生；无小苞片；萼钟状或杯状，5裂；花瓣黄色，5枚，分离，基部合生；雄蕊柱顶端着生多数花药；花柱枝与心皮同数，柱头头状。蒴果盘状或球形，分裂成分果，顶端具2枚芒或无芒。

#### 白背黄花稔 Sida rhombifolia L.

直立亚灌木。枝被星状绵毛。叶菱形或长圆状披针形，宽6~20mm，基部宽楔形，边缘具锯齿，两面被毛；叶柄长3~5mm，被毛。花单生于叶腋；花萼被星状短绵毛；花黄色，直径约1cm；雄蕊柱无毛，疏被腺状乳突。蒴果，分果片8~10枚，顶端具2枚短芒，被星状柔毛。花期秋冬季。

### ⑧ 梵天花属 | Urena L. |

多年生草本或灌木。被星状柔毛。叶互生，圆形或卵形，掌状分裂或深波状。花单生或近簇生于叶腋，或集生于小枝端；小苞片钟形，5裂；花萼穿窿状，深5裂；花瓣5枚，外面被星状柔毛；雄蕊柱平截或微齿裂；花柱分枝10个，柱头盘状，顶端具睫毛。蒴果近球形，分果爿具钩刺，不开裂。种子倒卵状三棱形或肾形，无毛。

#### 1. 肖梵天花（地桃花） Urena lobata L.

多年生亚灌状草本。小枝被星状绒毛。茎下部的叶近圆形，宽5~6cm，先端浅3裂，基部圆形或近心形，边缘具锯齿；上部的叶长圆形至披针形，宽1.5~3cm；两面被毛。花腋生，单生或稍丛生，淡红色；小苞片基部1/3合生；花萼长5~9mm，裂片较小苞片略短，均被毛。蒴果扁球形，具钩刺。花期7~10月。

## 2. 梵天花（狗脚迹）Urena procumbens L.

多年生小灌木。小枝被星状绒毛。下部生叶掌状3~5深裂，裂口深达中部以下，宽1~4cm，裂片菱形或倒卵形，呈葫芦状，基部圆形至近心形，具锯齿，两面被毛。花单生或近簇生，淡红色；小苞片基部1/3处合生；花萼长4~5mm，裂片较小苞片略短，均被毛。蒴果球形，具钩刺。种子平滑无毛。花期6~9月。

# 136. 大戟科 Euphorbiaceae

乔木、灌木或草本，稀藤本。常有白色乳汁。叶互生，稀对生或轮生，单叶，稀复叶，或退化成鳞片状，全缘或有锯齿，稀掌状深裂；具羽状脉或掌状脉；叶柄基部或顶端有时具腺体；托叶2枚。花单性，雌雄同株或异株，单花或组成各式花序；萼片分离或基部合生；花瓣有或无。蒴果，或为浆果状或核果状。种子常有显著种阜；胚乳丰富、肉质或油质。

## ❶ 铁苋菜属 | Acalypha L. |

一年生或多年生草本，灌木或小乔木。叶互生，膜质或纸质，叶缘具齿或近全缘；具基出脉3~5条或为羽状脉；具托叶。雌雄同株，稀异株；花序腋生或顶生；雌雄花同序或异序；花无花瓣，无花盘；雄花萼片4枚；雄蕊常8枚，花丝离生；雌花萼片3~5枚；花柱离生或基部合生。蒴果小，3枚分果爿，具毛或软刺。种子近球形或卵圆形；种皮壳质。

### 1. 铁苋菜 Acalypha australis L.

一年生草本。叶膜质，长卵形、近菱状卵形或阔披针形，长3~9cm，顶端短渐尖，基部楔形，边缘具圆锯，上面无毛，下面中脉具毛；基出脉3条，侧脉3对；叶柄具毛；托叶小。雌雄花同序；花序腋生，稀顶生；雌花苞片1~4枚，花后增大，长1.4~2.5cm，边缘具三角形齿。蒴果具3枚分果爿。种子近卵形；种皮平滑；假种阜细长。花果期4~12月。

### 2.* 红桑 Acalypha wilkesiana Muell. Arg.

灌木。嫩枝被短毛。叶纸质，阔卵形，古铜绿色或浅红色，常有不规则的红色或紫色斑块，边缘具粗圆锯齿；叶柄具疏毛；托叶狭三角形，具短毛。雌雄同株，通常雌雄花异序；雄花序各部均被微柔毛，苞片卵形，排成团伞花序；雌花苞片阔卵形，具粗齿；雄花花萼裂片长卵形，雄蕊8枚；雌花长卵形或三角状卵形，具缘毛。蒴果，具3枚分果爿。种子球形。花期几全年。

## ❷ 山麻杆属 | Alchornea Sw. |

乔木或灌木。单叶互生，纸质或膜质，边缘具腺齿；叶基有斑状腺体；羽状脉或掌状脉；托叶2枚。花雌雄同株或异株；花序穗状或总状或圆锥状；雄花多枚簇生于苞腋，萼片2~5裂，雄蕊4~8枚；雌花1枚生于苞腋，花无花瓣，萼片4~8枚，花柱常3枚，离生或基部合生。蒴果具2~3枚分果爿。种子无种阜；种皮壳质；胚乳肉质。

### 红背山麻杆 Alchornea trewioides (Benth.) Muell. Arg.

灌木。叶薄纸质，阔卵形，长8~15cm，顶端急尖或渐尖，基部浅心形或近截平，边缘疏生具腺小齿，上面无毛，下面浅红色；叶基具4个腺体；基出脉3条；小托叶披针形。雌雄异株；雄花序穗状，腋生或生于一年生小枝已落叶腋部；花小；花瓣缺。蒴果球形，具3圆棱。种子扁卵状；种皮浅褐色，具瘤体。花期3~5月，果期6~8月。

## ③ *石栗属 | Aleurites J. R. et G. Forst. |

常绿乔木。嫩枝密被星状柔毛。单叶，全缘或3~5裂；叶柄顶端有2个腺体。花雌雄同株，组成顶生的圆锥花序；花蕾近球形；花瓣5枚；雄花有腺体，雄蕊排成轮，生于凸起的花托上，无不育雌蕊；雌花子房每室有1枚胚珠，花柱2裂。核果近圆球状；外果皮肉质；内果皮壳质；有种子。种子扁球形；无种阜。

### * 石栗 Aleurites moluccana (L.) Willd.

常绿乔木。树皮暗灰色。嫩枝密被灰褐色星状微柔毛。叶纸质，卵形，全缘或浅裂；叶柄密被星状微柔毛，顶端有2个扁圆形腺体。花雌雄同株，同序或异序；花瓣长圆形，乳白色至乳黄色；雄花雄蕊排成轮，生于凸起的花托上，被毛；雌花子房密被星状微柔毛，花柱2个。核果近球形或稍偏斜的圆球状。种子圆球状，侧扁；种皮坚硬，有疣状凸棱。花期4~10月。

## ④ 秋枫属 | Bischofia Bl. |

大乔木。有乳管组织，汁液呈红色或淡红色。叶互生，三出复叶；托叶小，早落。花单性，雌雄异株，组成腋生圆锥花序或总状花序；花序下垂；萼片离生；雄花萼片镊合状排列，雄蕊5枚，分离；雌花萼片覆瓦状排列，子房上位。果实小，浆果状，圆球形；外果皮肉质；内果皮坚纸质。种子3~6粒，长圆形；无种阜；外种皮脆壳质；胚乳肉质；胚直立；子叶宽而扁平。

### 1. 秋枫 Bischofia javanica Bl.

常绿或半常绿大乔木。嫩枝被黄色稀疏粗毛。叶互生，革质，椭圆形、长椭圆形、长圆状倒卵形或长圆状披针形，长6~12cm；叶柄顶端具2个小腺体。雄花序穗状；苞片密生，卵状三角形，苞腋具花3~5枚；雌花序穗状；雌花单生于苞腋。蒴果椭圆形，初被疏柔毛，具种子2粒。种子长圆形，长约5mm。花果期几乎全年。

### 2. 重阳木 Bischofia polycarpa (Lévl.) Airy Shaw.

落叶乔木。树皮褐色，纵裂。木材表面槽棱不显。树冠伞形状。当年生枝绿色，皮孔明显，灰白色；老枝变褐色，皮孔变锈褐色。全株均无毛。三出复叶；小叶卵形或椭圆状卵形；托叶小，早落。花雌雄异株，组成总状花序；花序轴纤细而下垂；雄花萼片半圆形，膜质，向外张开，花丝短；雌花萼片与雄花的相同，有白色膜质的边缘，子房3~4室，每室2枚胚珠。果实浆果状，圆球形，成熟时褐红色。花期4~5月，果期10~11月。

## 5 黑面神属｜Breynia J. R. et G. Forst.｜

灌木或小乔木。单叶互生，2列，全缘，干时常变黑色；羽状脉；具叶柄和托叶。花雌雄同株，单生或数花簇生于叶腋，具有花梗；无花瓣和花盘；雄蕊3枚；雌花萼结果时常增大而呈盘状；花柱3个，顶端通常2裂。蒴果常呈浆果状，不开裂，具有宿存的花萼。种子三棱形；种皮薄，无种阜；胚乳丰富，肉质。

### 黑面神 Breynia fruticosa (L.) Hook. f.

灌木。全株均无毛。叶片革质，卵形、阔卵形或菱状卵形，长3~7cm，两端钝或急尖，干后变黑色，具有小斑点；侧脉每边3~5条；叶柄短；托叶小。花小，单生或2~4花簇生于叶腋内；雌花位于小枝上部，雄花则位于小枝下部，或不同枝；雄蕊3枚；花柱3个。蒴果圆球状，有宿存花萼。花期4~9月，果期5~12月。

## 6 土蜜树属｜Bridelia Willd.｜

乔木或灌木，稀木质藤本。单叶互生，全缘；羽状脉，具叶柄和托叶。花小，单性同株或异株，多花集成腋生的花束或团伞花序；花5数，有梗或无梗；萼片宿存；花瓣小，鳞片状；雄花花盘杯状或盘状，花丝基部连合；雌花花盘圆锥状或坛状，花柱2个，分离或基部合生。核果或为具肉质外果皮的蒴果。种子具纵沟纹；胚弯曲；胚乳丰富。

**土蜜树 Bridelia tomentosa** Blume

灌木或小乔木。小枝被黄褐色柔毛。叶薄革质，长圆形、长椭圆形或卵状长圆形，长3~10cm，背面有毛。花雌雄同株，多花组成腋生团伞花序；雄花花盘垫状，黄色；雌花花瓣舌形或长圆形。核果近球形，熟时黑色。种子褐红色。花果期几乎全年。

## 7 *变叶木属 | Codiaeum A. Juss. |

灌木或小乔木。叶互生，全缘；具叶柄；托叶小或缺。花单性，雌雄同株；花序总状；雄花数枚簇生于苞腋，花萼3~6裂，裂片覆瓦状排列，花瓣小，5~6枚，花盘分裂为5~15个离生腺体。蒴果。种子具种阜。

### * 变叶木 Codiaeum variegatum (L.) A. Juss.

灌木或小乔木。枝条无毛，有明显叶痕。叶薄革质，形状大小变异很大。顶端短尖、渐尖至圆钝，基部楔形、短尖至钝，边全缘、浅裂至深裂，两面无毛。总状花序腋生，雌雄同株异序，长8~30cm；雄花白色，萼片5枚，花瓣5枚，远较萼片小，腺体5个，雄蕊20~30枚，花梗纤细；雌花淡黄色，萼片卵状三角形，无花瓣，花盘环状，子房3室；花往外弯，不分裂，花梗稍粗。蒴果近球形，稍扁，无毛。种子长约6mm。花期9~10月。

## 8 巴豆属 | Croton L. |

乔木或灌木，稀亚灌木。通常被星状毛或鳞腺，稀近无毛。叶互生，稀对生或近轮生；羽状脉或具掌状脉；叶基常有2个腺体；托叶早落。花雌雄同株（或异株）；花序顶生或腋生，总状或穗状；萼片5枚；雄蕊10~20枚，花丝离生；花柱3个，通常2或4裂。蒴果具3枚分果爿。种子平滑；种皮脆壳质；种阜小。

### 毛果巴豆 Croton lachnocarpus Benth.

灌木。一年生枝条、幼叶、叶背、叶柄、花序和果均密被星状柔毛。叶纸质，长圆形至椭圆状卵形，长4~13cm，基部近圆形至微心形，边缘有细齿，齿间有腺体；基出脉3条，侧脉4~6对；叶基有2个腺体。总状花序1~3个，顶生；雄蕊10~12枚；花柱线形，2裂。蒴果被毛。种子椭圆形，暗褐色，光滑。花期4~5月。

## 9 大戟属 | **Euphorbia** L. |

一年生、二年生或多年生草本、灌木或乔木。具白色乳汁。叶常互生或对生，稀轮生，常全缘，稀分裂或具齿或不规则；叶常无叶柄，稀具叶柄；托叶常无，少数有。杯状聚伞花序（大戟花序），单生或组成复花序，多生于枝顶或植株上部，少数腋生；花常无被；雄蕊1枚；花柱3个。蒴果，常分裂。种子每室1粒，常卵球状；种皮革质，深褐色或淡黄色。

### 1.＊火殃勒 **Euphorbia antiquorum** L.

肉质灌木状小乔木。乳汁丰富。茎常三棱状，偶有四棱状并存；棱脊3条，薄而隆起，边缘具明显的三角状齿；髓三棱状，糠质。叶互生于齿尖，倒卵形或倒卵状长圆形，全缘，两面无毛；叶脉不明显，肉质；叶柄极短；托叶刺状；与花序近等大。花序单生于叶腋；雄花多数；雌花1枚，子房柄基部具3枚退化的花被片，子房三棱状扁球形，光滑无毛，花柱3个，分离。蒴果三棱状扁球形。种子近球状，褐黄色，平滑；无种阜。花果期全年。

### 2. 白苞猩猩草 **Euphorbia heterophylla** L.

一年生直立草本。叶互生，叶形多变化；花序下部的叶一部分或全部紫红色。杯状花序多数在茎及分枝顶端排列成密集的伞房状；总苞钟形，顶端5裂；腺体1~2个，杯状；无花瓣状附属物；子房卵形，3室，花柱3个，离生，顶端2裂。蒴果近球形，直径约5mm，无毛。种子卵形，有疣状凸起。花果期2~11月。

### 3. 飞扬草 **Euphorbia hirta** L.

一年生草本。具乳汁。茎被粗硬毛。叶对生，披针状长圆形至卵状披针形，宽5~13mm，基部略偏斜，中部以上有细齿；叶面绿色，叶背灰绿色，有时具紫色斑，两面均具毛；叶柄极短。花序多数，于叶腋处密集成头状，无柄或具极短柄，具柔毛；总苞钟状；雄花数枚；雌花1枚，花柱3。蒴果三棱状。种子近圆形四棱形，每个棱面有数个纵槽；无种阜。花果期6~12月。

### 4. 通奶草 **Euphorbia hypericifolia** L.

一年生草本。根纤细。茎直立，无毛或被少许短柔毛。叶对生，狭长圆形或倒卵形，通常偏斜，不对称，边缘全缘或基部以上具细锯齿，两面被稀疏的柔毛；叶柄极短；托叶三角形；苞叶2枚，与茎生叶同形。花序数个簇生于叶腋或枝顶，每个花序基部具纤细的柄；总苞陀螺状；雄花数枚，微伸出总苞外；雌花1枚，子房柄长于总苞。蒴果三棱状，无毛，成熟时分裂为3枚分果爿。种子卵棱状；无种阜。花果期8~12月。

### 5. * 铁海棠 Euphorbia milii Desmoul.

蔓生灌木。茎多分枝，褐色，具纵棱，密生锥状刺。叶互生，常集生于嫩枝，倒卵形或长圆状匙形，长1.5~5cm。花序2、4或8个组成二歧状复花序，生于枝上部叶腋；总苞钟状，黄红色。蒴果三棱状卵圆形。种子卵柱状，灰褐色，具微小疣点。花果期全年。

### 6. * 金刚纂 Euphorbia neriifolia L.

肉质灌木状小乔木。乳汁丰富。茎圆柱状，上部多分枝，具不明显5条隆起且呈螺旋状排列的脊，绿色。叶互生，少而稀疏肉质，常呈5列生于嫩枝顶端脊上，顶端钝圆，基部渐狭，全缘；叶脉不明显。花序二枝状腋生；总苞阔钟状，裂片半圆形，边缘具缘毛。花期6~9月。

### 7. * 一品红 Euphorbia pulcherrima Willd. ex Klotzch

灌木状。叶互生，卵状椭圆形、长椭圆形或披针形，长6~25cm。花序数个聚伞排列于枝顶；总苞坛状，淡绿色，齿状5裂，裂片三角形，有腺体1~2个，黄色，两唇状；雄花多数，常伸出总苞；雌花1枚，子房柄伸出总苞，花柱中、下部合生。蒴果，三棱状圆形。种子卵圆形。花果期10至翌年4月。

### 8. 千根草 **Euphorbia thymifolia** L.

一年生草本。具乳汁。茎常呈匍匐状，被疏毛。叶对生，椭圆形、长圆形或倒卵形，宽2~5mm，基部偏斜，边缘有细齿，稀全缘，两面常被疏毛；叶柄极短。花序单生或数个簇生于叶腋，具短柄；总苞狭钟状至陀螺状；雄花少数；雌花1枚，花柱3，分离。蒴果卵状三棱形，分裂。种子长卵状四棱形，暗红色，每个棱面具4~5个横沟。花果期6~11月。

### ⑩ 海漆属 | **Excoecaria** L. |

乔木或灌木。具乳液。叶互生或对生；具柄；羽状脉。花单性，雌雄异株或同株异序；无花瓣；总状或穗状花序；雄花萼片2~3枚，细小，覆瓦状排列；雄蕊3枚；雌花花萼3裂，子房3室。蒴果，中轴开裂，具翅。种子球形；无种阜。

**\* 红背桂花 Excoecaria cochinchinensis Lour.**

常绿灌木。高1~2m。叶对生，纸质，倒披针形或长圆形，长8~12cm，边缘有疏细齿；叶面绿色，背面紫红色。花单性，雌雄异株，初开时黄色，后渐变为淡黄白色。蒴果球形，顶端凹陷。种子近球形。花期几乎全年。

## ⓫ 白饭树属 | **Flueggea** Willd. |

灌木或小乔木。单叶互生，2列；羽状脉；叶柄短；具托叶。花小，雌雄异株，单生、簇生或呈密集聚伞花序；苞片不明显；无花瓣；雄花萼片4~7枚，覆瓦状排列；雌花花盘碟状或盘状。蒴果；果皮革质或肉质，3片裂或不裂呈浆果状。种子三棱形。

**白饭树 Flueggea virosa (Roxb. ex Willd.) Royle**

落叶灌木。高1~4m。小枝具纵棱槽，有皮孔。叶互生，纸质，椭圆形、倒卵形或近圆形，长2~5cm。花小，淡黄色，雌雄异株，多花簇生于叶腋；花盘腺体5个或花盘杯状。蒴果浆果状，近圆球形，熟时果皮淡白色。种子栗褐色，有小疣状凸起及网纹。花期3~8月，果期7~12月。

## ⓬ 算盘子属 | **Glochidion** T. R. et G. Forst. |

乔木或灌木。无乳汁。单叶互生,2列,叶片全缘；羽状脉；具短柄。花单性，雌雄同株，稀异株，组成短小的聚伞花序或簇生成花束腋生；雌花束常位于雄花束之上或不同枝；无花瓣；通常无花盘；萼片5~6枚；雄蕊3~8枚，合生呈圆柱状；花柱合生呈圆柱状或其他形状。蒴果圆球形或扁球形，具纵沟，开裂。种子无种阜；胚乳肉质；子叶扁平。

### 1. 毛果算盘子 Glochidion eriocarpum Champ. ex Benth.

灌木。全株几被长柔毛。单叶互生，2列，纸质，卵形、狭卵形或宽卵形，长4~8cm，基部钝、截形或圆形，两面均被长柔毛，下面毛被较密；侧脉每边4~5条；叶柄极短，被毛；托叶小。花单生或2~4花簇生于叶腋内；雌花在雄花上部；萼片6枚；雄蕊3枚；花柱合生呈圆柱状。蒴果扁球状。花果期几乎全年。

### 2. 算盘子 Glochidion puberum (L.) Hutch.

灌木。小枝、叶片下面、萼片外面、子房和果实均密被短柔毛。单叶互生，2列，纸质或近革质，长圆形至长卵形，长3~8cm，上面几无毛；侧脉每边5~7条。花小，雌雄同株或异株，2~5枚簇生于叶腋；雌花常在雄花上部；萼片6枚；雄蕊3枚；花柱合生呈环状。蒴果扁球状。种子近肾形，具3棱，朱红色。花期4~8月，果期7~11月。

### 3. 白背算盘子 Glochidion wrightii Benth.

灌木或乔木。全株无毛。单叶互生，2列，纸质，长圆形或长圆状披针形，常呈镰刀状弯斜，长2.5~5.5cm，顶端渐尖，基部急尖，两侧不相等，下面粉绿色带灰白色；侧脉每边5~6条。雌花或雌雄花同簇生于叶腋内；萼片6枚；雄蕊3枚，合生；花柱合生呈圆柱状，宿存。蒴果扁球状，红色。花期5~9月，果期7~11月。

## ⑬ 野桐属 | Mallotus Lour. |

灌木或乔木。通常被星状毛。叶互生或对生，全缘或有锯齿，稀具裂片；叶基常具腺体，有时盾状着生；掌状脉或羽状脉。花雌雄异株或稀同株；无花瓣；无花盘；花序顶生或腋生，总状花序、穗状花序或圆锥花序；雄蕊多数，分离；雌花在每一苞片内1枚，花柱分离或基部合生。蒴果，具2~4枚分果爿。种子卵形或近球形；种皮脆壳质；胚乳肉质。

### 1. 白背叶 Mallotus apelta (Lour.) Muell. Arg.

常绿灌木或小乔木。小枝、叶柄和花序均密被柔毛。叶互生，叶背被白色星状毛，非盾状着生，卵形或阔卵形，基部截平或稍心形，边缘具疏齿；基出脉5条；叶基部有腺体2个。花雌雄异株；雄花序为开展的圆锥花序或穗状；雌花序穗状。蒴果近球形，具线形软刺，长5~10mm。种子近球形，褐色或黑色，具皱纹。花期6~9月，果期8~11月。

### 2. 粗糠柴 Mallotus philippensis (Lam.) Muell. Arg.

小乔木或灌木。小枝、嫩叶和花序均密被黄褐色星状短柔毛。叶互生，近革质，卵形；叶脉上具长柔毛，散生红色颗粒状腺体；近基部有褐色斑状腺体2~4个。花雌雄异株；花序总状，顶生或腋生；雄花苞片卵形，花萼裂片3~4枚，密被星状毛，具红色颗粒状腺体；雌花苞片卵形或卵状披针形，外面密被星状毛；子房被毛。蒴果扁球形，密被红色颗粒状腺体和粉末状毛。种子卵形或球形，黑色，具光泽。花期4~5月，果期5~8月。

### 3. 石岩枫 **Mallotus repandus** (Willd.) Muell. Arg.

攀缘状灌木。嫩枝、叶柄、嫩叶、花序和花梗密生黄色星状柔毛。叶互生，纸质或膜质，卵形或椭圆状卵形，长3.5~8cm，基部楔形或圆形，边全缘或波状；基出脉3条。花雌雄异株；总状花序或下部有分枝；雄花序顶生，稀腋生；雌花序顶生。蒴果无软刺，具2~3枚分果爿。种子卵形，黑色，有光泽。花期3~5月，果期8~9月。

## ⑭ *木薯属 | Manihot P. Mill. |

灌木或乔木，稀为草本。有乳状汁。有时具肉质块根。茎、枝有大而明显叶痕。叶互生，掌状深裂或上部的叶近全缘；叶柄长；托叶小，早落。花雌雄同株，排成顶生总状花序，花萼花序下部的1~5枚花为雌花，上部的为雄花，花梗较短；花萼钟状，有彩色斑，呈花瓣状；花瓣缺。蒴果具3枚分果爿。种子有种阜；种皮硬壳质；胚乳肉质；子叶宽且扁。

### * 木薯 **Manihot esculenta** Crantz.

直立灌木。块根圆柱状。叶纸质，轮廓近圆形，倒披针形至狭椭圆形；叶柄稍盾状着生；托叶三角状披针形。圆锥花序顶生或腋生；苞片条状披针形；花萼带紫红色且有白粉霜；雄花裂片长卵形，近等大。雌花裂片长圆状披针形。子房卵形，具6条纵棱，柱头外弯，摺扇状。蒴果椭圆状，表面粗糙，具6条狭而波状纵翅。种子多少具3棱；种皮硬壳质，具斑纹，光滑。花期9~11月。

## ⑮ *红雀珊瑚属 | Pedilanthus Neck. ex Poit. |

直立灌木或亚灌木。茎带肉质，具丰富的乳状汁液。叶互生，全缘；具羽状脉；托叶小。花单性，雌雄同株，聚集成顶生或腋生杯状聚伞花序；腺体2~6个，着生于总苞的底部或有时无腺体；雄花多数，着生于总苞内，每花仅有1枚雄蕊，花药球形，药室内向，纵裂；雌花单生于总苞中央，斜倾，具长梗，子房3室，每室具1枚胚珠。蒴果干燥，分果爿3枚。种子无珠柄。

### * 红雀珊瑚 **Pedilanthus tithymaloides** (L.) Poil.

直立亚灌木。茎、枝粗壮，带肉质，作"之"字状扭曲，无毛或嫩时被短柔毛。叶肉质，叶片卵形或长卵形；托叶为一圆形的腺体。聚伞花序丛生于枝顶或上部叶腋内；总苞鲜红或紫红色，仰卧，无毛，两侧对称；雄花每花仅具1枚雄蕊，花梗纤细，花药球形；雌花花梗远粗于雄花的，子房纺锤形，花柱大部分合生，柱头3个，2裂。花期12月至翌年6月。

### ⑯ 叶下珠属 | **Phyllanthus** L. |

灌木或草本，少数为乔木。无乳汁。单叶，互生，通常2列，呈羽状复叶状，全缘；羽状脉；具短柄；托叶2枚，小，常早落。花通常小，单性，雌雄同株或异株，单生、簇生或组成聚伞、团伞、总状或圆锥花序；无花瓣；萼片2~6枚，离生；雄蕊2~6枚；花柱分离或合生，顶端全缘或2裂。蒴果，熟后常开裂。种子三棱形；种皮平滑或有网纹；无假种皮和种阜。

#### 1. 小果叶下珠 **Phyllanthus reticulatus** Poir.

乔木、灌木或草本，稀藤本。常有白色乳汁。叶互生；稀对生或轮生；单叶，稀复叶，或退化成鳞片状，全缘或有锯齿，稀掌状深裂；具羽状脉或掌状脉；叶柄基部或顶端有时具腺体；托叶2枚。花单性，雌雄同株或异株，单花或组成各式花序；萼片分离或基部合生；花瓣有或无。蒴果，或为浆果状或核果状。种子三棱形，褐色。花期3~6月，果期6~10月。

#### 2. 叶下珠 **Phyllanthus urinaria** L.

一年生直立草本。枝具翅状纵棱，上部被毛。叶片纸质，小，2列，长圆形或倒卵形，宽2~5mm，近全缘；侧脉每边4~5条，明显；叶柄极短；托叶小。花雌雄同株，直径约4mm；雄花2~4枚簇生于叶腋，雄蕊3枚；雌花单生于小枝中下部的叶腋内，花柱分离。蒴果圆球状，红色。种子长1.2mm，橙黄色。花期4~6月，果期7~11月。

#### 3. 黄珠子草 **Phyllanthus virgatus** G. Forster

一年生直立草本。茎基部具窄棱，枝条上部扁平而具棱。全株无毛。叶片近革质，线状披针形、长圆形或狭椭圆形，宽2~7mm，基部圆而稍偏斜；几无叶柄；托叶膜质，褐红色。通常2~4枚雄花和1枚雌花同簇生于叶腋；萼片6枚；雄花3枚；花柱分离，2深裂。种子小，具细疣点。花期4~5月，果期6~11月。

### ⑰ 蓖麻属 | **Ricinus** L. |

一年生粗壮草本或草质灌木。茎常被白霜。叶互生，近圆形，掌状分裂，裂片卵状披针形或长圆形，具锯齿；叶柄粗，中空，盾状着生，顶端具2个盘状腺体，基部具腺体；托叶长三角形。花雌雄同株；无花瓣；无花盘；总状或圆锥花序顶生。蒴果卵球形或近球形，具软刺或平滑。种子椭圆形，具淡褐色或灰白色斑纹；胚乳肉质；种阜大。

**蓖麻 Ricinus communis** L.

一年生粗壮草本或草质灌木。全株常被白霜。叶互生，近圆形掌状7~11裂，裂片卵状披针形或长圆形，具锯齿；叶柄中空，盾状着生，顶端具2个盘状腺体。花雌雄同株；无花瓣，无花盘；总状或圆锥花序。蒴果卵球形或近球形，具软刺。种子椭圆形；胚乳肉质；种阜大。花期几全年或6~9月（栽培）。

### 18 乌桕属 | Sapium P. Br. |

乔木或灌木。叶互生，罕近对生，全缘或有齿；羽状脉；叶柄顶端常有2个腺体；托叶小。花单性，雌雄同株或有时异株，若同序则雌花生于花序轴下部，密集成顶生的穗状序、穗状圆锥或总状花序，无花瓣和花盘；雄蕊2~3枚，花丝离生；花柱通常3个，分离或下部合生。蒴果，稀浆果状。种子近球形，常附于三角柱状宿存的中轴上。

#### 1. 山乌桕 **Sapium discolor** (Champ. ex Benth.) Muell. Arg.

落叶乔木。各部均无毛。叶互生，纸质，嫩时呈淡红色，老叶红色，椭圆形或长卵形，长4~10cm，顶端钝或短渐尖；叶柄顶端具2个毗连的腺体；托叶小。花单性，雌雄同株，密集成顶生总状花序，雌花生于花序轴下部；雄蕊2枚，稀3枚；花柱粗壮，柱头3个。蒴果。种子外被蜡质层。花期4~6月，果期8~9月。

#### 2. 圆叶乌桕 **Sapium rotundifolium** Hemsl.

灌木或乔木。叶互生，厚，近革质；叶片近圆形，全缘，腹面绿色，背面苍白色；叶柄圆柱形，纤细，顶端具2个腺体；托叶小。花单性，雌雄同株，密集成顶生的总状花序；雌花生于花序轴下部，雄花生于花序轴上部或有时整个花序全为雄花；蒴果近球形；分果爿木质。种子久悬于中轴上，扁球形，顶端具一雅致的小凸点；外面薄被蜡质的假种皮。花期4~6月。

### 3. 乌桕 Sapium sebiferum (L.) Roxb.

落叶乔木。各部均无毛而具乳状汁液。叶互生，纸质，老叶红色，菱形、菱状卵形，长3~8cm，宽3~9cm，顶端具尖头，全缘；叶柄顶端具2个腺体；托叶小。花单性，雌雄同株，聚集成顶生总状花序，雌花通常生于花序下部；雄蕊2枚，稀3枚；花柱3个，基部合生。蒴果。种子外被蜡质。花期4~8月，果期9~10月。

### ⑲ 油桐属 | Vernicia Lour. |

落叶乔木。嫩枝被短柔毛。叶互生，全缘或1~4裂；叶柄顶端有2个腺体。花雌雄同株或异株，由聚伞花序再组成伞房状圆锥花序；花瓣5枚，基部爪状；雄蕊8~12枚，2轮；花柱3~4个，各2裂。果大，核果状，近球形，顶端有喙尖。种子无种阜；种皮木质。

### 1. 油桐（三年桐）Vernicia fordii (Hemsl.) Airy Shaw

落叶乔木。叶卵圆形或阔卵形，先端短尖，基部平截或浅心形；叶柄与叶近等长。花雌雄同株；花瓣白色，有淡红色脉纹。核果近球形；果皮平滑。种子3~4（~8）粒；种皮木质。花期4~5月，果期10月。

### 2. 木油桐（千年桐）Vernicia montana Lour.

落叶乔木。叶阔卵形，长8~20cm，顶端短尖至渐尖，基部心形至截平，全缘或2~5裂，裂缺常有杯状腺体，两面初被毛，后仅下面基部沿脉被短柔毛；掌状脉5条；叶柄顶端有2个具柄的杯状腺体。花雌雄异株或有时同株异序；花瓣白色或基部紫红色。核果卵球状，具3条纵棱。种子扁球形；种皮厚，有疣突。花期4~5月。

# 136A.交让木科 Daphniphyllaceae

乔木或灌木。无毛。单叶互生，常聚集于小枝顶端，全缘，叶面具光泽，叶背被白粉或无；多少具长柄；无托叶。花序总状，腋生，单生，基部具苞片；花单性异株；花萼3~6裂或具3~6枚萼片，宿存或脱落；无花瓣；雄蕊5~18枚，1轮；花柱1~2个，极短或无，多宿存。核果卵形或椭圆形，具1粒种子，被白粉或无，具疣状凸起或不明显疣状皱褶；外果皮肉质，内果皮坚硬。

## 虎皮楠属 | **Daphniphyllum** Bl. |

属的特征与科相同。

### 牛耳枫 **Daphniphyllum calycinum** Benth.

灌木。叶纸质，阔椭圆形或倒卵形，长12~16cm，先端钝或圆形，具短尖头，基部阔楔形，全缘，略反卷，叶面具光泽，叶背多少被白粉，具细小乳突体；侧脉8~11对；叶柄长。总状花序腋生；花萼盘状，3~4浅裂；雄蕊9~10枚；花柱短，柱头2个。核果卵圆形，被白粉，基部具宿萼。花期4~6月，果期8~11月。

# 139.虎耳草科 Saxifragaceae

小乔木或灌木。单叶互生，稀对生或轮生，叶缘常具腺齿或刺齿；托叶小，线形，早落或无托叶。花两性，稀为雌雄异株或杂性，辐射对称，常组成顶生或腋生的总状花序或短的聚伞花序；花萼基部合生，稀离生，萼齿5枚，宿存；花瓣5枚，分离或合生成筒，雄蕊5枚，罕4枚或6枚；花柱2个，合生。蒴果或浆果。种子具丰富胚乳，稀无胚乳。

## 鼠刺属 | Itea L. |

常绿或落叶，灌木或乔木。单叶互生，具柄，边缘常具腺齿或刺齿；托叶小，早落；羽状脉。花小，白色，辐射对称，两性或杂性，排列成顶生或腋生总状花序或总状圆锥花序；萼筒杯状，基部与子房合生；萼片5枚，宿存；花瓣5枚；雄蕊5枚；花柱单生，柱头头状。蒴果先端2裂，仅基部合生，具宿存的萼片及花瓣。种子多数，狭纺锤形，长圆形，扁平。

### 鼠刺 Itea chinensis Hook. et Arn.

常绿灌木或小乔木。老枝具纵棱。叶薄革质，倒卵形或卵状椭圆形，宽3~6cm，先端锐尖，基部楔形，边缘上部具小齿，波状或近全缘，两面无毛；侧脉4~5对；叶柄上面有浅槽沟。腋生总状花序，常短于叶，直立；苞片线状钻形；花瓣白色。蒴果长圆状披针形，具纵条纹。花期3~5月，果期5~12月。

# 143.蔷薇科 Rosaceae

落叶或常绿，草本、灌木或乔木。有刺或无刺。叶互生，稀对生，单叶或复叶；有明显托叶，稀无托叶。花两性，稀单性，通常整齐；花轴上端发育成碟状、钟状、杯状、坛状或圆筒状的花托，在花托边缘着生萼片、花瓣和雄蕊；萼片和花瓣同数，通常4~5枚；雄蕊5枚至多数。蓇葖果、瘦果、梨果或核果，稀蒴果。种子通常不含胚乳，极稀具少量胚乳。

## 1 龙牙草属 | Agrimonia L. |

多年生草本。奇数羽状复叶；有托叶。花小，两性，成顶生穗状总状花序；萼筒陀螺状，有棱，顶端有数层钩刺，花后靠合、开展或反折；萼片5枚，覆瓦状排列；花瓣5枚，黄色；雄蕊5~15枚或更多，成1列着生在花盘外面；雌蕊通常2枚，包藏在萼筒内，花柱顶生，丝状，伸出萼筒外。瘦果1~2枚，包藏于萼筒内。种子1粒。

### 龙牙草（仙鹤草）Agrimonia pilosa Ldb.

多年生草本。叶为间断奇数羽状复叶，通常有小叶3~4对，叶柄被毛；小叶片无柄或有短柄，倒卵形至倒卵披针形，基部楔形至宽楔形，边缘有齿，上面被疏毛，下面脉上常伏生疏毛，有显著腺点；托叶草质。花序穗状总状顶生，分枝或不分枝；花瓣黄色。瘦果倒卵圆锥形，顶有钩刺。花果期5~12月。

### ② *桃属 | **Amygdalus** L. |

落叶乔木或灌木。枝无刺或有刺。腋芽常3枚或2~3枚并生，两侧为花芽，中间是叶芽。叶柄或叶边常具腺体。花单生，稀2花生于1芽内，粉红色，罕白色，几无梗或具梗；雄蕊多数；雌蕊1枚；常先花后叶，稀花叶同时开放。果实为核果，外被毛，极稀无毛，腹部有明显的缝合线。种皮厚，种仁味苦或甜。

#### * 桃 **Amygdalus persica** L.

落叶乔木。冬芽被毛，常2~3枚簇生，中间为叶芽，两侧为花芽。叶长圆披针形至倒卵状披针形，长7~15cm，先端渐尖，基部宽楔形，上面无毛，下面被毛或无，叶缘具齿，齿端具腺体或无；叶柄常具腺体。花粉红色，罕白色，单生，先于叶开放。核果，熟时多汁不裂；果核具沟纹和孔穴。种仁味苦，稀味甜。花期3~4月，果期5~9月。

### ③ *杏属 | **Armeniaca** Mill. |

落叶乔木。叶芽和花芽并生，2~3枚簇生于叶腋，每花芽具1枚花，稀2~3枚。单叶，互生，幼时在芽中席卷，具单锯齿或重锯齿；叶柄常具2腺体；有托叶。花两性，单生，稀2~3花簇生，先于叶开放；花萼5裂，萼片5枚；花瓣5枚，白色或粉红色，着生于萼筒口部，覆瓦状排列。核果，有纵沟，具毛；果肉肉质，具汁液；核坚硬，粗糙或呈网状。种仁味苦或甜；子叶扁平。

#### * 梅 **Armeniaca mume** Siebold

小乔木。树皮浅灰色或带绿色。小枝绿色。叶片卵形或椭圆形，长4~8 cm，叶边常具小锯齿；叶柄常有腺体。花单生或2枚同生于1芽内，有浓香，先于叶开放；花瓣倒卵形，白色至粉红色。果实黄白色或绿白色，近球形，被柔毛。花期冬春季，果期5~6月。

### ④ *樱属 | **Cerasus** Mill. |

落叶乔木或灌木。腋芽单生或三个并生，中间为叶芽，两侧为花芽。先花后叶或同时开放。叶缘有齿；具叶柄；托叶早落；叶柄、托叶和锯齿常有腺体。花常数枚着生在伞形、伞房状或短总状花序上，或1~2枚花生于叶腋内；常有花梗；花瓣白色或粉红色；雄蕊15~50枚；雌蕊1枚。核果成熟时肉质多汁，不开裂。

**\* 钟花樱花**（福建山樱花）**Cerasus campanulata** (Maxim.) Yu et Li

落叶乔木或灌木。腋芽单生。叶片卵形至卵状椭圆形，薄革质，长4~7cm，先端渐尖，基部圆形，常尖锐重齿或单齿，无毛或仅下面脉腋有簇毛；叶柄顶端常有腺体2个；托叶早落。伞形花序，有花2~4枚，先于叶开放；花梗及萼筒无毛；萼筒钟状，萼片开张；花粉红色。核果卵球形。花期2~3月，果期4~5月。

## ⑤ 蛇莓属 | **Duchesnea** J. E. Sm. |

多年生草本。匍匐茎细长，在节处生不定根。基生叶数枚，茎生叶互生；皆为三出复叶；有长叶柄；小叶片边缘有锯齿；托叶宿存，贴生于叶柄。花多单生于叶腋；无苞片；副萼片、萼片及花瓣各5枚；萼片宿存；花瓣黄色；雄蕊20~30枚；花托半球形或陀螺形，在果期增大，红色。瘦果微小，扁卵形。种子1粒，肾形，光滑。

**蛇莓 Duchesnea indica** (Andr.) Focke

多年生草本。匍匐茎多数，有柔毛。三出复叶；小叶片倒卵形至菱状长圆形，长2~5cm，先端圆钝，边缘有钝锯齿，两面皆有柔毛；具小叶柄，叶柄长1~5cm，有毛；托叶宿存。花单生于叶腋；副萼片比萼片长；花瓣黄色；花托在果期膨大，鲜红色。瘦果卵形，光滑。花期6~8月，果期8~10月。

## ⑥ \*枇杷属 | **Eriobotrya** Lindl. |

常绿乔木或灌木。单叶互生，边缘有锯齿或近全缘；羽状网脉显明；通常有叶柄或近无柄；托叶多早落。花成顶生圆锥花序，常有绒毛；萼筒杯状或倒圆锥状，萼片5枚，宿存；花瓣5枚，倒卵形或圆形，无毛或有毛；雄蕊20~40枚；花柱2~5个，基部合生，常有毛。梨果肉质或干燥，有1粒或数粒大种子；内果皮膜质。

**\* 枇杷 Eriobotrya japonica** (Thunb.) Lindl.

常绿小乔木。小枝密生锈色或灰棕色绒毛。叶片革质，披针形、倒披针形、倒卵形或椭圆长圆形，先端急尖或渐尖，基部楔形或渐狭成叶柄，上部边缘有疏锯齿，基部全缘，上面光亮，多皱，下面密生灰棕色绒毛。圆锥花序顶生，密被毛；花瓣白色；花柱5个，离生。梨果球形或长圆形。种子1~5粒，球形或扁形，褐色，光亮；种皮纸质。花期10~12月，果期翌年5~6月。

## ⑦ 桂樱属 | **Laurocerasus** Tourn. ex Duh. |

常绿乔木或灌木，罕落叶。叶互生，全缘或具齿，叶基部或叶柄常有腺体；托叶小，早落。花常两性，排成总状花序，常单生稀簇生于叶腋或去年生小枝叶痕的腋间；苞片小，早落；萼5裂，裂片内折；花瓣白色，通常比萼片长2倍以上；雄蕊10~50枚，排成2轮。果实为核果，干燥，内含1粒下垂种子。

### 刺叶桂樱 **Laurocerasus spinulosa** (Sieb. et Zucc.) Schneid.

常绿乔木。小枝灰褐色至黑褐色，具明显小皮孔，无毛。叶片革质，宽卵形至椭圆状长圆形或宽长圆形，叶边具稀疏或稍密粗锯齿；叶柄粗壮，无毛，有1对扁平的基腺；托叶线形，早落。总状花序单生或2~4个簇生于叶腋，被短柔毛；花直径5~9mm；雄蕊约20~25枚；子房无毛。果实长圆形或卵状长圆形，黑褐色，无毛；核壁表面稍具网纹。花期7~10月，果期冬季。

## ⑧ 石楠属 | **Photinia** Lindl. |

落叶或常绿乔木或灌木。叶互生，革质或纸质，多数有锯齿，稀全缘；有托叶。花两性，多数，成顶生伞形、伞房或复伞房花序，稀成聚伞花序；萼筒杯状、钟状或筒状，有短萼片5枚；花瓣5枚，开展；雄蕊20枚，稀较多或较少；花柱离生或基部合生。梨果，微肉质，成熟时不裂开，有宿存萼片。种子直立；子叶平凸。

### 桃叶石楠 **Photinia prunifolia** (Hook. et Arn.) Lindl.

常绿乔木。小枝无毛。叶革质，长圆形或长圆披针形，长7~13cm，先端渐尖，基部圆形至宽楔形，边缘有密生具腺细锯齿，上面光亮，下面满布黑色腺点，两面均无毛；侧脉13~15对；叶柄具多数腺体。花多数，密集成顶生复伞房花序；总花梗和花梗被微毛；花瓣白色。小梨果红色，内含2~3粒种子。花期3~4月，果期10~11月。

## ⑨ *李属 | **Prunus** L. |

落叶小乔木或灌木。单叶互生，叶基常有2个小腺体；有叶柄；托叶早落。花单生或2~3枚簇生，具短梗，先于叶开放或与叶同时开放；有小苞片，早落；萼片和花瓣均为5数，覆瓦状排列；雄蕊多数；雌蕊1枚，周位花。核果，具有1粒成熟种子，外面有沟，无毛，常被蜡粉。

**\* 李 Prunus salicina** Lindl.

落叶乔木。小枝黄红色，无毛。冬芽红紫色。叶长圆倒卵形、长椭圆形，稀长圆卵形，宽3~5cm，先端渐尖、急尖或短尾尖，基部楔形，边缘有圆钝重锯齿和单齿；侧脉6~10对，两面无毛；托叶膜质，线形，早落；叶柄常无毛，顶端有2个腺体或无。花通常3枚并生；花瓣白色。核果多形。花期4月，果期5~8月。

**⑩ 梨属 | Pyrus** L. |

落叶乔木或灌木，稀半常绿乔木。有时具刺。单叶，互生，有锯齿或全缘，稀分裂；有叶柄与托叶。花先于叶开放或同时开放；伞形总状花序；萼片5枚，反折或开展；花瓣5枚，具爪，白色稀粉红色；雄蕊15~30枚，花药通常深红色或紫色；花柱2~5个，离生，子房2~5室。梨果，果肉多汁，富石细胞。种子黑色或黑褐色；种皮软骨质；子叶平凸。

**豆梨 Pyrus calleryana** Dcne.

落叶乔木。嫩枝有毛而后脱落。叶薄革质，宽卵形至卵形，长4~8cm，先端渐尖，基部圆形至宽楔形，边缘有钝齿，两面无毛；叶柄无毛；托叶无毛。伞形总状花序，具花6~12枚；总花梗和花梗均无毛；萼筒无毛，萼片内面具绒毛；花瓣卵形，具爪，白色；雄蕊20枚；花柱2个，稀3个。梨果球形。花期4月，果期8~9月。

**⑪ 石斑木属 | Rhaphiolepis** Lindl. |

常绿灌木或小乔木。单叶互生，革质；具短柄；托叶，早落。花序总状、伞房状或圆锥状；萼筒钟状至筒状，下部与子房合生；萼片5枚，直立或外折，脱落；花瓣5枚，有短爪；雄蕊15~20枚；花柱2个或3个，离生或基部合生。小梨果核果状，近球形，肉质；萼片脱落后顶端有一圆环或浅窝。种子1~2粒，近球形；子叶肥厚，平凸或半球形。

**石斑木（春花、车轮梅）Raphiolepis indica** (L.) Lindl.

常绿灌木，稀小乔木。幼枝被毛，后脱落。叶聚生于枝顶，革质，卵形、长圆形，长2~8cm，先端圆钝，急尖、渐尖或长尾尖，基部渐狭连于叶柄，边缘具细钝齿，上面光亮，无毛，下面无毛或被疏毛；叶脉稍凸起，网脉明显。顶生圆锥花序或总状花序；花瓣白色或淡红色。果球形，紫黑色。花期4月，果期7~8月。

## ⑫ 薔薇属 | **Rosa** L. |

直立、蔓延或攀缘灌木。多数有皮刺、针刺或刺毛，稀无刺。有毛、无毛或有腺毛。叶互生，奇数羽状复叶，稀单叶；小叶边缘有齿；托叶有或无。花单生或成伞房状，稀复伞房状或圆锥状花序；萼筒球形、坛形至杯形，颈部缢缩；花白色、黄色、粉红色至红色。瘦果着生在肉质萼筒内形成薔薇果。种子下垂。

### 1. * 月季花 **Rosa chinensis** Jacq.

直立灌木。小枝有短粗钩状皮刺或无刺。小叶宽卵形或卵状长圆形，有锐锯齿，具有散生皮刺和腺毛；托叶大部贴生于叶柄，顶端分离部分耳状。花几枚集生，稀单生；花瓣重瓣至半重瓣，红色、粉红色或白色。薔薇果卵圆形或梨形，熟时红色。花期4~9月，果期6~11月。

### 2. 小果薔薇 **Rosa cymosa** Tratt.

攀缘灌木。具钩状皮刺。小叶3~5枚，稀7枚；小叶片卵状披针形或椭圆形，长2.5~6cm，先端渐尖，基部近圆形，边缘有尖锐细齿，两面无毛；下面中脉凸起，有时沿脉被疏毛；小叶柄和叶轴有稀疏皮刺和腺毛；托叶离生，早落。花多枚成复伞房花序生于枝顶；花瓣白色；花柱离生。果球形。花期5~6月，果期7~11月。

### 3. 金樱子 **Rosa laevigata** Michx.

常绿攀缘灌木。具皮刺。无毛。小叶革质，通常3枚，稀5枚；小叶片各式卵形或倒卵形，长2~6cm，先端急尖或圆钝，稀尾状渐尖，边缘有锐齿，下面幼时沿中脉有腺毛而后脱落；小叶柄和叶轴有皮刺和腺毛；托叶离生或基部与叶柄合生，早落。花单生于叶腋；花瓣白色；花柱离生。果常梨形。花期4~6月，果期7~11月。

## ⑬ 悬钩子属 | **Rubus** L. |

落叶稀常绿灌木、半灌木或多年生匍匐草本。具皮刺、针刺或刺毛及腺毛，稀无刺。叶互生，单叶、掌状复叶或羽状复叶，边缘常具锯齿或裂片；有叶柄；托叶宿存或脱落。花两性，稀单性而雌雄异株，组成聚伞状圆锥花序、总状花序、伞房花序或数枚簇生及单生；花白色或红色。由小核果集生于花托而成聚合果。

### 1. 粗叶悬钩子 **Rubus alceaefolius** Poir.

攀缘灌木。全株各部被黄灰色至锈色长柔毛。叶近圆形，长6~16cm，上面有囊泡状小凸起，边缘不规则3~7浅裂；托叶大而羽状深裂或不规则撕裂。顶生狭圆锥花序或近总状，稀腋生头状或单生；苞片大，羽状至掌状或梳齿状深裂；外萼片掌状至羽状条裂，宿存；花瓣白色。聚合果红色。花期7~9月，果期10~11月。

### 2. 山莓（麻叶悬钩子）**Rubus corchorifolius** L. f.

直立灌木。枝具皮刺，幼时被柔毛。单叶，卵形至卵状披针形，长5~12cm，基部微心形，近无毛，下面中脉疏生小皮刺；边缘不分裂或3裂，有锐齿或重锯齿；基出脉3条；托叶线状披针形。花单生或少数生于短枝上；花直径可达3cm；花萼外密被细柔毛，无刺；花瓣白色。聚合果红色。花期2~3月，果期4~6月。

### 3. 灰毛泡 **Rubus irenaeus** Focke

常绿矮小灌木。枝灰褐色至棕褐色，密被灰色绒毛状柔毛。单叶，近革质，近圆形，有不整齐粗锐锯齿；叶柄密被绒毛状柔毛，无刺或具极稀小皮刺；托叶大，叶状，棕褐色，长圆形，被绒毛状柔毛。花朵成顶生伞房状或近总状花序，具绒毛状柔毛；花瓣近圆形，白色，具爪，稍长于萼片；雄蕊多数；雌蕊无毛。果实球形，红色，无毛；核具网纹。花期5~6月，果期8~9月。

### 4. 高粱泡 **Rubus lambertianus** Ser.

半落叶藤状灌木。单叶宽卵形，长5~12cm，顶端渐尖，基部心形，两面被疏毛，中脉上常疏生小皮刺，边缘明显3~5裂或呈波状，有细锯齿；托叶离生，常脱落。圆锥花序顶生，稀生于叶腋而近总状或簇生；总花梗、花梗和花萼均被细柔毛；花瓣白色。聚合果小，红色。花期7~8月，果期9~11月。

### 5. 白花悬钩子 **Rubus leucanthus** Hance

攀缘灌木。枝紫褐色，无毛，疏生钩状皮刺。小叶3枚，枝上部和花序基部常为单叶，革质，卵形或椭圆形，长4~8cm，基部圆形，两面无毛，边缘有粗单齿；托叶钻形。花3~8枚形成伞房状花序，生于侧枝顶端，稀单花腋生；苞片与托叶相似；花直径1~1.5cm；花瓣白色。果为聚合果，红色。花期4~5月，果期6~7月。

### 6. 茅莓 Rubus parvifolius L.

小灌木。小叶常3枚，菱状圆形或倒卵形，长2.5~6cm，顶端圆钝或急尖，基部圆形或宽楔形，上面被疏毛，下面密被灰白色绒毛，边缘有粗齿或重锯齿，常具浅裂片；托叶线形。伞房花序顶生或腋生，稀短总状，被柔毛和细刺；苞片线形；花直径约1cm；花瓣粉红色至紫红色。果为聚合果，红色。花期5~6月，果期7~8月。

### 7. 大乌泡 Rubus pluribracteatus L. T. Lu et Boufford

灌木。茎粗，和叶柄以及叶下面密生黄色绒毛和散生极短弯皮刺。单叶，革质，近圆形，掌状7~9浅裂，顶生裂片不明显3裂，先端圆钝或锐尖，基部心形，边缘有不整齐锯齿，上面有短柔毛和密布的小凸起；基生脉5条，网脉显明；叶柄长3~6cm；托叶条裂。圆锥花序或总状花序顶生和腋生，密生黄色绒毛。果为聚合果，球形，直径1~1.5cm，红色。花期4~6月，果期8~9月。

### 8. 深裂锈毛莓 Rubus reflexus var. lanceolobus Metc.

攀缘灌木。枝被锈色绒毛，有稀疏小皮刺。单叶，心状宽卵形或近圆形，边缘5~7深裂，裂片披针形或长圆披针形；叶柄被绒毛并有稀疏小皮刺；托叶宽倒卵形，被长柔毛。花数枚团集生于叶腋或成顶生短总状花序；总花梗和花梗密被锈色长柔毛；花瓣长圆形至近圆形，白色；雄蕊短；雌蕊无毛。果实近球形，深红色；核有皱纹。花期6~7月，果期8~9月。

### 9. 空心泡（蔷薇叶悬钩子）Rubus rosaefolius Sm.

直立或攀缘灌木。小枝常有浅黄色腺点，疏生较直立皮刺。羽状复叶；小叶5~7枚，两面疏生柔毛，后脱落，有浅黄色发亮的腺点，下面中脉有疏小皮刺，边缘有尖锐重锯齿；托叶披针形；花常1~2枚，顶生或腋生；花直径2~3cm；花萼外被柔毛和腺点；花瓣白色。果为聚合果，红色。花期3~5月，果期6~7月。

# 146.含羞草科 Mimosaceae

常绿或落叶乔木或灌木，有时为藤本，稀草本。叶互生，通常为二回羽状复叶，稀一回或变为叶状柄、鳞片或无；叶柄具显著叶枕；羽片常对生；叶轴或叶柄上常有腺体；托叶有或无，或呈刺状。花小，两性，有时单性，组成头状、穗状或总状花序或再排成圆锥花序；具苞片。荚果。种子扁平；种皮坚硬。

## 1 金合欢属 | Acacia Mill. |

灌木、小乔木或攀缘藤本。二回羽状复叶；小叶通常小而多对；小叶或为叶状柄；总叶柄及叶轴上常有腺体；托叶刺状或不明显。花小，两性或杂性，3~5基数，大多为黄色，少数白色；穗状花序或头状花序，1至数个花序簇生于叶腋或于枝顶再排成圆锥花序；总花梗上有总苞片。荚果，直或弯曲。种子扁平而硬。

### 台湾相思 Acacia confusa Merr.

常绿乔木。无毛。无刺。苗期第一片真叶为羽状复叶；后小叶退化，叶柄变为叶状柄，革质，披针形，宽5~13mm，直或微呈弯镰状，两面无毛，有明显的纵脉3~8条。头状花序球形，单生或2~3个簇生于叶腋；花金黄色，有微香；雄蕊多数，明显超出花冠之外。荚果扁平。种子2~8颗，椭圆形。花期3~10月，果期8~12月。种子2~8粒，椭圆形。

## 2 合欢属 | Albizia Durazz. |

落叶乔木或灌木，稀为藤本。无刺，稀具托叶刺。二回羽状复叶；羽片1至多对；总叶柄及叶轴上有腺体；小叶对生，1至多对。花小，常两型，5基数，两性，稀杂性，组成头状、聚伞或穗状花序，再排成腋生或顶生的圆锥花序；花丝凸出于花冠之外，基部合生成管。荚果带状，种子间无间隔。

### 1. 楹树 Albizia chinensis (Osbeck) Merr.

落叶乔木。高达30m。小枝被黄色柔毛。二回羽状复叶，羽片6~12对，小叶20~35对；托叶大，膜质。头状花序有花10~20枚，排成顶生圆锥花序；花绿白色或淡黄色，密被黄褐色茸毛。荚果扁平。花期3~5月，果期6~12月。

**2. 天香藤 Albizia corniculata** (Lour.) Druce

攀缘灌木或藤本。在叶柄下常有1枚下弯的粗短刺。托叶小，脱落；二回羽状复叶，羽片2~6对；总叶柄近基部有腺体1个；小叶4~10对，长圆形或倒卵形，长12~25mm，宽7~15mm；中脉居中。头状花序有花6~12枚，再排成顶生或腋生的圆锥花序；花白色。荚果带状，无间隔。花期4~7月，果期8~11月。

### ❸ 银合欢属 ｜ Leucaena Benth. ｜

无刺木或乔木。托叶刚毛状或小型，早落；二回羽状复叶；叶柄长，具腺体。花白色，常两性，5基数，无梗，组成密集、球形、腋生头状花序，单生或簇生于叶腋；苞片2枚；萼管钟状，具短裂齿，镊合状排列；花瓣分离。荚果。种子多数，横生，卵形，扁平。

**银合欢（白合欢）Leucaena leucocephala** (Lam.) de Wit

灌木或小乔木。托叶三角形，最下一对羽片着生处有黑色腺体1个；小叶5~15对，线状长圆形，长7~13mm。头状花序常1~2个腋生；苞片紧贴；花白色。荚果带状，被微柔毛。种子卵形，褐色。花期4~7月，果期8~10月。

### ❹ 含羞草属 ｜ Mimosa L. ｜

多年生有刺草本或灌木。托叶小，钻状；二回羽状复叶，触之即闭合下垂；小叶细小，多数。稠密球形头状花序或圆柱形穗状花序，单生或簇生；花小，两性或杂性；花萼钟状，具短裂齿，镊合状排列；花瓣下部合生。荚果长椭圆形或线形。种子卵圆形或圆形，扁平。

**光荚含羞草（簕仔树）Mimosa bimucronata** (DC.) Kuntze

落叶灌木。小枝密被黄色茸毛。二回羽状复叶；小叶12~16对，线形，长5~7mm，革质。头状花序球形；花白色。荚果带状，有5~7个荚节，熟时荚节脱落而残留荚缘。花果期几乎全年。

### ❺ 猴耳环属 ｜ Pithecellobium Mart. ｜

乔木或灌木，无刺或有刺。托叶小，有时变为针状刺；二回羽状复叶；小叶数对至多对，稀仅一对；叶柄上有腺体。花小，5基数，稀4或6基数，两性或杂性，通常白色，组成头状花序或穗状花序，单生于叶腋或簇生于枝顶，或再排成圆锥花序；雄蕊伸出于花冠外。荚果通常旋卷或弯曲，稀劲直，扁平或肿胀。

### 亮叶猴耳环 Pithecellobium lucidum Benth.

常绿小乔木。树皮托叶痕明显。嫩枝、叶柄和花序均被褐色短茸毛。羽片1~2对；叶轴及叶柄基部有腺体；小叶2~5对，斜卵形，长5~11cm，基部略偏斜，常无毛，顶生的一对最大。头状花序球形，有花10~20枚，排成腋生或顶生的圆锥花序；花白色。荚果旋卷成环状。种子间缢缩。花期4~6月，果期7~12月。

# 147.苏木科 Caesalpiniaceae

乔木或灌木，有时为藤本，很少草本。叶互生，一回或二回羽状复叶或具单小叶，稀为单叶；小叶中脉常居中。花两性，稀单性，组成总状或圆锥花序，稀穗状花序；有小苞片；花托极短，杯状或管状；萼片5枚或4枚，离生或下部合生；花瓣常5枚；雄蕊常10枚或少，稀多数。荚果开裂或不裂而呈核果状或翅果状。种子通常具革质或有时膜质的种皮，生于长短不等的珠柄上；胚大，内胚乳无或极薄。

## 1 羊蹄甲属 | Bauhinia L. |

乔木，灌木或攀缘藤本。托叶常早落；单叶，全缘，先端凹缺或分裂为2裂片；基出脉3条至多条。花两性，稀单性，组成总状、伞房或圆锥花序；苞片早落；花托短陀螺状或延长为圆筒状；萼杯状，佛焰状或于开花时分裂为5枚萼片；花瓣5枚，略不等，常具瓣柄；雄蕊10枚或少。荚果，带状或线形，通常扁平。种子圆形或卵形，扁平；有或无胚乳；胚根直或近于直。

### 1. * 红花羊蹄甲 Bauhinia blakeana Dunn

乔木。分枝多，小枝细长，被毛。叶革质，近圆形或阔心形，基部心形，有时近截平，裂片顶钝或狭圆，上面无毛，下面疏被短柔毛；叶柄被褐色短柔毛。总状花序顶生或腋生，有时复合成圆锥花序，被短柔毛；花大，美丽；花蕾纺锤形；萼佛焰状，有淡红色和绿色线条；花瓣红紫色，具短柄，倒披针形；能育雄蕊5枚；退化雄蕊2~5枚。通常不结果。花期全年，3~4月为盛花期。

### 2. 龙须藤 Bauhinia championii (Benth.) Benth.

藤本。有卷须。嫩枝和花序薄被紧贴的小柔毛。叶纸质，卵形或心形，长3~10cm，先端常深裂为2个长裂片，上面无毛，下面被短柔毛，渐变无毛；基出脉5~7条。总状花序狭长，腋生，长7~20cm，被毛；花瓣白色，具瓣柄；能育雄蕊3枚。荚果倒卵状长圆形或带状，扁平。种子2~5粒，圆形，扁平。花期6~10月，果期7~12月。

### 3. 羊蹄甲 Bauhinia purpurea L.

乔木或直立灌木。树皮厚，灰色至暗褐色。叶硬纸质，近圆形，两面无毛或下面薄被微柔毛。总状花序侧生或顶生，少花，被褐色绢毛；花蕾多少纺锤形，具4~5棱或狭翅，顶钝；花瓣桃红色，倒披针形；能育雄蕊3枚；退化雄蕊5~6枚；子房具长柄，被黄褐色绢毛，柱头稍大，斜盾形。荚果带状，扁平，长略呈弯镰状，成熟时开裂；木质的果瓣扭曲将种子弹出。种子近圆形，扁平；种皮深褐色。花期9~11月，果期翌年2~3月。

### 4. * 洋紫荆 Bauhinia variegata L.

落叶乔木。叶近革质，阔卵形至近圆形，顶端2深裂达叶长的1/3。总状花序侧生或顶生，近伞房状，具花数枚，被灰色短柔毛；花蕾纺锤形；花萼佛焰苞状；花瓣淡红色具黄绿色或暗紫色斑纹。荚果带状，扁平，有长柄和短喙。种子10~15粒，近圆形，扁平。花期全年。

## ② 云实属 | Caesalpinia L. |

乔木、灌木或藤本。通常有刺。二回羽状复叶；小叶大或小。总状花序或圆锥花序腋生或顶生；花中等大或大，通常美丽，黄色或橙黄色；花托凹陷；萼片离生；花瓣5枚，最上方1枚较小，色泽、形状及被毛常与其余4枚不同；雄蕊10枚，离生，2轮排列。荚果，有时呈镰刀状弯曲，扁平或肿胀。种子卵圆形至球形；无胚乳。

### 1. 华南云实 Caesalpinia crista L.

木质藤本。有少数倒钩刺。二回羽状复叶，长20~30cm；叶轴有黑色倒钩刺；羽片2~3对；小叶4~6对，对生，革质，卵形或椭圆形，长3~6cm。圆锥花序顶生；花芳香。荚果斜宽卵形，革质，肿胀，具网脉。种子1粒，扁平。花期4~7月，果期7~12月。

### 2. 云实 Caesalpinia decapetala (Roth) Alston

有刺藤本。枝、叶轴和花序均被柔毛和钩刺。羽片3~10对，对生；小叶8~12对，膜质，长圆形，宽6~12m，两端近圆钝，两面均被短柔毛，老时渐无毛；托叶小。总状花序顶生，直立；萼片5枚；花瓣黄色，最上面一枚有时有红色斑点。荚果无毛，沿腹缝线膨胀成狭翅，成熟时沿腹缝线开裂。种子6~9粒，椭圆状；种皮棕色。花果期4~10月。

### 3. * 金凤花 Caesalpinia pulcherrima (L.) Sw.

大灌木或小乔木。枝光滑,绿色或粉绿色,散生疏刺。二回羽状复叶;小叶长圆形或倒卵形;小叶柄短。总状花序近伞房状,顶生或腋生,疏松;花梗长短不一;花托凹陷成陀螺形,无毛;萼片5枚,无毛;花瓣橙红色或黄色,圆形;花丝红色,远伸出于花瓣外,基部粗,被毛;子房无毛,花柱长,橙黄色。荚果狭而薄,倒披针状长圆形,无翅,先端有长喙,无毛,不开裂,成熟时黑褐色。种子6~9枚。花果期几乎全年。

### 4. 鸡嘴簕 Caesalpinia sinensis (Hemsl.) Vidal

藤本。主干和小枝具分散、粗大的倒钩刺;嫩枝上或多或少具锈色柔毛。二回羽状复叶;叶轴上有刺;羽片2~3对;小叶2对,革质,长圆形至卵形。圆锥花序腋生或顶生;花梗长约5mm;萼片5枚;花瓣5枚,黄色;雄蕊10枚,花丝下部被锈色柔毛;雌蕊稍长于雄蕊,子房近无柄,有胚珠。荚果革质,压扁,近圆形或半圆形,表面有明显网脉,栗褐色,腹缝线稍弯曲,具狭翅。种子1粒,近圆形,压扁,直径约2cm。花期4~5月,果期7~8月。

## ❸ 决明属 | Cassia L. |

乔木、灌木、亚灌木或草本。叶丛生;偶数羽状复叶;叶柄和叶轴上常有腺体;小叶对生,无柄或具短柄;托叶多样,无小托叶。花通常黄色,组成腋生的总状花序或顶生的圆锥花序,稀1枚至数枚簇生于叶腋;苞片与小苞片多样;萼片5枚;花瓣通常5枚,下面2枚较大。荚果,圆柱形或扁平。种子之间有横隔。

### 1. * 腊肠树 Cassia fistula L.

落叶小乔木或中等乔木。枝细长。树皮幼时光滑,灰色,老时粗糙,暗褐色。叶有小叶3~4对,在叶轴和叶柄上无翅亦无腺体;小叶对生,薄革质,阔卵形、卵形或长圆形,边缘全缘;叶脉纤细,在两面均明显;叶柄短。总状花序疏散,下垂;花与叶同时开放;花梗柔弱;萼片长卵形,薄,开花时向后反折;花瓣黄色,倒卵形;雄蕊10枚。荚果圆柱形,黑褐色,不开裂,有3条槽纹。种子40~100粒,为横隔膜所分开。花期6~8月,果期10月。

### 2. 望江南 Cassia occidentalis L.

直立、少分枝的亚灌木或灌木。枝带草质,有棱。根黑色。叶柄近基部有大而带褐色、圆锥形的腺体1个；小叶4~5对，膜质，卵形至卵状披针形；小叶柄揉之有腐败气味；托叶膜质，卵状披针形，早落。花数枚组成伞房状总状花序；花瓣黄色，外生的卵形，顶端的呈圆形。均有短狭的瓣柄；雄蕊7枚发育，3枚不育，无花药。荚果带状镰形，褐色，压扁，边较淡色。种子间有薄隔膜。花期4~8月，果期6~10月。

### 3. 决明 Cassia tora L.

一年生亚灌木状草本。直立，粗壮。叶轴上每对小叶间有棒状的腺体1枚；小叶3对，膜质，倒卵形或倒卵状长椭圆形；小叶柄长1.5~2mm；托叶线状，被柔毛，早落。花腋生，通常2枚聚生；花瓣黄色，下面2枚略长；能育雄蕊7枚，花药四方形，顶孔开裂，花丝短于花药；子房无柄，被白色柔毛。荚果纤细，近四棱形，两端渐尖，膜质。种子约25粒，菱形，光亮。花果期8~11月。

## 4 *紫荆属 | Cercis L. |

灌木或乔木。单生或丛生，无刺。叶互生，单叶；具掌状叶脉；托叶小，鳞片状或薄膜状，早落。花两侧对称，两性，紫红色或粉红色，具梗，排成总状花序单生于老枝上或聚生成花束簇生于老枝或主干上；花萼短钟状，微歪斜，红色；花瓣近蝶形，具柄；雄蕊分离；子房具短柄，有胚珠，花柱线形，柱头头状。荚果扁狭长圆形，两端渐尖或钝，于腹缝线一侧常有狭翅，不开裂或开裂。种子小，近圆形，扁平；无胚乳；胚直立。

### * 紫荆 Cercis chinensis Bunge

丛生或单生灌木。树皮和小枝灰白色。叶纸质，近圆形或三角状圆形。花紫红色或粉红色，簇生于老枝和主干上，通常先于叶开放，但嫩枝或幼株上的花则与叶同时开放，花蕾时光亮无毛，后期则密被短柔毛；有胚珠6枚。荚果扁狭长形，绿色，先端急尖或短渐尖；喙细而弯曲，基部长渐尖，两侧缝线对称或近对称。种子阔长圆形，黑褐色，光亮。花期3~4月，果期8~10月。

## 5 *仪花属 | Lysidice Hance |

灌木或乔木。叶为偶数羽状复叶；小叶对生；托叶小，钻状或尖三角状，早落或迟落。圆锥花序生于枝顶；花美丽，紫红色或粉红色；花萼管状；后面3枚花瓣大，倒卵形；发育雄蕊2枚；退化雄蕊3~8枚；子房扁长圆形，具柄，有胚珠。荚果两侧压扁，长圆形或倒卵状长圆形，厚革质或木质，具果颈，开裂；果瓣平或稍扭转或成螺旋状卷曲。种子扁平，长圆形、斜阔椭圆形至近圆形，有光泽，边缘不增厚或明显增厚成一圈狭边；子叶扁平；胚小，基生。

### * 仪花 Lysidice rhodostegia Hance

灌木或小乔木。小叶纸质，长椭圆形或卵状披针形，先端尾状渐尖，基部圆钝；小叶柄粗短。圆锥花序；总轴、苞片、小苞片均被短疏柔毛；花瓣紫红色，阔倒卵形；能育雄蕊2枚；退化雄蕊通常4枚，钻状；子房被毛，有胚珠，被毛。荚果倒卵状长圆形，开裂；果瓣常成螺旋状卷曲。种子长圆形，褐红色，边缘不增厚；种皮较薄而脆，表面微皱折，里面无胶质层。花期6~8月，果期9~11月。

### 6 老虎刺属 | Pterolobium R. Br. ex Wight et Arn |

高大攀缘灌木或木质藤本。枝具下弯的钩刺。二回偶数羽状复叶互生；羽片和小叶片多数。总状花序或圆锥花序腋生或顶生于枝顶部；花小，白色或黄色；花托盘状；萼片5枚；花瓣5枚，开展，长圆形或倒卵形；雄蕊10枚，离生，花药同型；子房无柄，卵形，离生，具胚珠。荚果无柄，扁平，不开裂，具斜长圆或镰刀形的膜质翅。种子悬生于室顶；无胚乳；子叶扁平。

### 老虎刺 Pterolobium punctatum Hemsl.

木质藤本或攀缘性灌木。小枝具棱。叶柄有成对黑色托叶刺；羽片狭长；羽轴上面具槽；小叶片对生，狭长圆形；小叶柄短，具关节。总状花序被短柔毛，腋上生或于枝顶排列成圆锥状；花蕾倒卵形；花瓣相等，倒卵形；雄蕊10枚，花药宽卵形；子房扁平。荚果发育部分菱形，翅一边直，另一边弯曲，光亮。种子单一，椭圆形。花期6~8月，果期9月至翌年1月。

# 148.蝶形花科 Papilionaceae

乔木、灌木、藤本或草本。有时具刺。叶互生，稀对生，通常为羽状复叶或掌状复叶；多为3小叶，稀单叶或退化为鳞片状叶；叶轴或叶柄上无腺体；托叶常存在，有时变刺；小托叶有或无。花两性，单生或组成总状或圆锥花序，稀头状或穗状花序；有大小苞片；花冠蝶形；花瓣5枚，两侧对称。果为荚果。

## ① 木豆属 | Cajanus Dc. |

直立灌木或亚灌木，或为木质或草质藤本。叶具羽状3枚小叶或有时为指状3枚小叶；小叶背面有腺点；托叶和小托叶小或缺。总状花序腋生或顶生；花萼钟状；花药一式；子房近无柄，有胚珠，花柱长，线状。荚果线状长圆形，压扁，种子间有横槽。种子肾形至近圆形，光亮，有各种颜色或具斑块；种阜明显或残缺。

### 1. * 木豆 Cajanus cajan (L.) Huth Helios.

攀缘灌木。单叶，近革质，长圆形或卵状长圆形，长6~13cm，先端渐尖或短渐尖，基部圆

形，两面几无毛；叶脉在叶两面明显隆起，侧脉5~6对；叶柄两端稍膨大；托叶小。总状花序，或排列成伞房状，花疏生；苞片小，早落；花萼杯状；花冠白色；雄蕊10枚，不等长，分离。荚果线状长圆形。种子3~6粒，近圆形，稍扁；种皮暗红色。花期4~6月，果期7~9月。

### 2. 蔓草虫豆 Cajanus scarabaeoides (L.) Thouars

蔓生或缠绕状草质藤本。茎纤弱，具细纵棱，多少被红褐色或灰褐色短绒毛。叶具羽状3枚小叶；托叶小，卵形，被毛，常早落；小叶纸质或近革质，下面有腺状斑点；顶生小叶椭圆形至倒卵状椭圆形。总状花序腋生，有花1~5枚；花冠黄色，通常于开花后脱落；雄蕊二体，花药一式，圆形；子房密被丝质长柔毛，有胚珠数枚。荚果长圆形，密被红褐色或灰黄色长毛；果瓣革质，于种子间有横缢线。种子椭圆状；种皮黑褐色，有凸起的种阜。花期9~10月，果期11~12月。

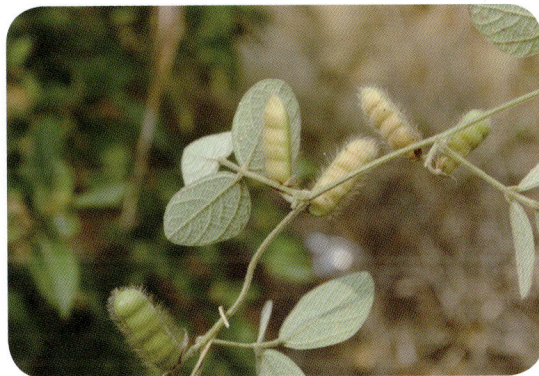

### ② 蝙蝠草属 | Christia Moench. |

直立或披散草本或亚灌木。叶为羽状三出复叶或仅具单小叶；具小托叶。花小，组成顶生总状花序或圆锥花序；花萼膜质，钟状，结果时增大，裂片卵状披针形；雄蕊二体，花药一式；子房有胚珠数枚，花柱线形，内弯，柱头头状。荚果由数个具1粒种子的荚节组成；荚节明显，有脉纹，彼此重叠，藏于萼内。

### 铺地蝙蝠草 Christia obcordata (Poir.) Bakh. f. ex Meeuwen

多年生平卧草本。茎与枝极纤细，被灰色短柔毛。叶通常为三出复叶；托叶刺毛状；叶柄长1mm，丝状，疏被灰色柔毛；小叶膜质，顶生小叶多为肾形、圆三角形或倒卵形。总状花序多为顶生，每节生1枚花；花小，花梗纤细，被灰色柔毛；花萼半透明，被灰色柔毛，有明显网脉；花冠蓝紫色或玫瑰红色，略长于花萼。果为荚果，完全藏于萼内；荚节圆形，无毛。花期5~8月，果期9~10月。

### ③ 猪屎豆属 | Crotalaria L. |

草本，亚灌木或灌木。茎枝圆或四棱形。单叶或三出复叶；托叶有或无。总状花序顶生、腋生、与叶对生或密集于枝顶形似头状；花萼二唇形或近钟形；花冠黄色或深紫蓝色；雄蕊连合成单体，花药二型；花柱长，基部弯曲，柱头小，斜生。种子2粒至多数。荚果长圆形、圆柱形或卵状球形，稀四角菱形，膨胀；有果颈或无。

#### 1. 响铃豆 Crotalaria albida Heyne ex Roth

多年生直立草本。托叶细小，刚毛状，早落；单叶，叶片倒卵形、长圆状椭圆形或倒披针形，长1~2.5cm，先端钝或圆，基部楔形，上面近无毛，下面略被短柔毛；叶柄近无。总状花序顶生或腋生，有花20~30枚，花序长达20cm；苞片、小苞片丝状；花萼二唇形；花冠淡黄色。荚果短圆柱形。种子6~12粒。花果期5~12月。

### 2. 大猪屎豆（凸尖野百合）Crotalaria assamica Benth.

直立高大草本。高达1.5m。茎枝粗壮，圆柱形，被锈色柔毛。托叶细小，线形；单叶，叶片质薄，倒披针形或长椭圆形，先端钝圆，基部楔形，长5~15cm，上面无毛，下面被锈色短柔毛；叶柄极短。总状花序项生或腋生，有花20~30枚；花萼二唇形；花冠黄色。荚果长圆形。种子20~30粒。花果期5~12月。

### 3. 线叶猪屎豆 Crotalaria linifolia L. f.

多年生草本。基部常呈木质。茎圆柱形，密被丝质短柔毛。托叶小，通常早落；单叶，倒披针形或长圆形；叶柄短。总状花序顶生或腋生；苞片披针形；花萼二唇形；花冠黄色，旗瓣圆形或长圆形；子房无柄。荚果四角菱形，无毛；成熟后果皮黑色。种子8~10粒。花期5~10月，果期8~12月。

### 4. 猪屎豆 Crotalaria pallida Ait.

多年生草本或呈灌木状。茎枝圆柱形，具小沟纹，密被紧贴的短柔毛。三出掌状复叶；小叶长圆形或椭圆形，长3~6cm。总状花序顶生，有花10~40枚；花冠黄色。荚果长圆形，果瓣开裂后扭转。种子20~30粒。花果期9~12月。

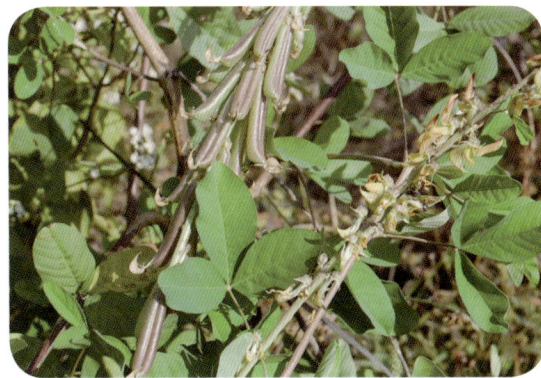

## 5. 野百合 Crotalaria sessiliflora L.

　　直立草本。高30~100cm。托叶线形；单叶，形状变异较大，常为线形或线状披针形，两端渐尖，宽0.5~1cm，上面近无毛，下面密被丝质短柔毛；叶柄近无。总状花序顶生、腋生或密生于枝顶形似头状，稀单花生于叶腋；花1枚至多枚；苞片、小苞片线状披针形；花冠蓝色或紫蓝色。荚果短圆柱形。种子10~15粒。花果期5月至翌年2月。

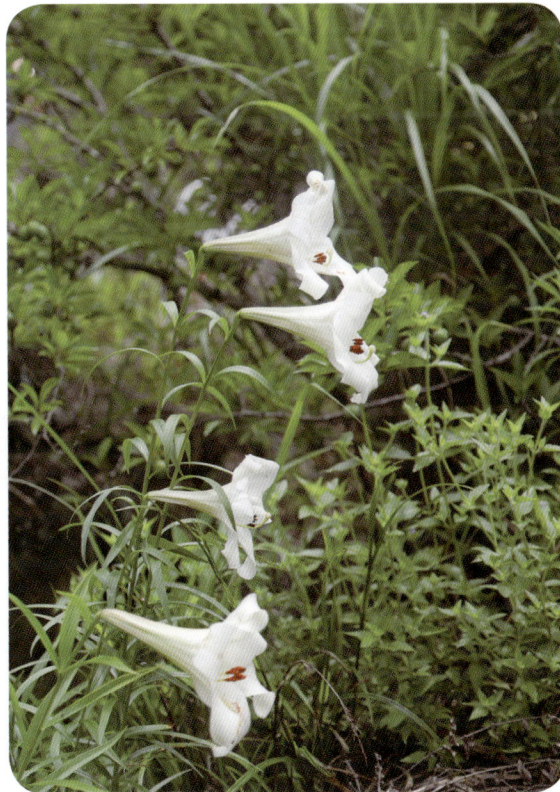

## ④ 黄檀属 | **Dalbergia** L. f. |

乔木、灌木或木质藤本。奇数羽状复叶；托叶小，早落；小叶互生；无小托叶。花小，通常多数，组成顶生或腋生圆锥花序；苞片和小苞片通常小，脱落，稀宿存；花萼钟状，裂齿5个；花冠白色、淡绿色或紫色；雄蕊10枚或9枚，通常合生。荚果不开裂，翅果状；种子部位多少加厚且常具网纹。

### 1. 南岭黄檀 **Dalbergia balansae** Prain

落叶乔木。树皮粗糙，有纵裂纹。奇数羽状复叶；叶轴和叶柄被短柔毛；托叶披针形；小叶6~7对，互生，长圆形或倒卵状长圆形，宽约2cm，先端圆形微凹，初略被毛，后变无毛。圆锥花序腋生；花冠白色，旗瓣基部无附属体；雄蕊10枚，合生为5+5的二体。荚果常有1枚种子。花期6月，果期10~11月。

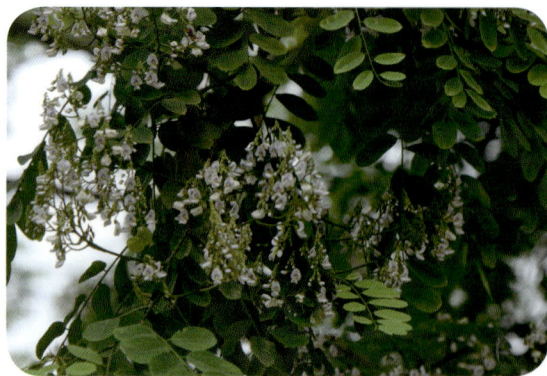

### 2. 藤黄檀 **Dalbergia hancei** Benth.

藤本。奇数羽状复叶；托叶膜质，披针形，早落；小叶3~6对，较小，互生，狭长圆形或倒卵状长圆形，宽5~10cm，先端钝或圆微凹，基部圆或阔楔形，嫩时两面被毛，后上面无毛。总状花序短，数个总状花序常再集成腋生短圆锥花序；花冠绿白色。荚果常有1粒种子。花期4~5月，果期7~8月。

### 3. * 降香 **Dalbergia odorifera** T. Chen

乔木。除幼嫩部分、花序及子房略被短柔毛外，全株无毛。树皮褐色或淡褐色，粗糙，有纵裂槽纹。小枝有小而密集的皮孔。羽状复叶；托叶早落；小叶近革质，卵形或椭圆形，复叶顶端的1枚小叶最大。圆锥花序腋生；总花梗长3~5cm；花长约5mm；雄蕊9枚，单体；子房狭椭圆形，具长柄，有胚珠。荚果舌状长圆形；果瓣革质，对着种子的部分明显凸起，状如棋子。有种子1~2粒。

### 5 ▶ 山蚂蝗属 | **Desmodium** Desv. |

草本、亚灌木或灌木。羽状三出复叶或单叶；具托叶和小托叶；小叶全缘或浅波状。花通常较小，组成腋生或顶生的总状花序或圆锥花序，稀单生或成对生于叶腋；苞片宿存或早落，小苞片有或缺；花萼钟状，4~5裂；花冠白色、粉红色或紫色；雄蕊二体（9+1），稀单体。荚果扁平，不开裂。

### 1. 大叶山蚂蝗 **Desmodium gangeticum** (L.) DC.

直立或近直立亚灌木。茎柔弱，稍具棱。叶具单小叶；托叶狭三角形或狭卵形；叶柄密被直毛和小钩状毛；小叶纸质，长椭圆状卵形，大小变异很大；小托叶钻形。总状花序顶生和腋生；总花梗纤细，被短柔毛；花2~6枚生于每一节上，节疏离；花冠绿白色，长3~4mm；雄蕊二体；雌蕊长4~5mm，子房线形，被毛，花柱上部弯曲。荚果密集，略弯曲，被钩状短柔毛。花期4~8月，果期8~9月。

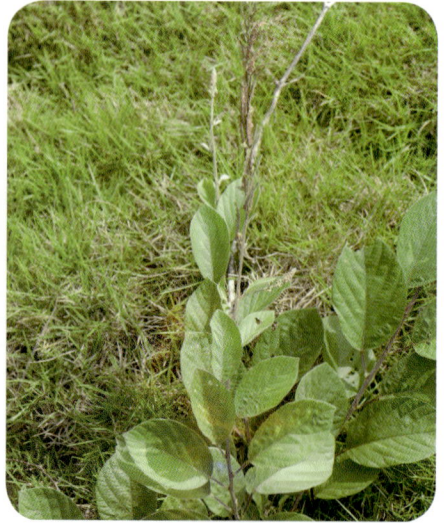

### 2. 假地豆（异果山蚂蝗）**Desmodium heterocarpon** (L.) DC.

小灌木或亚灌木。羽状三出复叶；小叶3枚；托叶宿存，狭三角形；叶柄略被毛；小叶纸质；顶生小叶明显大于侧生叶，宽1.3~3cm，叶背被贴伏白色短柔毛，全缘，侧脉每边5~10条；小托叶丝状。总状花序顶生或腋生；花冠紫红色、紫色或白色；雄蕊二体。荚果密集，被钩状毛。花期7~10月，果期10~11月。

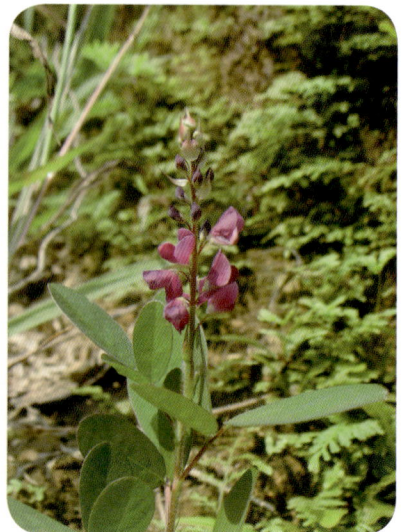

### 3. 小叶三点金 Desmodium microphyllum (Thunb.) DC.

多年生草本。茎纤细，多分枝，直立或平卧，通常红褐色，近无毛。根粗，木质。叶为羽状三出复叶；托叶披针形，具条纹，疏生柔毛，有缘毛；叶柄疏生柔毛。总状花序顶生或腋生，被黄褐色开展柔毛；花小；苞片卵形，被黄褐色柔毛；花梗纤细，略被短柔毛；花萼5深裂，密被黄褐色长柔毛；花冠粉红色；具短瓣柄；雄蕊二体；子房线形，被毛。荚果腹背两缝线浅齿状；荚节近圆形，扁平，有网脉。花期5~9月，果期9~11月。

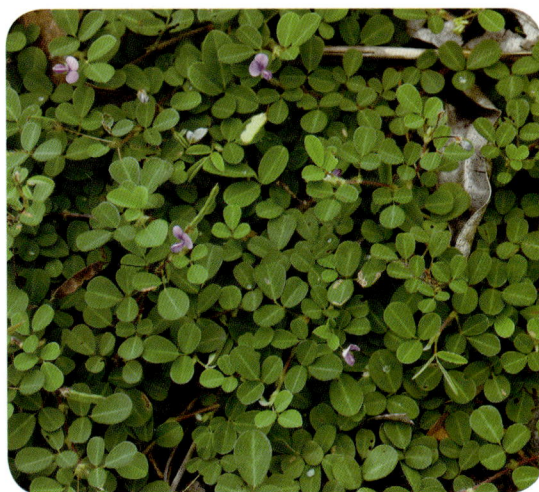

### 4. 显脉山绿豆 Desmodium reticulatum Champ. ex Benth

直立亚灌木。叶为羽状三出复叶；托叶宿存；叶柄被疏毛；小叶厚纸质，全缘。总状花序顶生，总花梗密被钩状毛；花小；苞片卵状披针形，被缘毛，脱落；花萼钟形；花冠粉红色，后变蓝色；雄蕊二体。荚果长圆形，腹缝线直，背缝线波状；有荚节3~7个。花期6~8月，果期9~10月。

## 6 *刺桐属 | Erythrina L. |

乔木或灌木。小枝常有皮刺。羽状复叶具3枚小叶；托叶小；小托叶呈腺体状。总状花序腋生或顶生；花很美丽，红色，成对或成束簇生在花序轴上；花萼佛焰苞状；花瓣极不相等；花药一式；子房具柄，有胚珠，多数顶生。荚果具果颈，镰刀形，在种子间收缩或成波状。种子卵球形；种脐侧生，长椭圆形；无种阜。

### 1. * 鸡冠刺桐 Erythrina crista-galli L.

落叶灌木或小乔木。茎和叶柄稍具皮刺。羽状复叶具3枚小叶；小叶长卵形或披针状长椭圆形，先端钝，基部近圆形。花与叶同出；总状花序顶生，每节有花1~3枚；花深红色，稍下垂或与花序轴成直角；花萼钟状，先端二浅裂；雄蕊二体；子房有柄，具细绒毛。荚果褐色，种子间缢缩。种子大，亮褐色。

### 2. * 刺桐 Erythrina variegata L.

大乔木。树皮灰褐色。枝有明显叶痕及短圆锥形的黑色直刺。羽状复叶具3枚小叶；托叶披针形，早落；小叶柄基部有一对腺体状的托叶。总状花序顶生，上有密集、成对着生的花；总花梗木质，粗壮；花萼佛焰苞状；花冠红色；雄蕊10枚，单体；子房被微柔毛，花柱无毛。荚果黑色，肥厚，种子间略缢缩，稍弯曲，先端不育。种子1~8粒，肾形，暗红色。花期3月，果期8月。

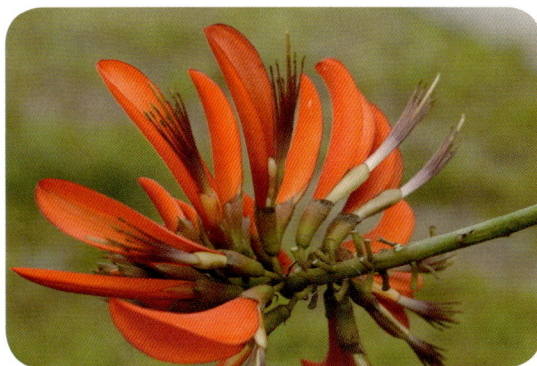

## 7 千斤拔属 | **Flemingia** Roxb. ex W. T. Ait. |

灌木或亚灌木。茎直立或蔓生。掌状3小叶或单叶，小叶背面常具腺点。总状或复总状花序腋生或顶生；苞片2列；花萼钟状，5裂；花冠伸出萼外或内藏。荚果椭圆形，膨胀。种子近圆形，无种阜。

### 千斤拔 **Flemingia prostrata** Roxb. f. ex Roxb.

直立或披散亚灌木。幼枝三棱柱状，密被灰褐色短柔毛。叶具指状3枚小叶；托叶线状披针形，有纵纹，被毛，先端细尖，宿存；小叶厚纸质，长椭圆形或卵状披针形。总状花序腋生，各部密被灰褐色至灰白色柔毛；苞片狭卵状披针形；花密生，具短梗；花冠紫红色；雄蕊二体；子房被毛。荚果椭圆状，被短柔毛。种子2粒，近圆球形，黑色。花果期夏秋季。

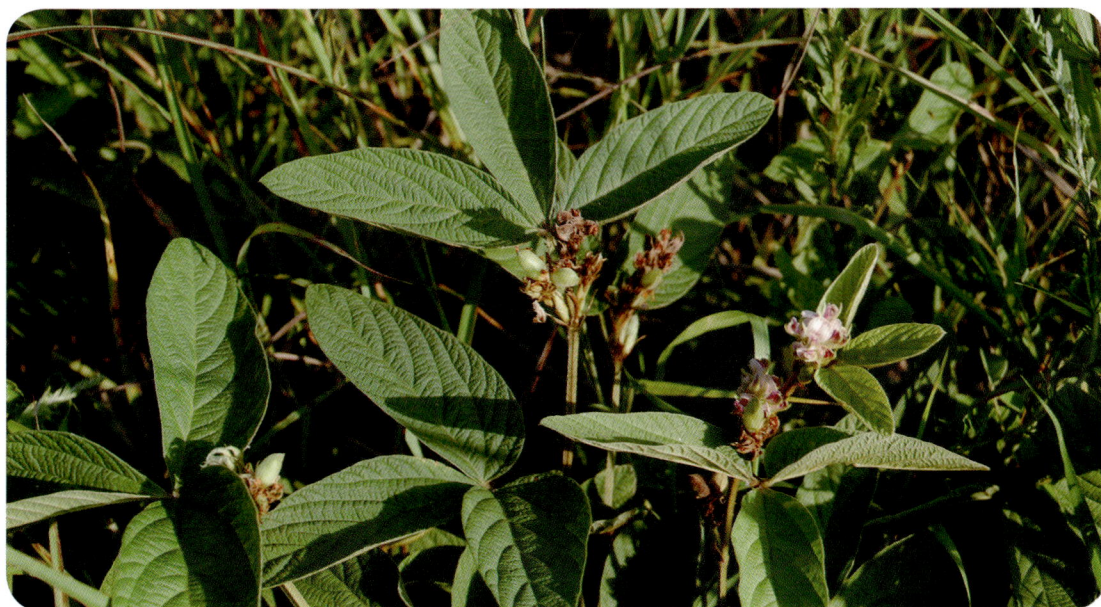

## 8 木蓝属 | Indigofera L. |

灌木或草本，稀小乔木。多少被毛，有时被腺毛或腺体。奇数羽状复叶，偶为掌状复叶、3小叶或单叶；托叶脱落或留存，小托叶有或无；小叶通常对生，稀互生，全缘。总状花序腋生，少数成头状、穗状或圆锥状；花冠紫红色至淡红色，偶为白色或黄色；雄蕊二体。荚果线形或圆柱形，稀长圆形或卵形或具4棱。种子肾形、长圆形或近方形。

### 1. 深紫木蓝 Indigofera atropurpurea Buch.-Ham. ex Hornem.

灌木或小乔木。茎褐色，有圆形皮孔。嫩枝绿色，有棱，被白色或间生棕色平贴"丁"字毛；老枝褐色，圆柱形。羽状复叶；托叶披针状钻形，对生，膜质，卵形或椭圆形。总状花序；苞片卵形或卵状披针形；花冠深紫色；子房无毛，有胚珠。荚果圆柱形，两缝线明显加厚，早期疏被毛，后变无毛；内果皮白色，无紫色斑点；果瓣开裂后旋卷状；果梗短，下弯；有种子。种子赤褐色，近方形，种子间有横隔。花期5~9月，果期8~12月。

### 2. 马棘 Indigofera pseudotinctoria Matsum.

小灌木。多分枝。枝细长，幼枝灰褐色，明显有棱，被"丁"字毛。羽状复叶平贴"丁"字毛；叶轴上面扁平；托叶小，狭三角形，对生，椭圆形、倒卵形或倒卵状椭圆形。总状花序；花开后较复叶长；花萼钟状，外面有白色和棕色平贴"丁"字毛；花冠淡红色或紫红色；花药圆球形；子房有毛。荚果线状圆柱形；种子间有横隔，仅在横隔上有紫红色斑点；果梗下弯。种子椭圆形。花期5~8月，果期9~10月。

## 9 鸡眼草属 | Kummerowia Schindl. |

一年生草本。三出羽状复叶；托叶膜质，大而宿存，通常比叶柄长。花通常1~2枚簇生于叶腋，稀3枚或更多；小苞片4枚生于花萼下方，其中有1枚较小；花小，旗瓣与冀瓣近等长，通常均较龙骨瓣短；正常花的花冠和雄蕊管在果时脱落；雄蕊二体（9+1）。荚果扁平，具1个节。种子1粒，不开裂。

### 鸡眼草 Kummerowia striata (Thunb.) Schindl.

一年生草本。茎和枝上被倒生白细毛。三出羽状复叶；托叶大，比叶柄长，被长缘毛；叶柄极短；小叶纸质，倒卵形或长圆形，较小，宽3~8mm，先端圆形，全缘；两面沿中脉及边缘有白粗毛，侧脉多而密。花小，单生或2~3枚簇生于叶腋；花梗无毛；花冠粉红色或紫色。荚果长于萼。花期7~9月，果期8~10月。

## ⑩ *扁豆属 | Lablab Adans. |

多年生缠绕藤本或近直立。羽状复叶；托叶反折，宿存；小托叶披针形。总状花序腋生，花序轴上有肿胀的节；花萼钟状；花冠紫色或白色，旗瓣圆形，常反折，具附属体及耳，龙骨瓣弯成直角；对旗瓣的1枚雄蕊离生或贴生，花药一式；子房具多胚珠，花柱弯曲，一侧扁平。荚果长圆形或长圆状镰形，具海绵质隔膜。种子卵形，扁；种脐线形；具线形或半圆形假种皮。

### * 扁豆 Lablab purpureus (L.) Sweet

多年生缠绕藤本。全株几无毛。茎长可达6m，常呈淡紫色。羽状复叶；托叶基着，披针形；小托叶线形。总状花序直立；小苞片2枚，近圆形，脱落；花2枚至多枚簇生于每一节上；花萼钟状；花冠白色或紫色；子房线形，无毛，花柱比子房长。荚果长圆状镰形，扁平，直或稍向背弯曲；顶端有弯曲的尖喙，基部渐狭。种子3~5粒，扁平，长椭圆形，在白花品种中为白色，在紫花品种中为紫黑色；种脐线形。花期4~12月。

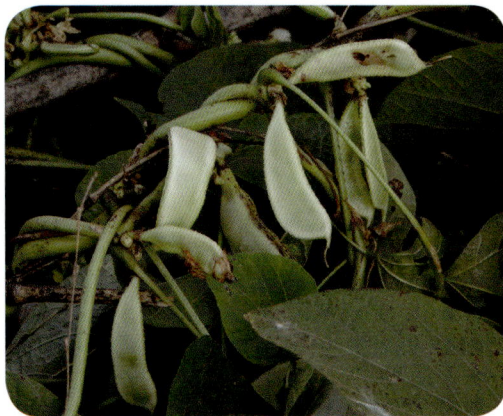

## ⑪ 胡枝子属 | **Lespedeza** Michx. |

多年生草本、亚灌木或灌木。三出羽状复叶；托叶小，无小托叶；小叶全缘，先端有小刺尖；网状脉。花2至多枚，组成腋生的总状花序或花束；有苞片和小苞片；花常二型；一种有花冠，结实或不结实，另一种为闭锁花（花冠退化不伸出花萼），结实；雄蕊二体（9+1）。荚果，双凸镜状，常有网纹。种子1粒，不开裂。

### 1. 胡枝子 **Lespedeza bicolor** Turcz.

直立灌木。多分枝，小枝黄色或暗褐色，有条棱，被疏短毛。芽卵形，具数枚黄褐色鳞片。羽状复叶；托叶2枚，线状披针形；小叶质薄，全缘，上面绿色，无毛，下面色淡，被疏柔毛，老时渐无毛。总状花序腋生，大型、较疏松的圆锥花序；花冠红紫色，极稀白色；子房被毛。荚果斜倒卵形，稍扁，表面具网纹，密被短柔毛。花期7~9月，果期9~10月。

### 2. 截叶铁扫帚 **Lespedeza cuneata** (Dum.-Cours.) G. Don

小灌木。茎直立或斜升，被毛。叶密集；柄短；小叶楔形或线状楔形，宽2~7mm，先端截形成近截形，具小刺尖，基部楔形，上面近无毛，下面密被伏毛。总状花序腋生，具2~4枚花；总花梗极短；花冠淡黄色或白色，旗瓣基部有紫斑；闭锁花簇生于叶腋。荚果，被贴伏毛和宿存萼。花期7~8月，果期9~10月。

### 3. 美丽胡枝子 **Lespedeza formosa** (Vog.) Koehne

直立灌木。各部略被毛。托叶披针形至线状披针形；叶柄长1~5cm；小叶形态多变，常椭圆形或卵形，两端稍尖或稍钝，宽1~3cm。总状花序单一，腋生，比叶长，或构成顶生的圆锥花序；总花梗长可达10cm；花冠红紫色；无闭锁花。荚果，表面具网纹且被疏柔毛。花期7~9月，果期9~10月。

## ⑫ 崖豆藤属 ｜ **Millettia** Wight et Arn. ｜

藤本、直立或攀缘灌木或乔木。奇数羽状复叶互生；托叶早落或宿存，小托叶有或无；小叶2至多对，通常对生，全缘。圆锥花序大，顶生或腋生；花单生于分枝上或簇生于缩短的分枝上；小苞片2枚；花冠紫色、粉红色、白色或堇青色；雄蕊二体（9+1）。荚果扁平或肿胀，线形或圆柱形。种子2至多粒。

### 1. 香花鸡血藤（山鸡血藤）**Millettia dielsiana** Harms

攀缘灌木。奇数羽状复叶；叶轴被稀疏柔毛，后秃净，上面有沟；托叶线形；小叶2对，纸质，披针形，长圆形至狭长圆形，宽1.5~6cm，先端急尖至渐尖，叶面有光泽，几无毛；网脉在两面显著。圆锥花序顶生，宽大；花冠紫红色，旗瓣密被毛。荚果无果颈，被毛后秃净。种子近圆形。花期5~9月，果期6~11月。

**2. 厚果崖豆藤 Millettia pachycarpa Benth.**

巨大藤本。幼年时直立如小乔木状。奇数羽状复叶较长；托叶阔卵形；小叶6~8对，草质，长圆状椭圆形至长圆状披针形，宽3.5~4.5cm，先端锐尖，上面平坦，下面被毛；侧脉12~15对；无小托叶。总状圆锥花序，2~6个生于新枝下部，密被褐色绒毛；花冠淡紫色，旗瓣无毛。荚果肿胀。花期4~6月，果期6~11月。

**⑬ 鸡血藤属 ｜ Callerya Endlicher ｜**

藤本。叶托狭三角形，宿存或落叶。花腋生或顶生，形成总状花序。蒴果薄至厚，木质。种子1~9粒。

**网络崖豆藤 Callerya reticulata Benth.**

藤本。小枝圆形，具细棱，初被黄褐色细柔毛，旋秃净，老枝褐色。羽状复叶；叶柄无毛，上面有狭沟；托叶锥刺形，硬纸质，卵状长椭圆形或长圆形，基部圆形，两面均无毛。圆锥花序顶生或着生于枝梢叶腋，花序轴被黄褐色柔毛；花密集；花萼阔钟状至杯状；

花冠红紫色；雄蕊二体；子房线形，无毛，花柱很短。荚果线形，狭长。种子长圆形。花期5~11月。

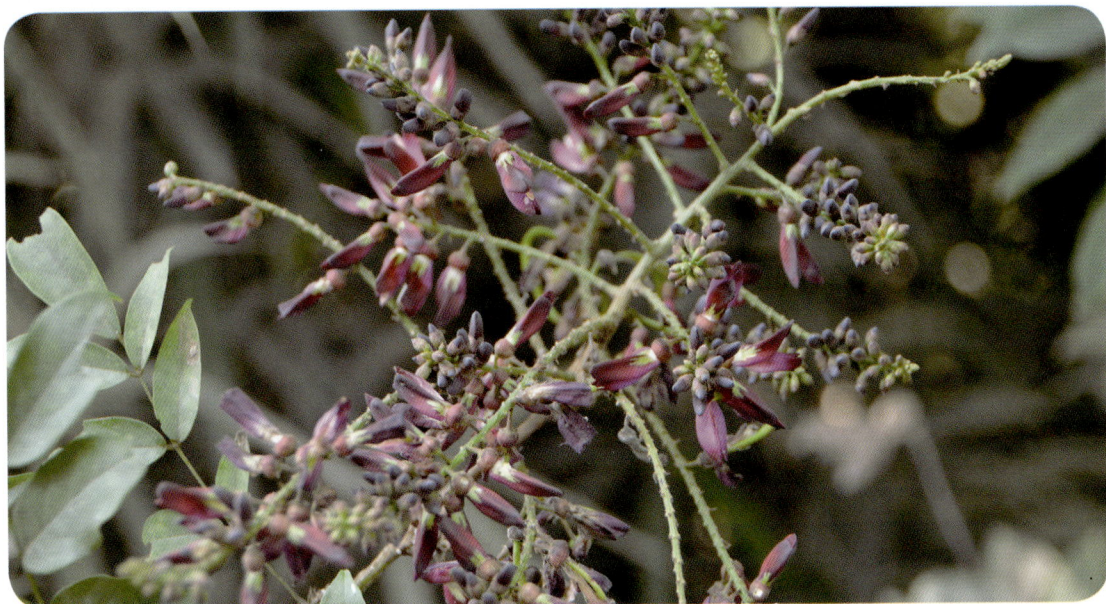

### ⑭ *黧豆属 | **Mucuna** Adans. |

多年生或一年生木质或草质藤本。托叶和小托叶常脱落；三出羽状复叶；小叶大，侧生小叶常不对称。花序腋生或生于老茎上，近聚伞状，或为假总状或紧缩的圆锥花序；花大而美丽；花萼钟状，二唇形，上面2齿合生；花冠伸出萼外，深紫色、红色、浅绿色或近白色。荚果膨胀或扁，常具翅。种脐超过种子周长1/2。

### * 狗爪豆 **Mucuna pruriens** var. **utilis** (Wall. ex Wight) Baker ex Burck

一年生缠绕藤本。枝略被开展的疏柔毛。羽状复叶具3枚小叶；小叶卵圆形或长椭圆状卵形。总状花序下垂，有花10~20多枚；花冠深紫色或带白色。荚果；嫩果膨胀，绿色，密被灰色或浅褐色短毛，成熟时稍扁，黑色，有隆起纵棱1~2条。种子6~8粒，长圆状，长约1.5cm，灰白色，淡黄褐色，浅橙色或黑色，有时带条纹或斑点，浅黄白色。花期10月，果期11月。

## 15 *小槐花属 | Ohwia H. Ohashi |

灌木。叶片羽状。花序顶生或腋生,假圆锥花序或圆锥花序;花萼狭钟状,4裂;花冠白色至淡黄色。

### 小槐花 Ohwia caudata (Thunberg) H. Ohashi

常绿直立灌木或亚灌木。羽状三出复叶;小叶3枚;托叶披针状线形,宿存;叶柄两侧具窄翅;小叶近革质或纸质,顶生小叶明显比侧生叶大,全缘,叶背被疏毛,侧脉每边10~12条;小托叶丝状。总状花序顶生或腋生;花冠绿白色或黄白色;雄蕊二体(9+1)。荚果线形,扁平,被钩状毛。花期7~9月,果期9~11月。

## 16 *豆薯属 ｜ **Pachyrhizus** Rich. ex DC. ｜

多年生缠绕或直立草本。具肉质块根。羽状复叶；有托叶及小托叶；小叶常有角或波状裂片。总状花序腋生，常簇生于肿胀的节上；总花梗长；花萼二唇形，上唇微缺，下唇3齿裂；花冠青紫色或白色，伸出萼外；雄蕊二体，对旗瓣的1枚离生，余合生，花药一式；子房无柄，有胚乳多颗，扁平，沿内弯面有毛。荚果带形；种子间有下压的缢痕。种子卵形或扁圆形；种脐小。

### * 豆薯 **Pachyrhizus erosus** (L.) Urb.

粗壮、缠绕、草质藤本。稍被毛。有时基部稍木质。根块状，纺锤形或扁球形，肉质。羽状复叶具3枚小叶；托叶线状披针形；小托叶锥状；小叶菱形或卵形。总状花序，每节有花3~5枚；花冠浅紫色或淡红色，旗瓣近圆形；雄蕊二体。荚果带形，扁平，被细长糙伏毛。种子每荚8~10粒，近方形，扁平。花期8月，果期11月。

## 17　*菜豆属 | Phaseolus L. |

缠绕或直立草本。常被钩状毛。羽状复叶具3枚小叶；有小托叶。总状花序腋生；花小，黄色、白色、红色或紫色；花萼5裂，二唇形。荚果线形或长圆形。种子2至多粒，长圆形或肾形。

### 1. * 棉豆 Phaseolus lunatus L.

一年生缠绕或近直立草本。茎被短柔毛或老时无毛。羽状复叶，具3枚小叶，宽卵形或卵状菱形。总状花序腋生，有数枚生于花序顶部的花；花冠白色、黄色、紫堇色或红色。荚果镰状长圆形，扁平，稍肿胀，顶有喙。种子近菱形或肾形，白色、褐色、蓝色或有花斑；种脐通常白色，凸起。花期春夏。

### 2. * 菜豆 Phaseolus vulgaris L.

一年生缠绕或近直立草本。茎被短柔毛或老时无毛。羽状复叶，具3小叶，宽卵形或卵状菱形。总状花序，有数朵生于花序顶部的花，花冠白色、黄色、紫堇色或红色。荚果带状，稍肿胀，顶有喙。种子长椭圆形或肾形，白色、褐色、蓝色或有花斑，种脐通常白色。花期春夏。

### 18 排钱树属 | **Phyllodium** Desv. |

灌木或亚灌木。叶互生，羽状三出复叶；具托叶和小托叶；小叶全缘或边缘浅波状。花4~15枚组成伞形花序，形似长串钱牌；花萼5裂；花冠白色或淡黄色，稀紫色。荚果；荚节2~7节。种子具明显带边假种皮。

### 排钱树 Phyllodium pulchellum (L.) Desv.

灌木。小枝被白色或灰色短柔毛。托叶三角形；叶柄密被灰黄色柔毛；小叶革质，顶生小叶卵形、椭圆形或倒卵形；小托叶钻形，密被黄色柔毛。伞形花序有花5~6枚，藏于叶状苞片内；叶状苞片圆形，具羽状脉，排列成总状圆锥花序状；雌蕊长6~7mm，花柱长4.5~5.5mm，近基部处有柔毛。荚果，通常有荚节2，成熟时无毛或有疏短柔毛及缘毛。种子宽椭圆形或近圆形。花期7~9月，果期10~11月。

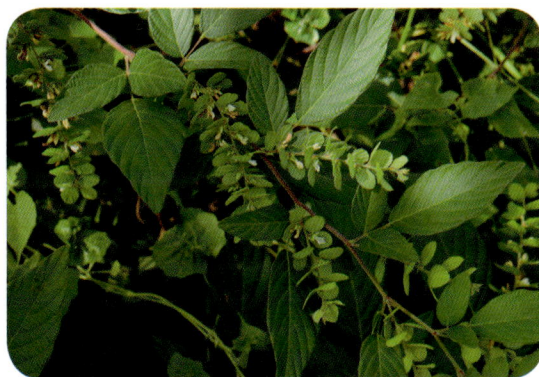

### 19 *豌豆属 | **Pisum** L. |

一年生或多年生柔软草本。茎方形，空心，无毛。小叶2~6枚，卵形至椭圆形，全缘或稍具锯齿，下面叶背被粉霜；托叶大，叶状；叶轴顶端具羽状分枝的卷须。花白色或颜色多样，单生或数花排成总状花序腋生；萼钟状；花冠蝶形。荚果肿胀，长椭圆形。种子球形。

### * 豌豆 Pisum sativum L.

一年生攀缘草本。全株绿色，光滑无毛，被粉霜。具小叶4~6枚，卵圆形，长2~5cm。花于叶腋单生或数花排列为总状花序；花萼钟状，深5裂，裂片披针形；花冠颜色多样，随品种而异，但多为白色和紫色。荚果肿胀，长椭圆形。种子圆形，青绿色。花期6~7月，果期7~9月。

### ⑳ 葛属 | Pueraria DC. |

缠绕藤本。茎草质或基部木质。羽状复叶具3小叶；小叶卵形或菱形，全裂或具波状3裂片。总状花序腋生或数个总状花序簇生于枝顶；花萼钟状；花冠伸出萼外，天蓝色或紫色。荚果线形，2瓣裂；果瓣薄革质。种子扁，近圆形或长圆形。

### 1. 葛 Pueraria lobata (Lour.) Merr.

粗壮藤本。长达8m。全株被黄色长硬毛。羽状复叶具3小叶；小叶3裂；顶生小叶宽卵形或斜卵形，长7~15cm。总状花序，中部以上有颇密集的花；花冠紫色，旗瓣倒卵形，基部有2枚耳及1个黄色硬痂状附属体。荚果长椭圆形，被褐色长硬毛。花期9~10月，果期11~12月。

## 2. 葛麻姆 **Pueraria lobata** var. **montana** (Lour.) Vaniot der Maesen

与葛的主要区别在于：顶生小叶宽
卵形，长大于宽，长9~18cm，宽6~12cm，
先端渐尖，基部近圆形，通常全缘，侧生
小叶略小而偏斜，两面均被长柔毛，下面
毛较密；花冠长12~15mm，旗瓣圆形；花
期7~9月，果期10~12月。

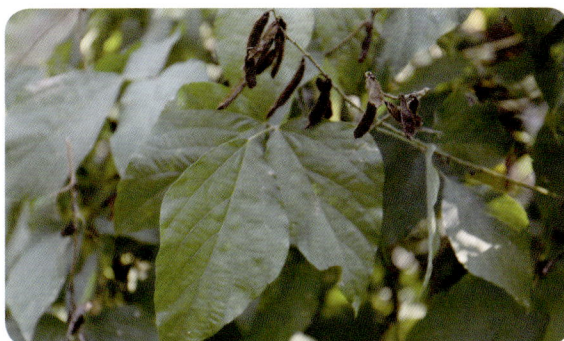

## 3.\* 粉葛 **Pueraria lobata** var. **thomsonii** (Benth.) Wiersema ex D. B. Ward

与葛的主要区别在于：顶生小叶菱状卵形或宽卵形，侧生的斜卵形，长和宽
10~13cm，先端急尖或具长小尖头，基部截平或急尖，全缘或具2~3个裂片，两面均被黄
色粗伏毛；花冠长16~18mm，旗瓣近圆形；花期9月，果期11月。

### 4. 三裂叶野葛 **Pueraria phaseoloides** (Roxb.) Benth.

草质藤本。被黄色长硬毛。羽状复叶具3枚小叶，宽卵形、菱形或卵状菱形。总状花序单生，中部以上着花，聚生于节上；花萼钟状，被紧贴长硬毛；花冠浅蓝色或淡紫色。荚果近圆柱形，幼时被紧贴的长硬毛。种子长圆形。花期8~9月，果期10~11月。

## 21 鹿藿属 | **Rhynchosia** Lour. |

攀缘、匍匐或缠绕藤本，稀为直立灌木或亚灌木。三出羽状复叶；小叶下面通常有腺点；托叶常早落；小托叶存或缺。花组成腋生的总状花序或复总状花序，稀单生于叶腋；苞片常脱落，稀宿存；花萼钟状，5裂；花冠内藏或凸出，旗瓣基部具耳，有或无附属体；雄蕊二体（9+1）。荚果有种子2粒，稀1粒。

### 鹿藿 **Rhynchosia volubilis** Lour.

缠绕草质藤本。全株各部多少被灰色至淡黄色柔毛。茎略具棱。常三出羽状复叶；托叶披针形；小叶纸质；顶生小叶菱形或倒卵状菱形，宽3~5.5cm，先端钝，或为急尖，叶背具腺点；基出脉3条；侧生小叶较小，常

偏斜。总状花序，1~3个腋生；花冠黄色。荚果红紫色。种子通常2粒。花期5~8月，果期9~12月。

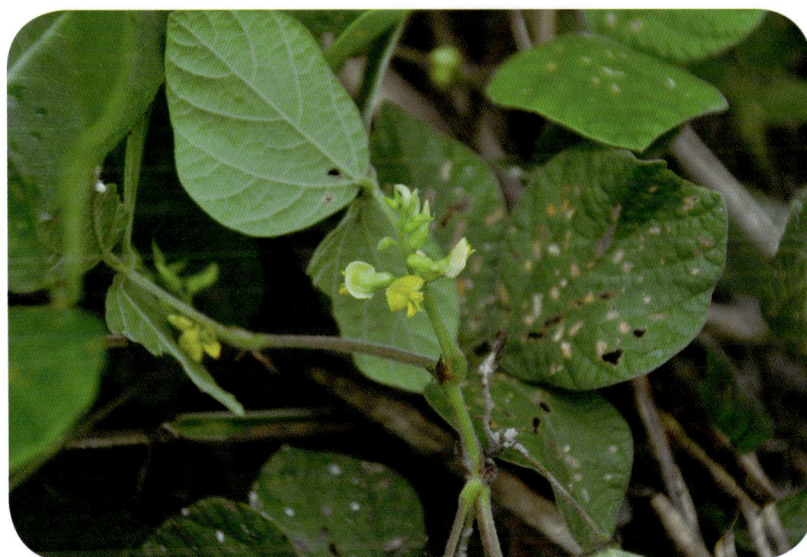

## ㉒ *刺槐属 | **Robinia** L. |

乔木或灌木。有时植物株各部（花冠除外）具腺刚毛。奇数羽状复叶；托叶刚毛状或刺状；小叶全缘；具小叶柄及小托叶。总状花序腋生，下垂；苞片膜质，早落；花萼钟状；花冠白色、粉红色或玫瑰红色；雄蕊二体，对旗瓣的1枚分离，其余9枚合生，花药同型；子房具柄。荚果扁平，沿腹缝浅具狭翅；果瓣薄，有时外面密被刚毛。种子长圆形或偏斜肾形；无种阜。

## * 刺槐 Robinia pseudoacacia L.

落叶乔木。树皮灰褐色至黑褐色。小枝灰褐色，幼时有棱脊，微被毛，后无毛。羽状复叶，常对生，椭圆形，上面绿色，下面灰绿色，幼时被短柔毛，后变无毛；小叶柄长1~3mm。花多数，芳香；苞片早落；花冠白色；雄蕊二体；子房线形，花柱钻形。荚果褐色，或具红褐色斑纹，线状长圆形；花萼宿存。种子褐色至黑褐色，微具光泽，有时具斑纹，近肾形；种脐圆形，偏于一端。花期4~6月，果期8~9月。

## 23 田菁属 | Sesbania Scop. |

草本或落叶灌木，稀乔木状。偶数羽状复叶；叶柄和叶轴上面常有凹槽；托叶小，早落；小叶多数，全缘；具小柄；小托叶小或缺。总状花序腋生于枝端；苞片和小苞片钻形，早落；花梗纤细；花萼阔钟状；花冠黄色或具斑点，稀白色、红色或紫黑色，伸出萼外，无毛，旗瓣宽；雄蕊二体，花药同型，雄蕊常无毛；子房线形，子房具柄，胚珠多数。荚果常为细长圆柱形；有多数种子。种子圆柱形，种子间具横隔；种脐圆形。

## 田菁 Sesbania cannabina (Retz.) Pers.

一年生草本。茎绿色，有时带褐色、红色，微被白粉，有不明显淡绿色线纹。羽状复叶；托叶披针形，早落；小叶对生或近对生，线状长圆形，两面被紫色小腺点，下面尤密。总状花序；总花梗及花梗纤细，下垂；苞片线状披针形；花萼斜钟状，无毛；花冠黄色，旗瓣横椭圆形至近圆形；雄蕊二体；雌蕊无毛。荚果细长，长圆柱形，微弯，外面具黑褐色斑纹。种子绿褐色，有光泽，短圆柱状；种脐圆形。花果期7~12月。

## 24 葫芦茶属 | **Tadehagi** Ohashi |

灌木或亚灌木。单小叶；叶柄有宽翅，翅顶有小托叶2枚。总状花序顶生或腋生，每节生2~3枚花。花萼钟状，5裂；花瓣具脉。荚果常有荚节5~8个。种子脐周围具带边假种皮。

### 葫芦茶 **Tadehagi triquetrum** (L.) H. Ohashi

灌木或亚灌木。茎直立。幼枝三棱形，棱上被疏短硬毛。单小叶；托叶披针形，有条纹；小叶纸质，窄披针形或卵状披针形，长6~13cm。总状花序顶生或腋生，被贴伏丝状毛和小钩状毛；花冠淡紫色或蓝紫色。荚果，密被黄色或白色糙伏毛。种子宽椭圆形或椭圆形。花期6~10月，果期10~12月。

## 25 狸尾豆属 | **Uraria** Desv. |

多年生草本、亚灌木或灌木。叶为单小叶、三出或奇数羽状复叶；小叶1~9枚；具托叶和小托叶。顶生或腋生总状花序或再组成圆锥花序，直立；花细小，极多，通常密集；苞片早落或宿存；每苞片内有2枚花；花萼5裂，上部2个裂片有时部分合生；雄蕊二体。荚果小；荚节2~8个，反复折叠，每节具1粒种子。

## 1. 狸尾豆（长苞狸尾草）Uraria lagopodioides (L.) Desv. ex DC.

平卧或开展草本。花枝直立或斜举，被短柔毛。叶多为3枚小叶，稀兼有单小叶；托叶三角形；叶柄有沟槽；小叶纸质；顶生小叶近圆形或椭圆形至卵形，宽1.5~3cm，先端圆形或微凹；侧生小叶较小，侧脉每边5~7条。总状花序顶生；花排列紧密；花冠淡紫色。荚果小，包藏于萼内；有荚节1~2个。花果期8~10月。

## 2. 长苞狸尾豆 Uraria longibracteata Yang et Huang

直立灌木。枝圆柱形，密被灰黄色开展粗硬毛。叶为羽状三出复叶；托叶三角形；小叶硬纸质，卵形、近圆形或长圆形；小托叶刺毛状，被灰色长柔毛；小叶柄密被灰黄色毛。圆锥花序顶生；苞片长卵形；花冠紫色，长5mm；雄蕊二体；子房无毛。荚果；有反复折叠的荚节5~7个，荚节无毛。花果期9~11月。

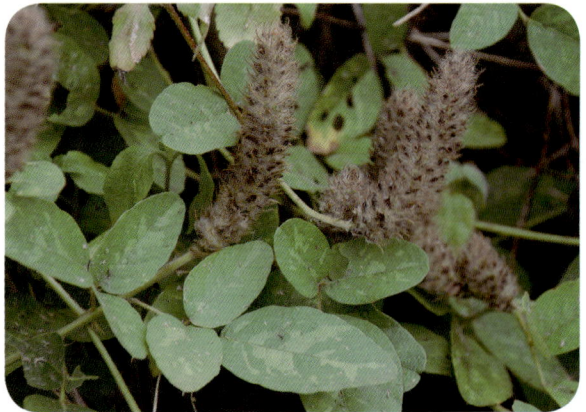

### 26 野豌豆属 | Vicia L. |

一年生、二年生或多年生草本。茎细长，具棱，但不呈翅状，多分枝，攀缘、蔓生或匍匐。多年生种类根部常膨大呈木质化块状，表皮黑褐色，具根瘤。偶数羽状复叶，全缘。花序腋生，总状或复总状；花多数，密集着生于长花序轴上部；花萼近钟状，基部偏斜，上萼齿通常短于下萼齿；花冠淡蓝色、蓝紫色或紫红色，稀黄色或白色；二体雄蕊 (9+1)，雄蕊管上部偏斜，花药同型；子房近无柄，花柱圆柱形。荚果扁（除蚕豆外）。种子2~7粒，球形、扁球形、肾形或扁圆柱形；子叶扁平，不出土。

### 1. * 蚕豆 Vicia faba L.

一年生草本。茎粗，直立，具4棱。偶数羽状复叶；叶轴顶端卷须短缩为短尖头；托叶具深紫色密腺点；小叶1~3对，互生，椭圆形，长圆形或倒卵形。总状花序腋生；花萼钟形；花冠白色，具紫色脉纹及黑色斑晕。荚果肥厚，表皮绿色被绒毛。种子2~4（~6）粒，长方圆形，中间内凹。花期4~5月，果期5~6月。

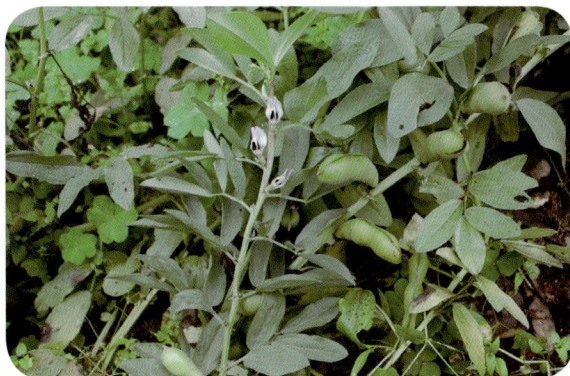

### 2. 小巢菜 Vicia hirsuta (L.) S. F. Gray

一年生草本，攀缘或蔓生。茎细柔有棱，近无毛。偶数羽状复叶末端卷须分枝；托叶线形；小叶4~8对，线形或狭长圆形。总状花序明显短于叶；花萼钟形，萼齿披针形；花密集于花序轴顶端，花甚小；花冠白色、淡蓝青色或紫白色；子房无柄，密被褐色长硬毛，胚珠2枚，花柱上部四周被毛。荚果长圆菱形；种子2粒。种子扁圆形，两面凸出。花果期2~7月。

## 27 紫藤属 | Wisteria Nutt. |

落叶大藤本。冬芽球形至卵形。奇数羽状复叶互生；托叶早落；小叶全缘；具小托叶。总状花序顶生，下垂；花多数，散生于花序轴上；苞片早落，无小苞片；具花梗；花萼杯状；花冠蓝紫色或白色；雄蕊二体，花药同型；花盘明显被密腺环；子房具柄，花柱无毛，圆柱形，上弯，柱头小，点状，顶生，胚珠多数。荚果线形，伸长，具颈，迟裂；瓣片革质。种子大，肾形；种子间缢缩，无种阜。

### 紫藤 **Wisteria sinensis** (Sims) Sweet

落叶藤本。茎左旋。枝较粗壮。冬芽卵形。奇数羽状复叶；托叶线形，早落；小叶纸质；小叶柄被柔毛；小托叶刺毛状，宿存。总状花序，花序轴被白色柔毛；苞片披针形，早落；花芳香；花梗细；花冠紫色；子房线形，密被绒毛。荚果倒披针形，密被绒毛，悬垂枝上不脱落。种子褐色，具光泽，圆形，宽1.5cm，扁平。花期4月中旬至5月上旬，果期5~8月。

# 151.金缕梅科 Hamamelidaceae

常绿或落叶乔木和灌木。叶互生，稀对生，全缘或有锯齿，或为掌状分裂；具羽状脉或掌状脉；常有叶柄；有托叶，早落或无。花排成头状花序、穗状花序或总状花序；两性，或单性而雌雄同株，稀雌雄异株，有时杂性；萼裂片与花瓣4~5数；雄蕊4~5数，或更多，花柱2个。蒴果，常室间及室背裂开为4枚。

## 1 枫香树属 | Liquidambar L. |

落叶乔木。叶互生，掌状分裂；具掌状脉，边缘有锯齿；有长柄；托叶线形，早落。花单性，雌雄同株，无花瓣。雄花多数，排成头状或穗状花序，再排成总状花序；无萼片及花瓣。雌花多数，聚生在圆球形头状花序上，花柱2个。头状果序圆球形，有蒴果多数。种子多数，有窄翅；种皮坚硬；胚乳薄；胚直立。

### 枫香树 Liquidambar formosana Hance

落叶乔木。高达30m。树皮灰褐色，方块状剥落。叶薄革质，阔卵形，掌状3裂，中央裂片较长；基部心形；掌状脉3~5条，显著；边缘有锯齿，齿尖有腺状突；叶柄长；托叶线形，早落。花单性，同株；雄花短穗状花序常多个排成总状；雌性头状花序有花24~43枚。头状果序圆球形。种子多数，褐色，多角形或有窄翅。花期3~5月，果期6~9月。

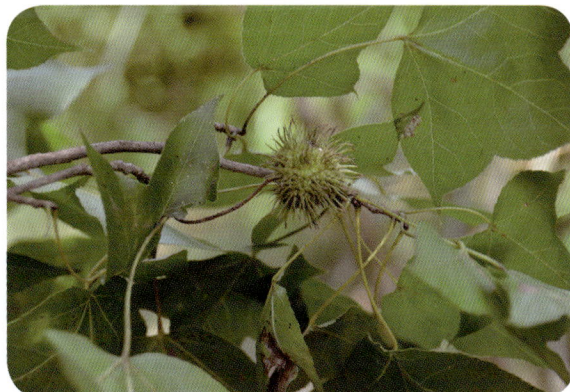

## ② 檵木属 | **Loropetalum** R. Br. |

常绿或半落叶灌木至小乔木。芽体无鳞苞。叶互生，革质，卵形，全缘，稍偏斜；有短柄；托叶膜质。花4~8枚排成头状或短穗状花序，两性，4数；萼筒倒锥形，与子房合生，外侧被星毛，萼齿卵形，脱落；花瓣带状，白色。蒴果木质，卵圆形，被星毛，下半部被宿存萼筒所包裹，并完全合生。种子1粒，长卵形，黑色，有光泽。

### 1. 檵木 **Loropetalum chinense** (R. Br.) Oliver

灌木或小乔木。叶革质，卵形，宽1.5~2.5cm，先端尖锐，基部钝，不等侧，下面被星毛，稍带灰白色；侧脉约5对，全缘；叶柄有星毛；托叶膜质，早落。花3~8枚簇生，有短花梗，白色；苞片线形；萼筒杯状；花瓣4枚，带状。蒴果卵圆形；宿存萼筒长为蒴果的2/3。种子圆卵形，黑色，发亮。花期3~4月，果期5~7月。

## 2. * 红花檵木 Loropetalum chinense var. rubrum Yieh

与檵木的主要区别在于：花紫红色，长2cm。

### 3 *壳菜果属 | Mytilaria Lec. |

常绿乔木。小枝有明显的节，节上有环状托叶痕。叶革质，互生，阔卵圆形；有长柄；嫩叶先端3浅裂；老叶全缘，基部心形，具掌状脉，托叶1枚，长卵形，包住长锥形的芽体，早落。花两性，上位，螺旋排列于具柄的肉质穗状花序上；萼筒与子房连合，藏在肉质花序轴内；花瓣5枚，稍带肉质，带状舌形；雄蕊多于10枚，着生于环状萼筒的内缘，花丝粗而短，花药内向，有4枚花粉囊；子房下位，生于中轴胎座上。蒴果卵圆形。种子椭圆形；种皮角质；胚乳肉质；胚位于中央。

### * 壳菜果 Mytilaria laosensis Lec.

常绿乔木。小枝粗壮，无毛，节膨大，有环状托叶痕。叶革质，阔卵圆形，全缘，上面干后橄榄绿色，有光泽，下面黄绿色，或稍带灰色，无毛；叶柄圆筒形，无毛。肉穗状花序顶生或腋生，无毛；花多数；花瓣带状舌形，白色；雄蕊花丝极短；子房下位，每室有胚珠6枚。蒴果；外果皮厚，黄褐色。种子褐色，有光泽；种脐白色。

# 152.杜仲科 Eucommiaceae

落叶乔木。叶互生，单叶，具羽状脉，边缘有锯齿；具柄；无托叶。花雌雄异株，先于叶开放，或与新叶同时从鳞芽长出。雄花簇生；雄蕊线形，花丝极短，花药4室，纵裂。雌花单生于小枝下部；有苞片；具短花梗；子房1室，由合生心皮组成，有子房柄，扁平。果为不开裂，扁平。种子1粒，垂生于顶端；胚乳丰富；胚直立，与胚乳同长；子叶肉质，扁平；外种皮膜质。

## *杜仲属 | **Eucommia** Oliver |

属的特征与科相同。

### * 杜仲 **Eucommia ulmoides** Oliver

落叶乔木。树皮灰褐色，粗糙，内含橡胶，折断拉开有多数细丝。嫩枝有黄褐色毛，不久变秃净，老枝有明显的皮孔。芽体卵圆形，外面发亮，红褐色，边缘有微毛。叶椭圆形、卵形或矩圆形，薄革质，边缘有锯齿；叶柄上面有槽，被散生长毛。花生于当年枝基部。雄花无花被；雄蕊长约1cm，无毛。雌花单生；苞片倒卵形；子房柄极短。翅果扁平，长椭圆形，周围具薄翅；坚果位于中央。种子扁平，线形，两端圆形。早春开花，秋后果实成熟。

# 154. 黄杨科 Buxaceae

灌木或小乔木，稀草本。单叶，互生或对生，全缘或具齿；叶脉羽状或三出脉；无托叶。花序总状或穗状，腋生或顶生；花单性；无花瓣；花小；雄花萼片4枚；雌花萼片6枚。蒴果室背开裂，或核果状不裂。种子黑色。

## *黄杨属 | Buxus L. |

常绿灌木或小乔木。小枝四棱形。叶对生，革质，全缘；叶脉羽状。花序腋生或顶生，总状、穗状或头状；花小，单性，雌雄同株；雌花单生于花序顶端，雄花多枚生于花序下部或围绕雌花。蒴果球形或卵球形。种子长球形，黑色。

### * 匙叶黄杨 Buxus bodinieri Lévl.

灌木。枝圆柱形。小枝四棱形，被短柔毛，后变无毛。叶薄革质，通常匙形，叶面绿色，光亮，叶背苍灰色，叶面中脉下半段大多数被微细毛；叶柄长1~2mm。花序腋生，头状，长5~6mm；花密集，花序轴长约2.5mm；苞片卵形，背面无毛，或有短柔毛；雄花萼片4枚，分外内两列；雌花萼片6枚，子房3室。蒴果卵形；宿存花柱直立。种子长圆形，有三侧面；种皮黑色。花期2月，果期5~8月。

# 155. 悬铃木科 Platanaceae

落叶乔木。枝叶被树枝状及星状绒毛。树皮苍白色。叶互生，大型单叶；具掌状脉，掌状分裂；托叶明显。花单性，雌雄同株，头状花序，雌雄花序同型，生于不同的花枝上；雄花头状花序无苞片，雌花头状花序有苞片；雄花有雄蕊3~8枚；雌花有3~8枚离生心皮，子房长卵形，1室，有1~2枚垂生胚珠，凸出头状花序外。果为聚合果。种子线形。

## *悬铃木属 | Platanus L. |

属的特征与科相同。

### * 二球悬铃木 Platanus acerifolia (Aiton) Willd.

落叶大乔木。树皮光滑，大片块状脱落。嫩枝密生灰黄色绒毛；老枝秃净，红褐色。叶阔卵形，基部截形或微心形；叶柄密生黄褐色毛被；托叶中等大，基部鞘状，上部开裂。花通常4数。雄花的萼片卵形，被毛；花瓣矩圆形，长为萼片的2倍；雄蕊比花瓣长，盾形药隔有毛。果枝有头状果序，常下垂；果枝刺状；坚果之间无凸出的绒毛，或有极短的毛。

# 156.杨柳科 Salicaceae

落叶乔木或直立、垫状和匍匐灌木。树皮光滑或开裂粗糙。单叶互生，稀对生，不分裂或浅裂，全缘或有齿；托叶鳞片状或叶状，早落或宿存。花单性，雌雄异株，罕有杂性；柔荑花序，直立或下垂，常先于叶开放；花着生于苞片与花序轴间，有苞片；基部常有杯状花盘或腺体。蒴果2~5瓣裂。种子微小。

## 柳属 | Salix L. |

落叶乔木或匍匐状、垫状、直立灌木。无顶芽，侧芽通常紧贴枝上，芽鳞单一。叶互生，稀对生，通常狭而长，多为披针形，羽状脉，有齿或全缘；叶柄短；具托叶，常早落，稀宿存。花单性，异株；柔荑花序直立或斜展，常先于叶开放或同时；苞片全缘；雄蕊2枚至多枚，有腺体1~2个。蒴果2瓣裂。种子小。

### 1. * 垂柳 Salix babylonica L.

乔木。树冠开展而疏散。树皮灰黑色，不规则开裂。枝细，下垂，淡褐黄色、淡褐色或带紫色，无毛。芽线形，先端急尖。叶狭披针形或线状披针形，先端长渐尖，锯齿缘；叶柄有短柔毛；托叶仅生在萌发枝上，斜披针形或卵圆形，边缘有齿牙。花先于叶开放，或与叶同时开放；雄花雄蕊2枚，花药红黄色，苞片披针形；雌花序有梗，子房椭圆形，花柱短，苞片披针形，外面有毛，腺体1枚。蒴果，带绿黄褐色。花期3~4月，果期4~5月。

## 2. 长梗柳（邓柳）**Salix dunnii** Schneid.

落叶灌木或小乔木。当年生枝紫色，密生柔毛，后无毛。叶椭圆形，或椭圆状披针形，长2.5~4cm，先端钝圆或急尖，基部阔楔形至圆形，两面被毛，下面毛密且呈灰白色，叶缘具疏腺齿，稀近全缘；叶柄短；萌枝叶叶柄先端具腺点。花单性，异株；柔荑花序直立或斜展；花药黄色。蒴果小。花期4月，果期5月。

# 159.杨梅科 Myricaceae

常绿或落叶乔木或灌木。单叶互生，具羽状脉，全缘或有齿，或成浅裂，稀成羽状中裂；具叶柄；无托叶或有。花通常单性，风媒，无花被，无梗，呈穗状花序；雌雄异株或同株，稀具两性花而成杂性同株；花序单生或簇生于叶腋，或者复合成圆锥状花序。核果小坚果状，或为球状较大核果，外表布满乳头状凸起。种子直立，具膜质种皮。

## 杨梅属 | **Myrica** L. |

常绿或落叶乔木或灌木。单叶，常聚生于枝顶，全缘或具齿；无托叶；具树脂质腺体。花单性，雌雄同株或异株；穗状花序单一或分枝，直立或向上倾斜，或稍俯垂状。雄花具雄蕊2~8枚，稀更多，花丝分离或在基部合生；有或没有小苞片。雌花具2~4枚小苞片。核果小坚果状，或为较大的具肉质外果皮的核果。种子直立，具膜质种皮。

### 杨梅 **Myrica rubra** (Lour.) Sieb. et Zucc.

常绿乔木。高可达15m。树皮灰色，老时纵向浅裂。叶革质，无毛，常聚生于枝顶，长椭圆状或楔状披针形至倒卵形，先端钝或急尖，基部楔形，全缘或上部具齿。花雌雄异株；雄花序单独或数个丛生于叶腋，花药暗红色；雌花序常单生于叶腋。核果球状，外表面具乳头状凸起，熟时红色。花期4月，果期6~7月。

# 161.桦木科 Betulaceae

落叶乔木或灌木。小枝及叶有时具树脂腺体或腺点。单叶，互生，叶缘具重锯齿或单齿；叶脉羽状。花单性，雌雄同株，风媒。雄花具苞鳞；有花被（桦木族）或无（榛族）。雌花序为球果状、穗状、总状或头状；子房2室或不完全2室；花柱2个，分离，宿存。果为小坚果或坚果。胚直立；子叶扁平或肉质；无胚乳。

## 桤木属 | Alnus Mill. |

落叶乔木或灌木。树皮光滑。单叶，互生，边缘具锯齿或浅裂；具叶柄。花单性，雌雄同株。雄花序生于上一年枝条的顶端，春季或秋季开放，圆柱形；花药卵圆形，2药室不分离；雌花序单生或聚成总状或圆锥状，秋季出自叶腋或着生于少叶的短枝上；苞鳞覆瓦状排列，每个苞鳞内具2枚雌花；子房2室，每室具1枚倒生胚珠。小坚果小，扁平，具或宽或窄的膜质或厚纸质之翅。种子单生，具膜质种皮。

### 江南桤木 Alnus trabeculosa Hand.-Mazz.

乔木。树皮灰色或灰褐色，平滑。芽具柄，边缘具不规则疏细齿，上面无毛，下面具腺点。叶柄细瘦；无或多少具腺点。果序矩圆形；果苞木质，基部楔形，顶端圆楔形，具5枚浅裂片。小坚果宽卵形；果翅厚纸质，极狭，宽及果的1/4。

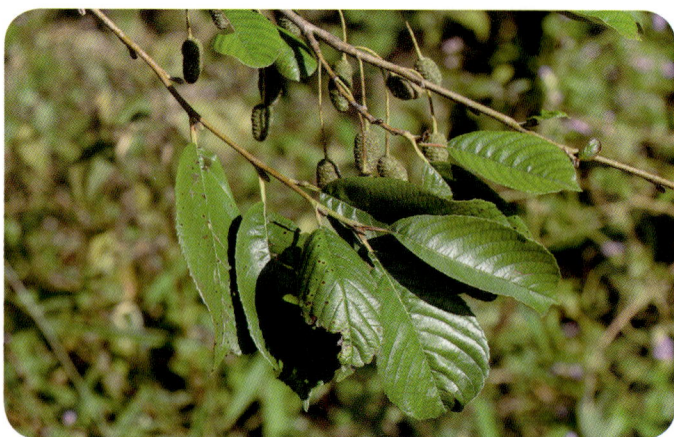

# 163.壳斗科 Fagaceae

常绿或落叶乔木，稀灌木。单叶，互生，罕轮生，全缘或具齿，或不规则的羽状裂；托叶早落。花单性同株，稀异株，或同序；柔荑花序；雄花序下垂或直立，整序脱落；雌花序直立，花单枚散生或3数聚生成簇，分生于总花序轴上成穗状。坚果，底部至全果被壳斗包围；壳斗具刺或鳞片状或环状。

## 1 栗属 | Castanea Mill. |

落叶乔木，稀灌木。树皮纵裂。无顶芽。叶互生，叶缘有锐裂齿；羽状侧脉直达齿尖，齿尖常呈芒状；托叶对生，早落。花单性同株或为混合花序，则雄花位于花序轴的上部，雌花位于下部；穗状花序，直立，通常单穗生于枝上部叶腋，稀成总状；雄花有退化雌蕊。坚果为具刺壳斗全包，果顶部常被伏毛。种子1（2~3）粒；种皮红棕色至暗褐色，被伏贴丝光质毛。

### * 板栗 Castanea mollissima Bl.

落叶乔木。树皮纵裂。无顶芽。托叶对生，早落；叶椭圆至长圆形，长11~17cm，顶部短至渐尖，基部近截平或圆，常偏斜；叶背被星状毛或几无毛。花单性；柔荑花序；雄花3~5枚聚生成簇，有退化雌蕊；雌花1~5枚发育结实。成熟壳斗的锐刺有长有短，有疏有密；具坚果1~3枚。花期4~6月，果期8~10月。

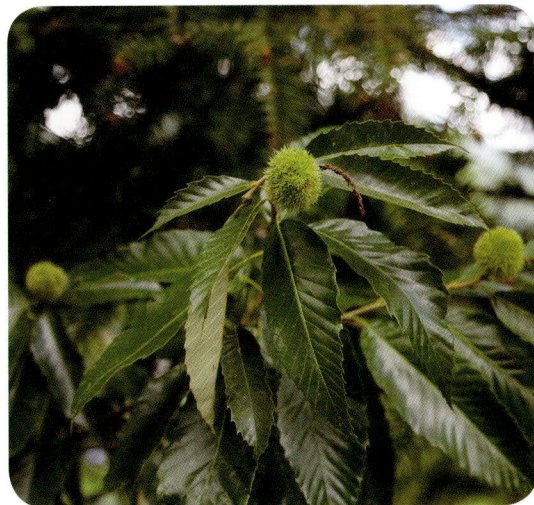

## ② 锥属 | **Castanopsis** (D. Don) Spach |

常绿乔木。有顶芽。当年生枝常有纵脊棱。叶2列，互生或螺旋状排列；叶背被毛或鳞腺，或二者兼有；托叶早落。花雌雄异序或同序；花序直立，穗状或圆锥花序；雄花有退化雌蕊；雌花单枚或3~7枚聚生于一壳斗内，花柱3个，稀2个或4个。壳斗全包或包一部分坚果，具刺，稀具鳞片或疣体。种子无胚乳。

### 1. 米槠 **Castanopsis carlesii** (Hemsl.) Hayata

大乔木。幼树皮光滑，老树皮纵裂。叶2列，披针形或卵形，宽1~4.5cm，先端渐尖或渐狭长尖，全缘，稀有疏齿；嫩叶背有红褐色或棕黄色蜡鳞层，成长叶呈银灰色或多少带灰白色。雄花圆锥花序近顶生，轴近无毛；雌花柱3个或2个。壳斗为疣状体，或上部具稀短刺。坚果近圆环形，顶端短狭尖，熟透时无毛；果脐位于坚果底部。花期3~6月，果期翌年9~11月。

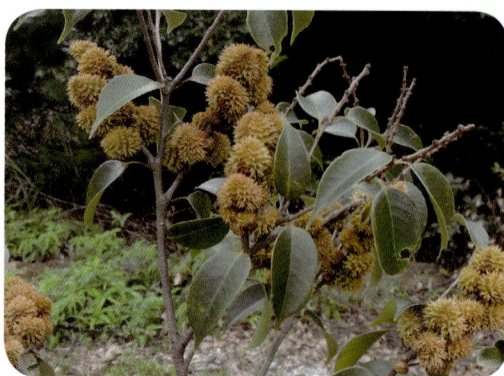

### 2. 罗浮栲 **Castanopsis fabri** Hance

常绿乔木。高达25m。树皮常青灰色，老树皮纵裂。叶2列，厚革质，稍大，长8~18cm，基部近圆，常偏斜，顶部有疏齿，叶背带灰白色。雄花序单穗腋生；每壳斗有雌花2枚或3枚。壳斗近球形，刺中等、基部合生，排成间断的4~6环；坚果1~3枚。花期4~5月，果期翌年10~12月。

### 3. 栲（川鄂栲、红背栲）Castanopsis fargesii Franch.

常绿乔木。高达30m。树皮浅纵裂。枝、叶均无毛。叶2列，革质，长椭圆形或披针形，长7~15cm，基部近圆形或宽楔形，有时略偏斜；全缘或有时顶部有疏浅齿；叶背蜡鳞层厚，红褐色或黄棕色。雄花穗状或圆锥状，花单枚密生于花序轴；雌花单枚散生于花序轴。壳斗刺被毛；坚果1枚。花期4~8月，果期翌年同期。

### 4. 黧蒴锥（大叶锥）Castanopsis fissa (Champ. ex Benth.) Rehd. et Wils.

常绿乔木。高可达20m。嫩枝红紫色，纵沟棱明显。叶2列，薄革质或纸质，稍大，倒卵状披针形或长圆形，长12~25cm，边缘具齿或波状齿。雄花序多为圆锥花序；雌花序每总苞内有花1枚；花序轴无毛。壳斗被蜡鳞无刺，全包；小苞片鳞片状，果熟时基部连成4~5个同心环。花期4~6月，果期10~12月。

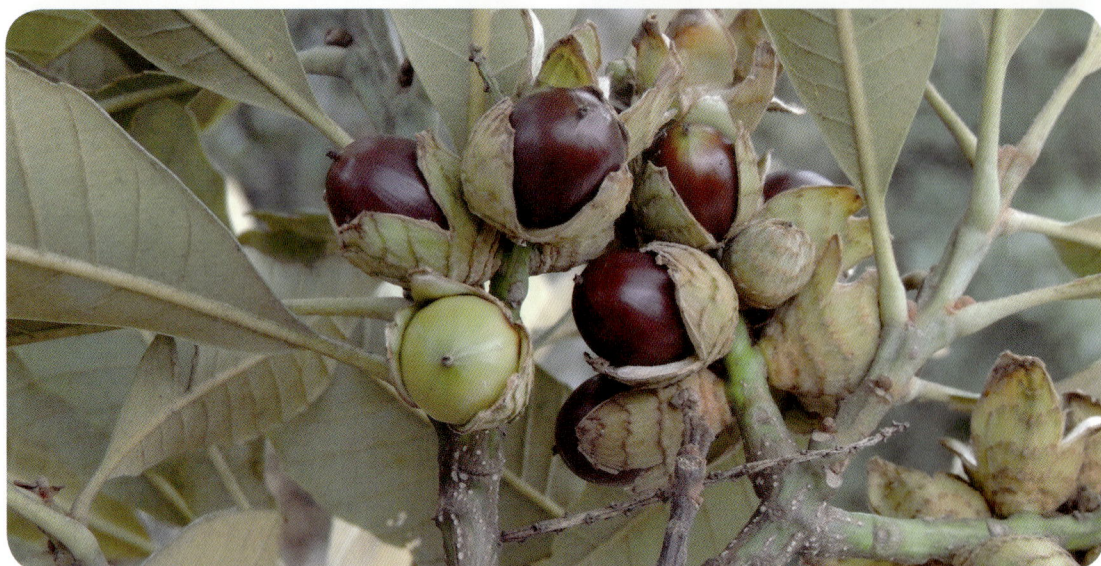

## 5. 毛锥（南岭锥）Castanopsis fordii Hance

常绿乔木。老树皮纵深裂。芽鳞、一年生枝、叶柄、叶背及花序轴均密被棕色或红褐色稍粗糙的长绒毛。叶2列，革质，长椭圆形或长圆形，长9~18cm，基部心形或浅耳垂状，全缘。雄穗状花序常多穗排成圆锥花序；雌花单生于苞内。壳斗密聚于果序轴，刺较长；有坚果1枚。花期3~4月，果期翌年9~10月。

### 6. 红锥 Castanopsis hystrix A. DC.

乔木。叶纸质或薄革质，披针形，长4~9cm，全缘或有少数浅裂齿。雄花序圆锥状或穗状；雌花序穗状，生于雄花序上部叶腋间。果序长达15cm；壳斗有坚果1枚，连刺直径25~40mm；坚果宽圆锥形。花期4~6月，果期翌年8~11月。

### 3 青冈属 | **Cyclobalanopsis** Oerst. |

常绿乔木，稀灌木。树皮通常平滑，稀深裂。叶螺旋状互生，全缘或有锯齿；羽状脉。花单性，雌雄同株；雄花序为下垂柔荑花序，雄花单枚散生或数枚簇生于花序轴；雌花单生或排成穗状，单生于总苞内。壳斗呈杯形等包着坚果部分，稀全包，无刺；小苞片轮状排列，愈合成为同心环带；常具1枚坚果。

### 青冈 Cyclobalanopsis glauca (Thunb.) Oerst.

常绿乔木。高达20m。小枝无毛。叶革质，倒卵状椭圆形或长椭圆形，长6~13cm，先端渐尖或短尾状，叶缘中上部有疏锯齿，老叶无毛，叶背常有白色鳞秕。雄花序下垂，花序轴被苍色绒毛。壳斗碗形，包着坚果1/3~1/2，被薄毛；5~6条同心环带。坚果卵形、长卵形或椭圆形，无毛或被薄毛。花期4~5月，果期10月。

### 4 石砾属（柯属）| **Lithocarpus** Bl. |

常绿乔木，稀灌木状。枝有顶芽，嫩枝常有槽棱。叶非2列，全缘或有裂齿，背面被毛或否；常有鳞秕。穗状花序直立，单穗腋生；常雌雄同序；雄花序有时多穗排成复穗状或圆锥状，雄花在退化雌蕊细小；雌花1~2枚一簇，稀3枚。壳斗无刺，通常杯状，稀全包而具刺或具线状体或环肋纹；有坚果1枚。

### 柯 **Lithocarpus glabra** (Thunb.) Nakai

乔木。一年生枝、嫩叶叶柄、叶背及花序轴均密被灰黄色短绒毛，二年生枝的毛较疏且短，常变为污黑色。叶革质或厚纸质，倒卵形、倒卵状椭圆形或长椭圆形；雄穗状花序多排成圆锥花序或单穗腋生；雌花序常着生少数雄花，雌花每朵或5朵一簇。坚果椭圆形，顶端尖，或长卵形，有淡薄的白色粉霜，暗栗褐色；果脐深达2mm。花期7~11月，果翌年同期成熟。

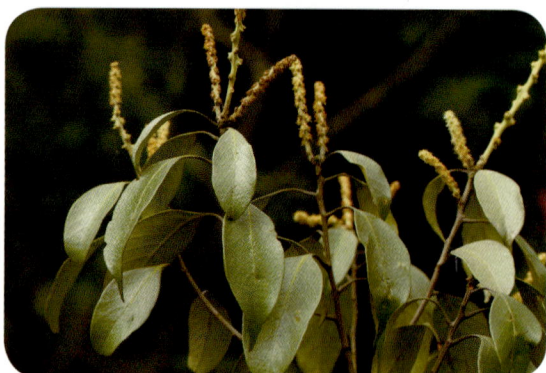

### 5 栎属 | **Quercus** L. |

常绿、落叶乔木，稀灌木。叶螺旋状互生；托叶常早落。花单性，雌雄同株；雄花序下垂为柔荑花序；雌花单生、簇生或排成穗状，单生于总苞内。壳斗（总苞）包着坚果一部分，稀全包坚果；壳斗外壁的小苞片鳞形、线形、钻形，覆瓦状排列，紧贴或开展；每壳斗内有1枚坚果。

### 槲栎 **Quercus aliena** Bl.

落叶乔木。树皮暗灰色，深纵裂。小枝灰褐色，近无毛，具圆形淡褐色皮孔。芽卵形，芽鳞具缘毛。叶片长椭圆状倒卵形至倒卵形，叶缘具波状钝齿，叶背被灰棕色细绒毛；叶柄无毛。雄花单生或数枚簇生于花序轴，花被6裂，雄蕊通常10枚；雌花序生于新枝叶腋。壳斗杯形，包着坚果。坚果椭圆形至卵形；果脐微凸起。花期4~5月，果期9~10月。

# 164.木麻黄科 Casuarinaceae

乔木或灌木。小枝轮生或假轮生，常有沟槽及线纹或具棱。叶退化为鳞片状（鞘齿）。花单性；雄花序纤细，圆柱形，穗状花序；雌花序为头状花序；雄花轮生在花序轴上；雌花生于1枚苞片和2枚苞片，腋生。小坚果扁平，顶端具膜质的薄翅，纵列密集于球果状的果序上。种子单生；种皮膜质；无胚乳；胚直，有1对大而扁平的子叶和向上的短的胚根。

## *木麻黄属 | **Casuarina** Adans. |

乔木或灌木。小枝轮生或假轮生。叶退化为鳞片状（鞘齿）。花单性，雌雄同株或异株，无花梗；雄花序纤细；雌花序为球形或椭圆体状的头状花序。小坚果扁平，顶端具膜质的薄翅，纵列密集于球果状的果序（假球果）上；初时被包藏在2枚宿存、闭合的小苞片内，成熟时小苞片硬化为木质，展开露出小坚果。种子单生；种皮膜质；有1对大而扁平的子叶和向上的短的胚根。

### * 木麻黄 **Casuarina equisetifolia** Forst.

乔木。大树根部无萌蘖。树干通直。树冠狭长圆锥形。树皮在幼树上的赭红色，老树的树皮粗糙。枝红褐色，有密集的节，节脆易抽离。鳞片状叶每轮通常7枚，披针形或三角形，紧贴。花雌雄同株或异株。雄花序几无总花梗，棒状圆柱形，有覆瓦状排列、被白色柔毛的苞片，花药两端深凹入；雌花序通常顶生于近枝顶的侧生短枝上。球果状果序椭圆形；小苞片变木质，阔卵形，顶端略钝或急尖，背无隆起的棱脊。小坚果连翅。花期4~5月，果期7~10月。

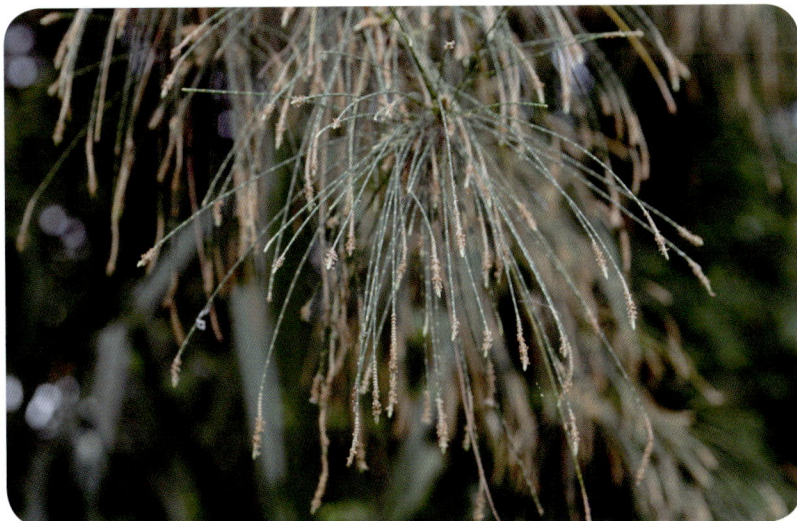

# 165.榆科 Ulmaceae

常绿或落叶乔木或灌木。顶芽通常早死，其下的腋芽代替顶芽。单叶互生，稀对生，常2列，有锯齿或全缘，基部偏斜或对称；羽状脉或基部三出脉，稀基五出脉或掌状三出脉；有柄；托叶常早落。单被花两性，稀单性或杂性，雌雄异株或同株；花序聚伞状，或簇生或单生，生于叶腋。果为翅果、核果或小坚果。

## 1 朴属 | Celtis L. |

常绿或落叶乔木。单叶互生，有锯齿或全缘，具三出脉或3~5对羽状脉；有柄；托叶早落或包着冬芽。花小，两性或单性，有柄，集成小聚伞花序或圆锥花序，或因总梗短缩而化成簇状，或因退化而花序仅具一两性花或雌花；常生于叶腋。果为核果。种子充满核内；胚乳少量或无，胚弯；子叶宽。

### 朴树 Celtis sinensis Pers.

乔木。树皮平滑，灰色。一年生枝被密毛。叶互生；叶柄长；叶片革质，宽卵形至狭卵形，先端急尖至渐尖，基部圆形或阔楔形，偏斜，中部以上边缘有浅锯齿；三出脉，上面无毛，下面沿脉及脉腋疏被毛。花杂性，生于当年枝的叶腋。核果近球形，红褐色；果柄较叶柄近等长；核果单生或2枚并生，近球形，熟时红褐色；果核有穴和突肋。

## ② 山黄麻属 ｜ **Trema** Lour. ｜

小乔木或大灌木。单叶互生，卵形至狭披针形，边缘有细锯齿；基部三出脉，稀五出脉或羽状脉；托叶离生，早落。花单性或杂性，有短梗，多数密集成聚伞花序而成对生于叶腋；花被（4~）5枚；雄蕊与花被片同数；花柱短，柱头2个。核果小，直立，卵圆形或近球形，具宿存的花被片和柱头，稀花被脱落。种子具肉质胚乳；胚弯曲或内卷；子叶狭宽。

### 1. 光叶山黄麻 Trema cannabina Lour.

灌木或小乔木。小枝黄绿色，初被毛后渐脱落。单叶互生，近膜质，卵形或卵状矩圆形，宽1.5~4cm，先端尾状渐尖或渐尖，基部圆形或浅心形，边缘具圆齿，近无毛或仅在叶背脉上疏生柔毛，基部有明显的三出脉。花单性，雌雄同株，腋生，常雌上雄下，聚伞状；雄花具梗。核果小。花期3~6月，果期9~10月。

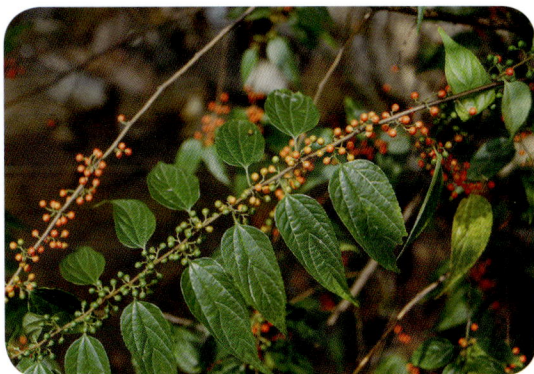

### 2. 山黄麻 Trema tomentosa (Roxb.) Hara

小乔木。高达10m。小枝灰褐色至棕褐色，密被短绒毛。单叶互生，纸质或薄革质，宽卵形或卵状矩圆形，长7~20cm，先端渐尖至尾状渐尖，基部心形，明显偏斜，边缘有细锯齿，两面近于同色，叶面极粗糙，被硬毛；基三出脉。雄花序多毛；雄花几无梗；雌花具短梗。核果小。花期3~6月，果期9~11月。

## 3 榆属 | Ulmus L. |

乔木，稀灌木。树皮不规则纵裂，粗糙。顶芽早死，其下的腋芽代替顶芽。叶互生，2列，边缘具重锯齿或单锯齿，羽状脉，基部多少偏斜，稀近对称；有柄；托叶膜质，早落。花两性，春季先于叶开放，在叶腋排成聚伞状花序或呈簇生状；雄蕊与花被裂片同数而对生；柱头2个。果为扁平的翅果。

### 榔榆 Ulmus parvifolia Jacq.

落叶乔木。高达25m。树皮灰色或灰褐色，裂成不规则鳞状薄片剥落，露出红褐色内皮，近平滑。叶质地厚，披针状卵形或窄椭圆形，宽0.8~3cm，先端尖或钝，基部楔形偏斜，边缘具钝而整齐的单锯齿。花3~6枚在叶腋簇生或排成簇状聚伞花序；花被上部杯状，下部管状。翅果椭圆形或卵状椭圆形。花果期8~10月。

# 167.桑科 Moraceae

乔木或灌木、藤本，稀为草本。通常具乳液。有刺或无刺。叶互生，稀对生，全缘或具锯齿，分裂或不分裂；叶脉掌状或为羽状；托叶2枚，通常早落。花小，单性，雌雄同株或异株；无花瓣；花序腋生，典型成对，花序各式，常头状或为隐头花序。果为瘦果或核果状，或成聚花果和隐花果。种子大或小，包于内果皮中；种皮膜质或无。

## ① 构属 | **Broussonetia** L'Hert. ex Vent. |

乔木或灌木，或为攀缘藤状灌木。有乳液。叶互生，分裂或不分裂，边缘具锯齿；基生叶脉三出，侧脉羽状；托叶侧生，分离，早落。花单性，雌雄异株或同株。雄花为下垂柔荑花序或球形头状花序；雄蕊与花被裂片同数而对生。雌花密集成球形头状花序；苞片棍棒状，宿存；花被管宿存。聚花果球形。

### 1. 葡蟠 **Broussonetia kaempferi** var. **australis** Suzuki

蔓生藤状灌木。树皮黑褐色。叶互生，螺旋状排列，近对称的卵状椭圆形，边缘锯齿细，齿尖具腺体；叶柄被毛。花雌雄异株；雄花序短穗状，雄花花被片4~3枚，裂片外面被毛，雄蕊4~3枚，花药黄色，椭圆球形，退化雌蕊小；雌花集生为球形头状花序，花柱线形，延长。聚花果；花期4~6月。果期5~7月。

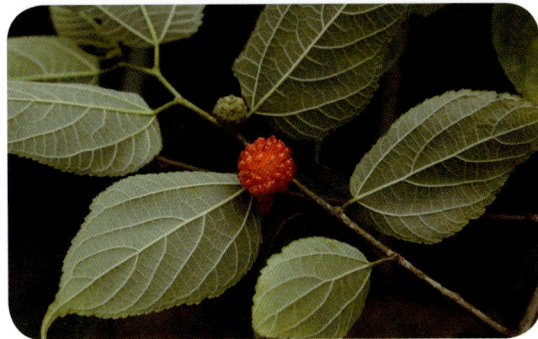

## 2. 构树 Broussonetia papyrifera (L.) L' Hér. ex Vent.

灌木或乔木。小枝密生柔毛。叶螺旋状排列，广卵形至长椭圆状卵形，长6~18cm，两侧常不相等，边缘具粗锯齿；基生叶脉三出；托叶大，卵形。花雌雄异株；雄花序为柔荑花序；雌花序球形头状。聚花果直径1.5~3cm，成熟时橙红色，肉质。花期4~5月，果期6~7月。

## ② 柘属 | **Maclura** Nutt. |

乔木或小乔木，或为藤状灌木。有乳液。具枝刺。单叶互生，全缘；托叶2枚，侧生。花单性，雌雄异株，均为具苞片的球形头状花序，常每花2~4枚苞片，附着于花被片上；花被片通常为4枚，稀为3枚或5枚，分离或下半部合生，具腺体；雄蕊与花被片同数；雌花无梗，花被片肉质。聚花果肉质。

## 1. 毛柘藤 **Maclura pubescens**（Trécul）Z. K. Zhou et M. G Gilbert

木质藤状灌木。小枝圆柱形，具无叶腋生刺。幼枝密被黄褐色短柔毛；老枝灰绿色，皮孔椭圆形。叶长圆状椭圆或卵状椭圆形，全缘，表面近无毛，背面密被黄褐色长柔毛；叶柄被黄褐色柔毛；托叶早落。雌雄异株；雄花序成对腋生，球形，密被黄褐色柔毛，在花芽时直立；退化雌蕊圆锥形。聚花果近球形成熟时橙红色，肉质；小核果卵圆形。

## 2. 柘树 Maclura tricuspidata Carrière

落叶灌木或小乔木。树皮灰褐色。小枝无毛，略具棱，有棘刺。冬芽赤褐色。叶卵形或菱状卵形，表面深绿色，背面绿白色；叶柄被微柔毛。雌雄异株，雌雄花序均为球形头状花序，单生或成对腋生，具短总花梗；聚花果近球形，肉质，成熟时橘红色。花期5~6月，果期6~7月。

## 3 水蛇麻属 | Fatoua Gaud. |

草本。叶互生，边缘具锯齿；托叶早落。花单性同株，雌雄花混生，组成腋生头状聚伞花序，具小苞片。雄花，花被片4深裂，裂片镊合状排列；雄蕊4枚，花丝在花芽时内折；退化雌蕊很小。雌花；花被4~6裂，裂片排列与雄花同；子房歪斜。瘦果小，斜球形，微扁，为宿存花被包围；果皮稍壳质。种皮膜质，内曲；无胚乳；子叶宽，相等；胚根长，向上内弯。

### 水蛇麻 Fatoua villosa (Thunb.) Nakai

一年生草本。枝直立，纤细，少分枝或不分枝，幼时绿色后变黑色，微被长柔毛。叶膜质，卵圆形至宽卵圆形，边缘锯齿三角形，微钝，两面被粗糙贴伏柔毛；叶片在基部稍下延成叶柄，叶柄被柔毛。花单性；聚伞花序腋生；雄花钟形；雌花花被片宽舟状，稍长于雄花被片；子房近扁球形，花柱侧生，丝状。瘦果略扁，具3棱，表面散生细小瘤体。种子1粒。花期5~8月。

## 4 榕属 | Ficus L. |

乔木或灌木，有时为攀缘状，或为附生。具乳液。叶互生，稀对生，全缘或具锯齿或分裂，无毛或被毛；托叶合生，包围顶芽，早落，遗留环状疤痕。花雌雄同株或异株，生于肉质壶形花序托内壁成隐头花序。榕果腋生或生于老茎；口部苞片覆瓦状排列，基生苞片3枚，早落或宿存，有时苞片侧生；有或无总梗。

### 1. 高山榕（大叶榕）Ficus altissima Bl.

乔木。幼枝绿色，被微柔毛。叶厚革质，广卵形至广卵状椭圆形，长10~19cm，全缘，两面光滑；基生侧脉延长；托叶厚革质。榕果成对腋生，椭圆状卵圆形；幼时包藏于早落风帽状苞片内，成熟时红色或带黄色；雄花散生于榕果内壁，膜质。瘦果表面有瘤状凸体。花期3~4月，果期5~7月。

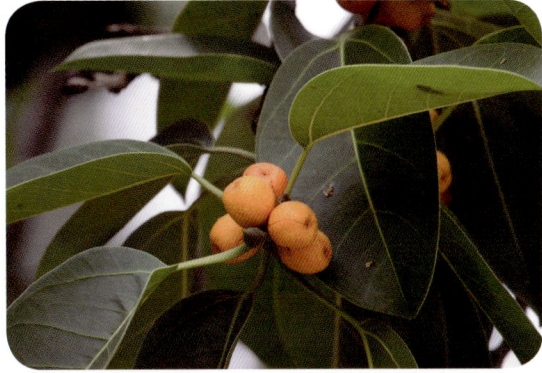

### 2. 无花果 Ficus carica L.

落叶灌木。多分枝。树皮灰褐色，皮孔明显。小枝直立，粗壮。叶互生，厚纸质，广卵圆形，小裂片卵形，边缘具不规则钝齿，表面粗糙，背面密生细小钟乳体及灰色短柔毛，基部浅心形；叶柄粗壮；托叶卵状披针形，红色。雌雄异株，雄花和瘿花同生于一榕果内壁；雌花花被与雄花同，子房卵圆形，光滑。榕果单生于叶腋，大而梨形，成熟时紫红色或黄色；基生苞片3枚，卵形；瘦果透镜状。花果期5~7月。

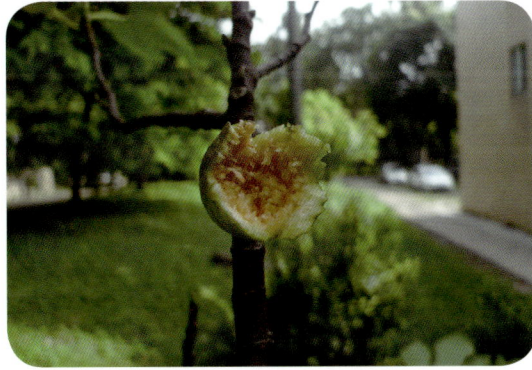

### 3. 橡胶榕（印度榕、印度橡胶榕、印度胶树）Ficus elastica Roxb.

乔木，幼时附生。小枝粗壮。单叶互生，厚革质，长圆形至椭圆形，长8~30cm，全缘，表面光亮、深绿色，背面浅绿色；侧脉多，平行展出；托叶膜质，深红色。雄花、瘿花、雌花同生于榕果内壁。榕果成对生于落叶枝叶腋，卵状长椭圆形，黄绿色；基生苞片风帽状。花期11月。

### 4. 矮小天仙果 Ficus erecta Thunb.

落叶小乔木或灌木。高2~7m。树皮灰褐色。小枝密生硬毛。叶厚纸质，倒卵状椭圆形，长7~20cm，先端短渐尖，基部圆形至浅心形，全缘或上部偶有疏齿，表面较粗糙，疏生柔毛，背面被柔毛。雄花和瘿花生于同一榕果内壁，雌花生于另一植株榕果中。榕果单生于叶腋，具总梗，球形或梨形，直径1.2~2cm，熟时黄红色至紫黑色。花果期5~6月。

### 5. 水同木 Ficus fistulosa Reinw. ex Bl.

常绿小乔木。树皮黑褐色。枝粗糙。叶互生，纸质，倒卵形至长圆形，长10~20cm，先端具短尖，基部斜楔形或圆形，全缘或微波状，表面无毛，背面微被柔毛或黄色小突体；基生侧脉短，侧脉6~9对；叶柄长1.5~4cm。雄花和瘿花生于同一榕果内壁，雄花生于另一植株榕果内；花被管状。榕果簇生于老干发出的瘤状枝上，近球形，熟时橘红色。花果期5~7月。

### 6. 粗叶榕（五指毛桃）Ficus hirta Vahl

常绿灌木或小乔木。嫩枝中空。小枝、叶和榕果均被金黄色开展的长硬毛。叶互生，纸质，多型，长椭圆状披针形或广卵形，边缘具细锯齿，有时全缘或3~5深裂，基部圆形至浅心形或宽楔形；基生脉3~5条，侧脉每边4~7条。雄花果球形，雄花及瘿花果卵球形，无柄或近无柄。榕果成对腋生或生于已落叶枝上，直径10~15cm。花果期几全年。

## 7. 对叶榕 Ficus hispida L. f.

常绿灌木或小乔木。被糙毛。叶通常对生，厚纸质，卵状长椭圆形或倒卵状矩圆形，长10~25cm，全缘或有钝齿，先端急尖或短尖，基部圆形或近楔形，粗糙，两面被粗毛；侧脉6~9对。雄花生于其内壁口部，多数；瘿花无花被，花柱近顶生；雌花无花被，柱头侧生。榕果腋生，或生于落叶枝上或老茎发出的下垂枝上，陀螺形，成熟黄色，直径1.5~2.5cm。花果期6~7月。

## 8. 榕树 Ficus microcarpa L. f.

乔木。有锈褐色气生根。树皮深灰色。叶薄革质，狭椭圆形，长4~8cm，全缘。基生叶脉延长。榕果成对腋生或生于已落叶枝叶腋，成熟时黄色或微红色，扁球形；无总梗；基生苞片广卵形。雄花、雌花和瘿花同生于一榕果内，花间有少许短刚毛。瘦果卵圆形。花果期5~12月。

## 9. 琴叶榕 Ficus pandurata Hance

常绿小灌木。高1~2m。小枝、嫩叶幼时被白色柔毛。叶纸质，提琴形或倒卵形，长4~8cm，先端急尖有短尖，基部圆形至宽楔形，中部缢缩，表面无毛；背面叶脉有疏毛和小瘤点，基生侧脉2枚，侧脉3~5对。榕果单生于叶腋，鲜红色，椭圆形或球形，直径6~10mm。雄花有柄，生于榕果内壁口部；瘿花有柄或无柄；雌花花被片椭圆形，花柱侧生。花果期6~8月。

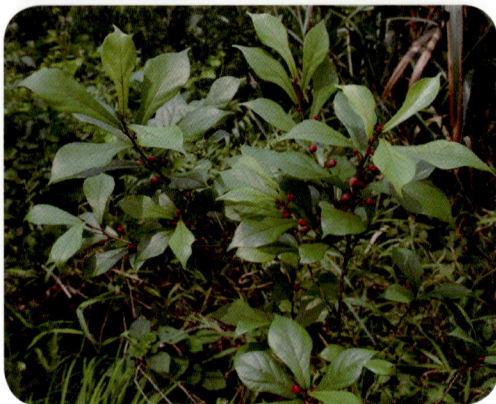

### 10. 全缘琴叶榕 Ficus pandurata var. **holophylla** Migo

与原种的主要区别在于：叶倒卵状披针形或披针形，先端渐尖，中部不收缢；榕果椭圆形，直径4~6mm，顶部微脐状。

### 11. 笔管榕 Ficus subpisocarpa Gagnepain

落叶乔木。有时有气根。树皮黑褐色。小枝淡红色，无毛。叶互生或簇生，近纸质，无毛，椭圆形至长圆形，长10~15cm，先端短渐尖，基部圆形，边缘全缘或微波状；侧脉7~9对；叶柄长约3~7cm。榕果单生或成对或簇生于叶腋或生于无叶枝上，扁球形，直径5~8mm，熟时紫黑色。花果期4~6月。

### 12. 变叶榕 Ficus variolosa Lindl. ex Benth.

常绿灌木或小乔木。高3~10m。树皮灰褐色，光滑。叶薄革质，狭椭圆形至椭圆状披针形，长5~12cm，先端钝或钝尖，基部楔形，全缘；侧脉7~11对，与中脉略成直角展出。榕果成对或单生于叶腋，球形，直径10~12mm，表面有瘤体；顶部苞片脐状凸起。瘿花子房球形，花柱短，侧生；雌花生于另一植株榕果内壁，花柱侧生，细长。花果期12月至翌年6月。

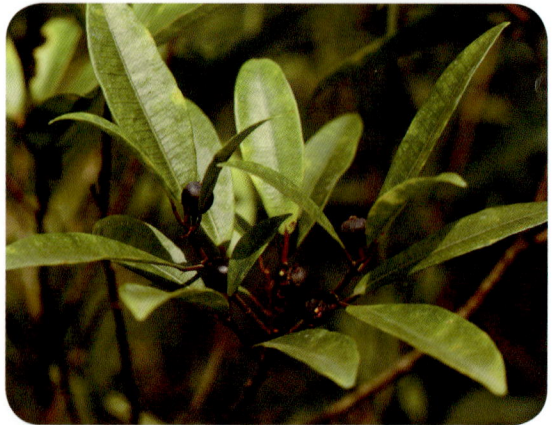

### 13. 黄葛树（大叶榕、黄葛榕）Ficus virens Ait.

落叶或半落叶乔木。有板根或支柱根，幼时附生。叶薄革质或皮纸质，近状披针形，长10~20cm，全缘。榕果单生或成对腋生或簇生于落叶枝叶腋，球形，直径7~12mm，表面有皱纹，熟时紫红色。雄花、瘿花、雌花生于同一榕果内。花果期4~7月。

## 5 桑属 | Morus L. |

落叶乔木或灌木。无刺。叶互生，常纸质，边缘具锯齿，全缘至深裂；基生叶脉三至五出，侧脉羽状；托叶侧生，早落。花雌雄异株或同株，或同株异序。雌雄花序均为穗状。雄花被片4枚，覆瓦状排列；雄蕊4枚。雌花被片4枚，覆瓦状排列；柱头2裂。聚花果由多数包藏于肉质花被片内的核果组成。种子近球形；胚乳丰富；胚内弯。

### * 桑 Morus alba L.

落叶乔木或灌木。高3~10m。树皮灰色，具不规则浅纵裂。小枝有细毛。叶卵形或广卵形，长5~15cm，基部圆形至浅心形，边缘锯齿粗钝，有时叶为各种分裂，表面鲜绿色，无毛，背面沿脉有疏毛，脉腋有簇毛；叶柄具柔毛。花单性，腋生或生于芽鳞腋内；花序穗状。聚花果熟时暗紫色。花期4~5月，果期5~8月。

# 169.荨麻科 Urticaceae

　　草本、亚灌木或灌木，稀乔木或攀缘藤本。有时有刺毛。茎常富含纤维，有时肉质。叶互生或对生，单叶；托叶存在，稀缺。花极小，单性，稀两性；花序雌雄同株或异株，由若干小的团伞花序排成聚伞状等各式花序。果实为瘦果，有时为肉质核果状，常包被于宿存的花被内。种子具直生的胚；胚乳常为油质或缺。

## 1 苎麻属 | Boehmeria Jacq. |

　　灌木、小乔木、亚灌木或多年生草本。叶互生或对生，边缘有齿，不分裂，稀2~3裂，基出脉3条；托叶通常分生，脱落。团伞花序生于叶腋，或排列成穗状花序或圆锥花序；苞片膜质，小；雄花有退化雌蕊；雌花花被管状，顶端缢缩。瘦果通常卵形，包于宿存花被之中；无柄或有柄，或有翅。

### 1. 水苎麻 Boehmeria macrophylla Hornem.

　　亚灌木或多年生草本。上部有疏或稍密的短伏毛。叶对生或近对生；叶片卵形或椭圆状卵形，边缘自基部之上有多数小牙齿，上面稍粗糙，有短伏毛；脉网稍明显。穗状花序单生于叶腋，雌雄异株或同株，雌的位于茎上部，其下为雄的，呈圆锥状；团伞花序直径1~2.5mm。雄

花花被片4枚，船状椭圆形，雄蕊4枚，花药长约0.6mm，退化雌蕊狭倒卵形；雌花花被纺锤形或椭圆形。花期7~9月。

### 2. 苎麻 Boehmeria nivea (L.) Gaudich.

亚灌木或灌木。高0.5~1.5m。叶互生，草质，通常圆卵形或宽卵形，宽4~11cm，基部近截形或宽楔形，边缘在基部之上有粗齿，叶背密被雪白色毡毛；侧脉约3对。圆锥花序腋生，或植株上部的为雌性，其下的为雄性，或同一植株的全为雌性。瘦果近球形。花期8~10月。

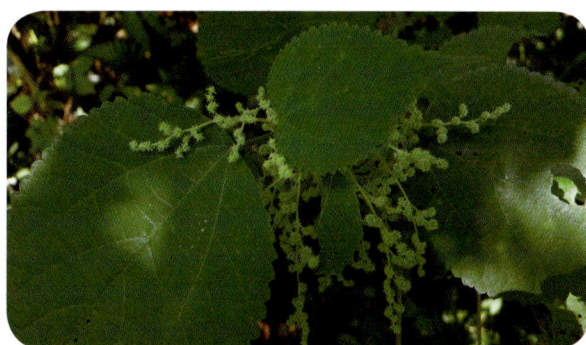

## ② 楼梯草属 ｜ Elatostema J. R. et G. Forst. ｜

小灌木、亚灌木或草本。叶互生，在茎上排成2列，两侧不对称，狭侧向上，宽侧向下，边缘具齿，稀全缘；具三出脉、半离基三出脉或羽状脉；钟乳体明显；具短柄或无柄；有托叶。花序雌雄同株或异株，无梗或有梗，通常不分枝，具明显或不明显的花序托，有多数或少数花。瘦果小，常有细纵肋，稀光滑或有小瘤状凸起。

### 1. 渐尖楼梯草 Elatostema acuminatum (Poir.) Brongn.

亚灌木。叶具短柄或无柄；无毛；叶片草质，干后不变黑，斜狭椭圆形或长圆形，顶端骤尖或渐尖；具半离基三出脉或三出脉。花序雌雄异株或同株。雄花序近无梗；雄花花被片5枚，椭圆形，下部合生，无毛，雄蕊5枚，退化雌蕊不存在；雌花序成对腋生，无梗，花序托极小，小苞片狭条形，无毛；雌花具短梗，花被片约3枚，狭披针形。瘦果椭圆球形。12月至翌年5月开花。

### 2. 锐齿楼梯草 Elatostema cyrtandrifolium (Zoll. et Mor.) Miq.

多年生草本。叶具短柄或无柄；叶片草质或膜质，斜椭圆形或斜狭椭圆形，边缘在基部之上有牙齿，上面散生少数短硬毛，下面沿中脉及侧脉有少数短毛或变无毛；钟乳体稍明显，密；具半离基三出脉或三出脉。花序雌雄异株；雄花序单生于叶腋，有梗；花序托宽椭圆形或椭圆形。瘦果褐色，卵球形，长约0.8mm，有6条或更多的纵肋。花期4~9月。

### 3. 楼梯草 Elatostema involucratum Franch. et Sav.

多年生草本。茎肉质，无毛，稀上部有疏柔毛。叶无柄；叶片草质，斜倒披针状长圆形或斜长圆形，狭侧向上，宽侧向下，宽2.2~6cm，顶端骤尖，基部宽楔形明显偏斜，边缘具粗齿，叶面略被毛，叶背无毛或沿脉有毛；钟乳体明显。花序雌雄同株或异株；雄花序有梗；雌花序梗极短。瘦果卵球形。花期5~10月。

### ❸ 糯米团属 | Gonostegia Turcz. |

多年生草本或亚灌木。叶对生或在同一植株上部的互生，下部的对生，边缘全缘；基出脉3~5条，侧出的1对脉直达叶尖；钟乳体点状；托叶分生或合生。团伞花序两性或单性，生于叶腋；苞片膜质，小；雄花花蕾顶部截平，呈陀螺形；雌花花被管状。瘦果卵球形；果皮硬壳质，常有光泽。

### 糯米团 Gonostegia hirta (Bl.) Miq.

多年生蔓性草本。茎上部四棱形，有短柔毛。叶对生，草质或纸质，宽披针形至狭披针形、狭卵形等，宽0.7~2.8cm，顶端长渐尖至短渐尖，基部浅心形或圆形，全缘，被疏毛或

无；基出脉3~5条，侧出脉直达叶尖；叶柄极短。团伞花序腋生，通常两性，稀单性而雌雄异株。瘦果小卵球形。花期5~9月。

### ④ 紫麻属 | **Oreocnide** Miq. |

灌木和乔木。无刺毛。叶互生；基出脉3条或羽状脉；钟乳体点状；托叶离生，脱落。花单性，雌雄异株；花序二至四回二歧聚伞状分枝、二叉分枝或呈簇生状，团伞花序生于分枝的顶端，密集成头状。雄花被片和雄蕊3~4枚，退化雌蕊多少被绵毛。雌花被片合生成管状，稍肉质。瘦果，肉质花托包着果的大部分。

**紫麻 Oreocnide frutescens** (Thunb.) Miq.

灌木至小乔。高1~3m。小枝常褐紫色，被毛。叶常生于枝顶，草质，卵形、狭卵形，稀倒卵形，宽1.5~6cm，先端渐尖或尾状渐尖，边缘具粗齿，叶面略被疏毛，叶背常被灰白色毡毛；基出脉3条，网脉明显。团伞花簇生于上年生枝和老枝上，几无梗。瘦果卵球状，肉质花托熟时包着果的大部。花期3~5月，果期6~10月。

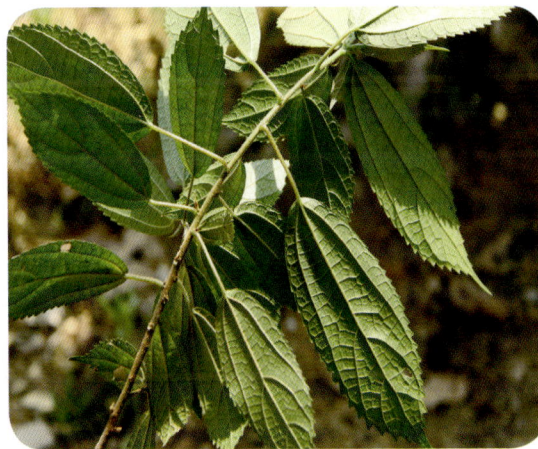

### ⑤ 冷水花属 | **Pilea** Londl. |

草本或亚灌木，稀灌木。无刺毛。叶对生；具柄，稀同对的一片近无柄；叶片同对的近等大或极不等大，对称，边缘具齿或全缘；具三出脉，稀羽状脉；托叶膜质，鳞片状。花雌雄同株或异株，花序单生或成对腋生；花单性，稀杂性；雄花4或5基数；雌花常3基数。瘦果卵形或近圆形。种子无胚乳；子叶宽。

### 波缘冷水花 Pilea cavaleriei Lévl.

草本。无毛。根状茎匍匐，地上茎直立。叶集生于枝顶部，同对的常不等大，多汁，在近叶柄处常有不对称的小耳突，边缘全缘；叶柄纤细；托叶小，三角形，宿存。雌雄同株；聚伞花序常密集成近头状。雄花具短梗或无梗；退化雌蕊小，长圆锥形。雌花近无梗或具短梗，不等大，边缘薄，干时带紫褐色，中央增厚，淡绿色，卵形，比长的一枚短约1倍；退化雄蕊不明显。瘦果卵形。花期5~8月，果期8~10月。

## 6 雾水葛属 | Pouzolzia Gaudich. |

灌木、亚灌木或多年生草本。叶互生，稀对生，边缘具齿或全缘；基出脉3条；钟乳体点状；托叶分生，常宿存。团伞花序常两性，有时单性，生于叶腋，稀形成穗状花序；苞片膜质，小。雄花花被片4~5枚，镊合状排列，基部合生；雄蕊与花被片对生。雌花花被管状。瘦果卵球形；果皮壳质，常有光泽。

### 多枝雾水葛 Pouzolzia zeylanica var. microphylla (Wedd.) W. T. Wang

多年生草本或亚灌木。常铺地，长40~100(~200)cm。多分枝，末回小枝常多数，互生，长2~10cm，生有很小的叶子（长约5mm）。茎下部叶对生，上部叶互生，分枝的叶通常全部互生或下部的对生；叶形变化较大，卵形、狭卵形至披针形。

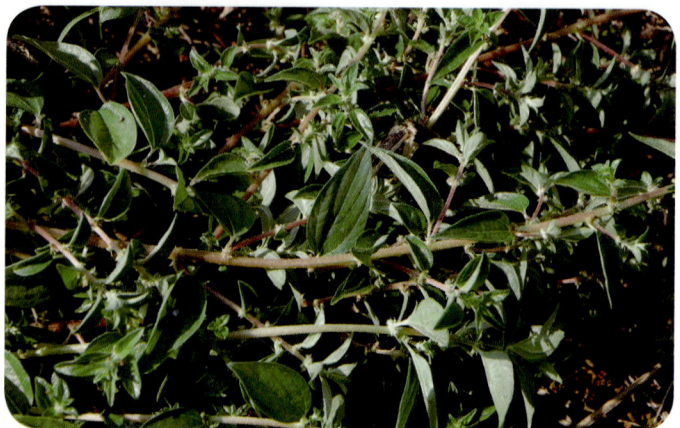

# 170.大麻科 Cannabaceae

一年生直立草本。叶互生或下部为对生，掌状全裂，边缘具锯齿；托叶侧生，分离。花单性异株，稀同株。雄花为疏散大圆锥花序，腋生或顶生；花被片5枚，覆瓦状排列；雄蕊5枚。雌花丛生于叶腋，每花有1枚叶状苞片；花被退化，膜质，贴于子房；子房无柄，花柱2个，柱头丝状，早落，胚珠悬垂。瘦果单生于苞片内，卵形。种子扁平；胚乳肉质；胚弯曲；子叶厚肉质。

## 葎草属 | Humulus L. |

一年生或多年生草本。茎粗糙，具棱。叶对生，3~7裂。花单性，雌雄异株。雄花为圆锥花序式的总状花序；花被5裂；雄蕊5枚，在花芽时直立。雌花少数，生于宿存覆瓦状排列的苞片内，排成一假柔荑花序；结果时苞片增大，变成球果状体；每花有一全缘苞片包围子房，花柱2个。果为扁平的瘦果。

### 葎草 Humulus japonicus Sieb. et Zucc.

缠绕草本。茎、枝、叶柄均具倒钩刺。叶纸质，肾状五角形，掌状5~7深裂稀为3裂，长、宽约7~10cm，基部心脏形，表面粗糙，疏生糙伏毛，背面有柔毛和黄色腺体，裂片卵状三角形，边缘具锯齿；叶柄长5~10cm。雄花小，黄绿色；圆锥花序，长约15~25cm。雌花序球果状，直径约5mm；苞片纸质，三角形，顶端渐尖，具白色绒毛；子房为苞片包围，柱头2个，伸出苞片外。瘦果成熟时露出苞片外。花期春夏，果期秋季。

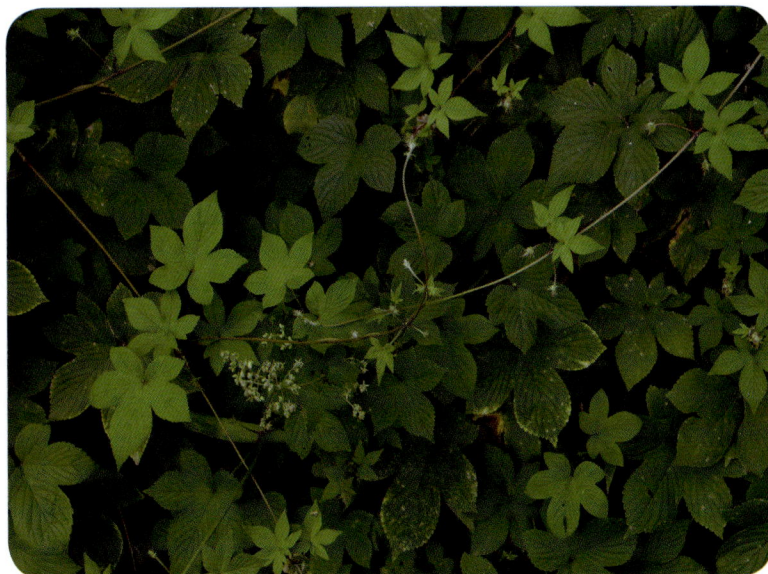

# 171.冬青科 Aquifoliaceae

常绿或落叶乔木或灌木。单叶互生，稀对生或假轮生；托叶细小，早落或缺。花小，辐射对称，单性，稀两性或杂性；雌雄异株；腋生或顶生，排成聚伞状、伞形、总状或圆锥状花序，稀单生；花萼4~8枚，分离或基部合生；花瓣4~8枚，分离或基部合生；雄蕊与花瓣同数并与其互生。浆果状核果。种子含丰富的胚乳；胚小，直立；子房扁平。

## 冬青属 | Ilex L. |

常绿或落叶乔木或灌木。单叶，互生，全缘或具齿；具柄；托叶小，宿存或早落。花小，白色、粉红色或红色，常雌雄异株，有时杂性，排成腋生聚伞花序、伞形花序；花萼盘状，4~8裂；花瓣4~8枚，基部连合而开展或离生而近直立；雄蕊稍附着于花冠管上。浆果状核果，熟时红色或黑色。

### 1. 满树星 Ilex aculeolata Nakai

落叶灌木。小枝栗褐色。叶在长枝上互生，在短枝上，1~3枚簇生于顶端；叶片膜质或薄纸质，倒卵形，边缘具锯齿。雄花序具1~3枚花，花萼盘状，花冠辐状，花瓣圆卵形，直径约3mm；雌花单花生于短枝鳞片腋内或长枝叶腋内，花萼与花冠同雄花的，子房卵球形，柱头厚盘状。果球形，成熟时黑色。花期4~5月，果期6~9月。

## 2. 秤星树 Ilex asprella var. asprella

落叶灌木。具长短枝，枝条具浅色皮孔。叶膜质，在枝上互生，在短枝上簇生，卵形或椭圆形，长3~7cm，先端渐尖，基部近圆形，边缘具齿，叶面被微柔毛，背面无毛；叶柄上具凹槽；托叶小，三角形。花白色；雄花2~3枚成束或单生于叶腋；雌花单生于叶腋。果黑色，球形。花期3月，果期4~10月。

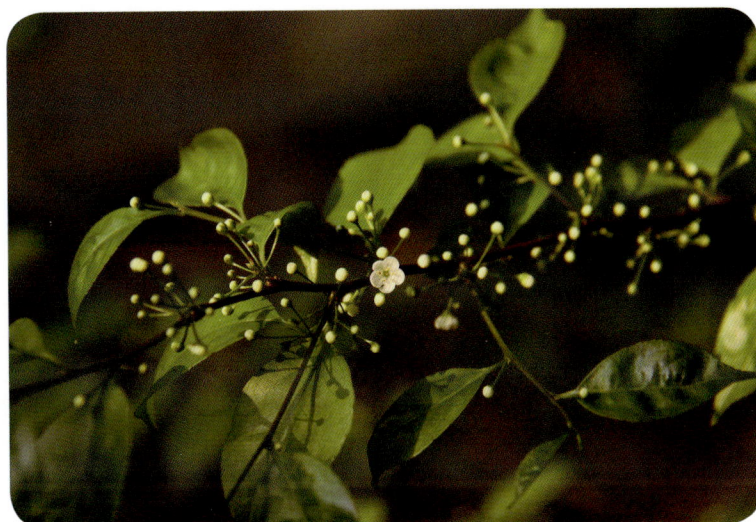

## 3. 毛冬青 Ilex pubescens Hook. et Arn.

常绿灌木或小乔木。小枝纤细，近四棱形，密被长硬毛，具纵棱脊，无皮孔。叶纸质或膜质，椭圆形或长卵形，长2~6cm，先端急尖或短渐尖，基部钝，边缘具疏尖齿或近全缘，两面被长硬毛；叶柄长，密被长硬毛。花序簇生于1~2年生枝的叶腋内；花粉红色。果球形，熟后红色。花期4~5月，果期8~11月。

## 4. 铁冬青（救必应） **Ilex rotunda** Thunb.

常绿灌木或乔木。小枝圆柱形，幼枝具纵棱，无毛，老枝皮孔不明显。叶薄革质或纸质，卵形、倒卵形或椭圆形，长4~9cm，先端短渐尖，基部楔形或钝，全缘，稍反卷；叶柄无毛，具狭沟。聚伞花序或伞形状花序具2~13枚花，单生于当年生枝的叶腋内；花白色。果近球形，熟时红色。花期4月，果期8~12月。

## 5. 三花冬青 **Ilex triflora** Bl.

常绿灌木或小乔。幼枝近四棱形，具纵棱，密被毛，皮孔缺。叶近革质，椭圆形、长圆形或卵状椭圆形，长2.5~10cm，先端急尖至渐尖，基部圆形或钝，边缘具近波状线齿，两面疏被毛；叶柄密被毛。雄花聚伞状生于叶腋，花白色或淡红色；雌花1~5枚簇生于叶腋。果球形，熟后黑色。花期5~7月，果期8~11月。

# 173.卫矛科 Celastraceae

常绿或落叶乔木或灌木，或为攀缘藤本。单叶互生或对生；具柄；托叶小而早落或缺。两性花或退化为单性花，细小，辐射对称，通常淡绿色，排成腋生或顶生的聚伞或圆锥花序，或有时单生；花萼小，4~5裂，宿存；花瓣4~5枚，稀不存在，分离；雄蕊常与花瓣同数且互生，稀更多。蒴果、浆果、核果或翅果。种子多少被肉质具包假种皮包围，稀无假种皮；胚乳肉质丰富。

## ① 南蛇藤属 | Celastrus L. |

落叶或常绿藤状灌木或藤本。小枝圆柱形，稀具纵棱，枝具多数明显皮孔。单叶互生；叶脉羽状；托叶小，早落；边缘具各种齿。花常单性，雌雄异株，组成顶生或腋生的聚伞花序成圆锥花序或总状；花黄绿色或黄白色；萼5裂；花瓣5枚，着生于花盘下；雄蕊5枚，着生于花盘边缘。蒴果近球形，常黄色，室背开裂。种子1~6粒，椭圆状或新月形至半圆形。

### 1. 南蛇藤 Celastrus oblanceifolius C. H. Wang et P. C. Tsoong

灌木。小枝幼时被棕褐色短毛。冬芽圆锥状，基部芽鳞宿存，有时坚硬成刺状。叶多椭圆形或长方形，边缘上部具疏浅细锯齿，下部多为全缘。聚伞花序短，腋生或侧生，通常3枚花，均被棕色短毛，关节在上部；萼片三角卵形；花瓣长方披针形；花盘稍肉质，全缘，雄蕊具细长花丝，具乳突，在雌花中退化；子房球状，在雄花中退化。蒴果近球状；宿萼明显增大。种子新月状或弯成半环状，表面密布小疣点。花期5~6月，果期7~10月。

## 2. 皱果南蛇藤 Celastrus tonkinensis Pitard

常绿藤本。小枝紫色，皮孔较稀少。单叶互生，叶纸质或革质，长方窄椭圆形至椭圆倒披针形，长7~14cm，先端渐尖或急尖，基部楔形或圆形，边缘具疏锯齿；网脉在两面均凸起。顶生聚伞圆锥花序；腋生花序只具1~3枚花；花5数，淡绿色，小花梗具关节。蒴果近球状，黄色。种子1粒，阔椭圆状至近球形，假种皮橙红色。花期5~7月，果期7~10月。

## ② 卫矛属 | Euonymus L. |

常绿、半常绿或落叶灌木或小乔木，或藤本。枝常具方棱。叶对生，稀互生或3枚叶轮生。花为三出至多次分枝的聚伞圆锥花序；花两性，较小；花4~5数；花瓣较花萼长大，多为白绿色或黄绿色，偶为紫红色。蒴果近球状、倒锥状，不分裂或上部4~5浅凹，或4~5深裂至近基部；成熟时胞间开裂。每室种子多为1~2粒成熟，稀多至6粒以上。

### 扶芳藤 Euonymus fortunei (Turcz.) Hand.-Mazz.

常绿攀缘灌木。小枝方棱不明显。叶薄革质，椭圆形、阔椭圆形或长倒卵形，宽1.5~4cm，先端钝或急尖，基部楔形，边缘齿浅不明显；叶柄短。聚伞花序3~4次分枝，花序梗长1.5~3cm；花白绿色，4数；花盘方形；花丝细长，花药圆心形。蒴果粉红色，近球状。种子长方椭圆状，棕褐色；假种皮鲜红色，全包种子。花期6月，果期10月。

# 185.桑寄生科 Loranthaceae

多为半寄生性灌木，稀草本。寄生于木本植物的枝上，少数为寄生于根部的陆生小乔木或灌木。叶对生，稀互生或轮生，通常厚而革质，全缘，有的退化为鳞片叶；无托叶。花两性或单性；具苞片或小苞片；花被3~8枚，花瓣状或萼片状；副萼短或无副萼；雄蕊与花被片同数。果为浆果，果皮具黏胶质；稀核果。种子1粒，稀2~3粒，贴生于内果皮；无种皮。

## 1 鞘花属 | Macrosolen (Bl.) Reichb. |

寄生性灌木。叶对生，革质或薄革质；侧脉羽状，有时具基出脉。总状花序或伞形花序，有时穗状花序；每枚花具苞片1枚；小苞片2枚，分离或合生；花两性，6数，花托卵球形至椭圆状；副萼环状或杯状；花冠蕾时管状，膨胀，花时顶部6裂，裂片反折；雄蕊6枚。浆果球形或椭圆状；具宿存副萼或花柱基。种子1粒，椭圆状。

**鞘花 Macrosolen cochinchinensis (Lour.) Van Tiegh.**

寄生灌木。全株无毛。小枝灰色，具皮孔。叶革质，阔椭圆形至披针形，有时卵形，长5~10cm，顶端急尖或渐尖，基部楔形或阔楔形；侧脉4~5对；叶柄长0.5~1cm。总状花序，1~3个腋生或生于小枝已落叶腋部，具花4~8枚；花冠橙色，冠管膨胀具6棱，裂片6枚反折。果近球形，橙色。花期2~6月，果期5~8月。

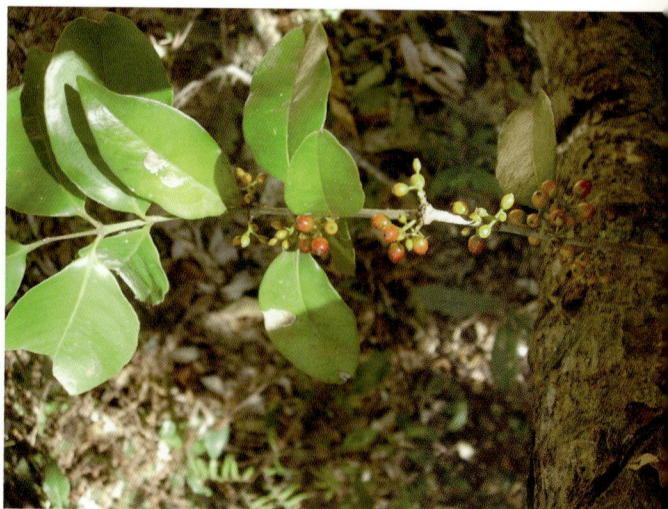

## ② 钝果寄生属 | **Taxillus** Tieghem |

寄生性灌木。嫩枝、叶通常被绒毛。叶对生或互生；侧脉羽状。伞形花序，稀总状花序，腋生，具花2~5枚；花4~5数，两侧对称，每枚花具苞片1枚；花托椭圆状或卵球形；副萼环状；花冠蕾时管状，稍弯，花时顶部分裂，裂片4~5个，反折。浆果椭圆状或卵球形，稀近球形；顶端具宿存副萼。种子1粒。

### 广寄生 **Taxillus chinensis** (DC.) Danser

寄生灌木。嫩枝、嫩叶密被锈色星状毛，后脱落。小枝具皮孔。叶对生或近对生，厚纸质，卵形至长卵形，长2.5~6cm，顶端圆钝，基部楔形或阔楔形；侧脉3~4对。伞形花序，1~2个腋生或生于已落叶腋部，具花1~4枚，通常2枚，花序和花被星状毛；花褐色。果椭圆形或近球形，熟时浅黄色。花果期4月至翌年1月。

# 190.鼠李科 Rhamnaceae

灌木、攀缘灌木或乔木。具刺或无刺。单叶互生或近对生，全缘或具齿；具羽状脉或基生3~5出脉；托叶小或变为刺状。花小，整齐，两性，稀杂性或退化成单性而雌雄异株；常排成聚伞花序，或有时总状或圆锥状，或有时单生或簇生；花萼通常钟状，淡黄绿色；花瓣4~5枚。核果或蒴果，无翅或具翅。种子背部无沟或具沟，或基部具孔状开口。

## 1 勾儿茶属 | Berchemia Neck. |

攀缘或直立灌木，稀小乔木。枝无毛平滑，无托叶刺。叶互生，纸质或近革质，全缘；具羽状平行脉，侧脉每边4~18条，明显；托叶宿存，稀脱落。花序顶生或兼腋生，通常由1至数花簇生排成聚伞花序，再组成总状或圆锥状，稀1~3枚花腋生；花两性，具梗，无毛，5基数。核果近圆形或倒卵状，紫红色或紫黑色；内果皮硬骨质，2室，每室具1粒种子。

### 多花勾儿茶 Berchemia floribunda (Wall.) Brongn.

攀缘或直立灌木。幼枝黄绿色，光滑无毛。叶纸质，上部叶较小，卵形，长4~9cm，下部叶较大，椭圆形至矩圆形，长达11cm，基部圆形，无毛；侧脉每边9~12条，明显；叶柄长；托叶宿存。花多数，顶部呈聚伞圆锥花序，下部兼腋生聚伞总状花序。核果圆柱状椭圆形。花期7~10月，果期翌年4~7月。

## ② 枳椇属 | **Hovenia** Thunb. |

落叶乔木，稀灌木。幼枝常被短柔毛或绒毛。叶互生，基部有时偏斜，边缘有锯齿；具基出脉3条，侧脉4~8对；具长柄。花小，白色或黄绿色，两性，5基数，密集成顶生或兼腋生聚伞圆锥花序。浆果状核果近球形；宿存萼筒及花柱；花序轴在结果时膨大，扭曲，肉质。种子3粒，扁圆球形，褐色或紫黑色，有光泽。

### 枳椇 **Hovenia acerba** Lindl.

落叶乔木。小枝具皮孔。叶互生，厚纸质至纸质，宽卵形、椭圆状卵形，长8~17cm，顶端渐尖，基部截形或心形，边缘常具细锯齿，上面无毛，下面沿脉被毛或无毛。二歧式聚伞圆锥花序，顶生和腋生，被棕色短柔毛；花两性，小，白色。浆果状核果近球形；果序轴明显膨大。种子暗褐色或黑紫色。花期5~7月，果期8~10月。

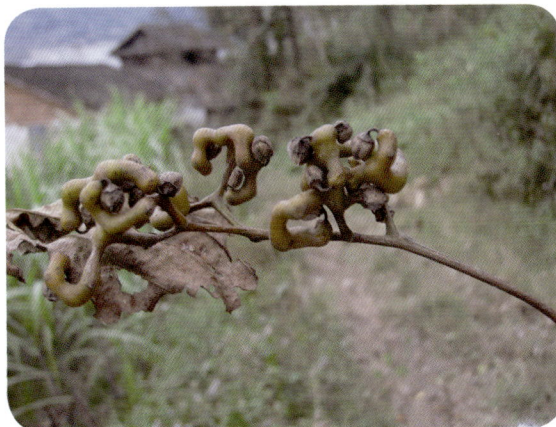

## ③ 鼠李属 | **Rhamnus** L. |

落叶或常绿灌木或乔木。无刺或小枝顶端常变成针刺。叶互生或近对生，稀对生；边缘有锯齿或稀全缘；具羽状脉；托叶小，早落，稀宿存。花小，两性，或单性而雌雄异株，稀杂性；单生或数枚簇生，或排成腋生聚伞花序、聚伞总状或聚伞圆锥花序；花黄绿色。浆果状核果；基部为宿存萼筒所包围。种子倒卵形或长圆状倒卵形，背面或侧面具纵沟，或稀无沟。

### 尼泊尔鼠李 Rhamnus napalensis (Wall.) Laws.

藤状灌木。叶厚纸质或近革质，大小异形，交替互生；小叶近圆形或卵圆形；大叶宽椭圆形或椭圆状矩圆形，边缘具圆齿或钝锯齿。腋生聚伞总状花序或下部有短分枝的聚伞圆锥花序，花序轴被短柔毛；花单性，雌雄异株，5基数；子房球形，3室。核果倒卵状球形，长约6mm，直径5~6mm。种子3粒。花期5~9月，果期8~11月。

### 4 雀梅藤属 | Sageretia Brongn. |

攀缘或直立灌木，稀小乔木。无刺或具枝刺。小枝互生或近对生。叶纸质至革质，互生或近对生，边缘具锯齿，稀近全缘；叶脉羽状，平行；具柄；托叶小，脱落。花两性，5基数，花小；排成穗状或穗状圆锥花序，稀总状花序；花盘厚，肉质，壳斗状。浆果状核果，倒卵状球形或圆球形。种子扁平，稍不对称，两端凹陷。

### 雀梅藤 Sageretia thea (Osbeck) M. C. Johnst.

攀缘或直立灌木。小枝具刺。叶纸质，近对生或互生，常椭圆形、矩圆形或卵状椭圆形，长1~4.5cm，基部圆形或近心形，边缘具细锯齿，叶背有时沿脉被毛，下面明显凸起；侧脉每边3~5条。花无梗，黄色，芳香，通常数枚簇生排成顶生或腋生穗状或圆锥状穗状花序。核果熟时黑色。种子扁平，两端微凹。花

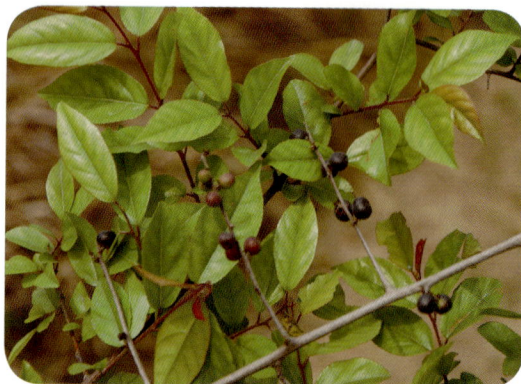

期7~11月，果期翌年3~5月。

## 5 *枣属 | **Ziziphus** Mill. |

落叶或常绿乔木，或藤状灌木。枝常具皮刺。叶互生，边缘具齿，或稀全缘；具基生三出脉、稀五出脉；具柄；托叶通常变成针刺。花小，黄绿色，两性；聚伞花序，或腋生或顶生聚伞总状或聚伞圆锥花序；花瓣具爪，倒卵圆形或匙形，有时无花瓣，与雄蕊等长；花盘厚，肉质；子房球形。核果圆球形或矩圆形，不开裂，顶端有小尖头；每室具1粒种子。种子无或有稀少的胚乳；子叶肥厚。

### *枣 **Ziziphus jujuba** Mill.

落叶小乔木。树皮褐色或灰褐色。叶纸质，卵形、卵状椭圆形，边缘具圆齿状锯齿，上面深绿色，无毛，下面浅绿色，无毛或仅沿脉多少被疏微毛；基生三出脉；托叶刺纤细，后期常脱落。花黄绿色，两性；聚伞花序；花瓣倒卵圆形，基部有爪，与雄蕊等长；花盘厚，肉质，圆形，5裂。核果矩圆形或长卵圆形。种子扁椭圆形。花期5~7月，果期8~9月。

# 191.胡颓子科 Elaeagnaceae

常绿或落叶灌木或攀缘藤本，稀乔木。有刺或无刺。全体被银白色或褐色至锈盾形鳞片或星状绒毛。单叶互生，稀对生或轮生，全缘；羽状叶脉；具柄；无托叶。花两性或单性，稀杂性；单生或数花组成腋生伞形总状花序，通常整齐，白色或黄褐色，具香气。坚果或瘦果，为增厚的萼管所包围而呈核果状。种皮骨质或膜质；无或几无胚乳；胚直立，较大。

## 胡颓子属 | Elaeagnus L. |

常绿或落叶灌木或小乔木。直立或攀缘。具刺或无刺。全体被银白色或褐色鳞片或星状毛。单叶互生，膜质，纸质或革质，披针形至椭圆形或卵形，全缘。花两性，稀杂性，单生或1~7枚花簇生于叶腋或叶腋短小枝上，成伞形总状花序；通常具花梗。坚果，为膨大肉质萼管所包围，呈核果状，红色或黄红色。

### 胡颓子 Elaeagnus pungens Thunb.

常绿直立灌木。具刺，黑色，具光泽。叶革质，椭圆形或阔椭圆形；叶柄深褐色。花白色或淡白色；雄蕊的花丝极短，花药矩圆形；花柱直立，无毛，上端微弯曲，超过雄蕊。果实椭圆形，幼时被褐色鳞片，成熟时红色；果核内面具白色丝状棉毛。花期9~12月，果期翌年4~6月。

# 193.葡萄科 Vitaceae

　　木质稀草质藤本而具卷须，或灌木而无卷须。单叶、羽状或掌状复叶，互生；具托叶。花小，两性或杂性同株或异株，排成伞房状多歧聚伞花序、复二歧聚伞花序或圆锥状多歧聚伞花序，4~5基数；萼呈碟形或浅杯状；花瓣与萼片同数；雄蕊与花瓣对生。果实为浆果，有种子1至数粒。

## 1 蛇葡萄属 | Ampelopsis Michaux. |

　　木质藤本。卷须2~3分枝。叶为单叶、羽状复叶或掌状复叶，互生。花5枚，两性或杂性同株，组成伞房状多歧聚伞花序或复二歧聚伞花序；花盘发达，边缘波状浅裂；花柱明显，柱头不明显扩大。浆果球形，有种子1~4粒。

### 1. 广东蛇葡萄 Ampelopsis cantoniensis (Hook. et Arn.) Planch.

　　木质藤本。叶为二回羽状复叶或小枝上部着生有一回羽状复叶。花序为伞房状多歧聚伞花序，顶生或与叶对生；雄蕊5枚，花药卵椭圆形，长略甚于宽；花盘发达，边缘浅裂；子房下部与花盘合生，花柱明显，柱头扩大不明显。果实近球形。种子倒卵圆形；种脐在种子背面中部呈椭圆形。花期4~7月，果期8~11月。

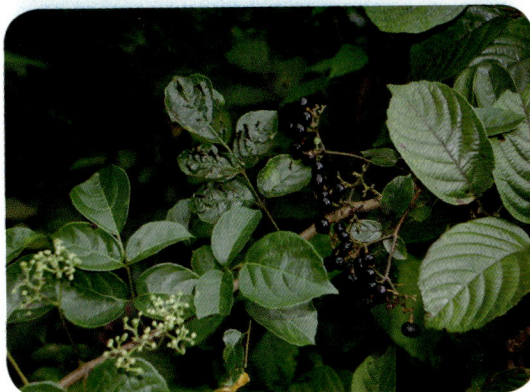

## 2. 显齿蛇葡萄 Ampelopsis grossedentata (Hand.-Mazz.) W. T. Wang

木质藤本。叶为一至二回羽状复叶。花序为伞房状多歧聚伞花序，与叶对生；花瓣5枚，卵椭圆形，无毛；雄蕊5枚，花药卵圆形；花盘发达，波状浅裂；子房下部与花盘合生，花柱钻形，柱头不明显扩大。果近球形，有种子2~4粒。种子倒卵圆形，顶端圆形。花期5~8月，果期8~12月。

## 3. 异叶蛇葡萄 Ampelopsis heterophylla (Thunb.) Sieb. et Zucc.

木质藤本。小枝圆柱形，有纵棱纹，被疏柔毛。卷须二至三叉分枝，相隔2节间断与叶对生。叶为单叶，心形或卵形，边缘有急尖锯齿，上面绿色，无毛，下面浅绿色；叶柄被疏柔毛。花序

梗被疏柔毛；花梗疏生短柔毛；花蕾卵圆形；萼碟形，边缘波状浅齿；花瓣5枚，卵椭圆形；雄蕊5枚，花药长椭圆形；花盘明显，边缘浅裂；子房下部与花盘合生，花柱明显，基部略粗，柱头不扩大。果实近球形，有种子2~4粒。种子长椭圆形。花期4~6月，果期7~10月。

## ② 乌蔹莓属 | **Cayratia** Juss. |

木质藤本。卷须通常二至三叉分枝，稀总状多分枝。叶为3小叶或鸟足状5小叶，互生。花4枚，两性或杂性同株；伞房状多歧聚伞花序或复二歧聚伞花序；花瓣展开，各自分离脱落；花盘发达，边缘4浅裂或波状浅裂；花柱短。浆果球形或近球形，有种子1~4粒。

### 角花乌蔹梅 **Cayratia corniculata** (Benth.) Gagnep.

多年生草质藤本。卷须先端两叉，与叶对生。鸟足状复叶；小叶5枚，长椭圆形、卵圆形或倒卵椭圆形，宽2~3cm，先端渐尖或短尖，边缘前半部疏生小锯齿。复伞形花序；花4枚；花被浅绿带白色，卵状三角形，顶端具小角状凸起；雄蕊8枚。浆果圆形，直径约6mm，熟时蓝色。种子倒卵椭圆形，顶端微凹，基部有短喙。花期4~6月，果期11~12月。

### 3 崖爬藤属 | Tetrastigma Planch. |

木质稀草质藤本。卷须不分枝或二叉分枝。叶通常掌状3~5小叶或鸟足状5~7小叶，稀单叶，互生。花4枚，通常杂性异株，组成多歧聚伞花序，或伞形或复伞形花序；花瓣展开，各自分离脱落；雄蕊在雌花中败育；雄花的花盘发达，雌花的较小或不明显。浆果球形、椭圆形或倒卵形，有种子1~4粒。

**三叶崖爬藤（三叶青）Tetrastigma hemsleyanum** Diels et Gilg

草质藤本。小枝无毛。卷须单一，相隔2节与叶对生。叶为3小叶；小叶披针形、长椭圆披针形，长3~10cm；侧生小叶基部稍不对称，两面无毛，边缘具疏浅锯齿。花序腋生，下部有节，节上有苞片，或假顶生而基部无节和苞片，4枚。浆果近球形，直径约0.6cm，有种子1粒。花期4~6月，果期8~11月。

### 4 葡萄属 | Vitis L. |

木质藤本。小枝圆柱形，有棱纹。卷须二叉分枝，每隔2节间断与叶对生。叶长圆卵形；叶柄长0.5~4.5cm；托叶卵状长圆形或长圆披针形，膜质，褐色。花杂性异株；圆锥花序与叶对生；花蕾倒卵椭圆形或近球形；萼碟形；花瓣5枚，呈帽状黏合脱落；雄蕊5枚，花丝丝状，花药黄色，椭圆形。果实球形，成熟时紫红色。种子倒卵圆形或倒卵椭圆形，基部有短喙。花期4~8月，果期6~10月。

### 1. 鸡足葡萄 Vitis lanceolatifoliosa C. L. Li

木质藤本。小枝圆柱形，有纵棱纹，密被锈色蛛丝状绒毛。叶为掌状3~5小叶；中央小叶带状披针形，稀长椭圆形或倒卵披针形，顶端渐尖，基部楔形；托叶近膜质，深褐色，椭圆形。圆锥花序疏散，与叶对生；雄蕊5枚；花盘发达，5裂；雌蕊1枚，子房卵圆形，花柱短，柱头微扩大。果实球形。种子倒卵圆形。花期5月，果期8~9月。

### 2. * 葡萄 Vitis vinifera L.

木质藤本。卷须二叉分枝，每隔2节间断与叶对生。叶卵圆形，边缘有22~27个锯齿，齿深而粗大，上面绿色，下面浅绿色；叶柄几无毛；托叶早落。圆锥花序密集或疏散，多花，与叶对生；花梗无毛；花蕾倒卵圆形；萼浅碟形，边缘呈波状；雄蕊5枚，花药黄色，卵圆形，在雌花内显著短而败育或完全退化；花盘发达；子房卵圆形。果实球形或椭圆形。种子倒卵椭圆形。花期4~5月，果期8~9月。

# 194.芸香科 Rutaceae

常绿或落叶乔木，灌木或草本，稀攀缘性灌木。叶互生或对生，单叶或复叶；通常有油腺点，有或无刺，无托叶。花两性或单性，稀杂性同株，辐射对称，很少两侧对称；聚伞花序，稀总状或穗状花序，罕单花和叶上生花；花4或5枚。果为蓇葖果、蒴果、翅果、核果，或具翼、或果皮稍近肉质的浆果。种子有或无胚乳；子叶平凸或皱褶，常富含油点。

## 1 黄皮属 | Clausena Burm. f. |

灌木或乔木。奇数羽状复叶；小叶互生，稀对生，常具透明油腺点。聚伞圆锥花序顶生或腋生；花小，两性；花蕾球形，稀卵形。浆果。种皮膜质，褐色；子叶肉质深绿，平凸，有时两侧边缘稍内卷；油腺点甚多。果为浆果。种子1~4粒；种皮膜质，棕色。

### 1. 齿叶黄皮 Clausena dunniana Lévl.

落叶小乔木。小枝、叶轴、小叶背面中脉及花序轴均有凸起的油点。小叶卵形至披针形，或嫩叶的脉上有疏短毛。花序顶生兼有生于小枝的近顶部叶腋间；花蕾圆球形；花梗无毛；花瓣长圆形；雄蕊8枚；子房近圆球形，柱头与花柱约等粗，略呈四棱形；花盘细小。果近圆球形，初时暗黄色，后变红色，透熟时蓝黑色。种子1~2粒。花期6~7月，果期10~11月。

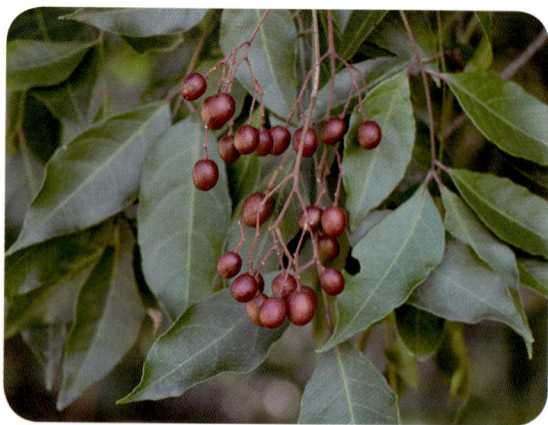

### 2. * 黄皮 Clausena lansium (Lour.) Skeels

小乔木。高5~10m。小枝、叶轴、花序轴、小叶背脉上散生甚多明显凸起的细油点且密被短直毛。叶互生，奇数羽状复叶；小叶5~11枚，长6~13cm。圆锥花序顶生；白色小花，有芳香。果圆形、椭圆形或阔卵形，内有1~4粒绿色种子。花期4~5月，果期6~8月。

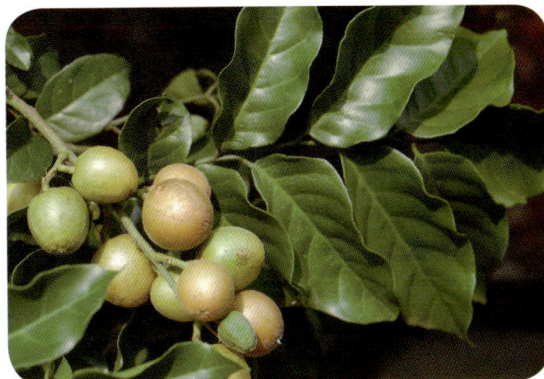

## ② *金橘属 | Fortunella Swingle |

灌木或小乔木。嫩枝略压扁而具棱，有托叶刺或无刺。单生复叶，稀单叶，油点多，芳香；侧脉常不显；翼叶明显或仅有痕迹。花单枚腋生或数枚簇生于叶腋，两性；花萼5或4裂；花瓣5枚，覆瓦状排列；雄蕊为花瓣数的3~4倍，花丝多少合生成束或稀分离。果圆球形、卵形、椭圆形或梨形；果皮肉质。种子卵形，端尖，基部圆，平滑。

### *金橘 Fortunella margarita (Lour.) Swingle

常绿灌木。高3m以内。枝有刺。单生复叶，小叶质厚，浓绿，卵状披针形或长椭圆形，长1~5cm，先端略尖或钝；叶柄长达1.2cm，翼叶甚窄。单花或2~3花簇生于叶腋；两性；花萼4~5裂；花瓣5枚；雄蕊20~25枚。果椭圆形或卵状椭圆形，长2~3.5cm，橙黄色至橙红色。花期3~5月，果期10~12月。

### 3 *蜜茱萸属 | Melicope J. R. et G. Forst. |

灌木或乔木。叶对生或互生，单小叶(国产种)或3小叶，很少羽状复叶，有透明的腺点。花小，常单性，排成顶生或腋生的聚伞花序或密伞花序；萼片4枚；花瓣4枚；雄蕊8枚；雌蕊由4个几乎分离的心皮组成；成熟心皮1~4个，2瓣裂，通常有发亮的种子1粒。

**三桠苦 Melicope pteleifolia** (Champion ex Bentham) T. G. Hartley

半常绿乔木。通常3小叶；叶柄基部稍增粗；小叶长椭圆形，两端尖，有时倒卵状椭圆形，长6~20cm，全缘，油点多；小叶柄甚短。聚伞圆锥花序腋生，很少同时有顶生；花甚多，单性异株；萼片及花瓣均4枚；花瓣淡黄色或白色。蓇葖果淡黄色或茶褐色，每分果瓣有1枚种子。种子长3~4mm，厚2~3mm，蓝黑色，有光泽。花期4~6月，果期7~10月。

### 4 九里香属 | Murraya Koenig ex L. |

灌木或小乔木。无刺。奇数羽状复叶，稀单小叶；小叶互生；叶轴很少有翼叶。近于平顶的伞房状聚伞花序，顶生或兼有腋生；花蕾椭圆形；萼片及花瓣均5枚，稀4枚；萼片基部合生；花瓣覆瓦状排列；雄蕊10枚或8枚，花丝线状，分离；花盘明显。有黏胶质液的浆果，有种子1~4粒。

#### 1.* 九里香 Murraya exotica L.

常绿小乔木。高可达8m。奇数羽状复叶，小叶3~7枚；小叶倒卵形至倒卵状椭圆形，两侧常不对称，长1~6cm，顶端圆或钝微凹，基部短尖，一侧略偏斜，全缘，平展；小叶柄甚短。多花聚成伞状，再成圆锥状聚伞花序顶生或兼腋生；花白色，芳香。果橙黄色至朱红色，直径6~10mm。种子有短的棉质毛。花期4~8月，果期9~12月。

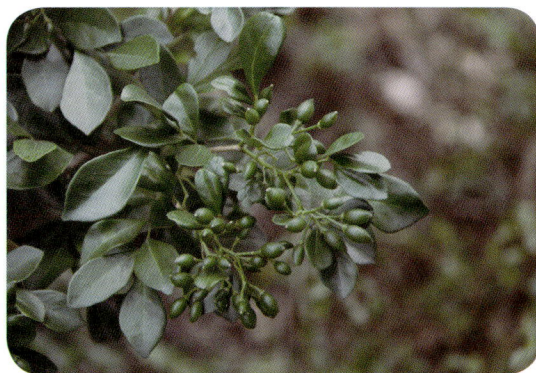

## 2. 千里香 **Murraya paniculata** (L.) Jack.

小乔木。树干及小枝白灰色或淡黄灰色，略有光泽。当年生枝绿色。叶深绿色，叶面有光泽，卵形或卵状披针形，边全缘，波浪状起伏。花瓣倒披针形或狭长椭圆形，盛花时稍反折，散生淡黄色半透明油点；雄蕊10枚，花丝白色，线状；子房2室。果橙黄色至朱红色，狭长椭圆形，稀卵形，有甚多干后凸起但中央窝点状下陷的油点。种子1~2粒；种皮有棉质毛。花期4~9月（也有秋冬开花的），果期9~12月。

## 5 *枳属 | **Poncirus** Raf. |

落叶或常绿小乔木或通常灌木状。分枝多，刺多且长，枝常曲折。指状三出叶，偶有单叶或2小叶；幼苗期的叶常为单叶及单小叶。花单生或2~3枚簇生于节上；花芽于上年生的枝条形成；花两性；雄蕊为花瓣数的4倍或与花瓣同数，花丝分离；子房被毛，每室有排成2列的胚珠。浆果具飘囊和有柄的汁胞，又称柑果；柑果通常圆球形，淡黄色，密被短柔毛，很少几无毛，油点多。种子多饱满，大；种皮平滑；子叶及胚均乳白色；单及多胚；种子发芽时子叶不出土。

### * 枳 **Poncirus trifoliata** (L.) Raf.

小乔木。树冠伞形或圆头形。叶柄有狭长的翼叶，叶缘有细钝裂齿或全缘。花单枚或成对腋生，后者雄蕊发育，雌蕊萎缩；花有大、小二型；花瓣白色，匙形；雄蕊花丝不等长。果近圆球形或梨形，大小差异较大，果顶微凹；果皮暗黄色，粗糙，果皮平滑的，油胞小而密，果心充实，果肉含黏液，微有香橼气味，甚酸且苦，带涩味。种子阔卵形，乳白色或乳黄色，有黏液，平滑或间有不明显的细脉纹。花期5~6月，果期10~11月。

## 6 四数花属 | **Tetradium** Loureiro |

常绿或落叶灌木或乔木。无刺。单叶、3小叶或羽状复叶；叶及小叶均对生，常有油点。聚伞圆锥花序；花单性，雌雄异株；萼片及花瓣均4枚或5枚。蓇葖果，成熟时沿腹、背二缝线开裂，顶端有或无喙状芒尖；外果皮有油点。种子贴生于增大的珠柄上；种皮脆壳质。

### 1. 华南吴萸 **Tetradium austrosinense**（Hand.-Mazz.）T. G. Hartley

乔木。小枝的髓部大，嫩枝及芽密被灰色或红褐色短绒毛。叶有小叶；小叶卵状椭圆形或长椭圆形，叶缘有细钝裂齿或近全缘，叶面常有疏短毛。花序顶生，多花；花瓣淡黄白色；雄花的退化雌蕊短棒状；雌花的退化雄蕊甚短。分果瓣淡紫红色至深红色，油点微凸起；内果皮薄壳质，蜡黄色，有成熟种子1粒。花期6~7月，果期9~11月。

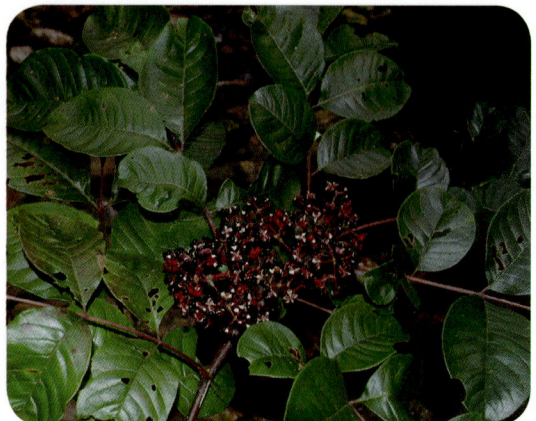

## 2. 楝叶吴萸 **Tetradium glabrifolium** (Champ. ex Benth.) T. G. Hartley

落叶乔木。树高达20m。树皮灰白色，不开裂，密生皮孔。羽状复叶；小叶常7~11枚，斜卵状披针形，宽2.5~4cm，两侧明显不对称，油点不明显，叶缘有细钝齿或全缘，无毛。聚伞圆锥花序顶生，花甚多；萼片及花瓣均5枚；花瓣白色。蓇葖果，淡紫红色。种子长约4mm，宽约3.5mm，褐黑色。花期7~9月，果期10~12月。

## 7 花椒属 | **Zanthoxylum** L. |

常绿或落叶乔木或灌木，或木质藤本。茎枝常有皮刺。叶互生，奇数羽状复叶，稀单叶或3小叶；小叶互生或对生，全缘或通常叶缘有小裂齿，齿缝处常有较大的油点。圆锥花序或伞房状聚伞花序，顶生或腋生；花单性；花被片1~2轮；雄花蕊4~10枚；雌花常无退化雄蕊。蓇葖果；外果皮红色，有油点。每分果瓣有种子1粒，贴着于增大的株柄上。

## 1. 竹叶花椒 **Zanthoxylum armatum** DC.

落叶小乔木。茎枝多锐刺。叶背中脉常具小刺；叶背基部中脉两侧和嫩枝梢及花序轴被毛。叶互生，奇数羽状复叶；小叶3~9枚、稀11枚；翼叶常明显；小叶对生，通常披针形或椭圆形，顶端一片最大，基部一对最小，具小裂齿或全缘。花序近腋生或顶生；花被1轮。蓇葖果紫红色。种子直径3~4mm，褐黑色。花期4~5月，果期8~10月。

## 2. 大叶臭花椒 Zanthoxylum myriacanthum Wall. ex Hook. f.

落叶乔木。茎干有鼓钉状锐刺。花序轴及小枝顶部有较多劲直锐刺，叶轴及小叶无刺。奇数羽状复叶，小叶7~17枚；小叶对生，宽卵形、卵状椭圆形或长圆形，两侧对称或略偏，两面无毛，油点多且大，叶缘具浅圆裂齿。花序顶生；多花；花被2轮；花瓣白色。蓇葖果红褐色。种子直径约4mm。花期6~8月，果期9~11月。

## 3. 两面针 Zanthoxylum nitidum (Roxb.) DC.

幼龄植株为直立的灌木，成龄植株攀缘于它树上的木质藤本。老茎有翼状蜿蜒而上的木栓层。茎枝及叶轴均有弯钩锐刺。小叶对生，顶端有明显凹口，凹口处有油点，边缘有疏浅裂齿。花序腋生；花4基数；萼片上部紫绿色，宽约1mm；花瓣淡黄绿色。果梗长2~5mm。种子圆珠状，腹面稍平坦，横径5~6mm。花期3~5月，果期9~11月。

# 195.苦木科 Simarubaceae

乔木或灌木。树皮常有苦味。叶互生，常羽状复叶，稀单叶；托叶缺或早落。花序腋生，总状、圆锥状或聚伞花序；花小，辐射对称，单性、杂性或两性；萼片、花瓣3~5枚；花盘环状或杯状。翅果、核果或蒴果。种子有胚乳或无，胚直或弯曲，具有小胚轴及原子叶。

## 鸦胆子属 | Brucea J. F. Mill. |

灌木或小乔木。根、茎皮有苦味。奇数羽状复叶；无托叶。花单性，稀两性，雌雄同株或异株；聚伞圆锥花序腋生；萼片、花瓣4枚；花盘厚，4裂。核果坚硬，稍肉质。种子无胚乳。

### 鸦胆子 Brucea javanica (L.) Merr.

灌木或小乔木。嫩枝、叶柄和花序均被黄色柔毛。奇数羽状复叶；小叶3~15对，卵形或卵状披针形，长5~10cm，有粗齿，两面被柔毛。圆锥花序腋生；花暗紫色；萼片、花瓣被微柔毛。核果分离，长卵形，熟时灰黑色；外壳硬骨质而脆。种仁黄白色，卵形，有薄膜。花期夏季，果期8~10月。

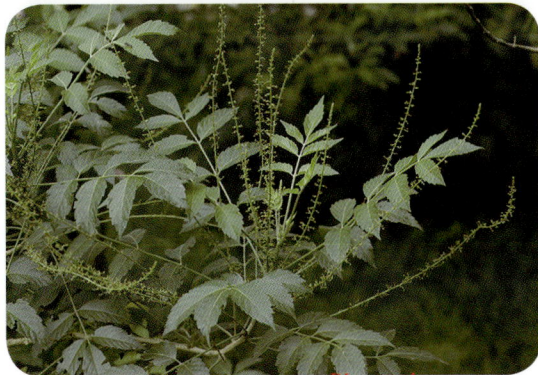

# 197.楝科 Meliaceae

乔木或灌木，稀为亚灌木。叶互生，很少对生，通常羽状复叶，很少3小叶或单叶；小叶对生或互生，很少有锯齿，基部多少偏斜。花两性或杂性异株，辐射对称，通常组成圆锥花序，间为总状花序或穗状花序；通常5基数，间为少基数或多基数。果为蒴果、浆果或核果，开裂或不开裂。种子有胚乳或无胚乳，常有假种皮。

## ① *米仔兰属 | Aglaia Lour. |

乔木或灌木。植株常被鳞片或星状柔毛。羽状复叶或3小叶，稀单叶；小叶全缘。花小，杂性异株，近球形；圆锥花序；花萼4~5齿裂或深裂；花瓣3~5枚，凹入，离生或与花丝筒连合。浆果；果皮革质。种子常为肉质假种皮所包。

### * 米仔兰 Aglaia odorata var. microphyllina C. DC.

灌木或小乔木。茎多小枝，幼枝顶部被星状锈色的鳞片。圆锥花序腋生；花芳香；雄花的花梗纤细；裂片圆形；花瓣5枚，黄色，长圆形或近圆形，顶端圆而截平；雄蕊管略短于花

瓣，倒卵形或近钟形，顶端全缘或有圆齿，花药5枚，卵形，内藏；子房卵形，密被黄色粗毛。果为浆果，卵形或近球形，初时被散生的星状鳞片，后脱落。种子有肉质假种皮。花期5~12月，果期7月至翌年3月。

## ❷ 棟属 | Melia L. |

落叶乔木或灌木。嫩枝叶被毛。叶互生，一至三回羽状复叶；小叶具柄，常具齿或全缘。圆锥花序腋生，多分枝，由多个二歧聚伞花序组成；花两性；花萼5~6深裂，覆瓦状排列；花瓣白色或紫色，5~6枚，分离；雄蕊管圆筒形；花盘环状；柱头头状，3~6裂。果为核果，近肉质，核骨质，每室有种子1粒。

### 棟 Melia azedarach L.

落叶乔木。树皮灰褐色，纵裂。二至三回奇数羽状复叶；小叶对生，卵形、椭圆形至披针形，顶生一片通常略大，宽2~3cm，先端短渐尖，基部楔形或宽楔形，多少偏斜，边缘有钝锯齿，幼时被星状毛，后两面无毛。圆锥花序约腋生，与叶等长；花芳香；花瓣淡紫色。核果球形至椭圆形。种子椭圆形。花期4~5月，果期10~12月。

## ❸ 香椿属 | Toona Roem. |

乔木。树皮粗糙，常鳞块状脱落。叶互生，羽状复叶；小叶全缘，稀具疏小齿。花小，两性，组成聚伞花序，再排成顶生或腋生的大圆锥花序；花萼短，管状，5齿裂或分裂；花瓣5枚，远长于花萼，与花萼裂片互生，分离；雄蕊5枚，分离，与花瓣互生，着生于花盘上。果为蒴果。种子具长翅。

## 1. 红椿 Toona ciliata M. Roem.

大乔木。小枝初时被柔毛，渐变无毛，有稀疏的苍白色皮孔。叶为偶数或奇数羽状复叶；叶柄圆柱形；小叶对生或近对生，纸质，长圆状卵形或披针形，不等边，边全缘，两面均无毛或仅于背面脉腋内有毛。圆锥花序顶生；花瓣5枚，白色，长圆形，先端钝或具短尖；雄蕊5枚，花丝被疏柔毛，花药椭圆形；子房密被长硬毛。蒴果长椭圆形，木质，干后紫褐色，有苍白色皮孔。种子两端具翅；翅扁平，膜质。花期4~6月，果期10~12月。

## 2. 香椿 Toona sinensis (A. Juss.) Roem.

乔木。树皮粗糙，片状脱落。羽状复叶长30~50cm或更长；小叶8~10对，卵状披针形或卵状长椭圆形，长9~15cm，顶端尾尖，基部不对称，边全缘或有疏离的小锯齿。圆锥花序与叶等长或更长。蒴果狭椭圆形，长2~3.5cm。种子上端有膜质的长翅。花期6~8月，果期10~12月。

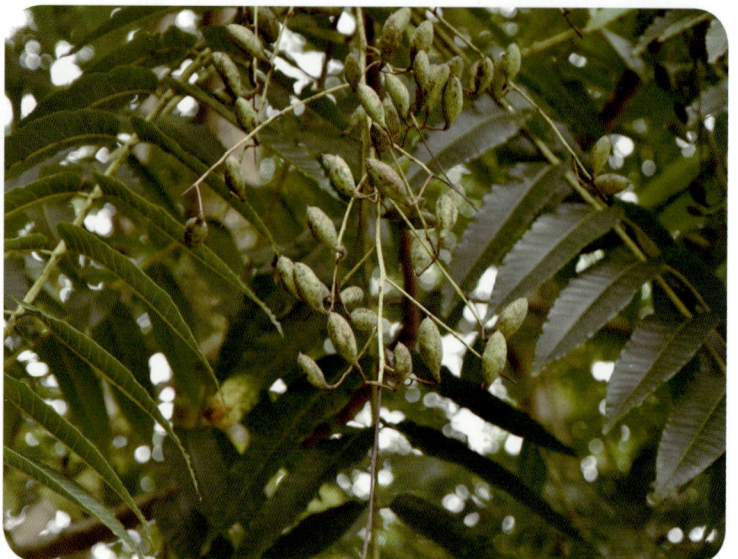

# 198.无患子科 Sapindaceae

　　乔木或灌木，有时为草质或木质藤本。羽状复叶或掌状复叶，稀单叶，互生，通常无托叶。聚伞圆锥花序顶生或腋生；苞片和小苞片小；花通常小，单性，很少杂性或两性，辐射对称或两侧对称。果为室背开裂的蒴果，或不开裂而浆果状或核果状，全缘或深裂为分果爿，1~4室。种子每室1粒；种皮膜隔至革质。

## 无患子属 | Sapindus L. |

　　乔木或灌木。偶数羽状复叶，稀单叶，互生；无托叶；小叶全缘，近对生或互生。聚伞圆锥花序大型，多分枝，顶生或在小枝顶部丛生；苞片和小苞片均小而钻形；花单性，雌雄同株或有时异株，辐射对称或两侧对称。果深裂为3枚分果爿，通常仅1枚或2枚发育，发育果爿近球形或倒卵圆形；内有种子1粒。

### 无患子 Sapindus saponaria L.

　　落叶大乔木。树皮灰褐色或黑褐色。偶数羽状复叶，互生；无托叶；小叶5~8对，近对生，叶片薄纸质，长椭圆状披针形或稍呈镰形，宽2~5cm，基部楔形偏斜，两面无毛或背面被微毛。花序顶生，圆锥形；花小，辐射对称，单性同株。发育分果爿近球形，直径2~2.5cm，橙黄色。花期春季，果期夏秋。

# 200.槭树科 Aceraceae

落叶乔木或灌木，稀常绿。叶对生，单叶稀羽状或掌状复叶，不裂或掌状分裂；具叶柄；无托叶。花序伞房状、穗状或聚伞状，近顶生，花序的下部常有叶，稀无叶；花小，绿色或黄绿色，稀紫色或红色，整齐，两性、杂性或单性；雄花与两性花同株或异株。果为小坚果，常有翅，又称翅果。种子无胚乳；外种皮很薄，膜质；胚倒生；子叶扁平。

## 槭树属 | **Acer** L. |

落叶或常绿乔木或灌木。冬芽具鳞片。叶对生，单叶或复叶，不裂或分裂。花序由着叶小枝的顶芽生出，下部具叶，或由小枝旁边的侧芽生出，下部无叶；花小，整齐，雄花与两性花同株或异株；稀单性，雌雄异株；萼片与花瓣均4枚或5枚；稀缺花瓣。果实为2枚相连的小坚果，凸起或扁平，侧面有长翅。

### 岭南槭 **Acer metcalfii** Rehd.

落叶乔木。高达10m。嫩枝淡紫色或黄绿色。叶近于革质，长10~14cm，基部近心形或圆形，3裂；中裂片和侧裂片均三角状卵形，先端锐尖，裂片具齿；背脉嫩时被毛后秃净。圆锥花序顶生；萼片4枚，黄绿色；花瓣4枚，淡黄白色；雄蕊8枚。翅果初红色后黄褐色。花期春季，果期9月。

# 205.漆树科 Anacardiaceae

乔木或灌木，稀为木质藤本或亚灌状草本。叶互生，稀对生，单叶，掌状3小叶或奇数羽状复叶；无托叶或托叶不显。花小，辐射对称，两性或多为单性或杂性，排列成顶生或腋生的圆锥花序；花常双被，稀单被或无被；花萼3~5裂；花瓣3~5枚；花盘环状或坛状或杯状。果多为核果，1室或3~5室，每室具种子1粒。

## ❶ 南酸枣属 | Choerospondias Burtt et Hill |

落叶大乔木。奇数羽状复叶互生，常聚生于枝顶；小叶对生，具柄。花单性或杂性异株，雄花和假两性花排列成腋生或近顶生的聚伞圆锥花序，雌花通常单生于上部叶腋；花萼浅杯状，5裂；花瓣5枚；雄蕊10枚，着生在花盘外面基部，与花盘裂片互生；花柱5枚。核果卵圆形或长圆形或椭圆形；果核顶端5个小孔。种子无胚乳；子叶厚；胚根短，向上。

**南酸枣 Choerospondias axillaris** (Roxb.) Burtt et Hill

落叶大乔木。树皮灰褐色，片状剥落。奇数羽状复叶，小叶3~6对；小叶膜质至纸质，

卵形或卵状披针形或卵状长圆形，宽2~4.5cm，先端长渐尖，基部多少偏斜，全缘，两面无毛，稀背脉腋被毛。花单性或杂性异株；雄花圆锥状腋生或近顶生；雌花单生于上部叶腋。核果卵圆形，熟时黄色。花期春季，果期夏末。

## ❷ *杧果属 | **Mangifera** L. |

乔木。单叶互生，全缘；具柄。圆锥花序顶生；花杂性，4~5基数；苞片小；花萼裂片4~5个，覆瓦状排列；花瓣4~5枚，覆瓦状排列，具褐色脉纹；花盘垫状，4~5浅裂。核果中果皮肉质多汁，富含纤维；果核木质。种子大。

### * 杧果 **Mangifera indica** L.

乔木。单叶互生，常聚生于枝顶，薄革质，叶形及大小变化大，常长圆状披针形或长圆形，长12~30cm，边缘皱波状。圆锥花序顶生，尖塔形，多花密集；花小，杂性，黄色或淡黄色。核果大，卵圆形或长圆形或近肾形，外果皮熟时黄色。花期3~5月，果期5~7月。

## ❸ 盐肤木属 | **Rhus** (Tourn.) L. |

落叶灌木或乔木。叶互生，奇数羽状复叶、3小叶或单叶，边缘具齿或全缘；叶轴具翅或无翅；小叶具柄或无柄。花小，杂性或单性异株，多花，排列成顶生聚伞圆锥花序或复穗状花序；苞片宿存或脱落；花萼5裂，宿存；花瓣5枚；雄蕊5枚；花柱3个。核果球形，略压扁，被腺毛和具节毛或单毛，成熟时红色。

**盐肤木 Rhus chinensis** Mill.

落叶小乔木或灌木。奇数羽状复叶，有小叶3~6对，叶轴具宽的叶状翅，小叶自下而上逐渐增大，叶轴和叶柄密被锈色柔毛；小叶对生，卵形至长圆形，宽3~7cm，先端急尖，基部圆形，叶背被白粉及毛，小叶无柄。圆锥花序宽大，顶生，多分枝；花小，白色。核果球形，略压扁，小。花期8~9月，果期10月。

## 4 漆树属 | **Toxicodendron** Miller |

落叶乔木或灌木，稀为木质藤本。具白色乳汁。叶互生，奇数羽状复叶或掌状3小叶；小叶对生，叶轴通常无翅。花序腋生，聚伞圆锥状或聚伞总状；花小，单性异株；苞片早落；花萼5裂，宿存；花瓣5枚；雄蕊5枚；花盘环状、盘状或杯状浅裂；花柱3个，基部多少合生。核果近球形或侧向压扁。种子具胚乳；胚大，通常横生。

### 1. 野漆 **Toxicodendron succedaneum** (L.) O. Kuntze

落叶乔木或小乔木。全体无毛。奇数羽状复叶互生，常集生于枝顶，小叶4~7对；小叶对生或近对生，坚纸质至薄革质，长圆状椭圆形、阔披针形或卵状披针形，长5~16cm，先端渐尖或长渐尖，基部多少偏斜，全缘，叶背常具白粉。圆锥花序腋生；花黄绿色。核果略大，偏斜。花期4~5月，果期9~10月。

## 2. 木蜡树 Toxicodendron sylvestris (Sieb. et Zucc.) Tardieu

　　落叶乔木或小乔木。幼枝、芽、叶、花序等被黄褐色绒毛。奇数羽状复叶互生，小叶3~6对，稀7对；小叶对生，纸质，卵形或卵状椭圆形或长圆形，长4~10cm，先端渐尖或急尖，基部不对称。圆锥花序腋生；花黄色。核果较小，极偏斜，压扁，先端偏于一侧。花期春季，果期秋季。

# 207.胡桃科 Juglandaceae

落叶或半常绿乔木或小乔木。叶互生或稀对生，无托叶，奇数或稀偶数羽状复叶；小叶对生或互生，边缘具锯齿或稀全缘，具或不具小叶柄，羽状脉。花单性，雌雄同株；花序单性或稀两性；雄花序常柔荑花序，单独或数个成束，生于叶腋或芽鳞腋内；雌花序穗状，顶生。果为假核果或坚果状；具翅或缺。种子大型，无胚乳。

## 1 黄杞属 | **Engelhardtia** Lesch. ex Bl. |

落叶或半常绿乔木或小乔木。叶互生，常为偶数羽状复叶；小叶全缘或具锯齿。花单性，雌雄同株或稀异株；花序均为柔荑状，长而具多数花，俯垂，常为一个顶生的雌花序及数个雄花序排列成圆锥式花序束，腋生或假顶生。果序长而下垂；果实坚果状，具翅。

**黄杞 Engelhardtia roxburghiana** Wall.

半常绿乔木。树皮粗糙，细纵裂。偶数羽状复叶；小叶3~5对，近于对生，叶片革质，长椭圆状披针形至长椭圆形，宽2~5cm，全缘，顶端渐尖或短渐尖，基部歪斜，两面具光泽，具小叶柄。雌雄同株或稀异株；柔荑花序常生于枝顶；雄花近无柄；雌花具短柄。果序长15~25cm；坚果具翅。花期5~6月，果期8~9月。

## ❷ *胡桃属 | Juglans L. |

落叶乔木。芽具芽鳞。髓部成薄片状分隔。叶互生,奇数羽状复叶;小叶具锯齿,稀全缘。雌雄同株;雄性柔荑花序具多数雄花,雄花具短梗;雌花序穗状,直立,雌花无梗,花后随子房增大,子房下位,内面具柱头面。果序直立或俯垂;果为假核果;内果皮(核壳)硬,骨质,永不自行破裂,壁内及隔膜内常具空隙。

### * 胡桃 Juglans regia L.

乔木。树干较别的种类矮。树冠广阔。小枝无毛,被盾状着生的腺体。奇数羽状复叶,叶柄及叶轴幼时被有极短腺毛及腺体;小叶椭圆状卵形至长椭圆形。雄性柔荑花序下垂,雄花的苞片、小苞片及花被片均被腺毛,雄蕊花药黄色,无毛;雌性穗状花序通常具雌花,雌花的总苞被极短腺毛,柱头浅绿色。果序短,杞俯垂,具1~3枚果实;果实近于球状,无毛;果核稍具皱曲。花期5月,果期10月。

# 209. 山茱萸科 Cornaceae

落叶乔木或灌木，稀常绿或草本。单叶对生，稀互生或近于轮生，全缘或有锯齿；叶脉羽状，稀掌状；无托叶或托叶纤毛状。花两性或单性异株，为圆锥、聚伞、伞形或头状等花序；有苞片或总苞片；花3~5枚；花萼管状，与子房合生，先端有齿状裂片；花瓣通常白色。果为核果或浆果状核果。种子1~4（~5）粒；种皮膜质或薄革质；胚小；胚乳丰富。

## 灯台树属 | **Bothrocaryum** (Koehne) Pojark. |

落叶乔木或灌木。冬芽顶生或腋生，卵圆形或圆锥形，无毛。叶互生，纸质或厚纸质，阔卵形至椭圆状卵形，边缘全缘。伞房状聚伞花序，顶生；花小，两性；花瓣4枚，白色，长圆状披针形，镊合状排列；雄蕊4枚，着生于花盘外侧，花丝线形，花药椭圆形，2室；花盘褥状；花柱圆柱形，柱头小，头状，子房下位，2室。核果球形，有种子2粒；核骨质，顶端有1个方形孔穴。

### 灯台树 **Bothrocaryum controversum** (Hemsl.) Pojark.

落叶乔木。树皮光滑，暗灰色或带黄灰色。枝开展，圆柱形，无毛或疏生短柔毛。叶互生，纸质，阔卵形、阔椭圆状卵形或披针状椭圆形，全缘，上面黄绿色，无毛，下面灰绿色，密被淡白色平贴短柔毛。伞房状聚伞花序，顶生；总花梗淡黄绿色；花小，白色，花梗淡绿色；花瓣4枚，长圆披针形；雄蕊4枚，花药椭圆形，淡黄色，2室，"丁"字形着生；花盘垫状，无毛；花柱圆柱形，无毛，柱头小，头状，淡黄绿色，子房下位。核果球形，成熟时紫红色至蓝黑色；核骨质，球形，无毛。花期5~6月，果期7~8月。

# 210.八角枫科 Alangiaceae

落叶乔木或灌木，稀攀缘。极稀有刺。枝常呈"之"字形。单叶互生，全缘或掌状分裂，基部两侧常不对称；羽状叶脉或基出掌状脉3~7条；有叶柄；无托叶。花序腋生，聚伞状，极稀伞形或单生，小花梗常分节；苞片早落；花两性，淡白色或淡黄色；花萼小；花瓣4~10枚，线形。核果，顶端有宿存的萼齿和花盘。种子1粒，具大型的胚和丰富的胚乳。

## 八角枫属 | **Alangium** Lam. |

属的特征与科相同。

### 八角枫 **Alangium chinense** (Lour.) Harms

落叶乔木或灌木。小枝略呈"之"字形。叶纸质，近圆形或椭圆形、卵形，长13~26cm，基部阔楔形或截形，偏斜，不裂或3~9裂，仅背脉腋有丛毛；叶柄紫绿色或淡黄色。聚伞花序腋生，有7~30（~50）枚花；花瓣6~8枚，线形，长1~1.5cm，白色变黄色；雄蕊6~8枚，药隔无毛。核果卵圆形。种子1粒。花期5~7月和9~10月，果期7~11月。

# 211.蓝果树科 Nyssaceae

落叶乔木，稀灌木。单叶互生，卵形、椭圆形或矩圆状椭圆形，全缘或具齿；有叶柄；无托叶。花序头状、总状或伞形；花单性或杂性，异株或同株，常无花梗或有短花梗；雄花萼小，花瓣5枚稀更多，雄蕊常为花瓣的2倍或较少，常2轮；雌花花萼管常与子房合生。果实为核果或翅果，顶端有宿存的花萼和花盘，1室或3~5室，每室有下垂种子1粒。

## 蓝果树属 | Nyssa L. |

乔木或灌木。叶互生，全缘或有锯齿；常有叶柄；无托叶。花杂性，异株，无花梗或有短花梗；花序头状、伞形或总状；雄花的花托盘状、杯状或扁平，雌花或两性花的花托较长，常成管状、壶状或钟状；花萼细小，裂片5~10个；花瓣通常5~8枚。核果矩圆形、长椭圆形或卵圆形，顶端有宿存的花萼和花盘。种子胚乳丰富；子叶矩圆形或卵形。

### 蓝果树 Nyssa sinensis Oliv.

落叶乔木。高20m。树皮粗糙，常裂成薄片脱落。小枝具皮孔。冬芽淡紫绿色。叶纸质或薄革质，互生，椭圆形或长椭圆形，稀卵形或近披针形，宽5~6cm，顶端短急锐尖，基部近圆形，边缘略呈浅波状，叶背略被毛；叶柄淡紫绿色。花序伞形或短总状；花单性异株。核果，熟时深蓝色。种子外壳坚硬，骨质，稍扁。花期4月，果期9月。

# 212.五加科 Araliaceae

乔木、灌木或木质藤本，稀多年生草本。有刺或无刺。叶互生，稀轮生，单叶、掌状复叶或羽状复叶；托叶通常与叶柄基部合生成鞘状；稀无托叶。花整齐，两性或杂性，稀单性异株，聚生为伞形、头状、总状或穗状，常再组成圆锥状复花序；花梗具关节或缺；苞片宿存或早落；小苞片不显著。果实为浆果或核果。种子通常侧扁；胚乳匀一。

## ① 五加属 | Eleutherococcus Maximowicz |

灌木，直立或蔓生，稀为乔木。枝有刺，稀无刺。掌状复叶，小叶3~5枚；托叶不存在或不明显。花两性，稀单性异株；伞形花序或头状花序通常组成复伞形花序或圆锥花序；花梗无关节或不明显；萼筒边缘有小齿，稀全缘；花瓣5枚，稀4枚；雄蕊5枚；花柱5~2个，离生或多少合生，宿存。果实球形或扁球形，有2~5棱。种子的胚乳匀一。

### 白簕（三叶五加） Eleutherococcus trifoliatus (L.) S. Y. Hu

常绿灌木。枝软弱铺散，具刺。掌状复叶，小叶3枚，稀4~5枚，纸质，稀膜质，椭圆状卵形至椭圆状长圆形，稀倒卵形，长4~10cm，先端尖至渐尖，基部楔形；侧生小叶基部歪

斜，两面无毛，或上面脉上疏生刚毛，边缘有细锯齿或钝齿。伞形花序多个组成顶生复伞形或圆锥花序。果扁球形。花期8~11月，果期9~12月。

## ② 楤木属 ｜ **Aralia** L. ｜

小乔木、灌木或多年生草本。有刺，稀无刺。叶大，一至数回羽状复叶；托叶和叶柄基部合生，稀不明显或无托叶。花杂性，聚生为伞形花序，稀为头状花序，再组成圆锥花序；苞片和小苞片宿存或早落；花梗有关节；花5基数。果实球形，有5棱，稀4~2棱。

### 虎刺楤木（野楤头） **Aralia armata** (Wall.) Seem.

多刺灌木。刺短，先端通常弯曲。叶为三回羽状复叶；托叶和叶柄基部合生；各轴疏生细刺；羽片有小叶5~9枚，基部有小叶1对；小叶片纸质，长圆状卵形，长4~11cm，先端渐尖，基部歪斜，两面脉上疏生小刺，边缘有齿。圆锥花序大，长达50cm；花序轴几无毛，具疏钩刺。果实具5棱。花期8~10月，果期9~11月。

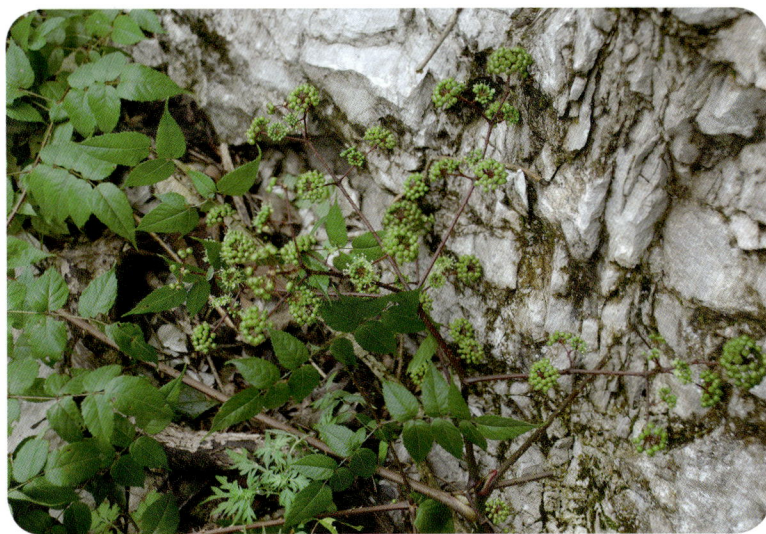

## ③ 鹅掌柴属 ｜ **Schefflera** J. R. G. Forst. ｜

直立无刺乔木或灌木，有时攀缘状。掌状复叶或单叶；托叶和叶柄基部合生成鞘状。花聚生成总状、伞形或头状，稀为穗状，再组成圆锥花序；花梗无关节；萼筒全缘或有细齿；花瓣5~11枚；雄蕊和花瓣同数；花柱离生或合生或无花柱。果实球形，近球形或卵球形，具棱或棱不明显。种子通常扁平；胚乳匀一。

## 鹅掌柴（鸭脚木）*Schefflera heptaphylla* (L.) Frodin

常绿乔木或灌木。幼时各部密生星状短柔毛。掌状复叶有小叶6~11枚；小叶片纸质至革质，椭圆形、长圆状椭圆形或倒卵状椭圆形，稀椭圆状披针形，宽3~5cm，基部楔形或钝，边缘全缘，但幼时具齿。圆锥花序顶生，有总状排列的伞形花序几个至十几个；花柱粗短。果球形，棱不明显。花果期11~12月。

# 213. 伞形科 Apiaceae

一年生至多年生草本，罕灌木。茎直立或匍匐上升。叶互生，一回掌状分裂或一至四回羽状分裂的复叶，或一至二回三出式羽状分裂的复叶，稀单叶；叶柄基部有叶鞘；通常无托叶。花小，两性或杂性，成顶生或腋生的复伞形花序或单伞形花序，稀头状花序；伞形花序的基部有总苞片。果常为干果。种子胚乳软骨质；胚乳的腹面有平直、凹入、凸出的；胚小。

## 1 积雪草属 ｜ Centella L. ｜

多年生草本。有匍匐茎。叶片圆形、肾形或马蹄形，边缘有钝齿，基部心形，光滑或有柔毛；叶有长柄，叶柄基部有鞘。单伞形花序，梗极短，单生或2~4个聚生于叶腋，伞形花序通常有花3~4枚；花近无柄，草黄色、白色至紫红色；苞片2枚；萼齿细小；花瓣5枚；雄蕊5枚，与花瓣互生。果实肾形或圆形，两侧扁压。种子稍扁，横剖面狭长圆形，棱槽内油质不显著。

### 积雪草（崩大碗）Centella asiatica (L.) Urban

多年生草本。茎匍匐，细长，节上生根。单叶，膜质至草质，圆形、肾形或马蹄形，长1~2.8cm，边缘有钝锯齿，基部阔心形，两面无毛或背脉疏生柔毛；掌状脉5~7条，脉上不分叉；叶柄长。伞形花序梗2~4个，聚生于叶腋，长0.2~1.5cm；花瓣紫红色或乳白色。果圆球形，两侧扁压，有纵棱。花果期4~10月。

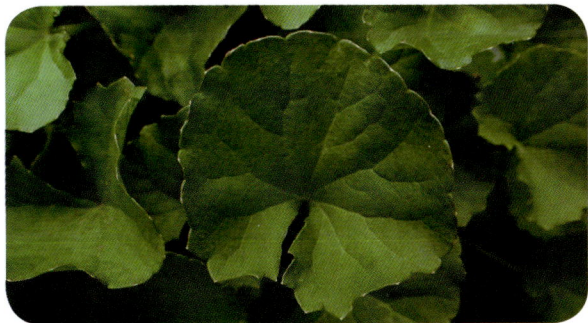

## 2 天胡荽属 ｜ Hydrocotyle L. ｜

多年生草本。茎细长，匍匐或直立。叶片心形、圆形、肾形或五角形，有裂齿或掌状分裂；叶柄细长，无叶鞘；托叶细小，膜质。花序通常为单伞形花序，细小，有多数小花，密集呈头状；花序梗通常生自叶腋，短或长过叶柄；花白色、绿色或淡黄色；无萼齿。果心状圆形，两侧扁压，有棱；内果皮有1层厚壁佃胞，围绕着种子胚乳。

**天胡荽 Hydrocotyle sibthorpioides Lam.**

多年生草本。有气味。茎细长而匍匐，平铺地上成片，节上生根。单叶，膜质至草质，圆形或肾圆形，长0.5~1.5cm，基部心形，不分裂或5~7裂，边缘有钝齿，有时两面光滑或密被柔毛；叶柄长且无毛或顶端有毛。伞形花序与叶对生，单生于节上；花瓣绿白色，有腺点。果略呈心形，两侧扁压。花果期4~9月。

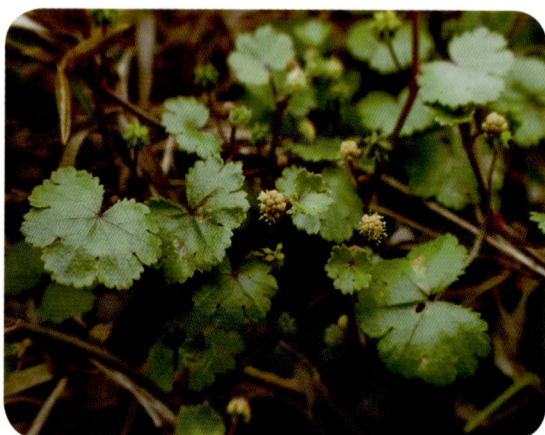

**3 茴芹属 | Pimpinella L. |**

一年生、二年生或多年生草本。茎通常直立，稀匍匐。叶片不分裂、三出分裂、三出式羽状分裂或羽状分裂，裂片卵形、心形、披针形或线形；茎生叶与基生叶异形或同形，茎上部叶通常无柄，只有叶鞘。复伞形花序顶生和侧生；花瓣白色，稀为淡红色或紫色。果实卵形、长卵形或卵球形。

**异叶茴芹 Pimpinella diversifolia DC.**

多年生草本。高0.3~2m。茎直立，有条纹。叶异形，基生叶有长柄，叶片三出分裂，裂片卵圆形，两侧的裂片基部偏斜，顶端裂片基部心形或楔形，长1.5~4cm，稀不分裂或羽状分裂，纸质；茎上部叶较小；全部裂片边缘有锯齿。复伞形花序顶生和侧生；伞辐6~30；花瓣白色。果卵球形。花果期5~10月。

## 4 窃衣属 | **Torilis** Adans. |

一年生或多年生草本。全体被刺毛、粗毛或柔毛。茎直立，单生，有分枝。叶有柄，柄有鞘；叶片近膜质。复伞形花序顶生、腋生或与叶对生，疏松；伞辐2~12；花白色或紫红色，萼齿三角形；花瓣倒圆卵形；花柱基圆锥形，花柱短、直立或向外反曲。果实圆卵形或长圆形，棱间有直立或呈钩状的皮刺；皮刺基部阔展，粗糙。种子胚乳腹面凹陷，在每一次棱下方有油管1个，合生面油管2个。

### 小窃衣 **Torilis japonica** (Houtt.) DC.

一年生或多年生草本。主根细长，圆锥形，棕黄色，支根多数。叶柄下部有窄膜质的叶鞘；叶片长卵形，一至二回羽状分裂，两面疏生紧贴的粗毛，第一回羽片卵状披针形，边缘羽状深裂至全缘。复伞形花序顶生或腋生；总苞片通常线形，极少叶状；花瓣白色、紫红色或蓝紫色；花药圆卵形；花柱基部平压状或圆锥形，花柱幼时直立，果熟时向外反曲。果实圆卵形，通常有内弯或呈钩状的皮刺。种子胚乳腹面凹陷。花果期4~10月。

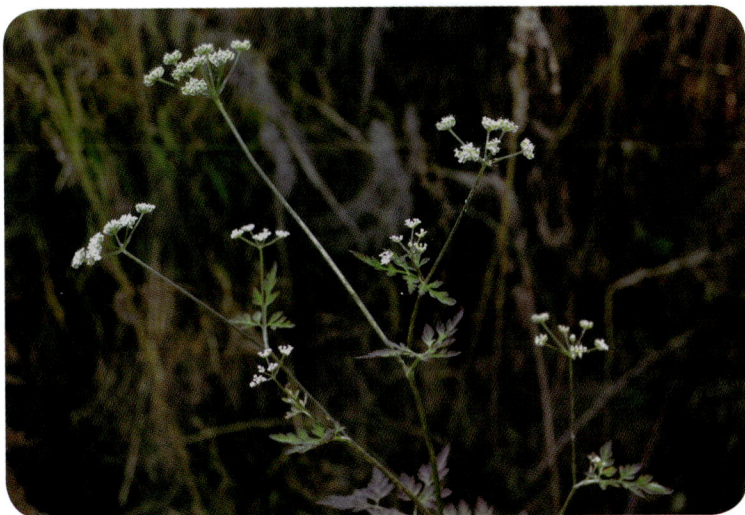

# 215.杜鹃花科 Ericaceae

常绿、半常绿或落叶灌木或乔木，地生或附生。单叶互生，稀交互对生，罕假轮生；革质，稀纸质；全缘或具齿，不分裂，被各式毛或鳞片，或均无；不具托叶。花单生或组成总状、圆锥状或伞形总状花序，顶生或腋生，两性，辐射对称或略两侧对称；具苞片；花瓣合生，稀离生。蒴果或浆果，少有浆果状蒴果。种子小，粒状或锯屑状；胚圆柱形；胚乳丰富。

## ❶ 珍珠花属 | Lyonia Nutt. |

常绿或落叶灌木，稀小乔木。单叶，互生，全缘；具短叶柄。花小，白色，组成顶生或腋生的总状花序；花萼4~5裂，稀8裂，花后宿存；花冠筒状或坛状，稀钟状，浅5裂；雄蕊10枚，稀8~16枚，花丝顶端处有一对芒状附属物或无；花盘发育多样。蒴果室背开裂。种子细小，多数；种皮膜质。

### 珍珠花 Lyonia ovalifolia (Wall.) Drude

常绿或落叶灌木或小乔木。高8~16m。叶革质，卵形或椭圆形，长8~10cm，先端渐尖，基部钝圆或心形，几无毛。总状花序长5~10cm，腋生，近基部有2~3枚叶状苞片，小苞片早落；花序轴上微被柔毛；花梗长约6mm；花小，5枚；花冠白色；花丝顶端有2个芒状附属物。种子短线形，无翅。蒴果球形。花期5~6月，果期7~9月。

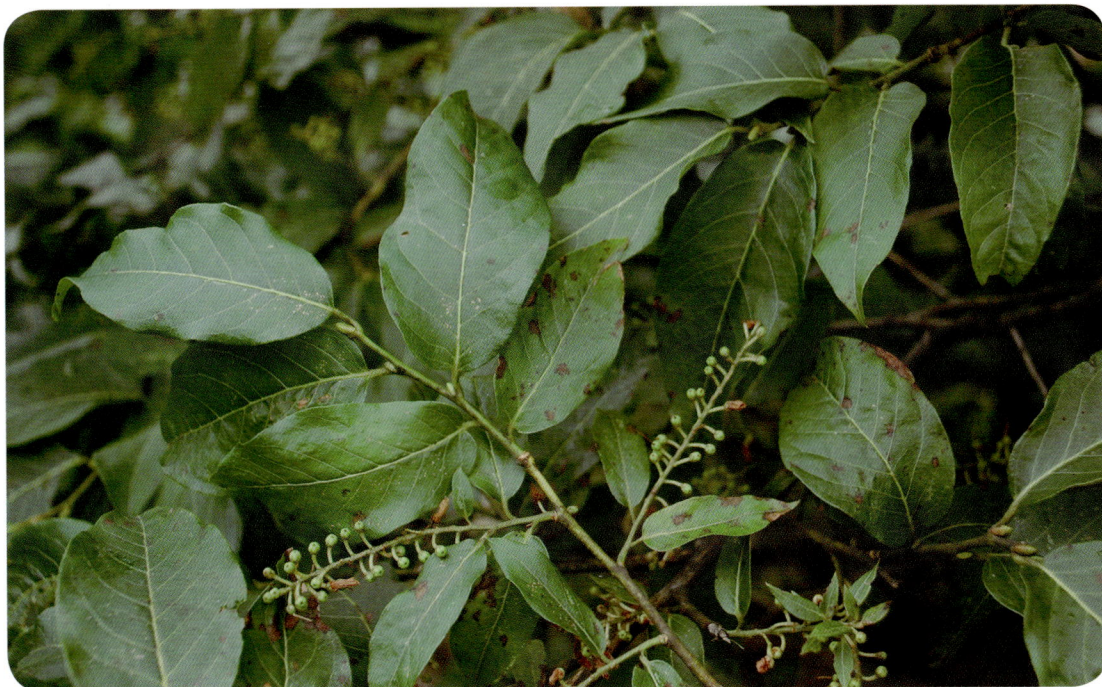

## ② *杜鹃属 | Rhododendron L. |

常绿、落叶或半落叶灌木或乔木。有时矮小成垫状，地生或附生。单叶，互生，全缘，稀有不明显的小齿。花芽被多数形态大小有变异的芽鳞。花显著，形小至大，通常排列成伞形总状或短总状花序，稀单花，通常顶生，少有腋生；花冠合生成多种形状，色艳；花药无附属物。蒴果自顶部向下室间开裂。种子多数，细小，纺锤形，具膜质薄翅。

### 1. * 华丽杜鹃 Rhododendron farrerae Tate ex Sweet

落叶灌木。枝短而坚硬，黄褐色，幼时被铁锈色长柔毛，后渐近无毛。叶近于革质，卵形；叶柄密被锈色柔毛。先花后叶；花梗密被锈红色柔毛；花萼极不明显，裂片被锈色长柔毛；花冠辐状漏斗形，紫丁香色，花冠管短而狭筒状，具紫红色斑点，无毛；雄蕊比花冠短，花丝中部以下被短腺毛；子房卵球形，密被红棕色长柔毛，花柱弯曲，无毛，柱头微裂。蒴果长圆柱形，密被锈色柔毛；果梗弯曲，密被红棕色长柔毛。花期5~6月，果期7~8月。

### 2. * 锦绣杜鹃 Rhododendron pulchrum Sweet

半常绿灌木。枝开展，淡灰褐色，被淡棕色糙伏毛。叶薄革质；叶柄密被棕褐色糙伏毛。花芽卵球形。伞形花序顶生，密被淡黄褐色长柔毛；花萼大，绿色，裂片披针形，被糙伏毛；花冠玫瑰紫色，具深红色斑点；雄蕊10枚；子房卵球形，密被黄褐色刚毛状糙伏毛，比花冠稍长或与花冠等长，无毛。蒴果长圆状卵球形，被刚毛状糙伏毛；花萼宿存。花期4~5月，果期9~10月。

# 216.越橘科 Vacciniaceae

落叶或常绿灌木或小乔木，有时附生。单叶，互生。花两性，通常小型，腋生或顶生，组成总状花序，很少单生或成对着生；花萼4~5裂，裂片小；花冠合瓣，4~5浅裂，有时4深裂；雄蕊8~10枚，花丝通常与花冠管基部连合；有花盘。浆果4~10室，顶端常有宿存的花萼裂片。种子小，粒状或锯屑状。

## 越橘属 | Vaccinium L. |

常绿或落叶灌木或小乔木，少数附生。单叶互生，稀假轮生，全缘或有锯齿；具叶柄；叶基部有或无侧生腺体。总状花序，顶生、腋生或假顶生，稀腋外生，或花少数簇生于叶腋，稀单花腋生；通常有苞片和小苞片；花小；花冠坛状、钟状或筒状。浆果球形；顶部有宿存萼片。种子多数，细小，卵圆形或肾状侧扁。

### 南烛 Vaccinium bracteatum Thunb.

常绿灌木或小乔木。分枝多。幼枝被短柔毛或无毛；老枝紫褐色，无毛。叶片薄革质，椭圆形、菱状椭圆形、披针状椭圆形至披针形，边缘有细锯齿。总状花序顶生和腋生，有多数花；花序轴密被短柔毛，稀无毛；苞片叶状，披针形；花冠白色，筒状，花丝细长，密被疏柔毛；花盘密生短柔毛。浆果直径5~8mm，熟时紫黑色。花期6~7月，果期8~10月。

## 221.柿树科 Ebenaceae

乔木或灌木。单叶，互生，稀对生，排成2列，全缘；无托叶；具羽状叶脉。花多半单生，通常雌雄异株，或为杂性；雌花腋生，单生；雄花常生在小聚伞花序上或簇生，或为单生，整齐；花萼3~7裂，多少深裂，在雌花或两性花中宿存；花冠3~7裂；雄蕊数常为花冠裂片数的2~4倍。浆果多肉质。

### 柿树属 | Diospyros L. |

落叶或常绿乔木或灌木。无顶芽。单叶互生。花单性，雌雄异株 或杂性；雄花常较雌花小，组成聚伞花序，雄花序腋生在当年生枝上，或很少在较老的枝上侧生；雌花常单生于叶腋；萼通常深裂；花冠壶形、钟形或管状，浅裂或深裂；雄蕊4枚至多枚，通常16枚；花柱2~5个。浆果肉质，宿存萼常增大。

#### 1. * 柿 Diospyros kaki Thunb.

落叶大乔木。叶纸质，卵状椭圆形至倒卵形或近圆形，通常较大，长5~18cm，先端渐尖或钝，新叶疏生柔毛后无毛，侧脉每边5~7条；叶柄上面有浅槽。花雌雄异株；聚伞花序腋生；雄花序有花3~5枚，常3枚；雌花单生于叶腋；花冠常淡黄白色。果形种种，无毛，直径3.5~8.5cm。花期5~6月，果期9~10月。

#### 2. 油柿 Diospyros kaki var. silvestris Makino

乔木。本变种是山野自生柿树。小枝及叶柄常密被黄褐色柔毛。叶较栽培柿树的叶小，叶片下面的毛较多。花较小。果亦较小，直径约2~5cm。

#### 3. 罗浮柿 Diospyros morrisiana Hance

落叶乔木或小乔木。树皮黑色。除芽、花序和嫩梢外，各部分无毛。叶薄革质，长椭圆形或卵形，长5~10cm，先端短渐尖或钝，基部楔形，叶缘微背卷；侧脉每边4~6条。雄花序短小，腋生，下弯，聚伞花序式，有锈色绒毛；雌花单生于叶腋。果球形，直径约1.8cm，黄色。种子近长圆形，栗色，侧扁。花期5~6月，果期11月。

### 4. 岭南柿 Diospyros tutcheri Dunn

落叶小乔木。树皮粗糙。叶薄革质，椭圆形，长8~12cm，先端渐尖，基部钝或近圆形，边缘微背卷，上面有光泽；叶脉在两面均明显；侧脉每边约5~6条。雄聚伞花序由3枚花组成，生于当年生枝下部；雌花生在当年生枝下部新叶叶腋，单生。果球形，直径约2.5cm。花期4~5月，果期8~10月。

# 222. 山榄科 Sapotaceae

乔木或灌木。有时具乳汁。幼嫩部分常被锈色绒毛。单叶互生，近对生或对生，有时密聚于枝顶，通常革质，全缘；羽状脉；托叶早落或无托叶。花单生或通常数花簇生于叶腋或老枝上，有时排列成聚伞花序，稀成总状或圆锥花序，两性，稀单性或杂性，辐射对称，具小苞片。果为浆果，有时为核果状。种子1至数粒，通常具油质胚乳或没有；种皮褐色，硬而光亮。

## 铁榄属 | **Sinosideroxylon** (Engl.) Aubr. |

乔木，稀灌木。无毛或被绒毛。叶互生，革质；羽状脉疏离，具小脉；无托叶。花小，簇生于叶腋，有时排列成总状花序，无梗或具梗；花萼5裂，稀6裂；花冠宽或管状钟形，裂片5个，稀6个；能育雄蕊5枚，稀6枚，着生于花冠管喉部，与花冠裂片对生、等长；退化雄蕊5枚，稀6枚。浆果卵圆形或球形。种子通常仅1粒，有时2~5粒；种皮坚脆，具光泽。

### 铁榄 Sinosideroxylon wightianum (Hook. et Arn.) Aubrn.

乔木。叶幼时很薄，老时革质，椭圆形至披针形或倒披针形，先端锐尖或钝，基部狭楔形，下延，上面深绿色，具光泽，下面淡绿色；中脉在表面稍凸起，弧形，近边缘互相网结，网脉明显。花绿白色，芳香；子房卵形。果绿色，转深紫色，椭圆形，无毛；果皮薄。种子1枚，椭圆形，两侧压扁，疤痕基生或侧基生，近圆形；子叶薄；胚乳丰富；胚根圆柱形。

# 223. 紫金牛科 Myrsinaceae

乔木、灌木或攀缘灌木，稀藤本或近草本。单叶互生，稀对生或近轮生，全缘或具各式齿；通常具腺点或脉状腺条纹；稀无，无托叶。总状花序、伞房花序、伞形花序、聚伞花序或再组成圆锥花序或花簇生；具苞片，有的具小苞片；花通常两性或杂性，稀单性，有时雌雄异株或杂性异株；辐射对称，4枚或5枚，稀6枚。浆果核果状。

## ❶ 紫金牛属 | Ardisia Sw. |

小乔木、灌木或亚灌木状近草本。叶互生，稀对生或近轮生，通常具不透明腺点，全缘或具齿，具边缘腺点或无。聚伞花序、伞房花序、伞形花序或由上述花序组成的圆锥花序、金字塔状的大型圆锥花序，稀总状花序，顶生、腋生、侧生或着生于特殊花枝顶端；两性花，通常为5枚，稀4枚。浆果核果状，球形或扁球形。

### 1. 硃砂根 Ardisia crenata Sims

常绿灌木。叶革质，椭圆形、椭圆状披针形至倒披针形，基部楔形，长7~15cm，边缘具皱波状或波状齿；具明显的边缘腺点，两面无毛；侧脉12~18对，构成不规则的边缘脉。伞形

花序或聚伞花序，着生于侧生特殊花枝顶端；花白色略带红色。果直径6~8mm，鲜红色；具腺点。花期5~6月，果期10~12月。

### 2. 罗伞树 Ardisia quinquegona Bl.

常绿灌木至小乔木。叶坚纸质，长圆状披针形、椭圆状披针形至倒披针形，顶端渐尖，基部楔形，长8~16cm，全缘，两面无毛；中脉明显，侧脉极多连成近边缘的边缘脉，不明显；无腺点。聚伞花序或亚伞形花序，腋生，稀生于侧生特殊花枝顶端；花瓣白色。果扁球形，具钝5棱。花期5~6月，果期12月或翌年2~4月。

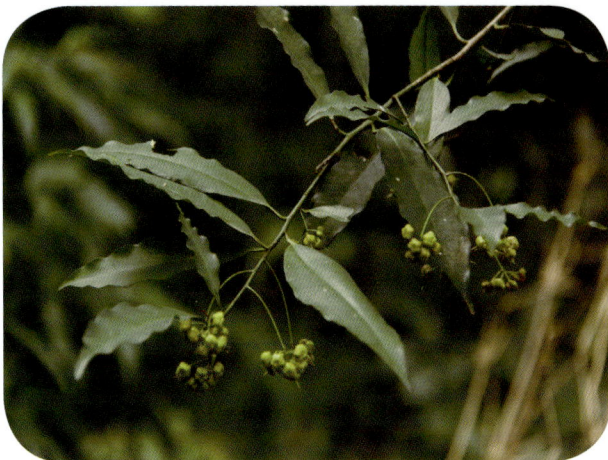

## ② 酸藤子属 | Embelia Burm. f. |

攀缘灌木或藤本，稀直立或乔木状。单叶互生或2列或近轮生，全缘或具齿；具柄，稀无柄或几无柄。花序总状、圆锥状、伞形或聚伞形，顶生、腋生或侧生；基部具苞片；花通常单性，同株或异株，4或5数；花萼基部连合；花瓣分离或仅基部连合，稀成管状。浆果核果状，球形或扁球形。种子近球形。

### 1. 酸藤子 Embelia laeta (L.) Mez

常绿攀缘灌木或藤本。叶坚纸质，倒卵形或长圆状倒卵形，顶端圆形、钝或微凹，基部楔形，长3~4cm，全缘，两面无毛，背面常被薄白粉；无腺点；中脉隆起，侧脉不明显。总状花序，腋生或侧生，有花3~8枚；花瓣白色或带黄色。果球形，直径约5cm；腺点不明显。花期12月至翌年3月，果期4~6月。

## 2. 厚叶白花酸藤子 Embelia ribes subsp. pachyphylla （Chun ex C. Y. Wu et C. Chen）Pipoly et C. Chen

攀缘灌木或藤本。树皮光滑，很少具皮孔。小枝密被柔毛，极少无毛。叶片厚，革质或几乎肉质，稀坚纸质，叶面光滑，常具皱纹；背面被白粉，中脉隆起，侧脉不明显。圆锥花序，顶生；花瓣淡绿色或白色，分离。果球形或卵形，直径3~4mm，稀达5mm，红色或深紫色，无毛；干时具皱纹或隆起的腺点。花期1~7月，果期5~12月。

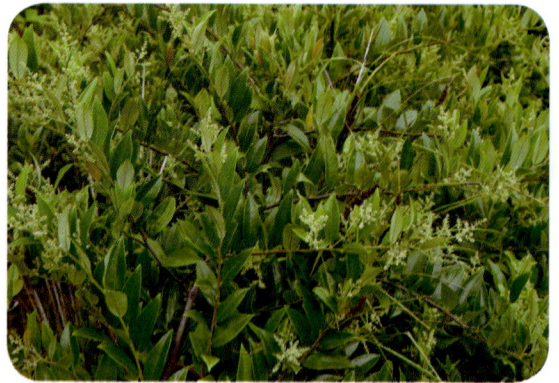

## 3. 网脉酸藤子 Embelia rudis Hand.-Mazz.

常绿攀缘灌木。叶坚纸质，稀革质，长圆状卵形或卵形，顶端急尖或渐尖，基部圆或钝，长5~10cm，边缘具齿或重齿，两面无毛；中脉上凹下凸，侧脉多数，直达齿尖；叶柄具狭翅，略被毛。总状花序，腋生；花5数；花瓣分离，淡绿色或白色。果直径4~5cm，蓝黑色或带红色；具腺点。花期10~12月，果期翌年4~7月。

## 3 ▶ 杜茎山属 | **Maesa** Forsk. |

灌木、大灌木，稀小乔木。叶全缘或具各式齿，无毛或被毛；常具脉状腺条纹或腺点。总状花序或圆锥花序，腋生，稀顶生或侧生；具花梗；花5枚，两性或杂性，小；花冠白色或浅黄色，钟形至管状钟形；花丝分离。肉质浆果或干果，球形或卵圆形；宿存萼包果一半以上。

### 1. 杜茎山 **Maesa japonica** (Thunb.) Moritzi ex Zoll.

灌木。小枝具细条纹，疏生皮孔。叶革质，椭圆形至椭圆状披针形，或倒卵形至长圆状倒卵形；背面中脉明显隆起。总状花序或圆锥花序，单生或2~3个腋生；花冠白色，长钟形。果球形，肉质；具脉状腺条纹。花期1~3月，果期10月或翌年5月。

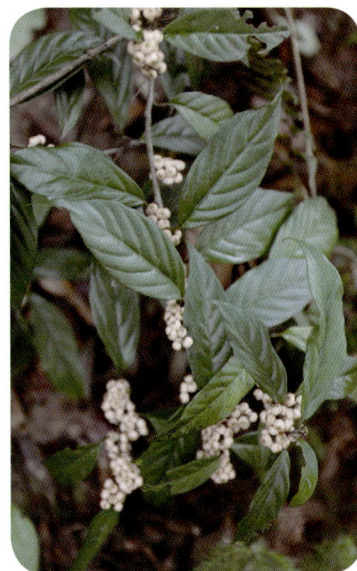

## 2. 鲫鱼胆 Maesa perlarius (Lour.) Merr.

常绿灌木。小枝被毛。叶纸质或近坚纸质，广椭圆状卵形至椭圆形，基部楔形，长7~11cm，边缘除基部外具粗锯齿，初被密毛后叶面除脉外近无毛，背面被长硬毛；侧脉直达齿尖；叶柄长7~10mm，被毛。总状花序或圆锥花序，腋生；花白色；花瓣裂片与花冠管等长。果球形；宿存萼包果2/3。花期3~4月，果12月至翌年5月。

## 4 密花树属 | Rapanea Aubl. |

乔木或灌木。叶全缘，稀具齿，无毛；多少具腺点。伞形花序或花簇生，着生于具覆瓦状排列的苞片的小短枝或瘤状物的顶端，小短枝或瘤状物腋生或生于无叶的老枝叶痕上；花4~6数，两性或雌雄异株；花萼基部连合，宿存；花冠基部连合或成短管；雄蕊与花瓣对生，着生于花冠管喉部或花瓣基部；花丝极短或几无。浆果核果状，卵形或近球形。

### 密花树 Rapanea neriifolia (Sieb. et Zucc.) Mez

常绿小乔木。小枝无毛，具皱纹。叶革质，长圆状倒披针形至倒披针形，基部楔形，多少下延，长7~17cm，全缘，两面无毛；中脉上凹下凸，侧脉明显。伞形花序或花簇生，着生于叶腋或无叶老枝叶痕上的特生花枝；具苞片；有花3~10枚，花小。果球形或近卵形，灰绿色或紫黑色。花期4~5月，果期10~12月。

# 224.安息香科 Styracaceae

乔木或灌木。常被星状毛或鳞片状毛。单叶，互生；无托叶。总状花序、聚伞花序或圆锥花序，很少单花或数花丛生，顶生或腋生；小苞片小或无，常早落；花两性，很少杂性，辐射对称；花萼杯状、倒圆锥状或钟状；花冠合瓣，极少离瓣；雄蕊数常为花冠裂片数的2倍。核果、蒴果，稀为浆果；具宿存花萼。

## 安息香属 | Styrax L. |

乔木或灌木。单叶互生，多少被星状毛或鳞片状毛，极少无毛。总状花序、圆锥花序或聚伞花序，极少单花或数花聚生，顶生或腋生；小苞片小，早落；花萼杯状、钟状或倒圆锥状，顶端常5齿；花冠常5深裂；雄蕊10枚，稀多或少，近等长，稀有5长5短。核果肉质，不开裂或不规则3瓣开裂。种子细小，多数，具棱角。

### 白花龙 Styrax faberi Perk.

灌木。嫩枝具沟槽，密被星状长柔毛；老枝紫红色。叶互生，纸质，椭圆形、倒卵形或长圆状披针形，长4~11cm，边缘具细锯齿。总状花序顶生，有花3~5枚；花白色，密被星状短柔毛。果实倒卵形或近球形，外被星状短柔毛。花期4~6月，果期8~10月。

# 225.山矾科 Symplocaceae

灌木或乔木。单叶，互生，通常具锯齿、腺质锯齿或全缘；无托叶。花辐射对称，两性稀杂性，排成穗状花序、总状花序、圆锥花序或团伞花序，很少单生；花通常为1枚苞片和2枚小苞片所承托；萼3~5深裂或浅裂，通常5裂，通常宿存；花冠裂片3~11个，通常5个；雄蕊通常多数。核果；有宿存萼裂片。种子具丰富的胚乳；胚直或弯曲；子叶很短，线形。

## 山矾属 | Symplocos Jacq. |

属的特征与科相同。

### 1. 薄叶山矾 Symplocos anomala Brand

小乔木或灌木。顶芽、嫩枝被褐色柔毛；老枝通常黑褐色。叶薄革质，狭椭圆形、椭圆形或卵形；叶柄长4~8mm。总状花序腋生，被柔毛；苞片与小苞片同为卵形；花萼5裂，裂片半圆形；花冠白色，有桂花香；雄蕊约30枚；花盘环状，被柔毛。核果褐色。花果期4~12月，边开花边结果。

### 2. 白檀 Symplocos paniculata (Lour.) Druce

落叶灌木。嫩枝、叶柄、叶背均被灰黄毛。叶纸质，椭圆形或倒卵形，宽2~5cm，先端急尖或短尖，基部楔形或圆形，边缘有细尖锯齿，叶面有短柔毛；中脉在叶面凹下，无边脉。圆锥花序顶生或腋生；花序轴、苞片、萼外面均密被毛；花冠5深裂几达基部。核果卵

状圆球形，歪斜。花期4~5月，果期8~9月。

## 3. 光叶山矾 **Symplocos lancifolia** Sieb. et Zucc.

常绿小乔木。芽、嫩枝花序、嫩叶背面脉上、均被黄褐色柔毛。叶纸质，卵形至阔披针形，宽1.5~3.5cm，先端尾状渐尖，基部阔楔形或稍圆，边缘具疏浅齿；中脉在叶面平坦。穗状花序长1~4cm；花冠淡黄色，5深裂几达基部。核果近球形。花期3~11月，果期6~12月。

## 4. 铁山矾 **Symplocos pseudobarberina** Gontsch.

乔木。全株无毛。幼枝黄绿色。叶纸质，卵形或卵状椭圆形，长5~8（~10）cm，宽2~4cm，先端渐尖或尾状渐尖，基部楔形或稍圆，边缘有稀疏的浅波状齿或全缘。总状花序基部常分枝；苞片与小苞片背面均无毛，有缘毛。核果绿色或黄色，长圆状卵形，长6~8mm；顶端宿萼裂片向内倾斜或直立。

## 5. 山矾 **Symplocos sumuntia** Buch.-Ham. ex D. Don

常绿乔木。嫩枝褐色。叶薄革质，卵形、狭倒卵形、倒披针状椭圆形，宽1.5~3cm，先端尾状渐尖，基部楔形或圆形，边缘具浅齿，或近全缘；叶面中脉凹，侧脉和网脉在两面均凸起。总状花序长2.5~4cm，被毛；苞片被毛；萼筒无毛；花冠白色，5深裂几达基部。核果卵状坛形。花期2~3月，果期6~7月。

# 228.马钱科 Loganiaceae

乔木、灌木、藤本或草本。单叶对生或轮生，稀互生，全缘或有锯齿；通常为羽状脉，稀基出脉3~7条；具叶柄；托叶存在或无。花通常两性，辐射对称，单生或孪生，或组成二至三歧聚伞花序，再排成各式花序，稀呈头状；有苞片和小苞片；花萼4~5裂；合瓣花冠，4~5裂或更多。果为蒴果、浆果或核果。种子通常小而扁平或椭圆状环形，有时具翅；胚细小，直立；子叶小。

## ❶ 醉鱼草属 | Buddleja L. |

多为灌木，稀乔木、亚灌木或草本。植株通常被腺毛、星状毛或叉状毛。枝常对生。单叶对生，稀互生或簇生，全缘或有锯齿；羽状脉；叶柄短；有托叶。花多枚组成圆锥状、穗状、总状或头状的聚伞花序；花序1个至几个腋生或顶生；苞片线形；花4枚。蒴果室间开裂，或浆果不开裂。种子多粒，细小，两端或一端有翅，稀光滑无翅。

### 1. 白背枫（狭叶醉鱼草、驳骨丹）Buddleja asiatica Lour.

直立灌木或小乔木。嫩枝四棱形；老枝条圆柱形。幼枝、叶下面、叶柄和花序均密被灰白色毛。叶对生，膜质至纸质，狭椭圆形、披针形或长披针形，长6~30cm，宽1~7cm，顶端长渐尖，全缘或有小齿。总状花序窄而长，由多个小聚伞花序组成；花冠芳香，白色。蒴果椭圆状，小。种子灰褐色，椭圆形，两端具短翅。花期1~10月，果期3~12月。

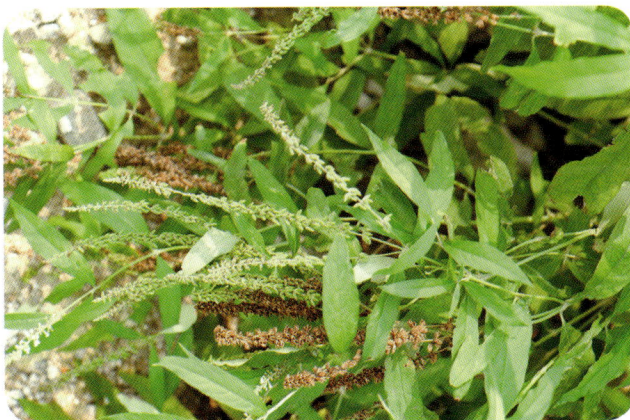

### 2. 醉鱼草 Buddleja lindleyana Fort.

灌木。茎皮褐色。小枝具4棱，棱上略有窄翅。幼枝、叶片下面、叶柄、花序、苞片及小苞片均密被星状短绒毛和腺毛。叶对生，萌芽枝条上的叶为互生或近轮生，叶片膜质，卵形、椭圆形至长圆状披针形。穗状聚伞花序顶生；苞片线形；花紫色，芳香；花萼钟状；花冠裂片阔卵形或近圆形；子房卵形，无毛。果序穗状；蒴果长圆状或椭圆状；基部常有宿存花萼。种子淡褐色，小，无翅。花期4~10月，果期8月至翌年4月。

## ②▸ *灰莉属 | Fagraea Thunb. |

乔木或灌木。叶对生，全缘或有小钝齿；羽状脉通常不明显；叶柄通常膨大；托叶合生成鞘。花通常较大，单生或少花组成顶生聚伞花序；花冠漏斗状或近高脚碟状；雄蕊5枚；子房具柄，椭圆状长圆形。浆果肉质，圆球状或椭圆状，不开裂，通常顶端具尖喙。种子极多，藏于果肉中；种皮脆壳质；胚乳角质；胚小，劲直。

### * 灰莉 Fagraea ceilanica Thunb.

乔木，有时附生于其他树上呈攀缘状灌木。树皮灰色。小枝粗厚，圆柱形，老枝上有凸起的叶痕和托叶痕。全株无毛。叶片稍肉质，干后变纸质或近革质，叶面深绿色，干后绿黄

色。花单生或组成顶生二歧聚伞花序；花冠漏斗状，白色，芳香。浆果卵状或近圆球状。种子椭圆状肾形。花期4~8月，果期7月至翌年3月。

### ③ 蓬莱葛属 | **Gardneria** Wall. |

木质藤本。枝条通常圆柱形，稀四棱形。单叶对生，全缘；羽状脉；具叶柄；有线状托叶。花单生、簇生或组成二至三歧聚伞花序，具长花梗；花4~5枚；苞片小；花萼4~5深裂，裂片覆瓦状排列；花冠辐状，4~5裂；雄蕊4~5枚，花药分离或合生，2室或4室。浆果圆球状，内有种子通常1粒。

**蓬莱葛 Gardneria multiflora** Makino

藤本。叶片纸质至薄革质，椭圆形、长椭圆形或卵形，少数披针形，顶端渐尖或短渐尖，基部宽楔形、钝或圆，上面绿色而有光泽，下面浅绿色。花很多而组成腋生的二至三歧聚伞花序；花5枚；花萼裂片半圆形，长和宽约1.5mm；花冠辐状，黄色或黄白色，花冠管短，花冠裂片椭圆状披针形至披针形，长约5mm，厚肉质；雄蕊花丝短，花药彼此分离，长圆形，长2.5mm，基部2裂，4室。浆果圆球状，直径约7mm；有时顶端有宿存的花柱；果成熟时红色。种子圆球形，黑色。花期3~7月，果期7~11月。

## ④ 钩吻属 | **Gelsemium** Juss. |

木质藤本。叶对生或有时轮生，全缘；羽状脉；具短柄；具托叶或无。花单生或组成三歧聚伞花序，顶生或腋生；花萼5深裂，裂片覆瓦状排列；花冠漏斗状或窄钟状，裂片5个；雄蕊5枚，着生于花冠管内壁上；花柱细长，柱头上部2裂。蒴果，2室，室间开裂。种子扁压状椭圆形或肾形，边缘具有不规则齿裂状膜质翅。

**钩吻**（胡蔓藤、大茶药、断肠草） **Gelsemium elegans** (Gardn. et Champ. ) Benth.

常绿木质藤本。除苞片边缘和花梗幼时被毛外，全株均无毛。叶对生，近革质，卵形至卵状披针形，宽2~6cm，顶端渐尖，基部阔楔形至近圆形；侧脉每边5~7条，在上面扁平，在下面凸起。花密集，组成顶生和腋生的三歧聚伞花序；花冠黄色，漏斗状。蒴果卵形或椭圆形。种子扁压状椭圆形或肾形，边缘具有不规则齿裂状膜质翅。花期5~11月，果期7月至翌年3月。

## 229. 木犀科 Oleaceae

乔木，直立或藤状灌木。叶对生，稀互生或轮生，单叶、三出复叶或羽状复叶，稀羽状分裂，全缘或具齿；具叶柄；无托叶。花辐射对称，两性，稀单性或杂性，雌雄同株、异株或杂性异株；通常聚伞花序排列成圆锥花序，或为总状、伞状、头状花序，顶生或腋生，稀花单生。果为翅果、蒴果、核果、浆果或浆果状核果。种子具1枚伸直的胚。

### 1 白蜡树属 | Fraxinus L. |

落叶乔木，稀灌木。叶对生，奇数羽状复叶，稀在枝梢呈3枚轮生状，有小叶3枚至多枚；叶柄基部常增厚或扩大；小叶叶缘具锯齿或近全缘。花小，单性、两性或杂性，雌雄同株或异株；圆锥花序顶生或腋生于枝端；苞片早落或无；花梗细；花芳香，白色至淡黄色。坚果，具翅。种子1或2粒。

### 白蜡树 Fraxinus chinensis Roxb.

落叶乔木。树皮灰褐色，纵裂。奇数羽状复叶；叶柄基部不增厚；小叶5~7枚，硬纸质，卵形、倒卵状长圆形至披针形，宽2~4cm，先端锐尖至渐尖，基部钝圆或楔形，叶缘具整齐

锯齿，几无毛或仅背脉被毛；侧脉明显。圆锥花序顶生或腋生于枝梢；花萼钟状；无花冠。翅果匙形。花期4~5月，果期7~9月。

## ② 素馨属 | Jasminum L. |

常绿或落叶小乔木，直立或攀缘灌木。叶对生或互生，稀轮生，单叶，三出复叶或为奇数羽状复叶，全缘或深裂；叶柄有时具关节；无托叶。花两性；聚伞花序，再排列成圆锥状、总状、伞房状、伞状或头状；有苞片；花常芳香；花冠常呈白色或黄色，稀红色或紫色。果为浆果，熟时黑色或蓝黑色。种子无胚乳。

### 1. * 茉莉 Jasminum sambac (L.) Ait.

直立或攀缘灌木。小枝圆柱形或稍压扁状。叶对生，单叶，叶片纸质，圆形、椭圆形；叶柄被短柔毛，具关节。聚伞花序顶生；花极芳香；花冠白色，先端圆或钝。果球形，呈紫黑色。花期5~8月，果期7~9月。

### 2. 华素馨 Jasminum sinense Hemsl.

缠绕藤本。小枝密被锈色长柔毛。叶对生，三出复叶；小叶片纸质，卵形至卵状披针形，基部近圆形，两面被锈色柔毛，羽状脉，侧脉明显；顶生小叶较侧生小叶大。聚伞花序常成圆锥状，顶生或腋生；花多数，稀单花腋生；花芳香；花冠白色或淡黄色。果长圆形或近球形。花期6~10月，果期9月至翌年5月。

## ③ 女贞属 | Ligustrum L. |

落叶或常绿、半常绿的灌木、小乔木或乔木。叶对生，单叶，叶片纸质或革质，全缘；具叶柄。聚伞花序常排列成圆锥花序，多顶生于小枝顶端，稀腋生；花两性；花萼钟状；花冠白色，花冠管长于裂片或近等长；裂片4枚；雄蕊2枚，内藏或伸出。果为浆果状核果，稀为核果状而室背开裂。种子1~4粒；种皮薄；胚乳肉质。

### 1. 女贞 Ligustrum lucidum Ait.

常绿乔木。高可达25m。树皮灰褐色。叶对生，革质，卵形或椭圆形，宽3~8cm，先端锐尖至渐尖或钝，全缘，两面无毛；中脉上凹下凸，侧脉4~9对，不明显；叶柄具沟，无毛。圆锥花序顶生；花小；花冠白色，裂片反折；雄蕊伸出。果肾形或近肾形，熟时红黑色，被白粉。花期5~7月，果期7月至翌年5月。

### 2. 小叶女贞（小蜡树、山指甲）Ligustrum sinense Lour.

半常绿灌木或小乔木。嫩枝被毛。单叶对生，纸质或薄革质，卵形至椭圆状卵形，宽1~3cm，先端尖或钝而微凹，基部宽楔形至近圆形，两面略被毛；叶脉上面微凹，而下面略凸，侧脉4~8对。圆锥花序顶生或腋生，多花，花序轴被毛；花白色，芳香；雄蕊伸出。果近球形，直径5~8mm。花期3~6月，果期9~12月。

**3. 光萼小蜡 Ligustrum sinense var. myrianthum** (Diels) Höfk.

落叶灌木或小乔木。幼枝、花序轴和叶柄密被锈色或黄棕色柔毛或硬毛，稀为短柔毛。叶片革质，长椭圆状披针形、椭圆形至卵状椭圆形，上面疏被短柔毛，下面密被锈色或黄棕色柔毛，尤以叶脉为密，稀近无毛。花序腋生，基部常无叶。花期5~6月，果期9~12月。

**4** | *木犀属 | **Osmanthus** Lour. |

乔木或灌木。叶对生，单叶，叶片常为革质，稀纸质，全缘或具齿；常被细小的腺点；有时具鳞片状毛；具叶柄。圆锥花序顶生或腋生，有时为总状花序或伞形花序；花小，两性、单性或杂性，白色或淡黄色；花萼小，钟状，4裂；花冠管短，裂片4个；雄蕊2枚，稀4枚，内藏。果为核果。

*** 木犀 Osmanthus fragrans** (Thunb.) Lour.

常绿小乔木，幼时灌木状。叶片革质，椭圆形或椭圆状披针形，长7~15cm，全缘或上半部有锯齿，两面无毛。聚伞花序簇生于叶腋；花多枚，细小；花冠黄白色、淡黄色或橘红色。果歪斜，椭圆形，呈紫黑色。花期9~10月，果期翌年3月。

# 230.夹竹桃科 Apocynaceae

乔木，直立灌木或木质藤木，或多年生草本。具乳汁或水液。无刺，稀有刺。单叶对生、轮生，稀互生，全缘，稀有细齿；羽状脉；通常无托叶。花两性，辐射对称，单生或多花组成聚伞花序，顶生或腋生；花萼裂片5个，稀4个；花冠合瓣，裂片5个，稀4个；雄蕊5枚。果为浆果、核果、蒴果或蓇葖果。种子通常一端被毛，通常有胚乳及直胚。

## 1 ▶ *黄蝉属 ｜ Allemanda L. ｜

直立或藤状灌木。叶轮生、对生，稀互生；叶腋内常有腺体。花大型，组成总状花序式的聚伞花序；花冠漏斗状；副花冠退化成流苏状被缘毛的鳞片或只有毛，着生在花冠筒的喉部；雄蕊5枚；花盘厚，肉质环状；子房全缘，1室，胚珠多数。蒴果卵圆形，有刺。种子多数，互相覆盖，扁平，边缘膜质或具翅；胚乳肉质，胚根短而在上。

### * 黄蝉 Allemanda schottii Pohl

直立灌木。具乳汁。枝条灰白色。叶轮生，全缘，椭圆形或倒卵状长圆形，叶面深绿色，叶背浅绿色；叶脉在叶面扁平；叶柄极短。聚伞花序顶生；花橙黄色；苞片披针形：花冠漏斗状；雄蕊5枚。蒴果球形。种子扁平。花期5~8月，果期10~12月。

## ❷ 鳝藤属 | Anodendron A. DC. |

攀缘灌木。叶对生；羽状脉，侧脉干时常呈皱纹。聚伞花序顶生或生于上枝的叶腋内；花萼5深裂；花冠高脚碟状，裂片5个，向右覆盖；雄蕊5枚，花丝极短；花盘环状或杯状，有时端部浅5裂；花柱极短。蓇葖果双生，叉开，端部渐尖。种子呈压扁状，卵圆形，有喙。

### 鳝藤 Anodendron affine (Hook. et Arn.) Druce

攀缘灌木。有乳汁。叶对生，长圆状披针形，长3~10cm，端部渐尖，基部楔形；中脉略为上凹下凸，侧脉疏离，干时呈皱纹。聚伞花序总状式，顶生；小苞片甚多；花萼裂片经常不等长；花冠白色或黄绿色；雄蕊短；花盘环状。蓇葖果为椭圆形，双生，叉开。种子棕黑色，有喙。花期11月至翌年4月，果期翌年6~8月。

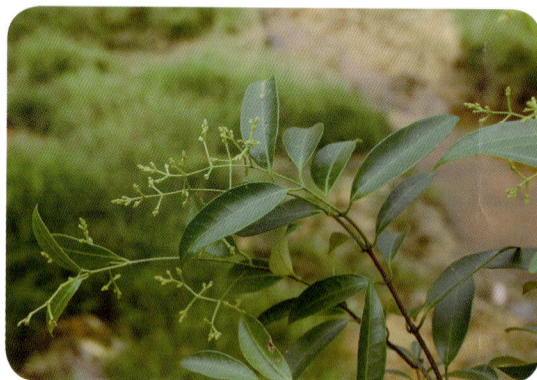

## ❸ *长春花属 | Catharanthus G. Don |

多年生草本。具水液。茎基常木质化。叶草质至革质，对生；叶柄短；叶腋具腺体。花紫红色、红色、粉红色或白色，单生或2~3枚组成聚伞花序，顶生及腋生；花冠高脚碟状。蒴果圆柱形。种子黑色。

### 1. * 长春花 Catharanthus roseus (L.) G. Don

多年生草本。幼茎被柔毛。叶膜质，倒卵形或椭圆形，长2.5~9 cm。聚伞花序腋生或顶生，有花2~3枚；花冠红色、粉红色或白色，常具粉红色、稀黄色斑。蓇葖果双生，直立；外果皮厚纸质，有条纹。种子黑色。花果期几乎全年。

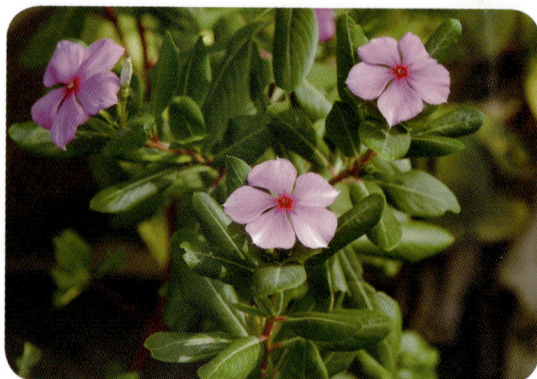

### 2. * 白长春花 Catharanthus roseus (L.) G. Don 'Albus'

多年生草本。幼茎被柔毛。叶膜质，倒卵形或椭圆形，长2.5~9 cm。聚伞花序腋生或顶生，有花2~3枚；花白色。蓇葖果双生，直立；外果皮厚纸质，有条纹。种子黑色。花果期几乎全年。

## ④ *夹竹桃属 | **Nerium** L. |

常绿小乔木或灌木状。具水液。叶3枚轮生，稀对生，革质，窄椭圆状披针形，长5~21cm。聚伞花序组成伞房状顶生；花芳香；花萼裂片窄三角形或窄卵形；花冠漏斗状；裂片向右覆盖，紫红色、粉红色、橙红色、黄色或白色，单瓣或重瓣。蓇葖果圆柱形。种子长圆形，种皮被短柔毛，顶端具种毛。

### *夹竹桃 **Nerium oleander** L.

灌木或小乔木。具白色乳汁。三叉状分枝；老枝灰褐色，小枝绿色或紫色。叶3~4枚轮生；枝条下部的对生，狭披针形，全缘，长11~15cm。聚伞花序顶生，着花数枚；花冠漏斗形，深红色或粉红色。花期几乎全年。栽培少见结果。

## ⑤ 羊角拗属 | **Strophanthus** DC. |

藤本、直立或披散灌木。具乳汁。叶对生或3枚轮生；羽状脉。聚伞花序顶生；花大；萼片离生或基部合生，具5个或更多腺体；花冠漏斗状，花冠筒短，喉部宽，裂片向右覆盖。蓇葖果叉生。种子具喙，密被毛。

**羊角拗 Strophanthus divaricatus** (Lour.) Hook. et Arn.

灌木。小枝棕褐色，密被灰白色圆形皮孔。叶椭圆状长圆形或椭圆形，长3~10cm。聚伞花序顶生，有花3枚；花黄色；花冠漏斗状，花冠裂片卵状披针形，顶端延长成一长尾，长达10cm，下垂。蓇葖果广叉开，木质，椭圆状长圆形。种子有喙，喙上轮生种毛。花期3~7月，果期6月至翌年2月。

## 6 *黄花夹竹桃属 | Thevetia L. |

灌木或小乔木。具乳汁。叶互生；羽状脉。聚伞花序顶生或腋生；花大；花萼5深裂，裂片三角状披针形，内面基部具腺体；花冠漏斗状，裂片阔，花冠筒短，下部圆筒状，花冠筒喉部具被毛的鳞片5枚；雄蕊5枚，着生于花冠筒的喉部，花药与花柱分离；无花盘：子房2室，2深裂，每室有胚珠2枚。核果的内果皮木质，坚硬，2室，每室有种子2粒。

### * 黄花夹竹桃 Thevetia peruviana (Pers.) K. Schum.

乔木，全株无毛。树皮棕褐色，皮孔明显。多枝柔软，小枝下垂。全株具丰富乳汁。叶互生，近革质，线形或线状披针形，光亮，全缘，边稍背卷；无柄。花大，黄色，具香味；顶生聚伞花序；花萼绿色；花冠漏斗状。核果扁三角状球形，有种子2~4粒。花期5~12月，果期8月至翌年春季。

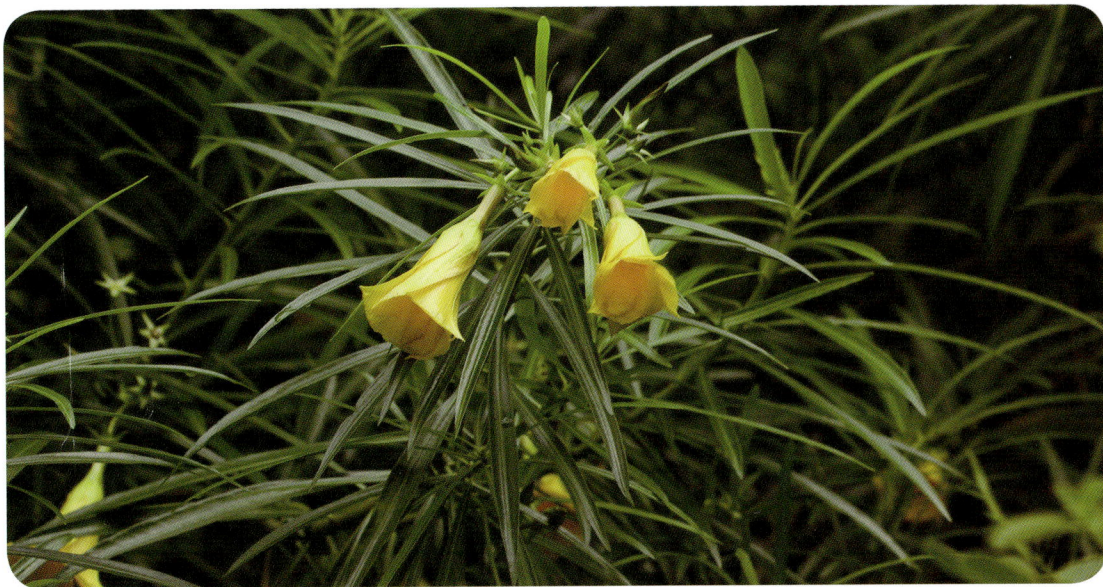

## 7 络石属 | **Trachelospermum** Lem. |

攀缘灌木。具白色乳汁。叶对生；具羽状脉。花序聚伞状，有时呈聚伞圆锥状，顶生、腋生或近腋生；花白色或紫色；花萼5裂，内面基部具腺体；花冠高脚碟状，5棱，顶端5裂；雄蕊5枚，花丝短；花盘环状，5裂。蓇葖果双生，长圆状披针形。种子顶端具种毛。

**络石 Trachelospermum jasminoides** (Lindl.) Lem.

常绿木质藤本。具乳汁小枝被黄色柔毛，后脱落。叶对生，革质或近革质，椭圆形至卵状椭圆形或宽倒卵形，长2~10cm，基部渐狭至钝，无毛或背疏被毛；中脉面微凹背凸，侧脉每边6~12条；叶柄短。二歧聚伞花序腋生或顶生，再组成圆锥状；花白色。蓇葖果双生，叉开，无毛。种子多粒，褐色，线形。花期3~7月，果期7~12月。

# 231.萝藦科 Asclepiadaceae

多年生草本、藤本、直立或攀缘灌木。具乳汁。叶对生或轮生，稀无叶，全缘，羽状脉；具柄，叶柄顶端通常具有丛生的腺体，稀无叶；通常无托叶。聚伞花序通常伞形，有时成伞房状或总状，腋生或顶生；花两性，整齐，5数。蓇葖果双生，或因1枚不发育而成单生。种子顶端具种毛。

## 1 鹅绒藤属 | Cynanchum L. |

灌木或多年生草本，直立或攀缘。叶对生，稀轮生。聚伞花序多数呈伞形状，多花；花小型或稀中型，各种颜色；花萼5深裂，基部内面有小腺体；副花冠膜质或肉质，5裂或杯状或筒状；花药无柄，有时具柄；柱头顶端全缘或2裂。蓇葖果双生或1枚不发育，无毛或具软刺或具翅。种子顶端具种毛。

### 牛皮消 Cynanchum auriculatum Royle ex Wight

蔓性亚灌木。宿根肥厚，呈块状。茎圆形，被微柔毛。叶对生，膜质，被微毛，宽卵形至卵状长圆形，先端短渐尖，基部心形。聚伞花序伞房状，有花30枚；花冠白色，辐状，裂片反折，内面具疏柔毛；副花冠浅杯状；柱头圆锥状，顶端2裂。蓇葖果双生，披针形。种子卵状椭圆形。花期6~9月，果期7~11月。

## 2 匙羹藤属 | Gymnema R. Br. |

木质藤本或藤状灌木。具乳汁。叶对生；具柄；羽状脉。聚伞花序伞形状，腋生；花序梗单生或丛生；花萼5个裂片；花冠近辐状、钟状或坛状；雄蕊5枚，花粉块每室1枚，直立；子房由2个离生心皮组成。蓇葖果双生，披针状圆柱形，渐尖，基部膨大。种子顶端具白色绢质种毛。

**匙羹藤 Gymnema sylvestre** (Retz.) Schult.

木质藤本。具乳汁。茎皮灰褐色，具皮孔。叶倒卵形或卵状长圆形，仅叶脉上被微毛；叶柄被短柔毛，顶端具丛生腺体。聚伞花序伞形状，花序被短柔毛；花梗纤细；花萼裂片卵圆形；花冠绿白色；雄蕊着生于花冠筒的基部。蓇葖果卵状披针形。种子卵圆形。花期5~9月，果期10月至翌年1月。

## ❸ 夜来香属 ｜ **Telosma** Coville ｜

藤状灌木。具乳汁。叶对生，膜质。伞形状或总状的聚伞花序，腋生；花冠膜质，高脚碟状，花冠筒圆筒状，花冠喉部通常紧缩；雄蕊5枚；子房由2个离生心皮组成，花柱短柱状，柱头头状或短圆锥状。蓇葖果圆柱状披针形，无毛。种子顶端具白色绢质的种毛。

**夜来香 Telosma procumbens** (Blanco) Merrill

柔弱藤状灌木。小枝被柔毛，黄绿色；老枝灰褐色，略具有皮孔。叶膜质，卵状长圆形至宽卵形；叶脉上被微毛；伞形状聚伞花序腋生；花芳香，夜间更盛；花萼裂片长圆状披针形；花冠黄绿色，具缘毛；花药顶端具内弯的膜片，花粉块长圆形，直立。蓇葖果披针形。种子宽卵形。花期5~8月，极少结果。

# 232.茜草科 Rubiaceae

乔木、灌木或草本，有时为藤本。叶对生或轮生，有时具变态叶，常全缘，稀具齿缺；具托叶，宿存或脱落。花序各式，由聚伞花序复合而成，很少单花或少花的聚伞花序；花两性、单性或杂性；花冠合瓣，通常4~5裂，稀少或多；雄蕊与花冠裂片同数而互生；通常花柱异长。果为浆果、蒴果或核果。种子裸露或嵌于果肉或肉质胎座中，表面平滑。

## 1 水团花属 | Adina Salisb. |

灌木或小乔木。叶对生；托叶常宿存。头状花序顶生或腋生，或两者兼有，不分枝，或为二歧聚伞状分枝，或为圆锥状排列；节上的托叶小，苞片状；花5数，白色，近无梗；花柱伸出，与头状花序组成绒球状。果序中的小蒴果疏松；小蒴果室背室间4片开裂；宿存萼裂片留附于蒴果的中轴上。种子卵球状至三角形，两面扁平，顶部略具翅。

### 水团花 Adina pilulifera (Lam.) Franch. ex Drake

常绿灌木至小乔木。叶对生，厚纸质，椭圆形至椭圆状披针形，长4~12cm，顶端短尖至渐尖，基部钝或楔形，两面无毛或下面疏被毛；侧脉6~12对，脉腋窝有毛；托叶2裂，早落。头状花序明显腋生，极稀顶生；花序轴单生，不分枝；花冠白色；花柱伸出与花序呈绒球状。果序直径8~10mm。种子长圆形，两端有狭翅。花期6~9月，果期7~12月。

## ② 丰花草属 | **Borreria** G. Mey. |

一年生或多年生草本。茎、枝四棱柱形。叶对生，托叶与叶柄合生成鞘，具刺毛。花数朵簇生或组成聚伞花序腋生或顶生；苞片线形；花萼倒卵形，萼裂片2~4个；花冠漏斗状或高脚碟状，裂片4个，镊合状排列。蒴果，革质或脆壳质。种子腹面有槽；种皮薄。

### 阔叶丰花草 **Borreria latifolia** (Aubl.) K. Schum

粗壮草本。被毛。叶椭圆形或卵状长圆形，顶端短尖或钝，托叶膜质，被粗毛，具数条长刺毛。花数枚丛生于托叶鞘内；无梗；花冠漏斗形，浅紫色。蒴果椭圆形。种子近椭圆形。花果期5~10月。

## ③ 狗骨柴属 | **Diplospora** DC. |

灌木或小乔木。叶交互对生；托叶具短鞘和稍长的芒。聚伞花序腋生和对生，多花，密集；花4 (~5) 数，小，两性或单性（杂性异株的植物）；萼管短，萼裂片常三角形；花冠高脚碟状，白色、淡绿色或淡黄色，花冠裂片旋转排列；雄蕊着生在花冠喉部，花丝短；花盘环状。核果近球形或椭圆球形，小，黄红色。种子每室1~3（~6）粒，具角。

### 狗骨柴 **Diplospora dubia** (Lindl.) Masam.

灌木或乔木。叶交互对生，革质，卵状长圆形、长圆形、椭圆形或披针形，基部楔形，全缘而常稍背卷，两面无毛；侧脉5~11对，在两面稍明显；叶柄无毛。花腋生，密集成束或组成具总花梗、稠密的聚伞花序；花冠白色或黄色。浆果近球形，熟时红色。种子4~8粒，近卵形，暗红色。花期4~8月，果期5月至翌年2月。

## ④ 栀子属 | Gardenia Ellis |

灌木或稀为乔木。无刺或稀具刺。叶对生，少有3枚轮生；托叶生于叶柄内。花大，腋生或顶生，单生、簇生或很少组成伞房状的聚伞花序；萼管常为卵形或倒圆锥形，顶部常5~8裂，裂片宿存，稀脱落；花冠高脚碟状、漏斗状或钟状，裂片5~12个；雄蕊与花冠裂片同数。浆果平滑或具纵棱，革质或肉质。种子多数，扁平或肿胀。

### 1. 栀子 Gardenia jasminoides Ellis

常绿灌木。嫩枝常被短毛。叶对生，革质，少为3枚轮生；叶形多样，通常为长圆状披针形，长3~25cm，先端渐尖、长渐尖或短尖，基部楔形或短尖，两面常无毛；侧脉8~15对，明显。花芳香，通常单花生于枝顶；花白色或乳黄色。浆果常卵形，黄色或橙红色，具纵棱。种子多数，扁，近圆形而稍有棱角。花期3~7月，果期5月至翌年2月。

## 2. * 白蟾 **Gardenia jasminoides** var. **fortuniana** (Lindl.) Hara

与栀子的主要不同在于：花重瓣。

## 5 *长隔木属 | **Hamelia** Jacq. |

灌木或草本。叶对生或3~4枚轮生；有叶柄；托叶多裂或刚毛状，常早落。聚伞花序顶生；花冠管状或钟状；雄蕊4~6枚，生于冠管基部，花丝稍短，花药基着，内藏或顶端伸出，药隔顶端有附属体；花盘肿胀；子房5室，每室有多枚胚珠，花柱丝状，柱头近棱状，稍扭曲。浆果小。种子小；种皮膜质，有网纹。

### * 长隔木 **Hamelia patens** Jacq.

红色灌木。高2~4m。嫩部均被灰色短柔毛。叶通常3枚轮生，椭圆状卵形至长圆形，顶端短尖或渐尖。聚伞花序有3~5个放射状分枝；花无梗，沿着花序分枝的一侧着生；萼裂片短，三角形；花冠橙红色，冠管狭圆筒状；雄蕊稍伸出。浆果卵圆状，暗红色或紫色。

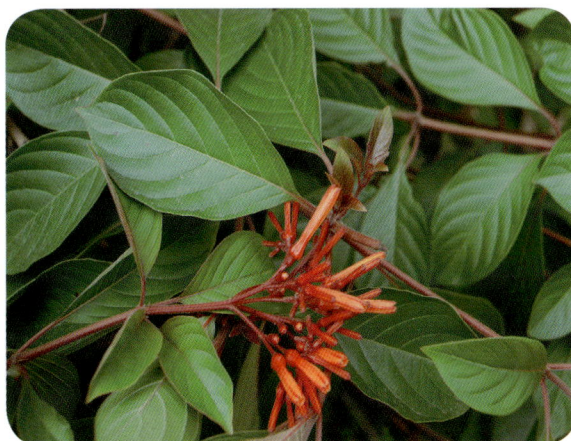

## 6 耳草属 | Hedyotis L. |

草本、亚灌木或灌木，直立或攀缘。茎圆柱形或方柱形。叶对生，罕轮生或丛生状；托叶分离或基部连合成鞘状。花序顶生或腋生，通常为聚伞花序或聚伞花序再排成圆锥状、头状、伞形状或伞房状，稀为单花；苞片和小苞片有或无；有或无花梗。蒴果小，不开裂、室间或室背开裂。种子小，具棱角或平凸；种皮平滑或有窝孔；胚乳肉质。

### 1. 金草 Hedyotis acutangula Champ. ex Benth.

亚灌状草本。直立，无毛，高25~60cm。茎方形，4棱或具翅。叶对生，革质，卵状披针形或披针形，长5~12cm，顶端短尖或短渐尖；中脉明显，侧脉和网脉均不明显；托叶卵形或三角形；无柄或近无柄；全缘或具小腺齿。聚伞花序再排成圆锥状或伞房花状，顶生。蒴果室间开裂为2。种子近圆形，具棱，干后黑色。花期5~8月，果期6~12月。

### 2. 伞房花耳草 Hedyotis corymbosa (L.) Lam.

一年生纤弱蔓生草本。分枝极多，无毛或粗糙。叶膜质或纸质，线形或线状披针形，长1~2.5cm，边缘粗糙。花序腋生，有花2~4枚；花序梗线形纤细；花冠白色或淡红色，筒状。蒴果球形，有数条不明显纵棱；果爿直裂，内有种子数粒。花果期几乎全年。

### 3. 长瓣耳草 Hedyotis longipetala Merr.

直立亚灌木。分枝多，无毛。茎粗壮，圆柱形，灰绿色。叶对生，革质，坚硬，披针形至线状披针形；托叶革质，卵形至长圆状卵形，坚硬，全缘，长尖。花序腋生和顶生，头状花序；花较大；花萼革质；花冠白色。蒴果卵形或椭圆形，成熟时开裂为2果爿；果爿直裂，内有种子数粒。花期4~6月，果期7~8月。

### 4. 粗毛耳草 Hedyotis mellii Tutch

直立粗壮草本。茎和枝近方柱形。叶对生，纸质，卵状披针形，边全缘或具长疏齿；齿端具黑色腺点。花序顶生和腋生，为聚伞花序；花4枚；萼管杯形。蒴果椭圆形，疏被短硬毛，脆壳质，成熟时开裂为2个果爿；果爿腹部直裂。种子数粒，具棱，黑色。花期6~7月。

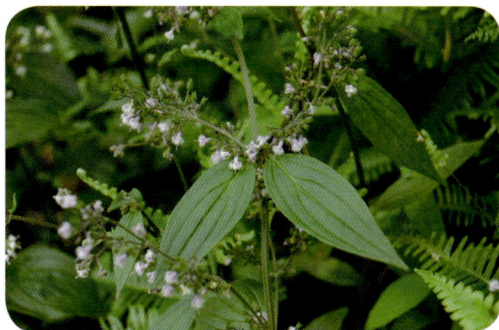

## 7 龙船花属 ｜ Ixora L. ｜

灌木。小枝圆柱形或具棱。叶对生；托叶生于叶柄间。顶生伞房状或三歧分枝聚伞花序，稠密或疏散；花萼卵形，萼裂片4枚，宿存；花冠白色、黄色或红色，高脚碟状，冠筒圆柱形，裂片4个，旋转排列。浆果球形；小核2枚。种子与小核同形；种皮膜质；胚乳软骨质。

### 1. 龙船花（仙丹花、山丹）Ixora chinensis Lam.

灌木。小枝初为深褐色，后呈灰色。叶纸质或稍厚，对生，披针形至长圆状倒披针形，长6~13 cm；叶柄极短或无；托叶基部合生成鞘状。稠密聚伞花序顶生；花4基数，基部常有2枚小苞片承托；花冠红色或红黄色。果近球形，对生，熟时红色。种子上面凸，下面凹。花期5~7月，果期9~10月。

## 2. * 黄龙船花 **Ixora chinensis** var. **lutea** (Hutch.) Corner

与原种的主要区别在于：花黄色。

### 8▶ 巴戟天属 | Morinda L. |

藤本、藤状灌木、直立灌木或小乔木。叶对生，罕3枚轮生；托叶生于叶柄内或叶柄间，分离或2枚合生成筒状。头状花序桑果形或近球形，由少数至多数花聚合而成；木本种花序单一腋生或生于一叶位而与另一叶对生，藤本种为数花序伞状排于枝顶；花无梗，两性；3~7基数；花冠白色。果为聚花核果。种子与分核同形或长圆形；胚乳丰富，角质；胚小。

#### 羊角藤 Morinda umbellata subsp. obovata Y. Z. Ruan

藤本。嫩枝无毛。叶对生，纸质或革质，各式倒卵形，长6~9cm，顶端渐尖或具小短尖，基部渐狭或楔形，全缘，上面常具蜡质，光亮，两面无毛；侧脉每边4~5条。花序3~11个伞状排列于枝顶成头状花序，具花6~12枚；花4~5基数，无花梗；花冠白色；无花柱。聚花核果熟时红色。种子角质，棕色。花期6~7月，果期10~11月。

### 9▶ 玉叶金花属 | Mussaenda L. |

乔木、灌木或缠绕藤本。叶对生或偶有3枚轮生；托叶生于叶柄间。聚伞花序顶生；苞片和小苞片脱落；花萼管长圆形或陀螺形，萼裂片5个，其中1个或全部成花瓣状叶；花冠黄色、红色或稀为白色，裂片5个；雄蕊5枚；花柱内藏或伸出，柱头2个，细小；花盘大，环形。浆果肉质。种子小；种皮有小孔穴状纹；胚乳丰富，肉质。

**玉叶金花 Mussaenda pubescens** Ait. f.

攀缘灌木。嫩枝被毛。叶对生或轮生，膜质或薄纸质，卵状长圆形或卵状披针形，长5~8cm，顶端渐尖，基部楔形，上面近无毛或疏被毛，下面密被短柔毛；叶柄被柔毛；托叶深2裂。聚伞花序顶生，密花；苞片线形；花梗极短或无；花萼管陀螺形，裂片常比管长2倍以上；花冠黄色。浆果近球形。花期6~7月。

## ⑩ 鸡矢藤属 | Paederia L. |

缠绕灌木或藤本。枝叶揉之有臭味。茎圆柱形。叶对生，稀3枚轮生；托叶生于叶柄内，三角形，脱落。二歧或三歧圆锥聚伞花序，腋生或顶生；萼筒陀螺形或卵形，萼裂片4~5个；花冠筒状或漏斗状，裂片4~5个，镊合状排列，边缘有皱纹。果球形或扁；外果皮膜质。种子与小坚果合生；种皮薄。

**鸡矢藤 Paederia foetida** L.

藤本。叶对生，膜质，卵形或披针形，长5~10cm，基部浑圆，有时心形。圆锥花序腋生或顶生，扩展；花有小梗，生于蝎尾状聚伞花序上；花冠紫蓝色，常被绒毛。果阔椭圆形。坚果浅黑色。花期5~6月，果期10~12月。

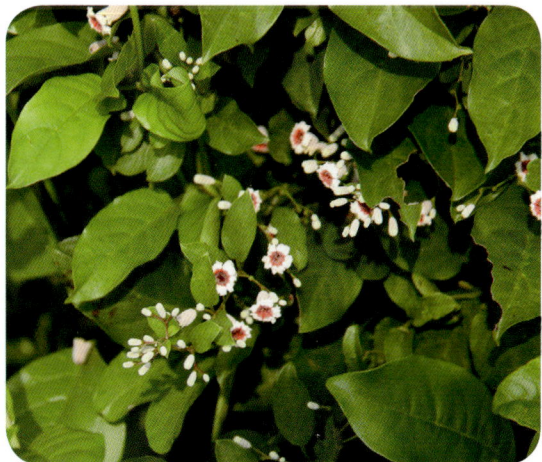

# 233.忍冬科 Caprifoliaceae

落叶或常绿灌木或木质藤本，有时为小乔木，稀为多年生草本。叶对生，稀轮生，多为单叶，全缘、具齿或有时羽状或掌状分裂；具羽状脉，极少具基部或离基三出脉或掌状脉，有时为单数羽状复叶；叶柄短，有时两叶柄基部连合；通常无托叶。伞状花组成各式花序；花两性，极少杂性。浆果、核果或蒴果。种子具骨质外种皮，平滑或有槽纹。

## 1 六道木属 | Abelia R. Br. |

落叶或很少常绿灌木。冬芽小，卵圆形，具数对鳞片。叶对生，全缘或齿牙或圆锯齿；具短柄；无托叶。具单花、双花或多花的总花梗顶生或生于侧枝叶腋，也有三歧分枝的聚伞花序或伞房花序；花冠白色或淡玫瑰红色，筒状漏斗形或钟形，挺直或弯曲；雄蕊4枚，花药黄色，内向；子房3室。果实为革质瘦果，矩圆形，冠以宿存的萼裂片。种子近圆柱形；种皮膜质；胚乳肉质；胚短，圆柱形。

### 糯米条 Abelia chinensis R. Br.

落叶多分枝灌木。嫩枝纤细，红褐色，被短柔毛；老枝树皮纵裂。叶有时3枚轮生，圆卵形至椭圆状卵形。聚伞花序生于小枝上部叶腋，由多数花序集合成一圆锥状花簇；总花梗被短柔毛，果期光滑；花芳香，具3对小苞片；小苞片矩圆形或披针形，具睫毛；

花冠白色至红色，漏斗状，为萼齿的1倍，外面被短柔毛。果实具宿存而略增大的萼裂片。花期8~9月，果期10~11月。

## 2 忍冬属 | Lonicera L. |

落叶或常绿直立或攀缘灌木，稀小乔木状，有时为缠绕藤本。叶对生，稀轮生，纸质至革质，全缘，稀具齿或分裂；无托叶或稀具。花通常成对生于腋生的总花梗顶端，或花无柄而呈轮状排列于小枝顶；有苞片和小苞片，稀缺失；花冠白色、黄色、淡红色或紫红色；雄蕊5枚。果实为浆果，红色、蓝黑色或黑色。种子具浑圆的胚。

### 1. 菰腺忍冬 Lonicera hypoglauca Miq.

落叶藤本。幼枝、叶柄、叶下面和上面中脉及总花梗均密被上端弯曲的淡黄褐色短柔毛，有时还有糙毛。叶纸质，卵形至卵状矩圆形。双花单生至多花集生于侧生短枝上；苞片条状披针形；花冠白色，有时有淡红晕，后变黄色，唇形；雄蕊与花柱均稍伸出，无毛。果实熟时黑色，近圆形，有时具白粉。种子淡黑褐色，椭圆形。花期4~5 月，果期10~11月。

## 2. 忍冬 Lonicera japonica Thunb.

半常绿藤本。幼枝密被开展的硬直糙毛、腺毛。叶对生，纸质，卵形至矩圆状卵形，长3~9.5cm；幼叶被毛，老叶面无毛；叶柄密被毛。双花腋生或呈总状；总花梗常单生于叶腋；苞片叶状；萼筒无毛；花冠白色变黄色，唇瓣略短于筒。浆果蓝黑色。种子卵圆形或椭圆形，褐色。花期4~6月，果期10~11月。

## 3. 皱叶忍冬 Lonicera rhytidophylla Hand.-Mazz. [L. reticulata Champ.]

常绿藤本。幼枝、叶柄和花序均被黄褐色毡毛。叶对生，革质，宽椭圆形、卵形至矩圆形，长3~10cm，边缘背卷；上面叶脉显著凹陷而呈皱纹状，除中脉外几无毛，下面被毛。双花成腋生小伞房花序，或在枝端组成圆锥状花序；萼筒无毛；花冠白色变黄色。浆果蓝黑色。花期6~7月，果期10~11月。

## ③ 荚蒾属 | Viburnum L. |

落叶或常绿灌木或小乔木。单叶，对生，稀3枚轮生，全缘或具齿，有时掌状分裂；有柄；托叶通常微小或无。花小，两性，整齐；花序由聚伞花序合成顶生或侧生的复伞形式、圆锥式或伞房式，很少紧缩成簇状，有时具不孕边花；苞片和小苞片常小而早落；萼齿5枚，宿存；花冠常白色。果实为核果，卵圆形或圆形，内含1粒种子。

## 1. 荚蒾 Viburnum dilatatum Thunb.

落叶灌木。小枝、芽、叶、叶柄、花序、萼和花冠外面均密被毛。单叶对生，纸质，宽倒卵形、倒卵形，长3~13cm，先端急尖，基部圆形至钝或微心形，边缘有齿；叶背有腺体；侧脉6~8对，直达齿端，上凹下凸；有叶柄；无托叶。复伞形式聚伞花序稠密；花冠白色。果红色；核扁。花期5~6月，果熟期9~11月。

## 2. 吕宋荚蒾 Viburnum luzonicum Rolfe

灌木。当年小枝连同芽、叶柄、花序、萼筒及萼齿均被黄褐色簇状毛。二年生小枝暗紫

褐色，被疏簇状毛。叶纸质或厚纸质，卵形，边缘有深波状锯齿，有缘毛。复伞形式聚伞花序；花冠白色，辐状；雄蕊短于花冠或稍较长，花药宽椭圆形。果实红色，卵圆形；核甚扁，宽卵圆形。花期4月，果期10~12月。

### 3. 常绿荚蒾（坚荚树）Viburnum sempervirens K. Koch

常绿灌木。嫩枝有棱；老枝圆柱形。叶对生，革质，常椭圆形至椭圆状卵形，长4~16cm，顶端尖或短渐尖，基部渐狭至钝形或圆形，全缘或顶部具疏浅齿，叶面有光泽，叶背有腺点，脉被毛；侧脉3~5对；叶柄带红紫色；无托叶。复伞形式聚伞花序顶生；花冠白色。果红色；核扁圆。花期5月，果期10~12月。

# 235.败酱科 Valerianaceae

二年生或多年生草本，稀亚灌木。茎直立，常中空。叶对生或基生，常一回奇数羽状分裂，具1~5对侧生裂片，有时二回奇数羽状分裂或不分裂，边缘常具锯齿；不同部位叶常不同形；无托叶。花序顶生；聚伞花序组成伞房状、复伞房状或圆锥状，稀为头状；具总苞片；花小，两性或极少单性。果为瘦果。种子1粒，种子无胚乳，胚直立。

## 败酱属 | **Patrinia** Juss. |

多年生直立草本，稀为二年生草本。基生叶丛生，花果期常枯萎或脱落；茎生叶对生，常一至二回奇数羽状分裂或全裂，或不分裂，边缘具齿或无。花序顶生；二歧聚伞花序组成的伞房花序或圆锥花序，具叶状总苞片；有小苞片；花小，萼齿5个；花冠黄色，稀白色，裂片5个；雄蕊4枚。瘦果，内有种子1粒；果苞翅状。种子扁椭圆形，胚直立，无胚乳。

### 1. 黄花败酱 **Patrinia scabiosaefolia** Fisch. ex Trev.

多年生草本。茎直立，有时带淡紫色。基生叶丛生，花时枯落，不分裂或羽状分裂或全裂；茎生叶对生，常羽状深裂或全裂，具齿，被毛或无，无柄。花序顶生，为聚伞花序组成的大型伞房花序，具5~7级分枝；花序梗上方一侧被毛；花冠钟形，黄色；雄蕊4枚。瘦果长圆形，具3棱。种子扁平，椭圆形。花期7~9月。

### 2. 白花败酱（攀倒甑） **Patrinia villosa** (Thunb.) Juss.

多年生草本。茎直立，被毛。基生叶丛生，不分裂或大头羽状深裂，无叶柄；茎生叶对生，与基生叶同形，边缘具齿，常不分裂，两面被糙伏毛或近无毛，有叶柄。花序顶生，由聚伞花序组成顶生圆锥花序或伞房花序，分枝达5~6级；花序梗密被毛；花冠钟形，白色；雄蕊4枚。瘦果倒卵形。花期8~10月，果期9~11月。

# 238.菊科 Compositae

　　草本、亚灌木或灌木，稀为乔木。叶通常互生，稀对生或轮生，全缘或具齿或分裂；无托叶。花两性或单性，稀单性异株，整齐或左右对称，5基数；少数或多数花密集成头状花序或为短穗状花序；有1层或多层苞片组成的总苞；头状花序单生或多个再排成总状、聚伞状、伞房状或圆锥状。果为不开裂的瘦果。种子无胚乳，具2枚，稀1枚子叶。

## ❶ 下田菊属 | Adenostemma J. R. et G. Forst. |

　　一年生草本。全株被腺毛或光滑无毛。叶对生，边缘有锯齿；基三出脉。基头状花序中等大小或小，多数或少数在假轴分枝的顶端排列成伞房状或伞房状圆锥花序；总苞钟状或半球形，总苞片草质，2层，近等长，分离或结合；花托扁平，无托毛；全部为结实的两性花；花冠白色。瘦果顶端钝圆，通常有3~5棱。

### 下田菊 Adenostemma lavenia (L.) O. Kuntze

　　一年生草本。高30~100cm。基生叶花果期生存或凋萎；茎中部叶较大，长椭圆状披针形，长4~12cm，先端急尖或钝，基部宽或狭楔形，叶柄有狭翼，边缘有圆锯齿，两面被疏毛，脉上毛较密；两端叶渐小，叶柄短。头状花序小，在枝顶再排成松散伞房状或伞房圆锥状花序；花白色。瘦果小。花果期8~10月。

## ❷ 藿香蓟属 | Ageratum L. |

　　一年生或多年生草本或灌木。叶对生或上部叶互生。头状花序小，同型；有多数小花，在茎枝顶端排成紧密伞房状花序，稀排成疏散圆锥花序的；总苞钟状，总苞片2~3层，不等长；花托平或稍凸起，无托片或有尾状托片；花全部管状，檐部顶端有5个齿裂；花柱分枝伸长，顶端钝。瘦果有5个纵棱。

**藿香蓟**（胜红蓟）**Ageratum conyzoides** L.

一年生草本。高50~100cm。茎枝被稠密开展的长茸毛。中部茎叶卵形或椭圆形，长3~8cm；自中部叶向上或向下及腋生小枝上的叶渐小，边缘有圆齿，两面被白色稀疏的柔毛。头状花序4~18个在茎顶排成紧密的伞房状花序；花冠淡紫色。瘦果黑褐色，5条棱；顶端有5枚芒状的鳞片。花果期全年。

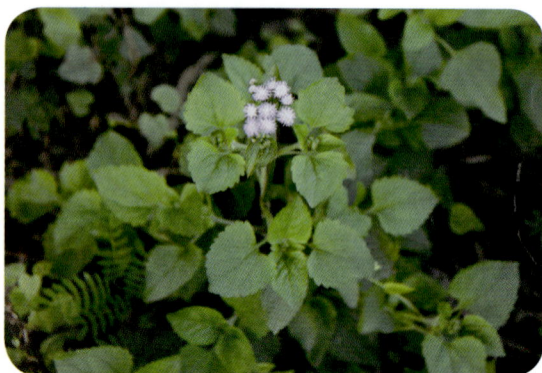

### 3 豚草属 | Ambrosia L. |

一年或多年生草本。茎直立。叶互生或对生，全缘或浅裂，或一至三回羽状细裂。头状花序小，单性，雌雄同株；雄头状花序无花序梗或有短花序梗，在枝端密集成无叶的穗状或总状花序；雌头状花序有1枚无被能育的雌花。无花序梗，在上部叶腋单生或密成团伞状。瘦果倒卵形，无毛，藏于坚硬的总苞中。

**豚草 Ambrosia artemisiifolia** L.

一年生草本。茎直立，上部有圆锥状分枝，被疏生密糙毛。下部叶对生，全缘。雄头状花序半球形或卵形，在枝端密集成总状花序；总苞宽半球形或碟形；花托具刚毛状托片；花冠淡黄色；花药卵圆形；雌花头状花序无花序梗。瘦果倒卵形，无毛，藏于坚硬的总苞中。花期8~9月，果期9~10月。

### 4 蒿属 | Artemisia L. |

一年生、二年生或多年生草本，稀亚灌木。茎、枝、叶及头状花序的总苞片常被毛。叶互生，一至三回，稀四回羽状分裂，或不分裂，稀近掌状分裂，叶具齿，稀全缘；有叶柄或无；常有假托叶。头状花序小，多数或少数组成穗状、总状或复头状，稀伞房状，再排成圆锥花序；总苞片2~4层。瘦果小，无冠毛。种子1粒。

### 1. 奇蒿 Artemisia anomala S. Moore

多年生草本。主根稍明显或不明显，侧根多数；根状茎稍粗，弯曲，斜向上。茎单生，具纵棱，黄褐色或紫褐色。叶厚纸质或纸质，上面绿色或淡绿色，边缘具细锯齿，基部圆形或宽楔形；具短柄；叶柄中部叶卵形、长卵形或卵状披针形。圆锥花序；雌花花冠狭管状；两性花花冠管状。瘦果倒卵形或长圆状倒卵形。花果期6~11月。

### 2. 艾 Artemisia argyi Lévl. et Van.

多年生草本或略成亚灌状。高可达2m。茎、枝、叶均被毛。叶厚纸质，上面被灰白柔毛及腺点，背面密被灰白绒毛；中下部叶羽状深裂，各裂片再具2~3个小裂齿；上部叶与苞片叶羽状半裂或浅裂，稀深裂。头状花序椭圆形，由穗状或复穗状花序再组成圆锥花序；总苞片3~4层；花冠紫色。瘦果小。花果期7~10月。

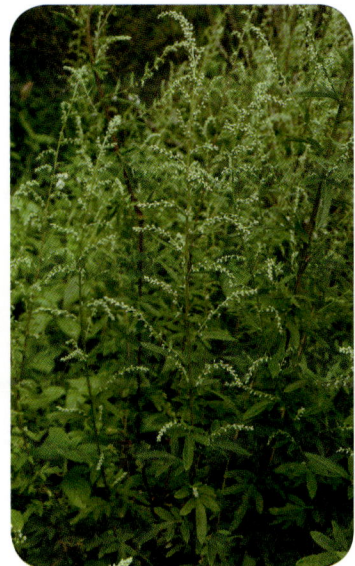

### 3. 五月艾 Artemisia indica Willd.

亚灌木状草本。植株具浓香。叶形多变，羽状深裂，叶面初被灰白或淡灰黄色绒毛，叶背面密被灰白色蛛丝状绒毛。头状花序卵圆形、长卵圆形或宽卵圆形，具短梗及小苞叶；总苞片背面初被绒毛；花两性。瘦果长圆形或倒卵圆形。花果期8~10月。

#### 4. 牡蒿 Artemisia japonica Thunb.

多年生草本。茎有纵棱，常紫褐色。叶纸质，两面无毛或初时微有毛，后无毛。基生叶与茎下部叶倒卵形或宽匙形，2~3深裂，裂片先端撕裂状；中部叶匙形，3~5浅裂或深裂，先端撕裂；上部叶3浅裂或不分裂。头状花序多数，组成穗状或总状，再排成圆锥花序；总苞片3~4层。瘦果小，倒卵形。花果期7~10月。

#### 5. 白苞蒿（白花蒿） Artemisia lactiflora Wall. ex DC.

多年生草本。茎、枝初时微被毛后脱落无毛。叶纸质，嫩叶被毛后脱落；基生叶及茎下部叶宽卵形或长卵形，一至二回羽状全裂，稀深裂，裂片具齿或全缘；上部叶与苞片叶略小，羽状深裂或全裂，具齿。头状花序少数或多数，组成密穗状或复穗状，再排成圆锥花序；总苞片3~4层。瘦果小。花果期8~11月。

### 5 紫菀属 | Aster L. |

多年生草本，亚灌木或灌木。茎直立。叶互生，有齿或全缘。头状花序作伞房状或圆锥伞房状排列，或单生；有多数异形花，外围1~2层雌花，中央为两性花，均能结实，稀无雌花而呈盘状；总苞片2至多层；外围雌花冠舌状，白色、浅红色、紫色或蓝色；两性花冠黄色或带紫色。瘦果小，有2边肋。

#### 1. 三脉紫菀 Aster ageratoides Turcz.

多年生草本。根状茎粗壮。茎直立。叶片宽卵圆形。头状花序排列成伞房状或圆锥伞房状；总苞倒锥状或半球状；舌状花约10余枚，管部长2mm，舌片线状长圆形，紫色、浅红色或白色；管状花黄色。瘦果倒卵状长圆形，灰褐色，有边肋，一面常有肋，被短粗毛；冠毛浅红褐色或污白色。花果期7~12月。

#### 2. 钻叶紫菀 Aster subulatus Michx.

一年生草本。茎基部略带红色，上部有分枝。叶互生，无柄；基部叶倒披针形，花期凋落；中部叶线状披针形，先端尖或钝，全缘；上部叶渐狭线形。头状花序顶生，排成圆锥花序；总苞钟状，总苞片3~4层，外层较短，内层较长，线状钻形，无毛，背面绿色，先端略带红色；舌状花细狭、小，红色；管状花多数，短于冠毛。瘦果略有毛。花期9~11月。

## 6 鬼针草属 | Bidens L. |

一年生或多年生草本。茎直立或匍匐，常有纵纹。叶对生或有时在茎上部互生，稀3枚轮生，全缘或具齿，或一至三回三出或羽状分裂。头状花序单生于茎、枝端或多数排成不规则的伞房状圆锥花序丛；总苞片通常1~2层；花杂性，外围一层为舌状花，或全为筒状花；舌状花通常白色或黄色，稀为红色。瘦果扁平或具4条棱。

### 1. 金盏银盘 Bidens bipinnata L.

一年生草本。茎直立。叶为一回羽状复叶；顶生小叶卵形至长圆状卵形或卵状披针形，边缘具稍密且近于均匀的锯齿。头状花序；舌状花，舌片淡黄色，长椭圆形；盘花筒状。瘦果条形，黑色，具倒刺毛。

### 2. 鬼针草 Bidens pilosa L.

一年生草本。下部和上部叶较小，3裂或不分裂；中部叶三出复叶或稀具5～7枚小叶的羽状复叶，小叶具柄，边缘有齿，顶生小叶较大。头状花序直径8~9mm；外层苞片7~8枚，条状匙形，上部稍宽；无舌状花；盘花筒状，冠檐5齿裂。瘦果条形，略扁，具棱。花果期几全年。

### 3. 白花鬼针草 Bidens pilosa var. **radiata** (Sch. Bip.) Sherff

与原种的主要区别在于：头状花序边缘具舌状花5~7枚，舌片椭圆状倒卵形，白色，长5~8mm，宽3.5~5mm，先端钝或有缺刻。

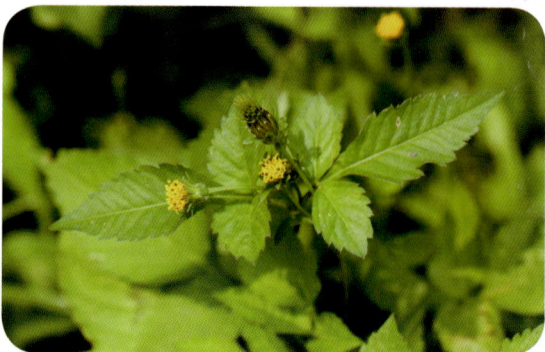

### 4. 狼把草 Bidens tripartita L.

一年生草本。茎圆柱状或具钝棱而稍呈四方形。叶对生，边缘具锯齿，有狭翅，叶片无毛或下面有极稀疏的小硬毛。头状花序单生于茎端及枝端；总苞盘状，条形或匙状倒披针形，膜质，褐色，有纵条纹，具透明或淡黄色的边缘；托片条状披针形，边缘透明；无舌状花，全为筒状两性花；花药基部钝。瘦果扁，边缘有倒刺毛，两侧有倒刺毛。

## ❼ 艾纳香属 | **Blumea** DC. |

一年或多年生草本，亚灌木或藤本。茎被毛。叶互生，边缘具齿、重齿或琴状，羽状分裂，稀全缘；无柄、具柄或沿茎下延成茎翅。头状花序小或中等大，无柄或有柄，腋生和顶生，排列成圆锥花序；花黄色或紫色；外围雌花多层，能育；中央两性花能育或极少不育；总苞片多层。瘦果小，有或无棱。

### 1. 见霜黄（柔毛艾纳香）**Blumea lacera** (Burm. f.) DC.

草本。多分枝。茎被毛。下部叶倒卵形或倒卵状长圆形，边缘有疏粗齿，或琴状分裂；上部叶无或有短柄，不分裂，倒卵状长圆形或长椭圆形；上部叶缘具齿，稀全缘；全部叶两面被毛。头状花序直径5~6.5mm，排列成腋生和顶生的大圆锥花序；总苞片约4层；花黄色。瘦果近有角至圆滑；冠毛白色。花期2~6月。

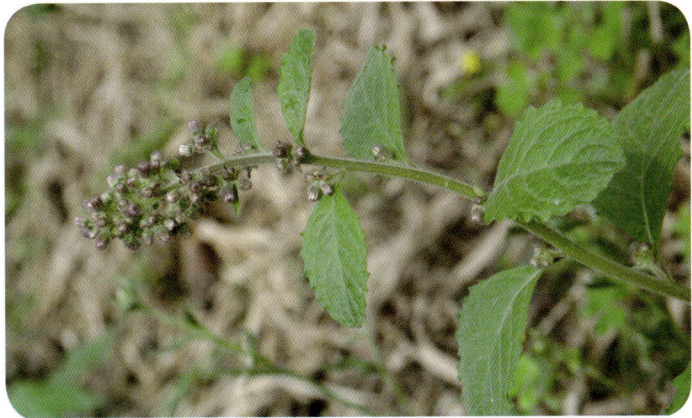

### 2. 东风草（大头艾纳香）**Blumea megacephala** (Randeria) Chang et Tseng

攀缘状草质藤本。叶草质，具短柄，叶面有光泽，下面无毛或略被毛，边缘具齿；中下部叶卵形、卵状长圆形或长椭圆形，长7~10cm；上部叶较小，椭圆形或卵状长圆形，长2~5cm。头状花序疏散，直径1.5~2cm，数个成总状或近伞房状，再排成圆锥花序；总苞片5~6层；花黄色。瘦果10棱。花期8~12月。

## 8 ▶ 天名精属 | **Carpesium** L. |

多年生草本。茎直立，多有分枝。叶互生，全缘或具不规整的牙齿。头状花序顶生或腋生，有梗或无梗，通常下垂；总苞盘状、钟状或半球形；花托扁平，秃裸而有细点；花黄色，异型；外围的雌性，1至多列，结实，花冠筒状；盘花两性，花冠筒状或上部扩大呈漏斗状，花药基部箭形，裂片线形，扁平，先端钝。瘦果细长，有纵条纹，顶端具软骨质环状物；无冠毛。

**烟管头草 Carpesium cernuum** L.

多年生草本。茎下部密被白色长柔毛及卷曲的短柔毛，基部及叶腋尤密，常成棉毛状，上部被疏柔毛，后渐脱落稀疏。叶片长椭圆形或匙状长椭圆形。头状花序单生于茎端及枝端，开花时下垂；苞叶多枚，椭圆状披针形，密被柔毛及腺点，条状披针形或条状匙形；总苞壳斗状；雌花狭筒状；两性花筒状。瘦果。

## 9 *茼蒿属 | Glebionis Cass. |

一年生草本。直根系。叶互生，羽状分裂或边缘有锯齿。头状花序异型，不明显；伞房花序；边缘雌花舌状；总苞宽杯状，总苞片硬草质；舌状花黄色，舌片长椭圆形或线形；两性花黄色，花药基部钝，顶端附片卵状椭圆形。两性花瘦果有6~12条等距排列的肋，无冠状冠毛。

### * 茼蒿 Glebionis coronaria (L.) Cass. ex Spach

一年生草本，光滑无毛或几光滑无毛。茎不分枝或自中上部分枝。基生叶花期枯萎；中下部茎叶长椭圆形或长椭圆状倒卵形，二回羽状分裂；一回为深裂或几全裂，二回为浅裂、半裂或深裂，裂片卵形或线形；上部叶小。头状花序单生于茎顶或少数生于茎枝顶端，不明显的伞房花序；总苞片4层，顶端膜质扩大成附片状。舌状花瘦果，管状花瘦果。花果期6~8月。

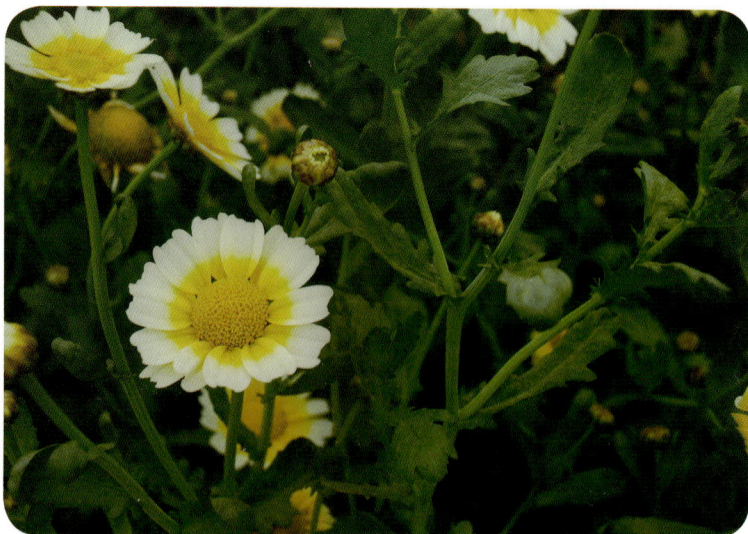

## 10 蓟属 | Cirsium Mill. |

一年生、二年生或多年生草本。茎分枝或不分枝。叶无毛至有毛，边缘有针刺。头状花序同型，在枝顶排成伞房状、伞房圆锥状、总状或集成复头状花序，稀单生于茎端；雌雄同株，极少异株；总苞片多层；小花红色、红紫色，极少为黄色或白色。瘦果光滑，压扁，通常有纵条纹。

**蓟 Cirsium japonicum** Fisch. ex DC.

多年生草本。块根纺锤状或萝卜状。茎直立，分枝或不分枝，全部茎枝有条棱。基生叶较大，全形卵形、长倒卵形、椭圆形或长椭圆形。头状花序直立；小花红色或紫色；总苞钟状。瘦果压扁，偏斜楔状、倒披针状，顶端斜截形；冠毛浅褐色，多层，基部连合成环，整体脱落，冠毛刚毛长羽毛状。花果期4~11月。

## 11 野茼蒿属 | Crassocephalum Moench |

一年生或多年生草本。叶互生。头状花序盘状或辐射状，中等大，在花期常下垂；小花同形，多数，全部为管状，两性；总苞片1层，近等长，线状披针形，花期直立黏合成圆筒状，后开展而反折，基部有数枚不等长的外苞片；花冠细管状，裂片5个。瘦果狭圆柱形，具棱条。

**野茼蒿（革命菜）Crassocephalum crepidioides** (Benth.) S. Moore

直立草本。茎有纵条棱，无毛。叶草质，椭圆形或长圆状椭圆形，长7~12cm，顶端渐尖，基部楔形，边缘有不规则锯齿或重锯齿，或有时基部羽状裂，两面无或近无毛；有叶

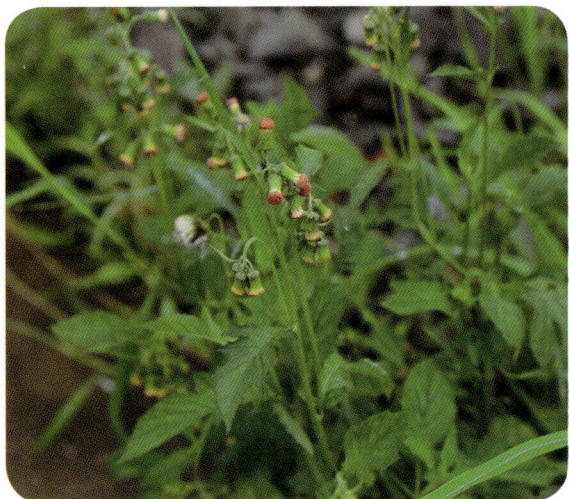

柄。头状花序数个在茎端排成伞房状；总苞片1层；小花全部管状，两性；花冠红褐色或橙红色。瘦果狭圆柱形。花果期7~12月。

## ⑫ 菊属 | **Chrysanthemum** L. Des Moul. |

多年生草本。叶不分裂、掌状或一至二回羽状分裂。头状花序异型，单生于茎顶，或少数或较多在茎枝顶端排成伞房或复伞房花序；边缘花雌性，舌状，1层，中央盘花两性，管状；总苞片4~5层；舌状花黄色、白色或红色；管状花全部黄色，顶端5齿裂。全部瘦果同形，有5~8条纵脉纹，无冠状冠毛。

### 1. **野菊 Chrysanthemum** (L.) Des Moul.

多年生草本。有地下匍匐茎。茎枝被毛。基生叶和下部叶花期脱落；中部叶卵形、长卵形或椭圆状卵形，羽状半裂、浅裂或分裂不明显而边缘有浅锯齿，有叶柄，多少被毛。头状花序直径1.5~2.5cm，在枝顶排成伞房圆锥状或伞房花序；总苞片约5层；舌状花黄色。瘦果小。花果期6~11月。

### 2. \* **菊花 Chrysanthemum morifolium** (Ramat.) Tzvel.

多年生草本。茎被柔毛。叶互生，卵形至披针形，长 5~15 cm，羽状浅裂或半裂，叶背被白色短柔毛，边缘有粗锯齿或深裂。头状花序单生或数个集生于茎枝顶端；总苞片多层，外层绿色，条形，外被柔毛；舌状花白色、红色、紫色或黄色。瘦果扁平，褐色。花期9~11月，果期翌年1~2月。

## ⑬ 鱼眼草属 | **Dichrocephala** DC. |

一年生草本。叶互生或大头羽状分裂。头状花序小，异型，球状或长圆状，在枝端和茎顶排成小圆锥花序或总状花序，少有单生的；总苞小，总苞片近2层；全部花管状，可育；边花多层，雌性，顶端2~3齿或3~4齿裂；中央两性花紫色或淡紫色，顶端4~5齿裂。瘦果压扁。

**鱼眼草 Dichrocephala integrifolia (L. f.) Kuntze**

一年生草本。叶卵形、椭圆形或披针形，具重齿，两面被毛或无毛；中部叶长3~12cm，大头羽裂，侧裂片1~2对，具柄；上下两端叶渐小，同形；基部叶常不裂；中下部叶腋常有不发育的叶簇或小枝。头状花序小，球形，排成伞房状或伞房状圆锥花序；外围雌花紫色；中央两性花黄绿色。瘦果压扁。花果期全年。

## 14 鳢肠属 | Eclipta L. |

一年生草本。有分枝。被糙毛。叶对生，全缘或具齿。头状花序小，常生于枝端或叶腋，具花序梗，异型；总苞钟状，总苞片2层；外围的雌花2层，结实，花冠舌状，白色，全缘或2齿裂；中央的两性花多数，花冠管状，白色，结实，顶端具4齿裂。瘦果三角形或扁四角形。

**鳢肠（旱莲草）Eclipta prostrata (L.) L.**

一年生草本。茎被糙毛。叶长圆状披针形或披针形，长3~10cm，顶端尖或渐尖，边缘具齿或波状，两面被密硬糙毛；无柄或有极短的柄。头状花序直径6~8mm；总苞片5~6枚排成2层；外围雌花2层，舌状，白色；中央两性花多数，花冠管状，白色。瘦果三棱形或扁四棱形。花果期6~9月。

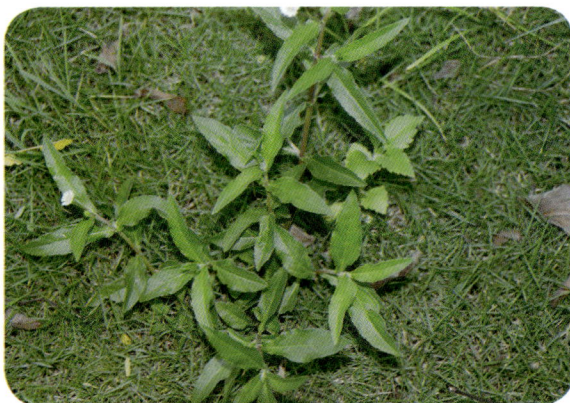

## 15 地胆草属 | **Elephantopus** L. |

多年生坚硬草本。被柔毛。叶互生，全缘或具锯齿，或少有羽状浅裂；具羽状脉；无柄或具短柄。头状花序多数，密集成团球状复头状花序，基部被数枚叶状苞片所包围，在茎和枝端单生或排列成伞房状；总苞片2层；花全部两性，同型，结实；花冠管状，檐部5裂。瘦果长圆形，具10条肋。

### 地胆草 **Elephantopus scaber** L.

多年生草本。基部叶花期生存，莲座状，匙形或倒披针状匙形，长5~18cm，顶端圆钝或具短尖，基部渐狭成宽短柄，边缘具圆齿；茎叶少数而小，倒披针形或长圆状披针形，向上渐小；叶两面被硬毛。头状花序多数，组成复头状花序，基部被3枚叶状苞片所包围；花淡紫色或粉红色。瘦果小。花果期7~11月。

## 16 一点红属 | **Emilia** Cass. |

一年生或多年生草本。常有白霜，无毛或被毛。叶互生，通常密集于基部，具叶柄；茎生叶少数，羽状浅裂，全缘或有锯齿，基部常抱茎。头状花序盘状，具同形的小花，单生或数个排成疏伞房状，具长花序梗；总苞片1层；小花多数，全部管状，两性，结实，黄色或粉红色。瘦果近圆柱形，5棱或具纵肋。

### 一点红 **Emilia sonchifolia** (L.) DC.

一年生草本。直立或斜升。无毛或被疏毛。叶质较厚；下部叶密集，大头羽状分裂，长5~10cm，裂片边缘具齿，下面常变紫色，两面被短卷毛；中部茎叶疏生，较小，无柄，基部箭状抱茎，全缘或有细齿；上部叶少数，线形。头状花序通常2~5

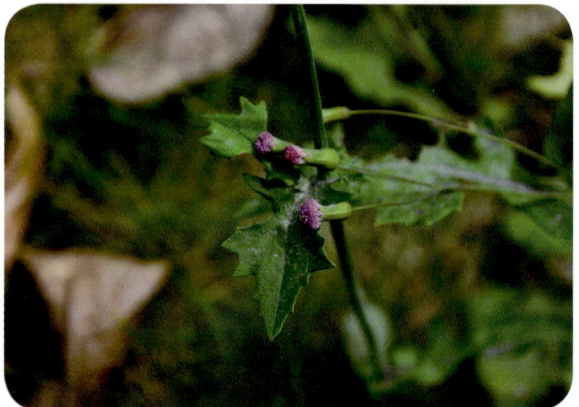

个在枝端排成疏伞房状；小花粉红色或紫色。瘦果具5棱。花果期7~10月。

## 17 菊芹属 | Erechtites Rafin |

一年生至多年生草本。叶互生，近全缘、具锯齿或羽状分裂。头状花序在茎端排成圆锥状伞房花序；总苞圆柱状，总苞片1层；小花管状，外围2层小花雌性，中央小花漏斗状。瘦果圆柱形；冠毛细毛状。

**梁子菜 Erechtites valerianaefolia (Wolf.) DC.**

一年生草本。茎直立。具纵条纹。近无毛。叶具长柄；长圆形至椭圆形，边缘有不规则的重锯齿或羽状深裂；叶柄具狭下延的翅；上部叶与中部叶相似。头状花序多数，在茎端排列成伞房状花序，长约10mm，宽3mm；具线形的小苞片；总苞片圆柱状钟形，顶端急尖或渐尖；小花多数，淡黄紫色；花冠丝状；花柱分枝顶端有锥状附片。瘦果圆柱形；冠毛多层，细，淡红色。

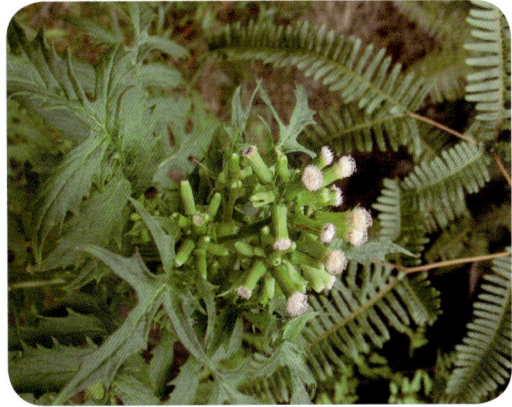

## 18 飞蓬属 | Erigeron L. |

多年生。叶互生，全缘或具锯齿。头状花序辐射状、伞房状或圆锥状；花托平或稍凸起，具窝孔；雌雄同株；花多数，异色；雌花多层，舌状，或内层无舌片；两性花管状，花柱分枝附片短，宽三角形；花全部结实。瘦果长圆状披针形；有时雌花冠毛退化而成少数鳞片状膜片的小冠。

### 1. 一年蓬 Erigeron annuus (L.) Pers.

一年生或二年生草本。茎粗壮。疏圆锥花序；总苞半球形，总苞片3层，草质，披针形；

中央的两性花管状。瘦果披针形；冠毛异形，雌花的冠毛极短，膜片状连成小冠，两性花的冠毛2层，外层鳞片状。花期6~9月。

### 2. 香丝草 Erigeron bonariensis L.

多年生草本。高30~60cm。下部叶倒披针形或长圆状披针形，具粗齿或羽状浅裂；中上部叶狭披针形或线形，密被糙毛。头状花序于茎端排成总状或总状圆锥花序；总苞椭圆状卵形，总苞片2~3层；雌花多层，白色，花冠细管状；两性花淡黄色，花冠管状。瘦果线状披针形；冠毛淡红褐色。花期5~10月。

### 3. 加拿大蓬（小蓬草）Erigeron canadensis (L.) Cronq.

一年生草本。基部叶花期常枯萎；下部叶倒披针形，长6~10cm，基部渐狭成柄，具疏齿或全缘；中上部叶较小，线状披针形，近无柄，全缘或具疏小齿，两面被毛并具缘毛。头状花序多数，小，排列成顶生多分枝的大圆锥花序；总苞片2~3层；外围雌花多数，舌状，白色；中间两性花淡黄色。瘦果小。花期5~9月。

## ⑲ 泽兰属 | **Eupatorium** L. |

多年生草本、亚灌木或灌木。叶对生，稀互生，全缘、具齿或3裂。头状花序小或中等大小，在茎枝顶端排成复伞房花序或单生于长花序梗上；花两性，管状，结实，花多数，少有1~4枚的；总苞片多层或1~2层；花紫色、红色或白色。瘦果5棱。

### 1. 假臭草 **Eupatorium catarium** Veldkamp.

多年生草本。全株被长柔毛。叶对生，卵圆形至菱形，边缘齿状，先端急尖；具腺点；具三脉。头状花序生于茎、枝端；总苞钟形；小花25~30枚，蓝紫色。瘦果黑色，具白色冠毛。花果期全年。

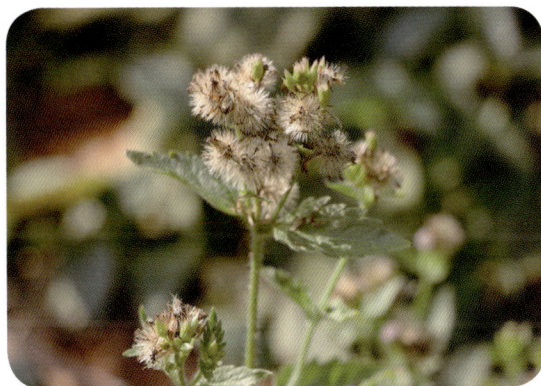

### 2. 华泽兰 **Eupatorium chinense** L.

多年生草本。多分枝。茎枝、花序及花梗均被毛。叶对生，几无柄，具齿；中部茎叶卵形至卵状披针形，长4.5~10cm，基部圆形，顶端渐尖或钝，羽状脉3~7对，两面被毛及腺点；

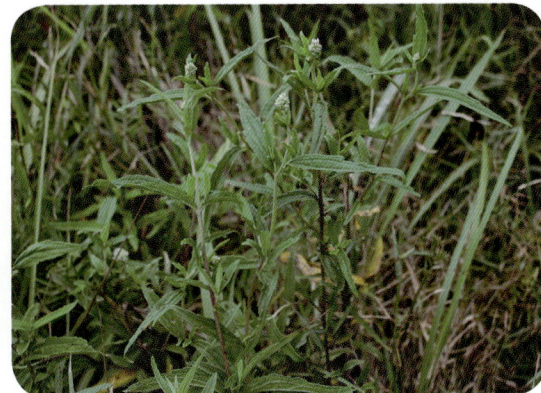

上、下部茎叶同形，渐小。头状花序多数在枝端排成大型疏散复伞房花序；花白色、粉色或红色。瘦果5棱。花果期6~11月。

### 3. 白头婆 Eupatorium japonicum Thunb.

多年生草本。根茎短，有多数细长侧根。茎直立，下部或至中部或全部淡紫红色。叶对生，有叶柄；中部茎叶椭圆形或长椭圆形或卵状长椭圆形或披针形。头状花序在茎顶或枝端排成紧密的伞房花序；总苞钟状；花白色或带红紫色或粉红色。瘦果淡黑褐色，椭圆状。花果期6~11月。

## ⑳ 牛膝菊属 | Galinsoga Ruiz et Pav. |

一年生草本。叶对生，全缘或有锯齿。头状花序小，异型，放射状，顶生或腋生，多数头状花序在茎枝顶端排疏松的伞房花序，有长花梗；雌花1层，黄色，全部结实，总苞宽钟状或半球形、卵形或卵圆形；舌片开展；两性花管状，檐部稍扩大或狭钟状，花药基部箭形，有小耳，花柱分枝微尖或顶端短急尖。瘦果有棱，倒卵圆状三角形；雌花瘦果无冠毛或冠毛短毛状。

### 牛膝菊 Galinsoga parviflora Cav.

一年生草本。茎纤细。叶对生，卵形或长椭圆状卵形。头状花序半球形，排成疏松的伞

房花序；总苞半球形或宽钟状；总苞片1~2层，舌状花舌片白色；管状花黄色，下部被稠密的白色短柔毛，托片倒披针形或长倒披针形。瘦果，黑色或黑褐色；舌状花瘦果冠毛毛状，脱落；管状花瘦果长1~1.5mm，被白色微毛，花冠毛膜片状。花果期7~10月。

### 21▶ 鼠麴草属 ｜ **Gnaphalium** L. ｜

一年生稀多年生草本。茎直立或斜升。叶互生，全缘；无或具短柄。头状花序小，排列成聚伞花序或开展的圆锥状伞房花序；总苞卵形或钟形；花托扁平、凸起或凹入，无毛或蜂巢状；花冠黄色或淡黄色；雌花花冠丝状；两性花花冠管状，花柱分枝近圆柱形，顶端截平或头状，有乳头状凸起。瘦果无毛或罕有疏短毛或有腺体。

**匙叶鼠麴草 Gnaphalium pensylvanicum** Willd.

一年生草本。茎直立或斜升。下部叶无柄，倒披针形或匙形。头状花序多数，数个成束簇生，再排列成顶生或腋生、紧密的穗状花序；总苞卵形；花托干时除四周边缘外几完全凹入；雌花多数，花冠丝状；两性花少数，花冠管状。瘦果长圆形；冠毛绢毛状，污白色，易脱落。花期12月至翌年5月。

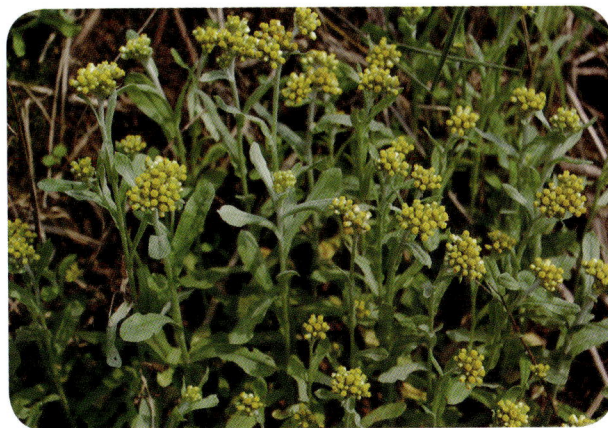

### 22▶ 田基黄属 ｜ **Grangea** Adans. ｜

一年生至多年生草本。叶互生。头状花序顶生或与叶对生；总苞宽钟状，总苞片2~3层，草质；花冠管状；雌花线形；两性花檐部钟状。瘦果扁或近圆柱形，顶端平截。

**田基黄 Grangea maderaspatana** (L.) Poir.

一年生草本。高10~30cm。茎被白色长柔毛。叶倒卵形、倒披针形或倒匙形，两面被短柔毛及棕黄色小腺点。头状花序单生于茎顶或枝端；总苞宽杯状，总苞片2~3层；小花花冠外面被棕黄色小腺点；雌花线形花冠黄色；两性花短钟状。瘦果扁，被棕黄色小腺点。花果期3~8月。

## ㉓ 菊三七属 | Gynura Cass. |

多年生，草本，有时肉质，稀亚灌木。无毛或有硬毛。叶互生，具齿或羽状分裂；有柄或无叶柄。头状花序盘状；花序托平；小花全部两性，结实；花冠黄色或橙黄色，稀淡紫色，管状；花药基部全缘或近具小耳；花柱分枝细，顶端有钻形的附器。瘦果圆柱形；冠毛丰富，细，白色绢毛状。

### 1. 红凤菜 Gynura bicolor (Roxb. ex Willd.) DC.

多年生草本。高50~100cm。叶倒卵形或倒披针形，长5~10cm，基部渐狭成具翅的叶柄，边缘有不规则的波状齿或小尖齿，下面紫色；上部和分枝上的叶小，披针形至线状披针形。头状花序多数，直径10mm；总苞狭钟状，总苞片线状披针形或线形；小花橙黄色至红色；花冠明显伸出总苞。瘦果圆柱形，淡褐色，无毛。花果期5~10月。

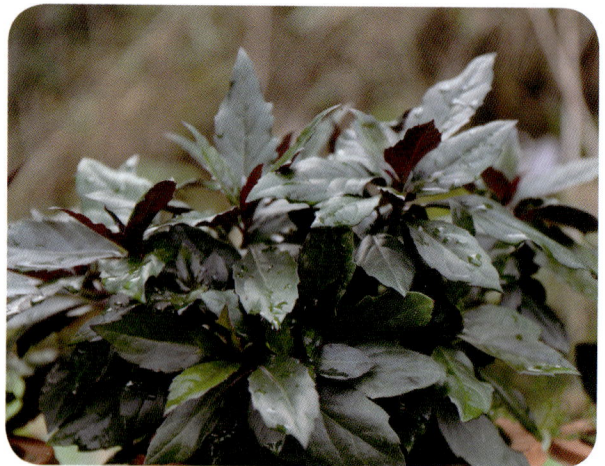

### 2. 白子菜 Gynura divaricata (L.) DC.

多年生草本。茎直立。木质。叶质厚，通常集中于下部，叶片卵形、椭圆形或倒披针形，边缘具粗齿；具柄或近无柄。头状花序排成疏伞房状圆锥花序；小花橙黄色，有香气。瘦果圆柱形，褐色，具10条肋，被微毛；冠毛白色，绢毛状。花果期8~10月。

## 24▶ 向日葵属 | **Helianthus** L. |

一年生或多年生草本。被短糙毛或白色硬毛。叶对生，常有离基三出脉。头状花序大或较大；总苞盘形或半球形；总苞片2至多层，膜质或叶质；舌状花的舌片开展，黄色；管状花的管部短，上部钟状。瘦果长圆形或倒卵圆形，稍扁或具4厚棱；冠毛膜片状，脱落。

### 1.* 向日葵 **Helianthus annuus** L.

一年生高大草本。茎直立，粗壮，被白色粗硬毛。不分枝或有时上部分枝。叶互生，心状卵圆形或卵圆形，顶端急尖或渐尖，边缘有粗锯齿；有三基出脉。头状花序极大，单生于茎端或枝端，常下倾；总苞片多层，叶质，覆瓦状排列，卵形至卵状披针形，顶端尾状渐尖，被长硬毛或纤毛；管状花极多数，棕色或紫色，有披针形裂片，结果实。瘦果倒卵形或卵状长圆形。花期7~9月，果期8~9月。

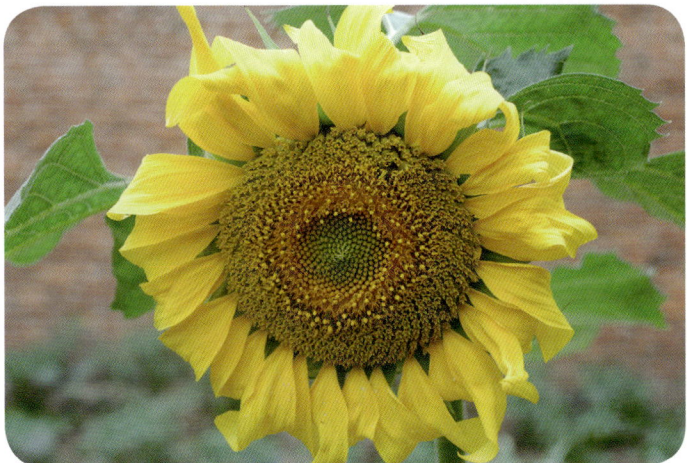

## 2. 菊芋 **Helianthus tuberosus** L.

多年生草本。有块状的地下茎及纤维状根。茎直立，有分枝，被白色短糙毛或刚毛。叶通常对生，有叶柄，但上部叶互生；下部叶卵圆形或卵状椭圆形，边缘有粗锯齿，有离基三出脉，上面被白色短粗毛，下面被柔毛。头状花序较大，少数或多数，顶端长渐尖；舌状花通常12~20枚，舌片黄色，开展。瘦果小，楔形，上端有2~4个有毛的锥状扁芒。花期8~9月。

## 25 泥胡菜属 | **Hemistepta** Bunge |

一年生草本。茎疏被蛛丝毛。基生叶、中下部茎生叶长椭圆形或倒披针形，长4~15cm，叶羽状深裂或全裂，叶背灰白色，被绒毛。头状花序在茎枝顶端排成伞房花序；总苞宽钟状或半球形，总苞片多层，覆瓦状排列；小花两性，管状；花冠红色或紫色。瘦果楔形；冠毛2层。

### 泥胡菜 **Hemistepta lyrata** (Bunge) Bunge

一年生草本。茎疏被蛛丝毛。基生叶长椭圆形或倒披针形；中下部茎叶与基生叶同形，长4~15cm，叶羽状深裂或全裂，叶背面灰白色，被绒毛。头状花序在茎枝顶端排成伞房花序；总苞宽钟状或半球形，总苞片多层，覆瓦状排列；小花紫色或红色。瘦果小，楔状，深褐色；冠毛白色，2层。花果期3~8月。

## 26 旋覆花属 | Inula L. |

多年生，稀一年生或二年生草本，或亚灌木状。常有腺体。被毛。叶互生或仅生于茎基部，全缘或有齿。头状花序大或稍小，多数，伞房状或圆锥伞房状排列，或单生，或密集于根颈上；各有多数异形稀同形的小花；雌雄同株；外缘有1至数层雌花，稀无雌花；中央有多数两性花。瘦果近圆柱形，有棱。

### 羊耳菊（白牛胆）Inula cappa (Buch.-Ham.) DC.

亚灌木。茎直立。全部被污白色茸毛。叶长圆形或长圆状披针形；下部叶在花期脱落；中部叶长10~16cm，有柄；上部叶渐小近无柄；全部叶基部圆形或近楔形，边缘有齿。头状花序直径5~8mm，多数密集于茎和枝端成聚伞圆锥花序；有线形的苞叶；总苞片约5层。瘦果长圆柱形。花期6~10月，果期8~12月。

## 27 马兰属 | Kalimeris Cass. |

多年生草本。叶互生，全缘或有齿，或羽状分裂。头状花序较小，单生于枝端或疏散伞房状排列，辐射状；总苞半球形，总苞片2~3层，近等长或外层较短而覆瓦状排列，草质或边缘膜质或革质；花托凸起或圆锥形，蜂窝状；雌花花冠舌状；两性花花冠钟状，花药基部钝，全缘。瘦果稍扁，倒卵圆形，边缘有肋，两面无肋或一面有肋，无毛或被疏毛；冠毛极短或膜片状。

### 马兰 Kalimeris indica (L.) Sch.-Bip.

多年生草本。根状茎有匍枝，有时具直根。茎直立，高30~70cm。基部叶在花期枯萎；茎部叶倒披针形或倒卵状矩圆形，上部叶小，全缘，基部急狭无柄；全部叶稍薄质。头状花序单生于枝端并排列成疏伞房状；总苞半球形；花托圆锥形；舌状花1层；管状花被短密毛。瘦

果倒卵状矩圆形,极扁;冠毛长0.1~0.8mm,弱而易脱落,不等长。花期5~9月,果期8~10月。

## 28 稻槎菜属 | Lapsanastrum |

一年生或多年生草本。叶边缘有锯齿或羽状深裂或全裂。头状花序同型,舌状,在茎枝顶裂,排列成疏松的伞房状花序或圆锥状花序;总苞圆柱状钟形或钟形,总苞片2层;花托平,无托毛;舌状小花黄色,两性。瘦果稍压扁,长椭圆形、长椭圆状披针形或圆柱状,但稍弯曲。

### 稻槎菜 Lapsanastrum apogonoides Maxim.

一年生矮小草本。茎细;全部茎枝柔软。基生叶全形椭圆形、长椭圆状匙形或长匙形,大头羽状全裂或几全裂;全部叶质地柔软,两面同色,绿色,或下面色淡,淡绿色,几无毛。头状花序小,在茎枝顶端排列成疏松的伞房状圆锥花序;全部总苞片草质,外面无毛;舌状小花黄色,两性。瘦果淡黄色,稍压扁,长椭圆形或长椭圆状倒披针形。花果期1~6月。

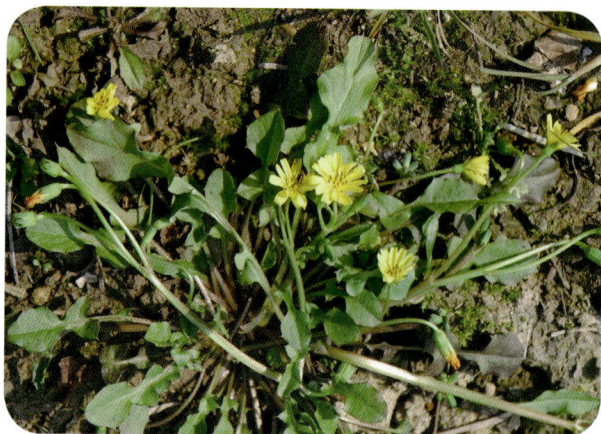

## 29 翅果菊属 | Pterocypsela Shih |

一年生或多年生草本。叶分裂或不分裂。头状花序同型,舌状,较大,在茎枝顶端排成伞房花序、圆锥花序或总状圆锥花序;总苞卵球形;花柱分枝细。瘦果倒卵形、椭圆形或长椭圆形,黑色、黑棕色、棕红色或黑褐色,边缘有宽厚或薄翅,顶端有粗短喙,极少有细丝状喙;冠毛2层,白色,细,微糙。

### 翅果菊 Pterocypsela indica (L.) Shih

一年生或二年生草本。根垂直直伸,生多数须根。茎直立,单生,上部圆锥状或总状圆锥状分枝,全部茎枝无毛。全部茎叶线形。头状花序果期卵球形,排成圆锥花序或总状圆锥花序;总苞片4层;舌状小花25枚,黄色。瘦果椭圆形,黑色,压扁,边缘有宽翅;冠毛2层,白色,几乎单毛状,长8mm。花果期4~11月。

## 30 千里光属 | Senecio L. |

多年生直立或攀缘草本或一年生直立草本。叶不分裂；基生叶通常具柄，无耳，三角形、提琴形，或羽状分裂；茎生叶通常无柄，大头羽状或羽状分裂，稀不分裂，边缘多少具齿，基部常具耳，羽状脉。头状花序排列成复伞房或圆锥聚伞花序，稀单生于叶腋，具异形小花；花黄色。瘦果圆柱形，具肋，无毛或被柔毛。

**千里光 Senecio scandens** Buch.-Ham. ex D. Don

多年生攀缘草本。叶具柄，卵状披针形至长三角形，长2.5~12cm，顶端渐尖，基部宽楔形、截形、戟形或稀心形，通常具齿，稀全缘，有时具细裂或羽状浅裂，两面被短柔毛至无毛，羽状脉；上部叶变小。头状花序排列成顶生复聚伞圆锥花序；有舌状花，多数；花黄色。瘦果被毛。花果期4~8月和10~12月。

## 31 豨莶属 | Siegesbeckia L. |

一年生直立草本。有双叉状分枝。多少有腺毛。叶对生，边缘有锯齿。头状花序小，排列成疏散的圆锥花序，有多数异型小花；外围有1~2层雌性舌状花；中央有多数两性管状花，全结实或有时中心的两性花不育；总苞片2层，花黄色。瘦果倒卵状四棱形或长圆状四棱形。

**豨莶 Siegesbeckia orientalis** L.

一年生直立草本。上部常复二歧分枝。被毛。基部叶花期枯萎；中部叶三角状卵圆形或卵状披针形，长4~10cm，基部阔楔形，下延成具翼的柄，顶端渐尖，边缘有齿，纸质，下面具腺点，两面被毛，三出基脉；上部叶渐小。头状花序直径15~20mm，排列成具叶的圆锥花序；花黄色。瘦果4棱。花果期4~11月。

## 32 苦苣菜属 | Sonchus L. |

一年生、二年生或多年生草本。叶互生。头状花序稍大，同型，含多数舌状小花，在茎枝顶端排成伞房花序或伞房圆锥花序；总苞片3~5层；舌状小花黄色，两性，结实，舌状顶端5齿裂。瘦果卵形或椭圆形，极少倒圆锥形，极压扁或粗厚，具多数或少数纵肋。

### 1. 苣荬菜（野苦菜） Sonchus arvensis L.

多年生直立草本。上部或顶部有伞房状花序分枝，花枝与花梗被腺毛。基生叶多数，与中下部茎叶为倒披针形或长椭圆形，具翼柄，羽状深至浅裂，裂片具齿或小尖头；上部茎叶披针形或钻形，无柄而半抱茎；叶两面无毛。头状花序在茎枝顶端排成伞房状花序；花黄色。瘦果5枚细肋，有横纹。花果期1~9月。

### 2. 苦苣菜 Sonchus oleraceus L.

一年生或二年生草本。根圆锥状，垂直直伸。茎直立，单生，全部茎枝光滑无毛，或上部花序分枝及花序梗被头状具柄的腺毛。基生叶羽状深裂；中下部茎叶羽状深裂或大头状羽状深裂。头状花序少数在茎枝顶端排成紧密的伞房花序或总状花序或单生于茎枝顶端。瘦果褐色，长椭圆形或长椭圆状倒披针形，长3mm，宽不足1mm，压扁，每面各有3条细脉；冠毛白色。花果期5~12月。

## 33 金钮扣属 | **Spilanthes** Jacq. |

一年或多年生草本。叶对生，有锯齿或全缘；常具柄。头状花序单生于茎、枝顶端或上部叶腋，常具长而直的花序梗，异型而辐射状，或同型而盘状；总苞盆状或钟状，总苞片1~2层；花黄色或白色，全部结实；外围雌花1层，顶端2~3浅裂；中间两性花多数，顶端有4~5个裂片。瘦果长圆形或三棱形。

### 金钮扣 **Spilanthes paniculata** Wall. ex DC.

一年生草本。茎带紫红色，有纵纹，被毛或近无毛。叶卵形、宽卵圆形或椭圆形，长3~5cm，顶端短尖或钝，基部宽楔形至圆形，全缘，波状或具波状钝锯齿，两面近无毛；有叶柄。头状花序单生，或圆锥状排列，直径7~8mm；有或无舌状花；总苞片2层约8枚；花黄色。瘦果长圆形。花果期4~11月。

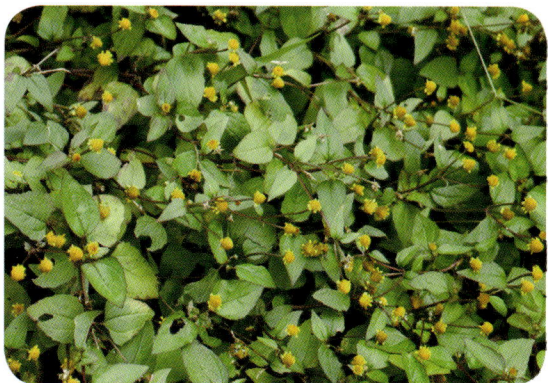

## 34 金腰箭属 | **Synedrella** Gaertn. |

一年生草本。叶对生，边缘有不整齐的齿刻；具柄。头状花序小，异型，无或有花序梗，簇生于叶腋和枝顶，稀单生；外围雌花1至数层，黄色；中央的两性花略少，全部结实；总苞片数枚，不等大，外层叶状；雌花花冠舌状；两性花管状，檐部4浅裂。雌花瘦果有翅；两性花瘦果无翅。

### 金腰箭 **Synedrella nodiflora** (L.) Gaertn.

一年生草本。下部和上部叶具翅柄，阔卵形至卵状披针形，宽3.5~6.5cm，基部下延成翅状宽柄，顶端短渐尖或钝，两面被糙毛；有近基三出主脉。头状花序直径4~5mm，无或有短花序梗，常2~6个簇生于叶腋，或在顶端成扁球状，稀单生；小花黄色。雌花瘦果具翅；两性花瘦果无翅，具棱。花果期6~10月。

## 35 *万寿菊属 | Tagetes L. |

一年生草本。茎直立，有分枝，无毛。叶通常对生，少有互生，羽状分裂，具油腺点。头状花序通常单生，少有排列成花序，头状花序；花托平，无毛；舌状花1层，雌性，金黄色，橙黄色或褐色；管状花两性，金黄色、橙黄色或褐色；全部结实。瘦果线形或线状长圆形，基部缩小。

### 1. * 万寿菊 Tagetes erecta L.

一年生草本。茎直立，粗壮，具纵细条棱，分枝向上平展。叶羽状分裂，裂片长椭圆形或披针形，边缘具锐锯齿。头状花序单生；总苞杯状，顶端具齿尖；舌状花黄色或暗橙色，舌片倒卵形；管状花花冠黄色，瘦果线形，基部缩小，黑色或褐色。花期7~9月。

### 2. * 孔雀草 Tagetes patula L.

一年生草本。茎直立，通常近基部分枝，分枝斜开展。叶羽状分裂，裂片线状披针形，边缘有锯齿，齿端常有长细芒，齿的基部通常有1个腺体。头状花序单生；总苞长椭圆形，上端具锐齿，有腺点；舌状花金黄色或橙色，带有红色斑，舌片近圆形，顶端微凹；管状花花冠黄色。瘦果线形，基部缩小，黑色，被短柔毛；冠毛鳞片状。花期7~9月。

### 36 肿柄菊属 | **Tithonia** Desf. ex Juss. |

一年生草本。茎直立，基部有时木质化。叶互生。头状花序大，有粗壮长棒锤状的花序梗；总苞半球形或宽钟状；花托凸起；雌花舌状，舌片开展。瘦果长椭圆形，压扁，4条纵肋，被柔毛；冠毛多数，鳞片状，顶端有芒或无芒。

**肿柄菊 Tithonia diversifolia** A. Gray

一年生草本。茎直立，有粗壮的分枝。叶卵形或卵状三角形或近圆形，边缘有细锯齿，下面被尖状短柔毛。头状花序大；总苞片4层，外层椭圆形或椭圆状披针形，基部革质；舌状花1层，黄色，舌片长卵形，顶端有不明显的3齿；管状花黄色。瘦果长椭圆形，扁平，被短柔毛。花果期9~11月。

## 37 斑鸠菊属 | Vernonia Schreb. |

草本、灌木或乔木，稀藤本。叶互生，稀对生，全缘或具齿，两面或下面常具腺点；具柄或无柄；羽状脉，稀具近基三出脉。头状花序小或中等大，稀大，多数或较多数排列成圆锥状、伞房状或总状，或数个密集成球状，稀单生；具同型两性花，全部结实；花粉红色，淡紫色，少有白色或金黄色。瘦果具棱或肋。

### 夜香牛 Vernonia cinerea (L.) Less.

一年生或多年生草本。茎具条纹，被毛，具腺。中下部叶具柄；菱状卵形、菱状长圆形或卵形，长3~6.5cm，基部楔状狭成具翅的柄，边缘具齿或波状；侧脉3~4对；两面被毛及腺点。头状花序直径6~8mm，具19~23枚花，排成伞房状圆锥花序；花淡红紫色。瘦果无肋，被毛。花期全年。

## 38 蟛蜞菊属 | Wedelia Jacq. |

一年生或多年生直立或匍匐草本，或攀缘藤本。被短糙毛。叶对生，具齿，稀全缘，不分裂。头状花序中等大，单生或2~3个同出于叶腋或枝端，异型；外围雌花1层，黄色；中央两性花较多，黄色，全部结实；总苞片2层；雌花花冠舌状；两性花花冠管状。雌花瘦果3棱；两性花瘦果浑圆。

### 1. * 南美蟛蜞菊（三裂叶蟛蜞菊）
**Wedelia trilobata** (L.) Hitchc.

宿根性多年生匍匐草本。被糙毛。叶对生，草质肥厚，具光泽，椭圆形，边缘近顶部3裂。头状花序直径约2.5cm，腋生，具长梗；舌状花黄色。瘦果有棱，顶端有硬冠毛。花果期几全年。

### 2. 山蟛蜞菊 **Wedelia wallichii** Less.

直立草本。茎圆柱形，分枝，有沟纹，被糙毛或老时脱毛。叶片卵形或卵状披针形，边缘有圆齿或细齿，两面被基部为疣状的糙毛；上部叶小，披针形，有短柄。头状花序，通常单生于叶腋和茎顶；管状花向上端渐扩大。瘦果倒卵状三棱形；冠毛2~3枚；短刺芒状，生于冠毛环上。花期4~10月。

## 39 苍耳属 | **Xanthium** L. |

一年生草本，亚灌状。叶互生，全缘或多少分裂；有柄。头状花序单性，雌雄同株，无或近无花序梗，在叶腋单生或密集成穗状，或成束聚生于茎枝的顶端；雄头状花序着生于茎枝的上端，球形，具多数不结果实的两性花；雌头状花序单生或密集于茎枝的下部，有2枚可育小花。瘦果2枚，藏于具钩刺总苞内。

### 苍耳 **Xanthium sibiricum** Patrin ex Widder

一年生草本，亚灌状。叶三角状卵形或心形，长4~9cm，近全缘，或有3~5不明显浅裂，顶端尖或钝，基部稍心形或截形，边缘有粗齿，下面被糙伏毛；有三基出脉；叶柄长。雄头状花序球形，直径4~6mm，生于茎枝上部；雌头状花序椭圆形。瘦果2枚，藏于具钩刺总苞内。花期7~8月，果期9~10月。

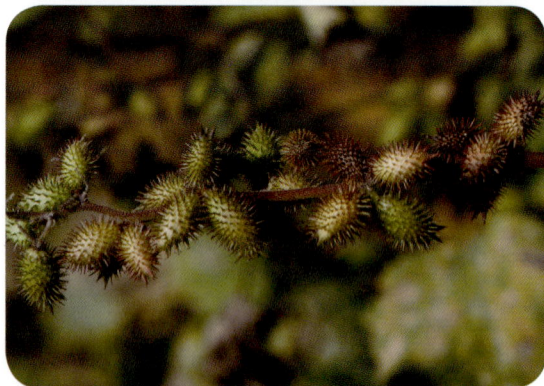

## 40 黄鹌菜属 | **Youngia** Cass. |

一年生或多年生草本。叶羽状分裂或不分裂。头状花序小，稀中等大小，同型，舌状，具少数或多数舌状小花，在茎枝顶端或沿茎排成总状花序、伞房花序或圆锥状伞房花序；总苞3~4层；舌状小花两性，黄色，1层，5齿裂。瘦果纺锤形，有10~15纵肋。

### 黄鹌菜 **Youngia japonica** (L.) DC.

一年生直立草本。被毛。基生叶全形倒披针形、椭圆形、长椭圆形或宽线形，长

2.5~13cm，大头羽状深裂或全裂，极少不裂，叶柄有翼或无翼，裂片有齿或几全缘；无茎叶或有茎叶1~2枚，同形并分裂。头花序含10~20枚舌状小花，少数或多数在茎枝顶端排成伞房花序；花黄色。瘦果无喙纵肋。花果期4~10月。

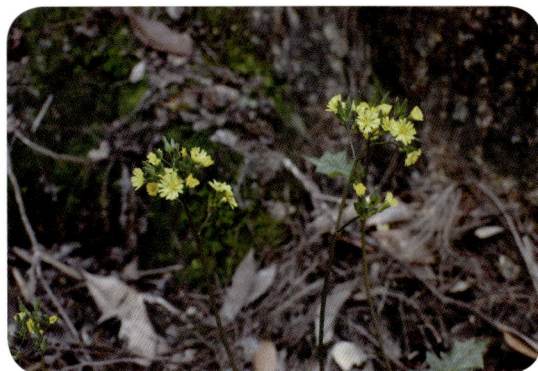

## 41 *百日菊属 | Zinnia L. |

一年生或多年生草本，或半灌木。叶对生，全缘；无柄。头状花序小或大，单生于茎顶或二歧式分枝枝端；头状花序辐射状，有异型花；花托圆锥状或柱状；托片对折，包围两性花。雌花舌状，舌片开展，有短管部；两性花管状，顶端5浅裂，花柱分枝顶端尖或近截形，花药基部全缘。雌花瘦果扁三棱形；雄花瘦果扁平或外层的三棱形，上部截形或有短齿。

### * 百日菊 Zinnia violacea Cav.

一年生草本。茎直立，被糙毛或长硬毛。叶宽卵圆形或长圆状椭圆形，两面粗糙，基出三脉。头状花序单生枝端，无中空肥厚的花序梗；总苞宽钟状，总苞片多层。管状花瘦果倒卵状楔形，极扁，被疏毛，顶端有短齿。花期8~9月，果期7~10月。

# 240.报春花科 Primulaceae

多年生或一年生草本，稀为亚灌木。茎直立或匍匐。具互生、对生或轮生之叶，或无地上茎而叶全部基生，并常形成稠密的莲座丛。花单生或组成总状、伞形或穗状花序，两性，辐射对称；花萼通常5裂，稀4或6~9裂，宿存；花冠下部合生成筒，通常5裂，稀4或6~9裂；雄蕊与花冠裂片同数而对生。果为蒴果。种子小，有棱角，常为盾状。

## 珍珠菜属 | Lysimachia L. |

直立或匍匐草本，极少亚灌木。无毛或被毛，通常有腺点。叶互生、对生或轮生，全缘。花单出腋生或排成顶生或腋生的总状花序或伞形花序；总状花序常缩短成近头状或有时复出而成圆锥花序；花萼常5深裂，宿存；花冠白色或黄色，稀为淡红色或淡紫红色，常5深裂，稀6~9裂。蒴果卵圆形或球形，常5裂。种子具棱角或有翅。

### 红根草（星宿菜）Lysimachia fortunei Maxim.

多年生草本。全株无毛。根状茎紫红色。叶互生，长圆状披针形至狭椭圆形，长4~11cm，先端渐尖或短渐尖，基部渐狭，两面均有黑色腺点；近无柄。总状花序顶生，长10~20cm；苞片披针形；花梗与苞片近等长或稍短；花萼分裂近达基部；花冠白色；雄蕊5枚。蒴果球形。花期6~8月，果期8~11月。

# 242.车前科 Plantaginaceae

一年生、二年生或多年生草本，稀小灌木，陆生、沼生，稀水生。茎常紧缩成根茎。叶常排成莲座状，或于地上茎互生、对生或轮生；单叶，全缘或具齿，稀羽状或掌状分裂；弧形脉3~11条，稀仅1条中脉。穗状花序，稀总状花序或单花；花小，两性，稀杂性或单性，雌雄同株或异株。果通常为周裂的蒴果。种子盾状着生，卵形、椭圆形或长圆形，腹面隆起、平坦或内凹成船形，无毛。

## 车前属 | Plantago L. |

一年生、二年生或多年生草本，稀小灌木，陆生或沼生。叶紧缩成莲座状，或在茎上互生、对生或轮生；叶形各异，全缘或具齿，稀羽状或掌状分裂；叶柄基部常扩大成鞘状。花序1个至多数，出自莲座丛或茎生叶的腋部；穗状花序，稀单花；花小，两性，稀杂性或单性。蒴果周裂。种子1至40余粒；种皮具网状或疣状凸起，含黏液质。

### 车前 Plantago asiatica L.

二年生或多年生草本。叶基生，呈莲座状；叶片草质，宽卵形至宽椭圆形，长3~15cm，先端钝尖或急尖，边缘波状具疏齿或近全缘，两面疏生短柔毛或近无毛；脉3~7条；叶柄基部鞘状，常被毛。花序1个至数个，穗状花序；有苞片；花无梗；花冠白色，无毛。蒴果中部或稍低处周裂。种子卵状椭圆形或椭圆形，具角，黑褐色至黑色。花期6~8月，果期7~9月。

# 249.紫草科 Boraginaceae

草本，少为灌木或乔木。常被硬毛。单叶，互生，稀对生，全缘或有锯齿；无托叶。聚伞花序或镰状聚伞花序，稀单生；有苞片或无苞片；花两性，辐射对称，稀两侧对称；花萼裂片5个，常宿存；花冠檐部5裂；雄蕊5个。果实为核果或小坚果；常具各种附属物。种子直立或斜生；种皮膜质；无胚乳。

## 1 斑种草属 | Bothriospermum Bunge. |

一年生或二年生草本。被硬毛。茎直立或伏卧。叶互生，卵形、椭圆形、长圆形、披针形或倒披针形。花小，蓝色或白色，具柄，排列为具苞片的镰状聚伞花序；花萼5裂；花冠辐状，裂片5个；雄蕊5个，着生于花冠筒部，内藏；子房4裂；裂片分离。小坚果4枚；常具各种附属物。种子通常不弯曲；子叶平展。

**柔弱斑种草 Bothriospermum zeylanicum** (Hornem.) Fisch. et Mey.

一年生草本。高15~30cm。茎纤弱，丛生，各部被伏毛或硬毛。叶椭圆形或狭椭圆形，长1~2.5cm，先端钝，具小尖，基部宽楔形，两面被毛。花序柔弱，细长；苞片椭圆形或狭卵形；花梗短；花萼果期增大；花冠蓝色或淡蓝色。小坚果肾形，长1~1.2mm，腹面具纵椭圆形的环状凹陷。花果期2~10月。

## 2 *基及树属 | Carmona Cav. |

小乔木，高达3m，或灌木状。多分枝，幼枝疏被短硬毛。叶互生，叶倒卵形或匙形，革质。聚伞花序腋生或生于短枝；花具短梗或近无梗；花萼长约5mm，开展，两面被毛；花冠钟状，白色或稍红色，冠檐裂片5个，卵形或披针形；雄蕊5枚，花药长圆形，伸出；花柱顶生，柱头头状，花柱宿存。核果近球形，直径约5mm；内果皮骨质，具网状纹饰。种子4粒。

### *基及树 Carmona microphylla (Lam.) G. Don

常绿灌木。高1~3m。多分枝。树皮褐色。叶革质，倒卵形或匙形，长1.5~3.5cm，具粗圆齿，叶面有短硬毛或斑点。团伞花序开展；花冠钟状，白色或稍带红色，裂片长圆形。核果；内果皮圆球形，具网纹。

# 250. 茄科 Solanaceae

一年生至多年生草本、亚灌木、灌木或小乔木。直立、匍匐或攀缘。有时具刺。单叶全缘、不分裂或分裂；有时为羽状复叶，互生或在开花枝段上大小不等的二叶双生；无托叶。花单生、簇生或组成各式花序，顶生、腋生或腋外生；两性或稀杂性，5基数，稀4基数。果实为多汁浆果或干浆果，或为蒴果。种子圆盘形或肾脏形；胚乳丰富，肉质。

## ① *夜香树属 | Cestrum L. |

灌木或乔木。无毛、有长硬毛或星状毛。叶互生，全缘。花序顶生或腋生，伞房式或圆锥式聚伞花序；花冠长筒状、近漏斗状或高脚碟状，筒部伸长，上部扩大呈棍棒状或向喉部常缢缩而膨胀，基部在子房柄周围紧缩或贴近于子房柄；雄蕊5枚，花药纵缝裂开；花盘不明显或明显。浆果少汁液，球状、卵状或矩圆状。种子少数或因败育而仅1枚，矩圆状；种皮近平滑；胚通直或稍弓曲；子叶卵形、矩圆形而较胚根宽得多，或者半棒形而几乎不宽于胚根。

### * 夜香树 Cestrum nocturnum L.

直立或近攀缘状灌木。枝条细长而下垂。叶有短柄；叶片矩圆状卵形或矩圆状披针形。伞房式聚伞花序，腋生或顶生；花绿白色至黄绿色，晚间极香；花萼钟状；花冠高脚碟状；雄蕊伸达花冠喉部；子房有短的子房柄。浆果矩圆状。种子长卵状。

## ② 红丝线属 | Lycianthes (Dunal) Hassl. |

直立灌木、亚灌木，较少为草本或为匍匐草本。小枝被毛。单叶，全缘，较上部叶常假双生，大小不相等。花序无柄，疏花，1~7枚，最多20~30枚着生于叶腋内；萼杯形，檐部10

齿或5齿或无齿；花冠辐状或星状，白色或紫蓝色，5半裂；雄蕊5枚，生于冠筒喉部。浆果小，球状，红色或红紫色。种子小，多数，三角形至三角状肾形。

**红丝线**（十萼茄）**Lycianthes biflora** (Lour.) Bitter

灌木或亚灌木。小枝、叶下面、叶柄、花梗及萼的外面密被毛。上部叶常假双生，大小不相等；大叶片椭圆状卵形，宽3.5~7cm；小叶片宽卵形，宽2~3cm；叶基部均下延成翅，膜质，全缘。花序无柄，常2~3枚稀4~5枚生于叶腋；花冠淡紫色或白色，星形。浆果红色；直径6~8mm。种子多数，淡黄色，近卵形至近三角形。花期5~8月，果期7~11月。

### ③ *番茄属 | Lycopersicon Mill. |

一年生或多年生草本，或为亚灌木。茎直立或平卧。羽状复叶；小叶极不等大，有锯齿或分裂。圆锥式聚伞花序，腋外生；花萼辐状，开展；花冠辐状，筒部短；雄蕊5~6枚；花盘不显著；子房2~3室，花柱具稍头状的柱头，胚珠多数。浆果多汁，扁球状或近球状。种子扁圆形；胚极弯曲。

**\* 番茄 Lycopersicon esculentum Mill.**

一年生草本植物。茎易倒伏。叶羽状复叶或羽状深裂；小叶极不规则，大小不等，卵形或矩圆形，边缘有不规则锯齿或裂片。花冠辐状，黄色。浆果扁球状，肉质而多汁。种子黄色。花果期夏秋季。

### ④ 酸浆属 | Physalis L. |

一年生或多年生草本。无毛或被毛。叶不分裂或有波状齿，稀羽状深裂，互生或在枝上端大小不等二叶双生。花单独生于叶腋或枝腋；花萼果时增大成膀胱状，远较浆果大，完全包围浆果，有10纵肋，五棱或十棱形；花冠白色或黄色，5浅裂或仅五角形；雄蕊5枚，较花冠短。浆果球状，多汁。种子多数，扁平，盘形或肾脏形，有网纹状凹穴。

### 1. 苦蘵（灯笼草） **Physalis angulata** L.

一年生草本。被疏短柔毛或近无毛。叶卵形至卵状椭圆形，顶端渐尖或急尖，基部阔楔形或楔形，全缘或有不等大的牙齿，两面近无毛，长3~6cm，具柄。花单独生于叶腋或枝腋；花萼果时增大成膀胱状，远较浆果大，完全包围浆果，有5或10棱；花冠淡黄色。果萼卵球状；浆果直径约1.2cm。种子黄色，圆盘状。花果期5~12月。

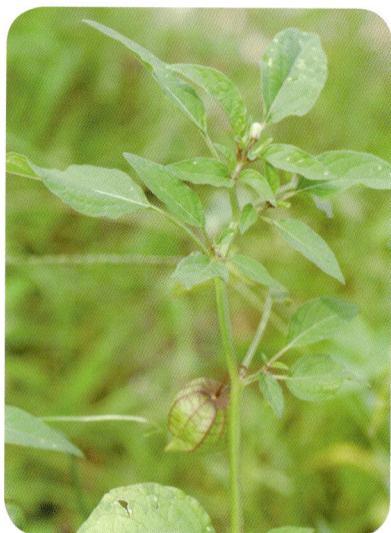

### 2. 小酸浆 **Physalis minima** L.

一年生草本。根细瘦。叶片卵形或卵状披针形，顶端渐尖，基部歪斜楔形，两面脉上有柔毛；叶柄细弱。花梗生短柔毛；花萼钟状；花冠黄色。果实球状。

## 5 茄属 | **Solanum** L. |

草本、亚灌木、灌木至小乔木，有时为藤本。无刺或有刺，无毛或被毛。叶互生，稀双生，全缘、波状或作各种分裂；稀为复叶。聚伞、蝎尾状、伞状聚伞或聚伞式圆锥花序，稀单生；花两性，能孕或仅花序下部的能孕；花萼宿存；花冠常白色，或青紫色，稀红紫色或黄色。浆果或大或小，基部包宿存花萼。

### 1. 少花龙葵 Solanum americanum Miller

草本。高约1m。叶卵形至卵状长圆形，先端渐尖，基部楔形，下延至叶柄而成翅。花序近伞形，腋外生，1~6枚花；萼绿色，5裂达中部，裂片卵形，先端钝，具缘毛；花冠白色，筒部隐于萼内，5裂，裂片卵状披针形；花丝极短，花药黄色，长圆形；子房近圆形，花柱纤细，中部以下具白色绒毛，柱头小，头状。浆果球状，幼时绿色，成熟后黑色。种子近卵形，两侧压扁。全年均开花结果。

### 2. 白英 Solanum lyratum Thunb.

草质藤本。茎及小枝均密被毛。叶互生，多数为琴形，长3.5~5.5cm，基部常3~5深裂，裂片全缘；枝上部叶有时心形，小，两面均被毛，叶柄被毛。聚伞花序顶生或腋外生，疏花；总花梗长2~2.5cm；花梗长0.8~1.5cm；花冠蓝紫色或白色。浆果球状，成熟时红黑色。种子近盘状，扁平。花期夏秋，果期秋末。

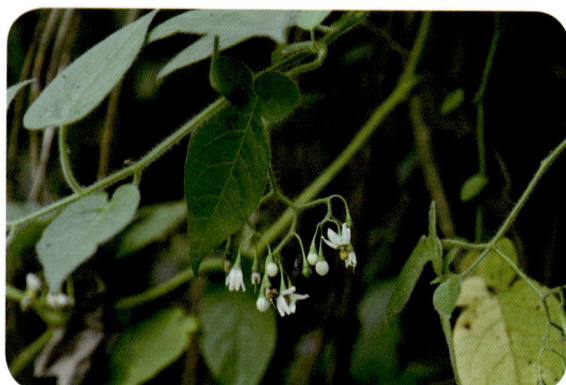

### 3. * 茄 Solanum melongena L.

直立草本至亚灌木。高可达
1m。小枝、叶柄及花梗均被平贴或
具短柄的星状绒毛。叶卵形至长圆
状卵形，长8~18cm，边缘浅波状或
深波状圆裂，两面被星状绒毛。能
孕花单生，花后常下垂，不孕花蝎
尾状；萼近钟形，外面密被星状绒
毛及小皮刺；花冠辐状，冠檐裂片
三角形。果的形状大小变异极大。

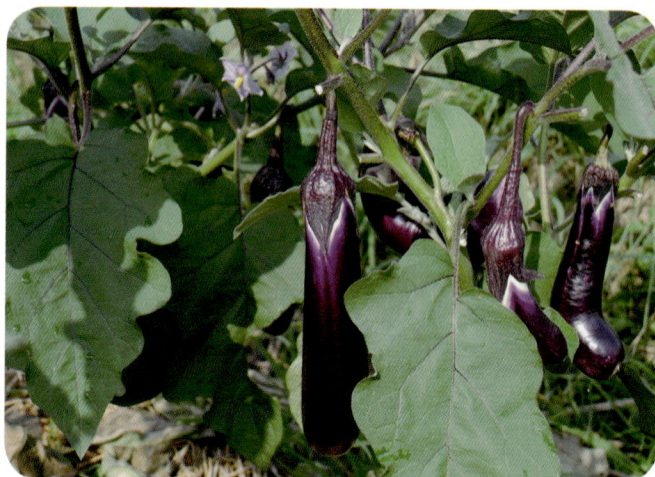

### 4. 龙葵 Solanum nigrum L.

一年生直立草本。茎无棱或棱不明显。叶卵形。蝎尾状花序腋外生，由3~6（~10)花组

成；萼小，浅杯状；花冠白色；花丝短，花药黄色；子房卵形，直径约0.5mm，花柱长约1.5mm，中部以下被白色绒毛，柱头小，头状。浆果球形，直径约8mm，熟时黑色。种子多数，近卵形，直径1.5~2mm，两侧压扁。

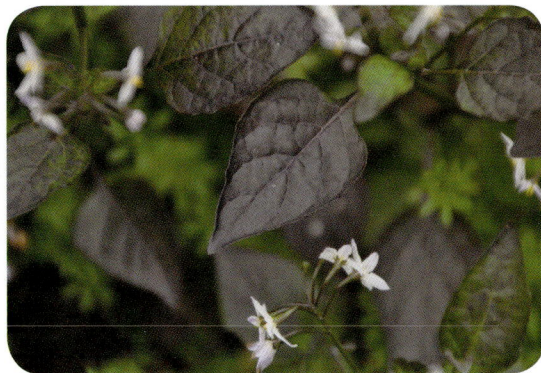

### 5. 牛茄子 Solanum virginianum Burm. f.

直立草本至亚灌木。植物体除茎、枝外各部均被具节的纤毛。茎及小枝具刺。叶阔卵形，长5~10.5cm，先端短尖至渐尖，基部心形，5~7浅裂或半裂，裂片三角形或卵形；侧脉与裂片数相等，脉上均具直刺；叶柄具直刺。聚伞花序腋外生，短而少花；花冠白色。浆果熟后橙红色。种子干后扁而薄，边缘翅状。花期11月至翌年5月；果期6~9月。

### 6. 水茄 Solanum torvum Sw.

灌木。高1~2m。小枝疏具基部宽扁的皮刺，皮刺淡黄色。叶单生或双生，卵形至椭圆形；叶柄长2~4cm。伞房花序腋外生；花冠辐形；花丝长约1mm；子房卵形，光滑，柱头截形。浆果黄色，圆球形，直径1~1.5cm，宿萼外面被稀疏

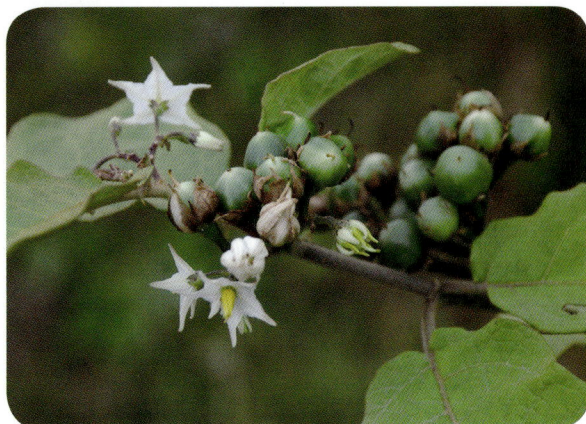

的星状毛；果柄长约1.5cm，上部膨大。种子盘状，直径1.5~2mm。全年均开花结果。

### 7. * 阳芋 Solanum tuberosum L.

草本。无毛或被疏柔毛。地下茎块状，扁圆形或长圆形，直径3~10cm；外皮白色、淡红色或紫色。叶为奇数不相等的羽状复叶；小叶常大小相间，卵形至长圆形。伞房花序顶生，后侧生；花白色或蓝紫色；萼钟形；花冠辐状；子房卵圆形，无毛，柱头头状。浆果圆球状，光滑。花期夏季。

## 6 龙珠属 | Tubocapsicum (Wettst.) Makino |

多年生草本。根粗壮。茎强壮，分枝稀疏而展开。叶互生或在枝上端大小不等二叶双生，全缘或浅波状。花2枚至数枚簇生于叶腋或枝腋；花梗细长；花萼短；花冠黄色，阔钟状；雄蕊5枚，花丝钻状，花药卵形，基部心脏形；花盘略呈波状；子房2室，花柱细长。浆果俯垂，多浆汁，球状，红色；果皮薄。种子近扁圆形；胚极弯曲。

### 龙珠 Tubocapsicum anomalum (Franch. et Sav. ) Makino

多年生草本。全体无毛。叶薄纸质，卵形、椭圆形或卵状披针形，顶端渐尖，基部歪斜楔形。花2~6枚簇生，俯垂；花梗细弱；花萼果时稍增大而宿存；花冠裂片卵状三角形，顶端尖锐，向外反曲，有短缘毛；雄蕊稍伸出花冠；子房直径2mm，花柱近等长于雄蕊。浆果，熟后红色。种子淡黄色。花果期8~10月。

# 251.旋花科 Convolvulaceae

　　草本、亚灌木或灌木，偶为乔木、多刺矮灌，或寄生植物。被毛。常有乳汁。叶互生，螺旋排列，寄生种类无叶或退化成小鳞片；常单叶，全缘、掌状或羽状分裂，甚至全裂，叶基常心形或戟形；无托叶；通常有叶柄。花通常美丽，单生于叶腋，或组成各式花序；花整齐，两性，5枚。果常为蒴果或浆果和坚果状。种子通常呈三棱形；种皮光滑或有各式毛。

## 1 心萼薯属 | Aniseia Choisy |

　　平卧或缠绕草本。无毛以至具绒毛。叶具柄；线形、披针形、卵形、心形或箭形，通常具小短尖。花序腋生，由1花至少花组成聚伞花序；萼片5枚；花冠小或显著，辐射对称、宽管状、钟状或漏斗状；雄蕊5枚，内藏，花丝丝状，贴生于花冠管上，花粉粒无刺；花盘小或不存在；子房无毛，2室，每室具2枚胚珠。蒴果卵形或球形。种子4粒或较少，三棱形或球形，黑色，通常被毛。

### 心萼薯 Aniseia biflora (L.) Choisy

　　攀缘或缠绕草本。茎细长，有细棱，被灰白色倒向硬毛。叶心形或心状三角形；毛被同茎的毛被。花序腋生；萼片5枚；花冠白色，狭钟状，冠檐浅裂，裂片圆；瓣中带被短柔毛；雄蕊5枚，花药卵状三角形；子房圆锥状，无毛，花柱棒状，长3mm，柱头头状。蒴果近球形，果瓣内面光亮。种子4粒，卵状三棱形。

## ② 菟丝子属 │ Cuscuta L. │

寄生草本。无根。全体不被毛。茎缠绕，细长，线形，黄色或红色，借助吸器固着寄主。无叶。花小，白色或淡红色，成穗状、总状或簇生成头状的花序；花4~5出数；花冠管状、壶状、球形或钟状；雄蕊着生于花冠喉部或花冠裂片相邻处；花粉粒椭圆形。无刺。蒴果球形或卵形。

### 1. 菟丝子 Cuscuta chinensis Lam.

一年生寄生草本。茎缠绕，黄色。无叶。花序侧生，少花或多花簇生成小伞形或小团伞花序；苞片及小苞片小，鳞片状；花梗稍粗壮；花萼杯状；花冠白色，壶形；雄蕊着生于花冠裂片弯缺微下处；鳞片长圆形；子房近球形。蒴果球形，直径约3mm，几乎全为宿存的花冠所包围，成熟时整齐地周裂。种子2~49粒，淡褐色，卵形，长约1mm，表面粗糙。

### 2. 金灯藤 Cuscuta japonica Choisy

一年生寄生缠绕草本。茎较粗壮，肉质，黄色，常带紫红色瘤状斑点。花无柄或几无柄，形成穗状花序；苞片及小苞片鳞片状，卵圆形；花萼碗状，肉质；花冠钟状，淡红色或绿白色；雄蕊5枚，着生于花冠喉部裂片之间，花药卵圆形，黄色，花丝无或几无；子房球状。蒴果卵圆形，近基部周裂。种子1~2粒，光滑，褐色。花期8月，果期9月。

## ③ 土丁桂属 │ Evolvulus L. │

多年生或多年生草本，亚灌木或灌木。茎平卧或上升，通常被丝毛至柔毛或疏柔毛。叶小，全缘。花小，腋生，单花；或多花形成聚伞花序，排列为顶生穗状花序或头状花序；花冠小，辐状、漏斗状、钟状或高脚碟状，紫色、蓝色或白色，稀黄色；雄蕊5枚；花盘小；子房无毛。蒴果球形或卵形。种子平滑或稍具瘤，无毛。

## 土丁桂 Evolvulus alsinoides (L.) L.

多年生草本。茎少数至多数，平卧或上升，细长，具贴生的柔毛。叶长圆形、椭圆形或匙形。总花梗丝状；花组成聚伞花序；苞片线状钻形至线状披针形；花冠辐状；雄蕊5枚，花药长圆状卵形，先端渐尖，基部钝；子房无毛。蒴果球形，无毛。种子4粒或较少，黑色，平滑。花期5~9月。

## 4 番薯属 | Ipomoea L. |

草本或灌木。通常缠绕，有时平卧或直立，很少漂浮于水上。叶通常具柄；全缘。花单生或组成腋生聚伞花序或伞形至头状花序；苞片各式；萼片5枚，宿存；花冠整齐，漏斗状或钟状；雄蕊内藏，不等长，花丝丝状，花药卵形至线形，花粉粒球形，有刺；花盘环状。蒴果球形或卵形；果皮膜质或革质。种子4粒或较少。

### 1. 五爪金龙 Ipomoea cairica (L.) Sweet

多年生缠绕草本。茎细长，有细棱。叶掌状5深裂或全裂，裂片卵状披针形、卵形或椭圆形，长4~5 cm，全缘或不规则波状。聚伞花序腋生，具花1~3枚；苞片及小苞片小，鳞片状；花冠紫红色、紫色或淡红色，偶有白色，漏斗状。蒴果近球形。种子黑色，被褐色柔毛。花期几乎全年。

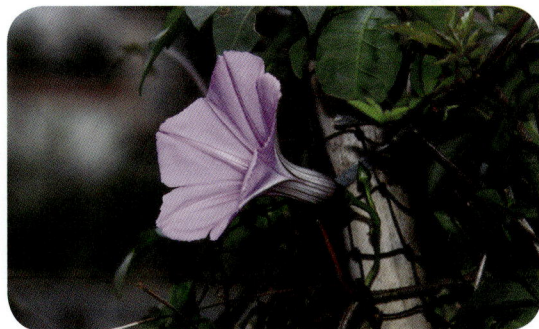

### 2. 牵牛 Ipomoea nil (L.) Choisy

一年生缠绕草本。茎上被倒向的短柔毛及杂有倒向或开展的长硬毛。叶宽卵形或近圆形。花腋生，单一或通常2朵着生于花序梗顶；苞片线形或叶状，被开展的微硬毛；花冠漏斗状，蓝紫色或紫红色，花冠管色淡；

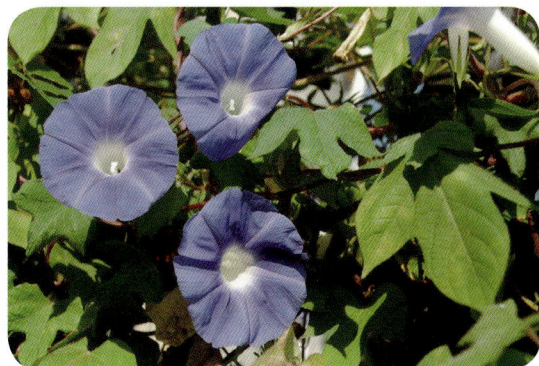

雄蕊及花柱内藏；雄蕊不等长，花丝基部被柔毛；子房无毛，柱头头状。蒴果近球形。种子卵状三棱形，黑褐色或米黄色，被褐色短绒毛。

### 3. 圆叶牵牛 Ipomoea purpurea (L.) Voigt

一年生缠绕草本。茎上被倒向的短柔毛，杂有倒向或开展的长硬毛。叶圆心形或宽卵状心形。花腋生，单一或2~5枚着生于花序梗顶端成伞形聚伞花序；苞片线形；花冠漏斗状，紫红色、红色或白色，花冠管通常白色，瓣中带于内面色深，外面色淡；雄蕊与花柱内藏；雄蕊不等长，花丝基部被柔毛；花盘环状。蒴果近球形。种子卵状三棱形，黑褐色或米黄色，被极短的糠秕状毛。

### 4. 三裂叶薯 Ipomoea triloba L.

多年生草本。茎缠绕或有时平卧，无毛或散生毛，且主要在节上。叶宽卵形至圆形，全缘或有粗齿或深3裂，基部心形，两面无毛或散生疏柔毛。花序腋生；花冠漏斗状，无毛，淡红色或淡紫红色，冠檐裂片短而钝，有小短尖头；雄蕊内藏。蒴果近球形。种子4粒或较少，无毛。

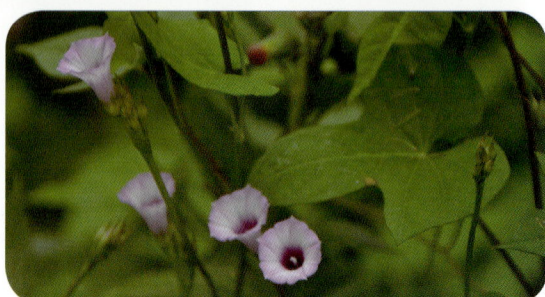

# 252.玄参科 Scrophulariaceae

　　草本、灌木或少有乔木。茎常有棱。叶互生、下部对生而上部互生、或全对生、或轮生；无托叶。花序总状、穗状或聚伞状，常合成圆锥花序；花常不整齐；萼下位，常宿存，5少有4基数；花冠4~5裂，裂片多少不等或作二唇形；雄蕊常4枚；花盘常存在。果为蒴果，少有浆果状。种子细小，有时具翅或有网状种皮。

## 1 毛麝香属 | Adenosma R. Br. |

　　草本，直立或匍匐。被毛及腺毛。叶对生，有锯齿，被腺点。花具短梗或无梗，单生于上部叶腋，常集成总状、穗状或头状花序；小苞片2枚；萼齿5枚，后方1枚通常较大；花冠筒状，裂片成二唇形，上唇直立，先端凹缺或全缘，下唇伸展，3裂；雄蕊4枚，二强，内藏。蒴果卵形或椭圆形，先端略具喙。种子小而多数，有网纹。

### 毛麝香 Adenosma glutinosum (L.) Druce

　　直立草本。高30~100cm。密被柔毛和腺毛。茎上部四方形，中空。叶对生，上部多少互生，叶片披针状卵形至宽卵形，长2~10cm，先端锐尖，边缘具齿或重齿，两面被毛，下面多腺点；有柄。花单生于叶腋或在茎、枝顶端集成较密的总状花序；花冠紫红色或蓝紫色。蒴果卵形。种子矩圆形，褐色至棕色，有网纹。花果期7~10月。

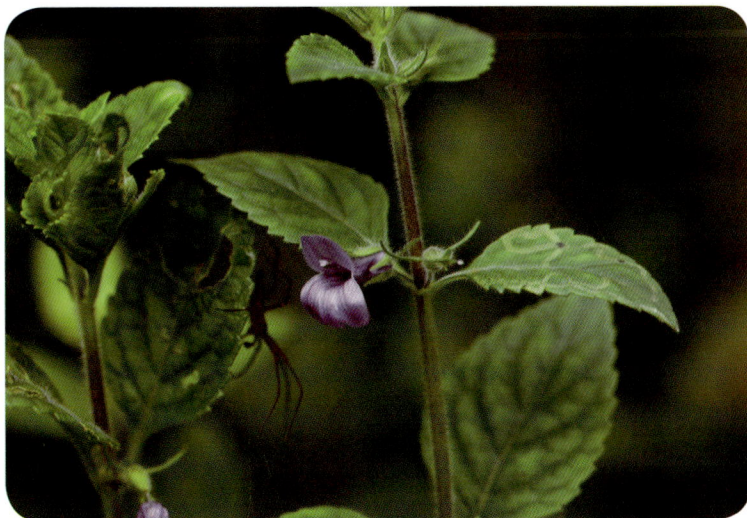

## ② 母草属 | Lindernia All. |

草本，直立、倾卧或匍匐。叶对生，形状多变，常有齿，稀全缘；脉羽状或掌状；有柄或无。花常对生、稀单生，腋生或在茎枝顶排成总状或假伞形花序，稀呈大型圆锥花序；常具花梗；无小苞片；萼具5齿；花冠紫色、蓝色或白色，二唇形，上唇直立，微2裂，下唇较大而伸展，3裂；雄蕊4枚。果为蒴果。种子小，多数。

### 1. 长蒴母草 Lindernia anagallis (Burm. f.) Pennell

一年生匍匐草本。茎节生根，有条纹，无毛。仅下部叶有短柄；叶片三角状卵形、卵形或矩圆形，长4~20cm，顶端圆钝或急尖，基部截形或近心形，边缘有不明显的浅圆齿；侧脉3~4对，两面无毛。花单生于叶腋；花梗无毛；萼齿5个；花冠白色或淡紫色，二唇形，上唇直立；雄蕊4枚。蒴果较长。种子卵圆形，有疣状凸起。花期4~9月，果期6~11月。

### 2. 母草 Lindernia crustacea (L.) F. Muell

草本。高10~20cm。茎常铺散成密丛。叶三角状卵形或宽卵形，长10~20mm，边缘有浅钝锯齿。花单生于叶腋或成极短的总状花序；花萼坛状，成腹面较深而侧、背均开裂较浅的5齿；花冠紫色，上唇直立，2浅裂，下唇3裂。蒴果椭圆形，与宿萼近等长。种子近球形，浅黄褐色，有明显的蜂窝状瘤突。花果期全年。

## ③ 泡桐属 | Paulownia Sieb. et Zucc. |

落叶乔木，但在热带为常绿乔木。除老枝外全体均被毛。叶对生，大而有长柄，稀3枚轮生，心形至长卵状心形，基部心形，全缘、波状或3~5浅裂，在幼株中常具锯齿，多毛；无托叶。花数枚成小聚伞花序，具总花梗或无，常再排成圆锥状；萼齿5个，稍不等；花冠大，紫色或白色，檐部二唇形；雄蕊4枚，二强。蒴果。种子小而多，有膜质翅，具少量胚乳。

**白花泡桐 Paulownia fortunei (Seem.) Hemsl.**

落叶乔木。高达30m。幼枝、叶、花序各部和幼果均被黄褐色星状绒毛，但叶柄、叶片上面和花梗渐变无毛。叶片长卵状心形，长达20cm，顶端长渐尖或锐尖头，尖头达2cm；叶柄长达12cm。花序几成圆柱形，小聚伞花序有花3~8枚；花冠白色或浅紫色，长8~12cm。蒴果长6~10cm。种子连翅长6~10mm。花期3~4月，果期7~8月。

## 4 野甘草属 | **Scoparia** L. |

多枝草本或小灌木。叶对生或轮生，全缘或有齿，常有腺点。花腋生，具细梗，单生或常成对；花萼4~5裂，裂片覆瓦状，卵形或披针形；花冠几无管而近辐状，喉部生有密毛，裂片4个，覆瓦状，在蕾中时后方1枚处于外方，稍较其他3枚宽；雄蕊4枚，近等长，药室分离，并行或2分；子房球形，内含多数胚珠，花柱顶生，稍膨大。蒴果球形或卵圆形，室间室背开裂，果1片，缘内卷。种子小，倒卵圆形，有棱角；种皮贴生，有蜂窝状孔纹。

### 野甘草 Scoparia dulcis L.

直立草本。茎多分枝，枝有棱角及窄翅。叶对生或3枚轮生，菱状卵形或菱状披针形，具紫色腺点。花单枚或成对生于叶腋；无小苞片；花萼分生，萼齿4枚，卵状长圆形；花冠小，白色。蒴果卵圆形或球形。花期4~8月，果期5~10月。

## ⑤ 蝴蝶草属 | Torenia L. |

草本。无毛或被柔毛，稀被硬毛。叶对生；通常具柄。花序总状或腋生伞形花序成簇，稀少退化为叉生的2枚顶生花，或仅1枚花；无小苞片；具花梗；花萼具棱或翅，通常二唇形，萼齿5个；花冠二唇形，上唇直立，先端微凹或2裂，下唇3裂，裂片近相等；雄蕊4枚，均发育，后方2枚内藏，花丝丝状，前方2枚着生于喉部，花丝长而弓曲，基部各具1枚齿状、丝状或棍棒状附属物，稀不具附属物，花药成对靠合，药室顶部常汇合；子房上部被短粗毛，花柱先端2片状，胚珠多数。蒴果长圆形，为宿萼所包藏，室间开裂。种子多数，具蜂窝状皱纹。

### 兰猪耳 Torenia fournieri Linden. ex Fourn.

直立草本。茎几无毛。叶片长卵形或卵形，边缘具带短尖的粗锯齿。花在枝的顶端排列成总状花序；苞片条形；萼椭圆形，绿色或顶部与边缘略带紫红色；花冠筒淡青紫色，背黄色；上唇直立，浅蓝色，宽倒卵形；花丝不具附属物。蒴果长椭圆形。种子小，黄色，圆球形或扁圆球形，表面有细小的凹窝。种子多数，具蜂窝状皱纹。花果期6~12月。

# 256.苦苣苔科 Gesneriaceae

多年生草本或灌木，稀为乔木、一年生草本或藤本，陆生或附生。叶为单叶，不分裂，稀羽状分裂或为羽状复叶，对生或轮生，或基生成簇，稀互生，通常草质或纸质，稀革质；无托叶。常为双花聚伞花序，或为单歧聚伞花序，稀为总状花序；有苞片；花两性，常左右对称，较少辐射对称。蒴果或稀为浆果。种子多数小，通常椭圆形或纺锤形。

## 唇柱苣苔属 | **Chirita** Buch.-Ham. ex D. Don |

多年生或一年生草本。无或具地上茎。单叶，稀为羽状复叶，不分裂，稀羽状分裂，对生或簇生，稀互生；具羽状脉。聚伞花序腋生，有时多少与叶柄愈合，有少数或多数花，或为单花；苞片2枚，对生，稀1枚或3枚；萼5裂；花冠紫色、蓝色或白色，檐部二唇形；能育雄蕊2枚；退化雄蕊2枚或3枚。蒴果线形，室背开裂。

### 牛耳朵 **Chirita eburnea** Hance

多年生草本。具粗根状茎。叶均基生，肉质，叶片卵形或狭卵形，边缘全缘，两面均被贴伏的短柔毛。聚伞花序；花序梗被短柔毛；花梗密被短柔毛及短腺毛；花冠紫色或淡紫色，有时白色，喉部黄色，两面疏被短柔毛；雄蕊的花丝着生于距花冠基部1.2~1.6cm处；花盘斜，边缘有波状齿；雌蕊长2~3cm。蒴果被短柔毛。花期4~7月。

# 257.紫葳科 Bignoniaceae

　　乔木、灌木或木质藤本。常具有各式卷须及气生根。叶对生、互生或轮生，单叶或羽叶复叶；顶生小叶或叶轴有时呈卷须状。花两性，通常大而美丽，组成顶生、腋生的聚伞花序、圆锥花序或总状花序或总状式簇生；稀老茎生花；花萼钟状、筒状。蒴果。种子通常具翅或两端有束毛，薄膜质，极多数；无胚乳。

## *炮仗藤属 | **Pyrostegia** Presl |

　　攀缘木质藤本。叶对生；小叶2~3枚，顶生小叶常变三叉的丝状卷须。顶生圆锥花序；花橙红色，密集成簇；花萼钟状，平截或具5个齿；花冠筒状，略弯曲，裂片5个，镊合状排列，花期反折；雄蕊4枚，二强；花盘环状；子房上位，线形，有胚珠多枚。蒴果线形，室间开裂，隔膜与果瓣平行；果瓣扁平，薄或稍厚，革质，平滑并有纵肋。种子在隔膜边缘列成覆瓦状排列，具翅。

### * 炮仗花 **Pyrostegia venusta** (Ker-Gaul.) Miers

　　藤本。具有三叉丝状卷须。叶对生；小叶2~3枚，卵形，顶端渐尖，基部近圆形，下面具有极细小分散的腺穴，全缘。圆锥花序着生于侧枝的顶端；花萼钟状；花冠筒状；雄蕊着生于花冠筒中部，花丝丝状，花药叉开；子房圆柱形，密被细柔毛，花柱细，柱头舌状扁平；花柱与花丝均伸出花冠筒外。果瓣革质，舟状，内有种子多列。种子具翅，薄膜质。花期1~6月。

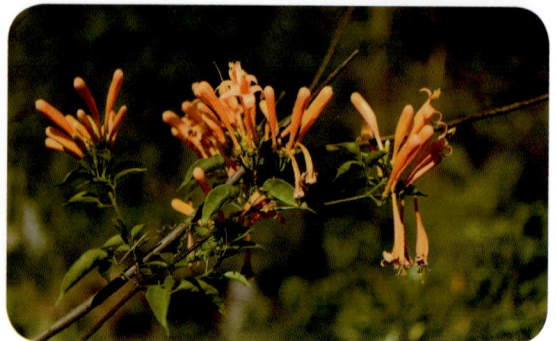

# 258.胡麻科 Pedaliaceae

　　一年生或多年生草本，稀为灌木。叶对生或生于上部的互生，全缘、有齿缺或分裂。花左右对称，单生、腋生或组成顶生的总状花序，稀簇生；花冠筒状，一边肿胀，呈不明显二唇形，檐部裂片5个，蕾时覆瓦状排列；雄蕊4枚，二强；花盘肉质；子房上位或很少下位，中轴胎座，胚珠多数，倒生。蒴果不开裂，常覆以硬钩刺或翅。种子多数；具薄肉质胚乳及小型劲直的胚。

## *胡麻属 | Sesamum L. |

　　直立或匍匐草本。叶生于下部的对生，其他的互生或近对生，全缘、有齿缺或分裂。花腋生、单生或数枚丛生，具短柄，白色或淡紫色；花萼小，5深裂；花冠筒状；雄蕊4枚，二强；花盘微凸；子房2室，每室再由一假隔膜分为2室，每室具有多数叠生的胚珠。蒴果矩圆形，室背开裂为2果瓣。种子多数。

### * 芝麻 Sesamum indicum L.

　　一年生直立草本。分枝或不分枝。中空或具有白色髓部，微有毛。叶矩圆形或卵形；下部叶常掌状3裂；中部叶有齿缺；上部叶近全缘。花单生或2~3枚同生于叶腋内；花萼裂片披针形，被柔毛；花冠筒状，白色而常有紫红色或黄色的彩晕；雄蕊4枚，内藏；子房上位，4室，被柔毛。蒴果矩圆形。种子有黑白之分。花期夏末秋初。

# 259.爵床科 Acanthaceae

草本、灌木或藤本，稀为小乔木。叶片、小枝和花萼上常有条形或针形的钟乳体。叶对生，稀互生；无托叶；极少数羽裂。花两性，左右对称，无梗或有梗，常为总状、穗状或聚伞花序，伸长或头状，有时单生或簇生；苞片大或小；小苞片有或无；花萼常5裂；花冠檐部常5裂，整齐或二唇形。蒴果，室背开裂。种子扁或透镜形，光滑无毛或被毛。

## 1 狗肝菜属 | Dicliptera Juss. |

草本。叶通常全缘或呈明显的浅波状。花序腋生，稀顶生，由数至多个头状花序组成聚伞形或圆锥形式；头状花序具总花梗；总苞片2枚，叶状对生；小苞片小；花无梗；花萼5深裂，裂片线状披针形，等大；花粉红色；冠管细长，冠檐二唇形；雄蕊2枚。蒴果卵形，两侧稍扁。种子每室2粒，近圆形，两侧呈压扁状。

### 狗肝菜 Dicliptera chinensis (L. ) Juss.

草本。茎外倾或上升。节常膨大膝曲状。叶纸质，卵状椭圆形，长2~7cm，顶端短渐尖，基部阔楔形或稍下延，两面近无毛；有叶柄。花序腋生或顶生，由3~4个聚伞花序组成；每个聚伞花序有1枚至少数花，具总花梗；总苞片阔倒卵形或近圆形；花冠淡紫红色。蒴果被毛。种子4粒。花果期9月至翌年2月。

## ② 水蓑衣属 | **Hygrophila** R. Br. |

灌木或草本。叶对生，全缘或具不明显小齿。花无梗，2至多枚簇生于叶腋；花萼圆筒状；冠管筒状；雄蕊4枚，2长2短；子房每室有4枚至多数胚珠，花柱线状，柱头2裂，后裂片常消失。蒴果圆筒状或长圆形，2室，每室有种子4至多数。种子宽卵形或近圆形，两侧压扁，被紧贴长白毛，遇水胀起有弹性。

### 水蓑衣 **Hygrophila salicifolia** (Vahl) Nees

草本。高80cm。茎四棱形。叶近无柄；纸质，长椭圆形、披针形、线形，两面被白色长硬毛。花簇生于叶腋，无梗；花萼圆筒状，被短糙毛；花冠淡紫色或粉红色，长1~1.2cm，被柔毛，上唇卵状三角形，下唇长圆形，喉凸上有疏而长的柔毛，花冠管稍长于裂片；后雄蕊的花药比前雄蕊的小一半。蒴果比宿存萼长1/4~1/3，干时淡褐色，无毛。花期秋季。

## ③ 爵床属 | **Justicia** L. |

草本、亚灌木或灌木。叶面有钟乳体。花无梗，组成顶生穗状花序；苞片交互对生，每苞片中有花1枚；小苞片和萼裂片与苞片相似，均被缘毛；花萼不等大5裂或等大4裂，后裂片小或消失；花冠短，二唇形；雄蕊2枚；花盘坛状。蒴果小，基部具坚实的柄状部分。种子每室2粒，两侧呈压扁状；种皮皱缩。

### 1. * 鸭嘴花 **Justicia adhatoda** L.

灌木。幼枝密生灰白色微毛，各部揉后有特殊臭气。叶矩圆状披针形至披针形，顶端渐尖。花序穗状；苞片椭圆形至宽卵形，小苞片披针形，稍短于苞片；花萼裂片5个，矩圆状披针形；花冠白色有紫纹，外有短柔毛，二唇形，花冠筒稍短于唇瓣；雄蕊2枚，着生处有一圈柔毛，2药室不等高。蒴果近木质，上部具4粒种子，下部实心似短柄状。

## 2. 小驳骨 Justicia gendarussa Burm. f.

　　小灌木。高达1m左右。节部膨大。无毛。叶披针形，顶端尖至渐尖。花序穗状，顶生或生于上部叶腋；苞片钻状披针形；花萼裂片5个，条状披针形，与苞片同生黏毛；花冠白色或带粉红色有紫斑，二唇形，上唇2微裂，下唇3浅裂；雄蕊2枚，2药室不等高，低者具短矩。蒴果。

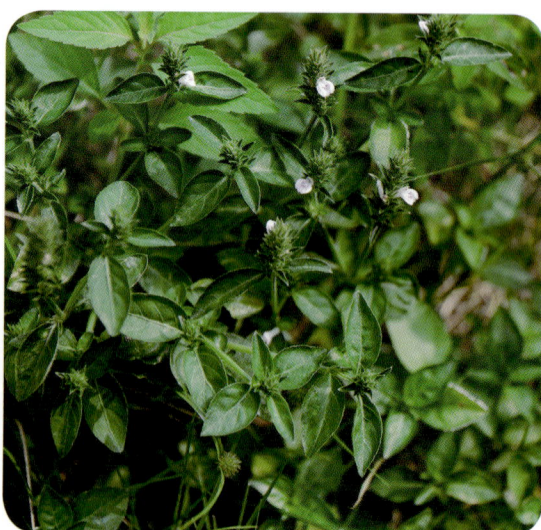

## 3. 爵床 Justicia procumbens L.

　　草本。茎基部匍匐。叶椭圆形至椭圆状长圆形，长1.5~3.5cm，先端锐尖或钝，基部宽楔形或近圆形，两面常被短硬毛；叶柄短，被短硬毛。穗状花序顶生或生于上部叶腋，长1~3cm；苞片1枚，小苞片2枚，均披针形，有缘毛；花萼裂片4个，线形；花冠粉红色，二唇形，下唇3浅裂；雄蕊2。蒴果小。种子表面具有瘤状皱纹。花果期几乎全年。

# 263. 马鞭草科 Verbenaceae

　　灌木或乔木，有时为藤本，稀草本。叶对生，很少轮生或互生，单叶或掌状复叶，很少羽状复叶；无托叶。花序顶生或腋生，多数为聚伞、总状、穗状、伞房状聚伞或圆锥花序；花两性，稀杂性；花萼宿存；花冠管圆柱形，冠檐二唇形或4~5裂，稀多裂；雄蕊常4枚。果实为核果、蒴果或浆果状核果。种子通常无胚乳；胚直立。

## 1 紫珠属 | Callicarpa L. |

　　直立灌木，稀乔木、藤本或攀缘灌木；小枝圆筒形或四棱形，被毛，稀无毛。叶对生，偶有3叶轮生，边缘有锯齿，稀全缘，通常被毛和腺点；有柄或近无柄；无托叶。聚伞花序腋生；苞片细小，稀为叶状；花小，整齐；花萼宿存；花冠紫色、红色或白色，顶端4裂；雄蕊4枚。核果或浆果状，熟时紫色、红色或白色。种子小，长圆形；种皮膜质；无胚乳。

### 1. 华紫珠 Callicarpa cathayana H. T. Chang

　　灌木。嫩枝被毛，后脱落。叶椭圆形或卵形，顶端渐尖，基部楔形，两面近无毛而有显著的红色腺点；侧脉5~7对；边缘密生细齿。聚伞花序细弱；花萼杯状；花冠紫色。果实球形，紫色。花期5~7月，果期8~11月。

### 2. 杜虹花 Callicarpa formosana Rolfe

　　灌木。小枝、叶柄和花序均密被灰黄色毛。叶卵状椭圆形或椭圆形，长6~15cm，顶端通

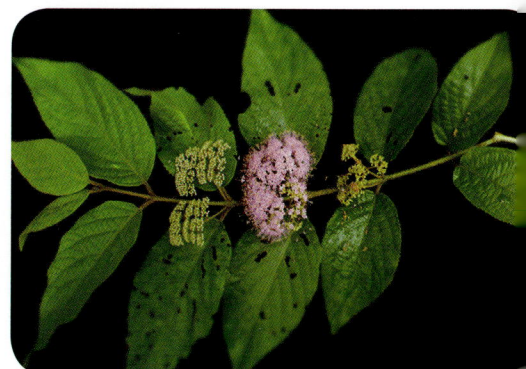

常渐尖，基部钝或浑圆，边缘有细锯齿，叶面被硬毛，稍粗糙，叶背被灰黄色星状毛和小腺点；侧脉明显。聚伞花序通常4~5次分歧；苞片细小；花萼杯状；花冠紫色或淡紫色。果实紫色，直径约2mm。花期5~7月，果期8~11月。

### 3. 枇杷叶紫珠 Callicarpa kochiana Makino

灌木。小枝、叶柄与花序密生黄褐色茸毛。叶长椭圆形、卵状椭圆形或长椭圆状披针形，长12~22cm，顶端渐尖或锐尖，基部楔形，边缘有锯齿，叶面无毛或疏被毛，叶背密被毛，两面有腺点；侧脉明显。聚伞花序3~5次分歧；花近无柄；花冠淡红色或紫红色。果实球形，直径约1.5mm。花期7~8月，果期9~12月。

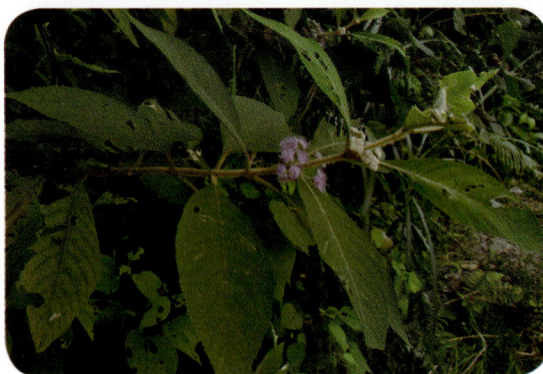

### 4. 尖尾枫 Callicarpa longissima (Hemsl.) Merr.

灌木或小乔木。小枝紫褐色，四棱形，幼嫩部分稍有多细胞的单毛，节上有毛环。叶披针形或椭圆状披针形。花序被多细胞的单毛；花小而密集；花萼无毛，有腺点；花冠淡紫色，无毛；雄蕊长约为花冠的2倍，药室纵裂；子房无毛。果实扁球形，无毛，有细小腺点。花期7~9月，果期10~12月。

## 5. 藤紫珠 Callicarpa integerrima var. chinensis (Pei) S. L. Chen

藤本或蔓性灌木。老枝棕褐色，圆柱形，无毛。幼枝、叶柄和花序梗被黄褐色星状毛和分枝茸毛。叶片宽椭圆形或宽卵形，全缘，表面深绿色，背面被黄褐色星状毛和细小黄色腺点。聚伞花序，花柄无毛；苞片线形；花萼无毛，有细小黄色腺点，萼齿不明显或近截头状；花冠紫红色至蓝紫色；雄蕊花药细小，药室纵裂；子房无毛。果实紫色。花期5~7月，果期8~11月。

## ② 大青属 | Clerodendrum L. |

落叶或半常绿灌木或小乔木，稀攀缘状藤本或草本。单叶对生，稀3~5枚叶轮生，全缘、波状或有各式锯齿，很少浅裂至掌状分裂。聚伞花序或再组成伞房状、圆锥状花序，或短缩成近头状，顶生或腋生，直立或下垂；苞片宿存或早落；花萼有色泽，宿存，全部或部分包被果实。浆果状核果。

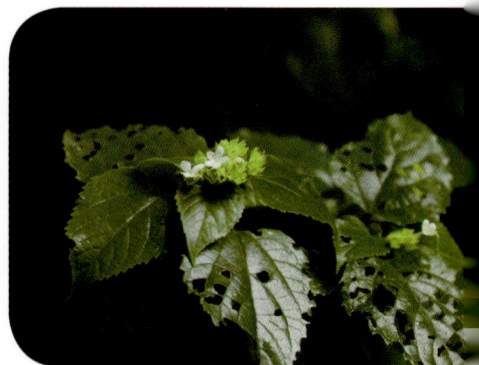

### 1. 灰毛大青 Clerodendrum canescens Wall.

灌木。小枝略四棱形，具不明显的纵沟。叶片心形或宽卵形，少为卵形，两面都有柔毛。聚伞花序密集成头状，通常2~5个生于枝顶；花序梗较粗壮；苞片叶状，卵形或椭圆形，具短柄或近无柄；花萼由绿色变红色，钟状，有少数腺点；花冠白色或淡红色；雄蕊4枚，与花柱均伸出花冠外。核果近球形，绿色，成熟时深蓝色或黑色，藏于红色增大的宿萼内。花果期4~10月。

### 2. 大青 Clerodendrum cyrtophyllum Turcz.

灌木或小乔木。幼枝被短柔毛。叶纸质，椭圆形、卵状椭圆形、长圆形或长圆状披针形，长6~20cm，顶端渐尖或急尖，基部圆形或宽楔形，全缘，两面无毛或沿脉疏生短柔毛，背面常有腺点；侧脉明显。伞房状聚伞花序，生于枝顶或叶腋；苞片线形；花小；花冠白色。果熟时蓝紫色。花果期6月至翌年2月。

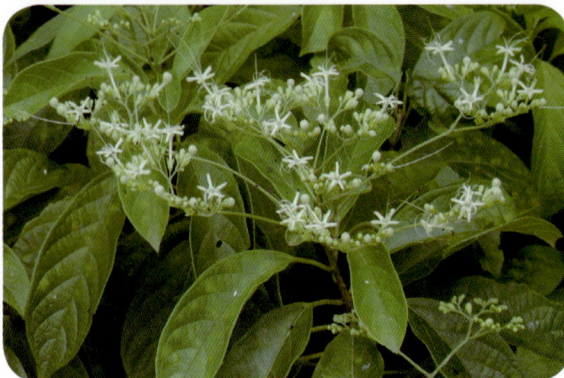

### 3. 白花灯笼（鬼灯笼）Clerodendrum fortunatum L.

灌木。嫩枝密被黄褐色短柔毛。叶纸质，长椭圆形或倒卵状披针形，长5~17.5cm，顶端渐尖，基部楔形，全缘或波状，叶面被疏毛，叶背密生小腺点，沿脉被毛。聚伞花序腋生，具花3枚至9枚；花萼红紫色，具5棱，膨大，形似灯笼；花冠淡红色或白色稍带紫色。核果近球形，藏于宿萼内。花果期6~11月。

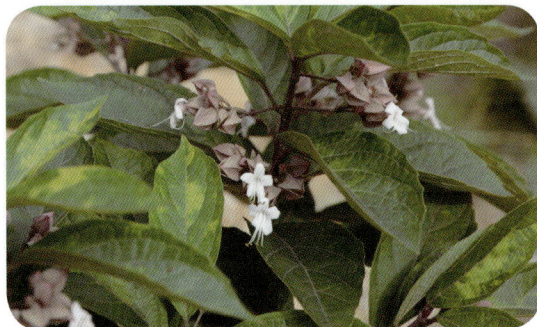

### 4. 尖齿臭茉莉 Clerodendrum lindleyi Decne. ex Planch.

灌木。幼枝近四棱形；老枝近圆形，皮孔不显，被短柔毛。叶片纸质，宽卵形或心形，表面散生短柔毛，背面有短柔毛，沿脉较密。伞房状聚伞花序密集，顶生；花序梗被短柔

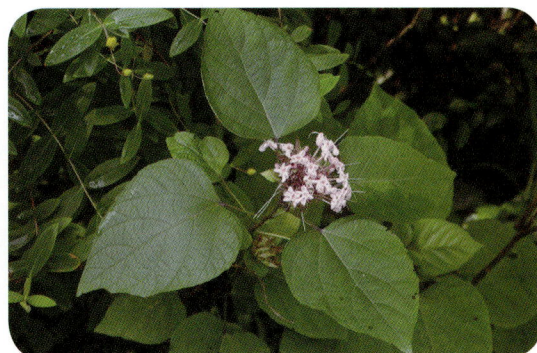

毛；花萼钟状，密被柔毛和少数盘状腺体，萼齿线状披针形；花冠紫红色或淡红色；雄蕊与花柱伸出花冠外，花柱长于雄蕊。核果近球形，成熟时蓝黑色，大半被紫红色增大的宿萼所包。花果期6~11月。

### 5. * 龙吐珠 Clerodendrum thomsonae Balf.

攀缘状灌木。叶片纸质，狭卵形或卵状长圆形，全缘，表面被小疣毛，略粗糙，背面近无毛；基出脉3条。聚伞花序腋生或假顶生，二歧分枝；苞片狭披针形；花萼白色，基部合生，中部膨大，顶端渐尖；花冠深红色，外被细腺毛，裂片椭圆形，花冠管与花萼近等长；雄蕊4枚，与花柱同伸出花冠外。核果近球形；外果皮光亮，棕黑色、红紫色。花期3~5月。

### 3 *假连翘属 | Duranta L. |

有刺或无刺灌木。单叶对生或轮生，全缘或有锯齿。花序总状、穗状或圆锥状，顶生或腋生；苞片细小；花萼顶端有5个齿，宿存，结果时增大；花冠管圆柱形，直或弯，顶部5裂；雄蕊4枚，内藏，2长2短，着生于花冠管内的中部或中部以上；花柱短。核果几完全包藏在增大宿存的花萼内。中果皮肉质，内果皮硬，有4核，每核2室，每室有1粒种子。

### * 假连翘 Duranta erecta L.

灌木。枝条有皮刺，幼枝有柔毛。叶对生，少有轮生，纸质，卵状椭圆形或卵状披针形，长2~6.5cm，顶端短尖或钝，基部楔形，全缘或中上部有齿，有柔毛；叶柄有毛。总状花序顶生或腋生，常排成圆锥状；花萼管状，5裂，有5棱；花冠通常蓝紫色，5裂。核果球形，熟时红黄色。花果期5~10月。

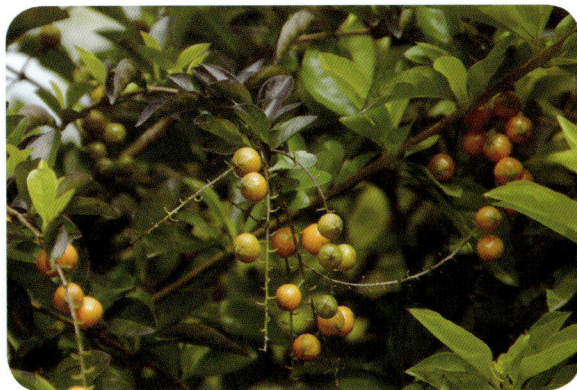

## ④ 马缨丹属 | Lantana L. |

直立或半藤状灌木。有强烈气味。茎四方形。单叶对生，边缘有圆或钝齿，表面多皱；有柄。花密集成头状，顶生或腋生；苞片基部宽展；花萼小，膜质；花冠4~5浅裂；雄蕊4枚，着生于花冠管中部，内藏，花药卵形，药室平行；子房2室，每室有1枚胚珠，花柱短。果实的中果皮肉质，内果皮质硬；成熟后，常为二骨质分核。

### 马缨丹 Lantana camara L.

直立或半藤状的灌木。茎枝均呈四方形。单叶对生，揉烂后有强烈的气味，叶片卵形至卵状长圆形。花序直径1.5~2.5cm；苞片披针形，外部有粗毛；花萼管状，膜质；花冠黄色或橙黄色，开花后不久转为深红色；子房无毛。果圆球形，直径约4mm，成熟时紫黑色。全年开花。

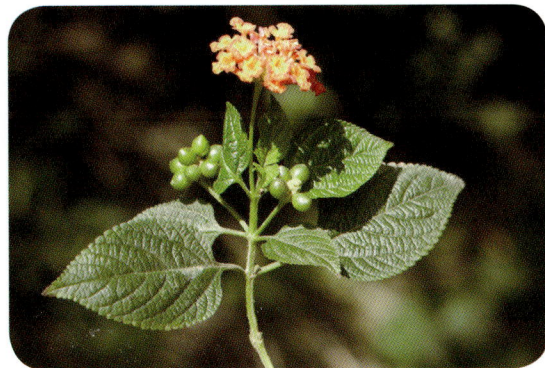

## ⑤ 马鞭草属 | Verbena L. |

一年生、多年生草本或亚灌木。茎直立或匍匐，无毛或有毛。叶对生，稀轮生或互生，边缘有齿至羽状深裂，极少无齿；近无柄。花常排成顶生穗状花序，有时为圆锥状或伞房状，稀有腋生花序；花生于狭窄的苞片腋内，蓝色或淡红色；花萼5棱，延伸出5个齿；花冠管直或弯，5个裂片；雄蕊4枚。果干燥，包于萼内。种子无胚乳，幼根向下。

### 马鞭草 Verbena officinalis L.

多年生草本。茎四方形。叶片卵圆形至倒卵形或长圆状披针形，长2~8cm；基生叶边缘常有齿；茎生叶多数3深裂，裂片边缘有齿，两面均有硬毛，叶脉上凹下凸明显。穗状花序顶生和腋生；花小；苞片稍短于花萼；花萼有5脉；花冠淡紫色至蓝色，裂片5个；雄蕊4枚。果长圆形。花期6~8月，果期7~10月。

## 6 牡荆属 | Vitex L. |

乔木或灌木。小枝通常四棱形，无毛或微被毛。叶对生，有柄，掌状复叶；小叶3~8枚，稀单叶，小叶片全缘或有锯齿，浅裂至深裂。花序顶生或腋生，为有梗或无梗的聚伞花序，或再组成圆锥状、伞房状或近穗状花序；苞片小；花萼宿存；花冠二唇形，上唇2裂，下唇3裂；雄蕊4枚；柱头2裂。核果球形或卵球形。

### 1. 黄荆 Vitex negundo L.

灌木或小乔木。小枝四棱形，密生灰白色绒毛。掌状复叶，小叶5枚，少有3枚；小叶片长圆状披针形至披针形，顶端渐尖，基部楔形，全缘或有少数粗齿，叶背密生灰白色绒毛；中小叶长4~13cm，两侧小叶依次递小。聚伞花序排成圆锥花序式，顶生；花冠淡紫色，5裂，二唇形。核果近球形。花期4~6月，果期7~10月。

## 2. 牡荆 Vitex negundo var. **cannabifolia** (Sieb. et Zucc.) Hand.-Mazz.

落叶灌木或小乔木。小枝四棱形。掌状复叶，小叶5枚，少有3枚；小叶披针形或椭圆状披针形，边缘有粗锯齿，背面淡绿色，通常被柔毛。圆锥花序顶生，长10~20cm；花冠淡紫色。果实近球形，黑色。花果期6~11月。

# 264.唇形科 Labiatae

多年生至一年生草本、亚灌木或灌木，极稀乔木或藤本。茎常四棱形。叶对生，稀轮生或互生；单叶，稀复叶；全缘或具齿，浅裂至深裂。花序聚伞式，常再排成总状、穗状、圆锥状或稀头状的复合花序，罕单生；花两性，稀杂性；有苞片和小苞片；花萼宿存；花冠常二唇形；雄蕊常4枚。果常为小坚果，稀核果。种子每坚果单生，直立。

## ❶ 广防风属 | Anisomeles Adans. |

直立、粗壮草本。叶具齿；苞叶叶状，向上渐变小而呈苞片状。轮伞花序多花密集，在主茎或侧枝顶端排列成长穗状花序；苞片线形，细小；花萼有不明显10脉；花冠筒与花萼等长，冠檐二唇形；雄蕊4枚，伸出，二强；花柱先端2浅裂；花盘平顶，具圆齿。小坚果近圆球形，黑色，具光泽。

**广防风 Anisomeles indica** (L.) Kuntze

直立粗壮草本。茎四棱形，密被白毛。叶对生，草质，阔卵圆形，长4~9cm，先端急尖或短渐尖，基部截状阔楔形，边缘具齿，两面被毛；叶柄较长；苞叶叶状，向上渐变小，均超出轮伞花序。轮伞花序在茎枝顶部排成长穗状花序；花冠淡紫色，冠檐二唇形；雄蕊伸出。小坚果黑色。花期8~9月，果期9~11月。

## ② 风轮菜属 ｜ Clinopodium L. ｜

多年生草本。叶具柄或无柄；具齿；苞叶叶状，通常向上渐小至苞片状。轮伞花序少花或多花，稀疏或密集，偏侧或否，多少呈圆球状，具梗或无梗；花萼具13条脉，二唇形，下唇2个齿；花冠紫红、淡红色或白色，冠筒长于花萼，冠檐二唇形，下唇3裂；雄蕊4枚；花柱不伸出或微露出。小坚果极小，卵球形或近球形。

### 1. 风轮菜 Clinopodium chinense (Benth.) O. Kuntze

纤细草本。茎多数，四棱形，被毛。最下部叶圆卵形，长约1cm；较下部或全部叶均为卵形，长1.2~3.4cm；上部叶及苞叶卵状披针形；边缘均具齿，薄纸质，近无毛，具柄。轮伞花序分离，或密集成短总状花序，疏花；花萼13条脉，上唇3个齿，果时外反；花冠紫红色。小坚果褐色。花期5~8月，果期8~10月。

### 2. 瘦风轮菜 Clinopodium multicaule (Maxim.) Kuntze

一年生纤细草本。茎多，自匍匐茎生出，四棱形，具槽，被柔毛。最下部叶小，圆卵形；其余叶卵形，较大，长1~4cm，薄纸质，边缘具圆锯齿；不具苞叶。轮伞花序分离，或于茎端呈短总状花序；苞片针状；花萼短小；花冠白色至紫红色，唇形。小坚果卵球形，褐色，光滑。花期6~8月，果期8~10月。

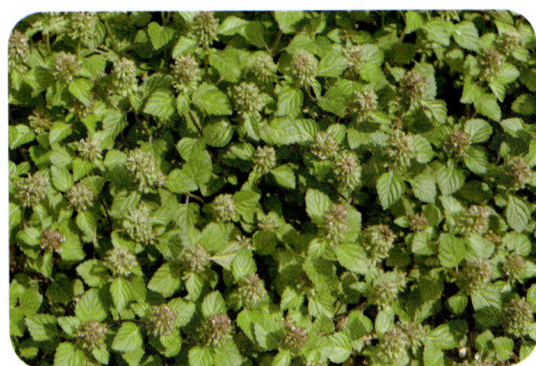

## ③ 香茶菜属 ｜ Isodon (Bl.) Hassk ｜

灌木、亚灌木或多年生草本。叶小或中等大；大都具柄，具齿。聚伞花序3枚至多枚花，排列成总状、狭圆锥状或开展圆锥状花序，稀密集成穗状花序，下部苞叶与茎叶同形，上部渐变小呈苞片状，极少花序腋生而苞叶全部与茎叶同形；花小或中等大，具梗；花萼宿存；花冠檐二唇形，上唇外反。果为小坚果。

**线纹香茶菜 Isodon lophanthoides var. graciliforus (Benth.) H. Hara**

多年生柔弱草本。基部匍匐生根，并具小球形块根。茎高40~100cm。叶卵状披针形至披针形，长5~8.5cm，宽1.5~3.5cm，先端渐尖，基部楔形，上面微粗糙至近无毛，下面脉上微粗糙，其余部分满布褐色腺点，干后常带红褐色。圆锥花序顶生及侧生，分枝蝎尾状，具梗；苞叶卵形；花萼钟形，萼齿5个，卵状三角形；花冠白色或粉红色，具紫色斑点。花果期8~12月。

## 4 益母草属 | Leonurus L. |

一年生、二年生或多年生直立草本。叶近掌状分裂；上部茎叶及花序上的苞叶渐狭，全缘。轮伞花序多花密集，腋生；小苞片钻形或刺状；花萼倒圆锥形或管状钟形；花冠白色、粉红色至淡紫色。雄蕊4枚，前对较长，花药2室，室平行；花柱先端相等2裂，裂片钻形；花盘平顶。小坚果锐三棱形，顶端截平，基部楔形。

**益母草 Leonurus japonicus Houttuyn**

一年生或二年生草本。茎直立，钝四棱形，有倒向糙伏毛。叶轮廓变化很大；茎下部叶轮廓为卵形；茎中部叶轮廓为菱形，较小；花序最上部的苞叶线形或线状披针形。轮伞花序腋生；花冠粉红至淡紫红色；雄蕊4枚，花丝丝状；花柱丝状，子房褐色，无毛；花盘平顶。小坚果长圆状三棱形，淡褐色，光滑。花期通常在6~9月，果期9~10月。

## 5 地笋属 | Lycopus L. |

多年生沼泽式湿地草本。通常具肥大的根茎。叶具齿或羽状分裂。花萼钟形，萼齿4~5枚；花冠等于或稍超出花萼，钟形；花柱丝状，伸出于花冠，裂片扁平；花盘平顶。小坚果背腹扁平，先端截平，基部楔形，边缘加厚，褐色。

### 地笋 Lycopus lucidus var. hirtus Regel

多年生草本。根茎横走，具节，节上密生须根。茎直立，四棱形，具槽。叶具极短柄或近无柄，长圆状披针形，边缘具锐尖粗牙齿状锯齿。轮伞花序无梗，轮廓圆球形；小苞片卵圆形至披针形；花萼钟形，外面具腺点，披针状三角形；花冠白色；雄蕊仅前对能育；花盘平顶。小坚果倒卵圆状四边形。花期6~9月，果期8~11月。

## 6 *薄荷属 | Mentha L. |

多年生或稀为一年生芳香草本。直立或上升。不分枝或多分枝。叶具柄或无柄；边缘具齿，先端通常锐尖或为钝形，基部楔形、圆形或心形；苞叶与叶相似，变小。轮伞花序稀2~6花，通常为多花密集，具梗或无梗；苞片通常不显著；花梗明显。花两性或单性；萼齿5枚；花冠檐4裂片。小坚果卵形。

### *薄荷 Mentha canadensis L. [M. haplocalyx Briq.]

多年生芳香草本。茎四棱形，匍匐上升。叶长圆状披针形，草质，粗糙，宽0.8~3cm，先端锐尖，基部楔形至近圆形，边缘具齿；叶脉上凹明显，仅脉被毛。轮伞花序腋生，具梗或无梗；花萼不明显10条脉，萼齿5枚；花冠淡紫色，冠檐4裂；雄蕊4枚，伸出；花柱略超出雄蕊。小坚果卵珠形。花期7~9月，果期10月。

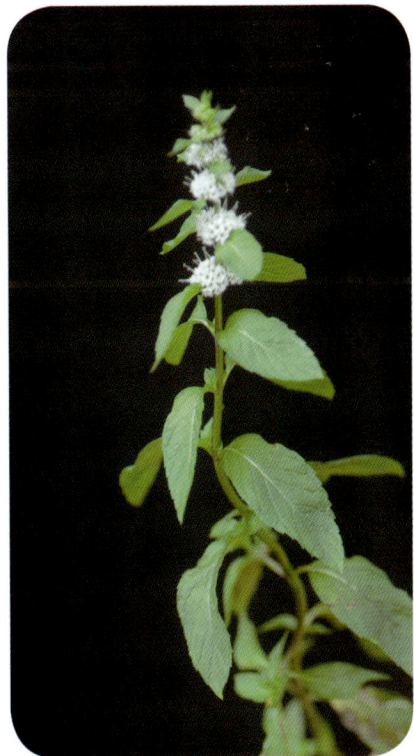

**7 石荠苧属 | Mosla Buch.-Ham. ex Maxim. |**

一年生草本。叶具柄，具齿；下面有明显凹陷腺点。轮伞花序2枚花，再组成顶生的总状花序；苞片小，或下部的叶状；花梗明显；花萼钟形，10条脉，萼齿5个，齿近相等或二唇形；花冠白色、粉红色至紫红色，冠筒常超出萼或内藏，冠檐近二唇形，下唇3裂；雄蕊4枚，后对能育。小坚果近球形。

**1. 小鱼仙草 Mosla dianthera (Buch.-Ham.) Maxim.**

一年生草本。茎四棱形，近无毛，多分枝。叶对生，纸质，卵状披针形或菱状披针形，长1.2~3.5cm，先端渐尖或急尖，基部渐狭，边缘具齿，两面无毛；具柄。总状花序生于枝顶，通常多数；苞片针状或线状披针形；花萼钟形，萼齿二唇形；花冠淡紫色；雄蕊4枚，后对能育。小坚果近球形。花果期5~11月。

**2. 石荠苧 Mosla scabra (Thunb.) C. Y. Wu et H. W. Li**

一年生草本。茎多分枝，分枝纤细，茎、枝均四棱形，具细条纹，密被短柔毛。叶卵形或卵状披针形，边缘近基部全缘，自基部以上为锯齿状，纸质，上面榄绿色，被灰色微柔毛，下面灰白色，密布凹陷腺点，近无毛或被极疏短柔毛；叶柄被短柔毛。总状花序生于主茎及侧枝上；苞片卵形；花萼钟形，外面被疏柔毛，二唇形；花冠粉红

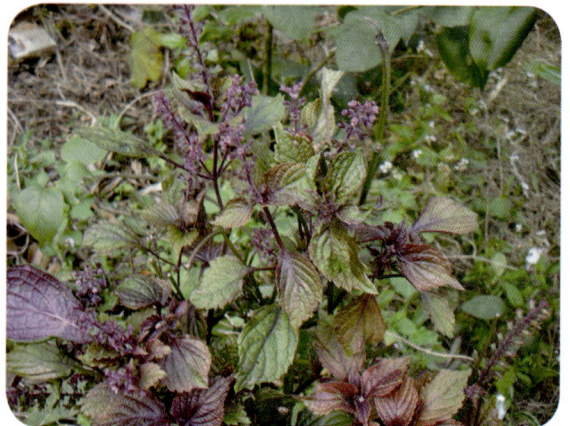

色；雄蕊4枚，后对能育；花盘前方呈指状膨大。小坚果黄褐色，球形，具深雕纹。花期5~11月，果期9~11月。

### 8 紫苏属 | Perilla L. |

一年生草本。有香味。茎四棱形，具槽。叶绿色或常带紫色或紫黑色，具齿。轮伞花序2枚花，组成顶生和腋生、偏向于一侧的总状花序，每花有苞片1枚；苞片大，宽卵圆形或近圆形；花小，具梗；花萼钟状，具10条脉，有5个齿，直立，果时增大；花冠白色至紫红色；雄蕊4枚；花柱不伸出。小坚果近球形。

### 1.* 紫苏 Perilla frutescens (L.) Britt.

一年生直立草本。茎钝四棱形，被疏毛。叶对生，草质，卵形，长4.5~7.5cm，基部圆形或阔楔形，边缘具齿，两面紫色，两面被疏毛；侧脉7~8对；叶柄长而疏被毛。轮伞花序2枚花，组成偏向一侧的顶生及腋生总状花序；花萼10条脉，果时增大，长约5mm；花冠白色至紫红色。小坚果土黄色。花期8~11月，果期8~12月。

### 2. 野紫苏 Perilla frutescens var. purpurascens (Hayata) H. W. Li

与原种的主要区别在于：果萼小，长4~5.5mm，下部被疏柔毛，具腺点；茎被短疏柔毛；叶较小，卵形，两面被疏柔毛；小坚果较小，土黄色。

## ⑨ 刺蕊草属 | **Pogostemon** Desf. |

草本或亚灌木。叶对生，通常较宽，卵形或狭卵形，稀为线形或镰形，边缘具齿缺，通常多少被毛或被绒毛；具柄或近无柄。轮伞花序多花或少花，多数，整齐或近偏于一侧，组成穗状或总状或圆锥花序；苞片及小苞片小；花小，具梗或无梗；花萼具5个齿；花冠小，内藏或伸出花萼。小坚果卵球形或球形。

**水珍珠菜**（珍珠菜）**Pogostemon auricularius** (L.) Hassk.

一年生草本。匍匐后上升。密被黄色硬毛。叶对生，草质，长圆形或卵状长圆形，长2.5~7cm，先端钝或急尖，基部圆形或浅心形，边缘具整齐锯齿，两面被黄色糙硬毛，下面

满布凹陷腺点；侧脉5~6对。穗状花序长6~18cm；花冠淡紫至白色；雄蕊4枚，长长地伸出。小坚果近球形，褐色。花果期4~11月。

## ⑩ 鼠尾草属 | Salvia L. |

草本、亚灌木或灌木。叶为单叶或羽状复叶。轮伞花序2枚至多枚花，组成总状或总状圆锥或穗状花序，稀全部花为腋生；苞片小或大，小苞片常细小；花萼卵形或筒形或钟形，二唇形；花冠筒内藏或外伸，冠檐二唇形；能育雄蕊2枚；退化雄蕊2枚或无。小坚果卵状三棱形或长圆状三棱形，无毛，光滑。

### 1. 鼠尾草 Salvia japonica Thunb.

一年生草本。须根密集。茎直立，钝四棱形，具沟。茎下部叶为二回羽状复叶，叶柄腹凹背凸，被疏长柔毛或无毛；茎上部叶为一回羽状复叶，边缘具钝锯齿，被疏柔毛或两面无毛，草质，侧生小叶卵圆状披针形。轮伞花序组成伸长的总状花序或分枝组成总状圆锥花序，花序顶生；花序轴密被具腺或无腺疏柔毛；花萼筒形；花冠淡红色、淡紫色、淡

蓝色至白色。小坚果椭圆形，褐色，光滑。花期6~9月。

### 2. 荔枝草 Salvia plebeia R. Br.

一年生或二年生草本。主根肥厚，向下直伸，有多数须根。茎直立，粗壮，多分枝，被向下的灰白色疏柔毛。叶椭圆状卵圆形或椭圆状披针形，边缘具圆齿、牙齿或尖锯齿，草质。轮伞花序，在茎、枝顶端密集组成总状或总状圆锥花序；花萼钟形；花冠淡红色、淡紫色、紫色、蓝紫色至蓝色，稀白色；能育雄蕊2枚，着生于下唇基部，略伸出花冠外；花柱和花冠等长；花盘前方微隆起。小坚果倒卵圆形。花期4~5月，果期6~7月。

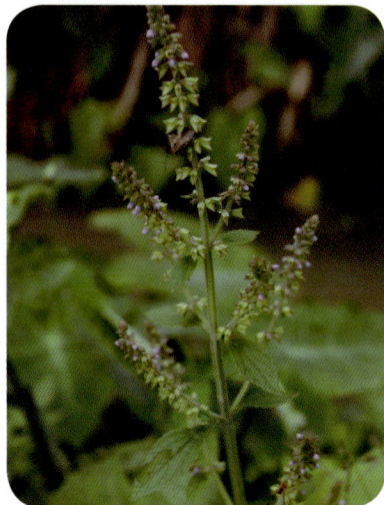

### 3. * 一串红 Salvia splendens Ker-Gawl.

亚灌木状草本。茎钝四棱形，具浅槽，无毛。叶卵圆形或三角状卵圆形，边缘具锯齿，上面绿色，下面较淡，两面无毛，下面具腺点；茎生叶叶柄无毛。轮伞花序组成顶生总状花序；苞片卵圆形，红色，大，在花开前包裹着花蕾；花梗密被染红的具腺柔毛；花序轴被微柔毛；花萼钟形，红色；花冠红色；能育雄蕊2枚，近外伸；退化雄蕊短小；花柱与花冠近相等；花盘等大。小坚果椭圆形，边缘或棱具狭翅，光滑。花期3~10月。

### ⑪ 香科科属 | Teucrium L. |

草本或亚灌木。单叶具柄或几无柄；心形、卵圆形、长圆形以至披针形；具羽状脉。轮伞花序具2~3枚花，罕具更多的花，于茎及短分枝上部排列成假穗状花序；苞片菱状卵圆形至线状披针形，全缘或具齿，与茎叶异形或稀同形；花萼10条脉；花冠仅具单唇；雄蕊4枚，前对稍长。小坚果倒卵形，无毛。种子球形；子叶内外并生；胚根向下。

## 血见愁 Teucrium viscidum Bl.

多年生草本。具匍匐茎。叶对生，草质，卵圆形至卵圆状长圆形，长3~10cm，先端急尖或短渐尖，基部圆至楔形下延，边缘为带重齿的圆齿，两面近无毛；叶柄近无毛。轮伞花序具2枚花，组成假穗状或圆锥状；花萼10条脉；花冠白色、淡红色或淡紫色，上唇片钝角反折。小坚果扁球形。花期6~11月。

# 单子叶植物纲

## MONOCOTYLEDONEAE

# 267.泽泻科 Alismataceae

多年生，稀一年生，沼生或水生草本。具乳汁或无。叶基生，直立，挺水、浮水或沉水；叶片条形、披针形、卵形、椭圆形、箭形等，全缘；叶脉平行；叶柄长短随水位而变化，基部具鞘。花序总状、圆锥状或呈圆锥状聚伞花序，稀1~3花单生或散生；花两性、单性或杂性；花被片6枚，2轮。瘦果，或为小坚果。种子通常褐色，胚马蹄形，无胚乳。

## 慈姑属 | Sagittaria L. |

沼生或水生草本。叶沉水、浮水、挺水；叶条形、披针形、深心形、箭形。花序总状、圆锥状；花和分枝轮生，每轮 1~3枚，2至多轮，基部具3枚苞片；花两性，或单性；雄花生于上部，花梗细长；雌花位于下部，花梗短粗，或无；花被片常6枚，2轮；花白色，稀粉红色；雄蕊9枚至多数。瘦果两侧压扁，具翅或无。种子发育或否，马蹄形，褐色。

### 野慈姑 Sagittaria trifolia L.

多年生水生或沼生草本。根状茎横走，较粗壮，末端膨大或否。挺水叶箭形，叶片长短、宽窄变异很大，边缘膜质，具横脉，或不明显；叶柄基部渐宽，鞘状。花莛直立，挺水；花序总状或圆锥状；花单性；内轮花被片白色或淡黄色；雌花通常1~3轮，花梗短粗；雄花多轮，花梗斜举，雄蕊多数，花药黄色。瘦果两侧压扁，倒卵形，具翅，背翅多少不整齐；果喙短。种子褐色。花果同期。

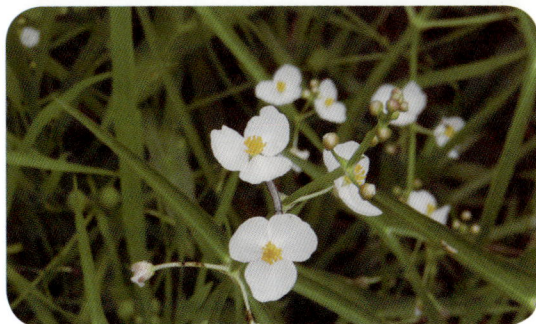

# 280.鸭跖草科 Commelinaceae

一年生或多年生草本。茎有明显的节和节间。叶互生；有明显的叶鞘。蝎尾状聚伞花序，单生或再集成圆锥花序，有时缩短成头状或簇生，稀成单花；顶生或腋生；花两性，极少单性；萼片3枚；花瓣3枚，分离；雄蕊6枚，全育或部分退化。果多为室背开裂的蒴果，稀浆果状。种子长2~3mm，棕黄色，一端平截，腹面平，有不规则窝孔。

## 1 鸭跖草属 | Commelina L. |

一年生或多年生草本。茎上升或匍匐生根，通常多分枝。蝎尾状聚伞花序藏于佛焰苞状总苞片内；总苞片基部开口或合缝；苞片不呈镰刀状弯曲，通常极小或缺失；萼片3枚，膜质；花瓣3枚，蓝色；能育雄蕊3枚，位于一侧；退化雄蕊2~3枚。蒴果藏于总苞片内，3~2室（有时仅1室）。种子椭圆状或金字塔状，黑色或褐色，具网纹或近于平滑；种脐条形。

### 1. 鸭跖草 Commelina communis L.

一年生披散草本。茎匍匐生根，多分枝。叶披针形至卵状披针形，长3~9cm。总苞片佛焰苞状，与叶对生，折叠状，展开后为心形，边缘常有硬毛；聚伞花序；萼片膜质；花瓣深蓝色，内2枚具爪。蒴果椭圆形，2片裂。种子棕黄色，腹面平，有不规则窝孔。

### 2. 大苞鸭跖草 Commelina paludosa Bl.

多年生粗壮大草本。茎常直立，高达1m，无毛或疏生短毛。叶无柄；叶片披针形至卵状披针形，宽2~7cm，顶端渐尖，两面无毛或稀被毛；叶鞘有毛或无。总苞片漏斗状，长约

2cm，无毛，无柄，常数枚在茎顶端集成头状；蝎尾状聚伞花序有花数枚，几不伸出；花瓣蓝色。蒴果3室。花果期8月至翌年4月。

## ❷ *紫万年青属 | Tradescantia L. |

缠绕草本。叶具长柄；叶片卵状心形或心形，全缘。花排成顶生或腋生的蝎尾状聚伞花序。茎多分枝，有粗毛，匍匐性，节处生根。叶互生，基部鞘状，端尖，全缘，叶面银白色，中部及边缘为紫色，叶背紫色；茎叶略肉质。花小，紫红色；苞片叶状，紫红色；小花数枚聚生在苞片内。种子表面不平，有皱褶。

### *吊竹梅 Tradescantia zebrina Bosse

多年生草木。茎稍柔弱，半肉质，分枝，披散或悬垂。叶互生，椭圆形、椭圆状卵形至长圆形，基部鞘状抱茎，叶鞘被疏长毛，腹面紫绿色而杂以银白色，中部和边缘有紫色条纹，背面紫色，通常无毛，全缘；无柄。花聚生于1对不等大的顶生叶状苞内；花瓣裂片3个，玫瑰紫色；雄蕊6枚，着生于花冠管的喉部；子房3室，花柱丝状。果为蒴果。花期6~8月。

# 290.姜科 Zingiberaceae

多年生草本，稀一年生，陆生，稀附生。常有匍匐或块状的根状茎。叶基生或茎生，通常2列，稀螺旋状排列；有叶柄或无；具叶鞘和叶舌。花单生或组成穗状、总状或圆锥花序，生于茎上或花莛上；花两性，罕杂性；花被片6枚，2轮，外轮萼状，内轮花冠状；退化雄蕊瓣状，分侧生和唇瓣。蒴果或浆果状。种子圆形或有棱角；有假种皮；胚直；胚乳丰富，白色。

## ① 山姜属 | Alpinia Roxb. |

多年生草本。具根状茎。通常具发达的地上茎。叶片长圆形或披针形。花序通常为顶生的圆锥花序、总状花序或穗状花序；具苞片及小苞片或无；花萼陀螺状或管状；花冠裂片通常后方的1枚较大，兜状，两侧的较狭；侧生退化雄蕊无或极小；唇瓣比花冠裂片大，显著，美丽。蒴果，干燥或肉质。种子多数；有假种皮。

### 1. 华山姜 Alpinia chinensis (Retz.) Rosc.

多年生草本。株高约1m。叶披针形或卵状披针形，长20~30cm，基部渐狭，两面均无毛；叶柄长约5mm；叶舌膜质。花组成狭圆锥花序，分枝短，长3~10mm，其上有花2~4枚；小苞片花时脱落；花白色；萼管状；冠管略超出；唇瓣卵形，长6~7mm；侧生退化雄蕊2枚，钻状。果球形。花期5~7月，果期6~12月。

## 2. 草豆蔻 Alpinia hainanensis K. Schum

株高达3m。叶片线状披针形，边缘被毛，两面均无毛或稀可于叶背被极疏的粗毛；叶舌外被粗毛。总状花序顶生；小苞片乳白色，阔椭圆形；花萼钟状；花冠裂片边缘稍内卷，具缘毛；唇瓣三角状卵形，具自中央向边缘放射的彩色条纹；子房被毛。果球形，熟时金黄色。花期4~6月，果期5~8月。

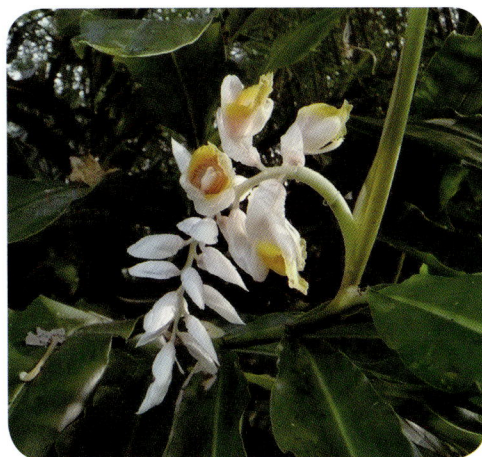

## ② *闭鞘姜属 | Costus L. |

多年生草本。根茎块状，平卧。地上茎通常很发达。叶螺旋状排列，叶片长圆形至披针形；叶鞘封闭。穗状花序密生多花，球果状；苞片覆瓦状排列；花萼管状；唇瓣大，倒卵形，边缘常皱褶；雄蕊长圆形，花瓣状，其上有细长、2室的花药，无上位腺体，有陷入子房的隔膜腺；子房3室，胚珠多数。蒴果木质，球形或卵形，室背开裂，顶端冠以宿存的花萼。种子多数，黑色；具白色撕裂状假种皮。

## * 闭鞘姜 Costus speciosus (Koen.) Sm.

多年生草本。株高1~3m。基部近木质，顶部常分枝，旋卷。叶片长圆形或披针形，顶端渐尖或尾状渐尖，基部近圆形，叶背密被绢毛。穗状花序顶生，椭圆形或卵形；苞片卵形，革质，红色，被短柔毛，具增厚及稍锐利的短尖头；小苞片淡红色；花萼革质，红色，嫩时被绒毛；花冠管短；唇瓣宽喇叭形，顶端具裂齿及皱波状；雄蕊花瓣状，上面被短柔毛，白

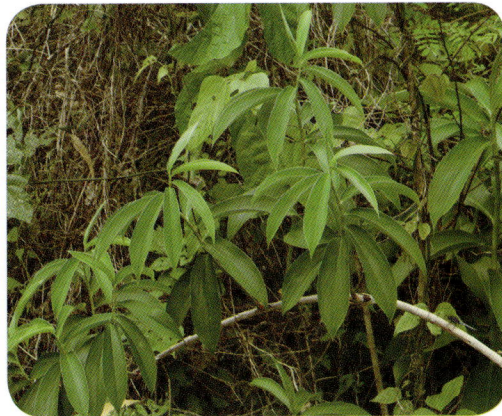

色，基部橙黄色。蒴果稍木质。种子黑色。花期7~9月，果期9~11月。

### 3 姜属 | Zingiber Boehm. |

多年生草本。根茎块状，具芳香。地上茎直立。叶2列，叶片披针形至椭圆形。穗状花序球果状，通常生于由根茎发出的花莛上，或无总花梗而贴生地面，罕生于具叶的茎上；苞片宿存，每苞片内通常有花1枚（极稀多枚）；小苞片佛焰苞状；花冠白色或淡黄色；侧生退化雄蕊常与唇瓣相连合。蒴果开裂。种子黑色，被假种皮。

**阳荷 Zingiber striolatum Diels**

多年生草本。株高1~1.5m。根茎白色，微有芳香味。叶片披针形或椭圆状披针形，顶端具尾尖，基部渐狭，叶背被极疏柔毛至无毛；叶舌2裂，膜质，具褐色条纹。花序近卵形；苞片红色，宽卵形或椭圆形，被疏柔毛；花萼膜质；花冠管白色，裂片长圆状披针形，白色或稍带黄色，有紫褐色条纹；唇瓣倒卵形，浅紫色；花丝极短，花药室披针形。蒴果熟时开裂成3瓣；内果皮红色。种子黑色，被白色假种皮。花期7~9月，果期9~11月。

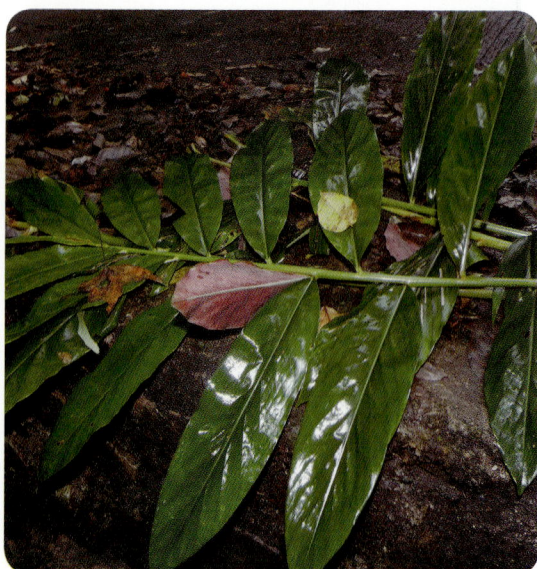

# 291.美人蕉科 Cannaceae

多年生、直立、粗壮草本。有块状地下茎。叶大，互生；羽状平行脉；具叶鞘。花两性，大而美丽，不对称；顶生穗状、总状或圆锥花序；有苞片；萼片3枚，绿色，宿存；花瓣3枚，萼状，常披针形，绿色或其他颜色，下部合生成管并常和退化雄蕊群连合；退化雄蕊花瓣状，基部连合，为花中最美丽、最显著的部分，红色或黄色，3~4枚，外轮的3枚（有时2枚或无）较大，内轮的1枚较窄，外反，称唇瓣；发育雄蕊的花丝增大呈花瓣状，多少旋卷，边缘有1枚1室的药室，基部或一半和增大的花柱连合；子房下位，3室，每室有胚珠多枚，花柱扁平或棒状。蒴果，3瓣裂，多少具3棱，有小瘤体或柔刺。种子球形。

## *美人蕉属 | Canna L. |

属的特征与科相同。

### 1. * 蕉芋 Canna edulis Ker

多年生草本。高可达3m。根茎发达，多分枝，块状。叶长圆形或卵状长圆形，边缘或背面紫色。总状花序单生或分叉，少花；花单生或2朵聚生，小苞片卵形，淡紫色；花冠杏黄色，花冠裂片杏黄色而顶端染紫色，披针形。花期9~10月。

### 2. * 大花美人蕉 Canna generalis Bailey

多年生草本。高约1.5m。茎、叶、花序均被白粉。叶片椭圆形，叶缘、叶鞘紫色。总状花序顶生；花大，密集，每一苞片内有花2枚或1枚；花冠裂片披针形，颜色红色、橘红色。花期秋季。

### 3. * 美人蕉 Canna indica L.

多年生草本。植株全部绿色，高达1.5 m。叶片卵状长圆形，长10~30cm。总状花序疏花，花红色，单生，苞片卵形，绿色，萼片披针形，绿色或染红色，花冠裂片披针形，绿色或红色。蒴果绿色，长卵形，有软刺。花果期3~12月。

# 292.竹芋科 Marantaceae

多年生草本。有根状茎或块茎。地上茎有或无。叶常大；羽状平行脉，常2列；叶柄顶部增厚，称叶枕；有叶鞘。花两性，不对称，常成对生于苞片中；顶生穗状、总状或圆锥花序，或花序单独由根状茎抽出；萼片3枚，离生；花冠管短或长，花冠裂片3个，外方的1个常大而多少呈风帽状；退化雄蕊2~4枚，外轮的1~2枚花瓣状，内轮的1枚为兜状而包花柱，另1枚硬革质；发育雄蕊1枚，花瓣状，花药1室；柱头3裂，子房下位，3~1室，每室1枚胚珠。蒴果或浆果状。种子1~3枚，坚硬；有胚乳和假种皮。

## *竹芋属 | **Maranta** L. |

直立或匍匐状、分枝草本。有茎或无茎。地下茎块状。叶基生或茎生；柄基部鞘状。花少数，成对，排成总状花序或二歧状的圆锥花序；花冠管圆柱形；雄蕊管通常短，倒卵形，长于花瓣；硬革质的1枚倒卵形；发育雄蕊1枚，花药1室；子房1室，1枚胚珠，花柱粗。果倒卵形或矩圆形，坚果状，不开裂。种子1粒。

### * 竹芋 **Maranta arundinacea** L.

多年生草本。根茎块状。叶数枚基生，1枚茎生，长圆形或长圆状披针形，长25~50cm；叶柄长达60cm；叶枕无毛。头状花序无柄，自叶鞘生出；苞片长圆状披针形，紫红色；萼片线形，被绢毛；花冠管紫堇色，裂片长圆状倒卵形，深红色。果梨形，具3棱，栗色，光亮；外果皮质硬。种子具浅槽痕及小疣凸。花期5~7月。

# 293.百合科 Liliaceae

多年生草本，稀呈灌木状。具根茎、块茎或鳞茎。叶基生或茎生，后者多为互生，稀为对生或轮生；通常具弧形平行脉，极少具网状脉。花两性，稀单性异株或杂性；花被片6枚，稀4枚或多数，离生或合生成筒，呈花冠状；雄蕊通常与花被片同数，花丝离生或贴生于花被筒上。果实为蒴果或浆果，较少为坚果。种子具胚乳，胚小。

## 1 *芦荟属 | Aloe L. |

多年生草本。茎短或明显。叶肉质，呈莲座状簇生或有时2列着生，先端锐尖，边缘常有硬齿或刺。花莛从叶丛中抽出；花多枚排成总状花序或伞形花序；花被圆筒状，有时稍弯曲；通常外轮3枚花被片合生至中部；雄蕊6枚，着生于基部，花丝较长，花药背着；花柱细长，柱头小。蒴果具多数种子。

### * 芦荟 Aloe vera (L.) N. L. Burman

多年生肉质草本。茎较短。叶近簇生或稍2列（幼小植株），肥厚多汁，条状披针形，粉绿色，顶端有几个小齿，边缘疏生刺状小齿。花莛不分枝或有时稍分枝；总状花序具几十枚花；苞片近披针形，先端锐尖；花点垂，稀疏排列，淡黄色而有红斑；雄蕊与花被近等长或略长；花柱明显伸出花被外。花期3~5月。

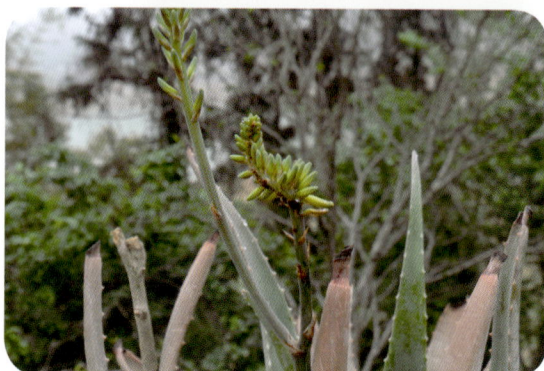

## ② 天门冬属 ┃ **Asparagus** L. ┃

多年生草本或亚灌木，直立或攀缘。常具根状茎和稍肉质根，有时有纺锤状的块根。小枝变态成叶状，扁平，锐三棱形或近圆柱形，常多个成簇。叶退化成鳞片状，基部距或刺。花小，1~4枚腋生或多枚排成总状或伞形花序，两性或单性，有时杂性；花被片常离生；雄蕊常内藏；柱头3裂。浆果较小，球形，基部有宿存的花被片，有1至几粒种子。

### 1. 天门冬 **Asparagus cochinchinensis** (Lour.) Merr.

攀缘草本。根在中部或近末端成纺锤状膨大，粗1~2cm。茎常弯曲或扭曲，长可达1~2m。叶状枝通常每3枚成簇，扁平，稍镰状；茎、枝上的鳞片状叶基部延伸为硬刺。花通常2枚腋生，淡绿色。浆果直径6~7mm，熟时红色，花期5~6月，果期8~10月。

### 2. * 文竹 **Asparagus setaceus** (Kunth) Jessop

攀缘植物。高可达几米。根稍肉质，细长。茎的分枝极多，分枝近平滑。叶状枝通常每10~13个成簇，刚毛状，略具3棱，长4~5mm。鳞片状叶基部稍具刺状距或距不明显。花腋生，白色，有短梗。浆果，熟时紫黑色，有1~3粒种子。

### 3 *朱蕉属 | Cordyline Comm. ex Juss. |

乔木状或灌木状植物。茎多少木质，常稍有分枝，上部有环状叶痕。叶常聚生于枝的上部或顶端；有柄或无柄，基部抱茎。圆锥花序生于上部叶腋，大型，多分枝；花梗短或近于无，关节位于顶端；花被圆筒状或狭钟状；花被片6枚，下部合生而形成短筒；雄蕊6枚，着生于花被上，花药背着，内向或侧向开裂；花柱丝状，柱头小。浆果具1粒至几粒种子。

#### * 朱蕉 Cordyline fruticosa (L.) A. Chev.

直立灌木。叶长圆形或长圆状披针形，绿色或带紫红色；叶柄有槽，基部宽，抱茎。圆锥花序，侧枝基部有大苞片；花淡红色、青紫色或黄色；花梗短。花期11月至翌年3月。

### ④ 山菅属 | **Dianella** Lam. |

多年生常绿草本。根状茎通常分枝。叶近基生或茎生，2列，狭长，坚挺；中脉在背面隆起。花常排成顶生的圆锥花序；有苞片；花梗上端有关节；花被片离生，有3~7条脉；雄蕊6枚，花丝常部分增厚，花药基着，顶孔开裂；子房3室，花柱细长，柱头小。浆果常蓝色，具几粒黑色种子。

**山菅 Dianella ensifolia** (L.) DC.

多年生草本。高可达1~2m；根状茎横走。叶狭条状披针形，长30~80cm，基部稍收狭成鞘状，套迭或抱茎；边缘和背面中脉具齿。圆锥花序顶生，分枝疏散；花常多枚生于侧枝上端；花梗长7~20mm；苞片小；花被片条状披针形，长6~7mm，绿白色、淡黄色至青紫色，5条脉。浆果近球形，深蓝色。花果期3~8月。

### ⑤ 山麦冬属 | **Liriope** Lour. |

多年生草本。根状茎很短，或具地下匍匐茎；有时根近末端呈纺锤状膨大。茎很短。叶基生，密集成丛，禾叶状。花莛从叶丛中央抽出，通常较长；总状花序具多数花；花通常较小，几枚簇生于苞片腋内；苞片，小苞片均小；花梗直立，具关节；花被片6枚，2轮，淡紫色或白色；雄蕊6枚。果实在发育的早期外果皮即破裂，露出种子。种子浆果状，蓝黑色。

### 山麦冬 Liriope spicata (Thunb.) Lour.

多年生草本。根稍粗，分枝多，近末端处常膨大成肉质小块根；根状茎短，木质，具地下走茎。叶长25~60cm，基部常包褐色叶鞘，叶面深绿色，叶背粉绿色，边缘具细锯齿。总状花序，具花多数，常3~5枚簇生于苞片腋内；苞片披针形，干膜质；花被片矩圆形、矩圆状披针形，淡紫色或淡蓝色。种子近球形。花期5~7月，果期8~10月。

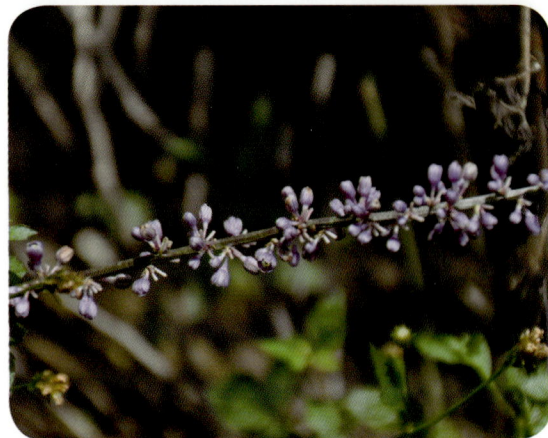

## 6 菝葜属 | Smilax L. |

攀缘或直立灌木，常绿或落叶，稀草本。常具坚硬的根状茎。枝常有刺，被毛或无。叶为2列的互生，全缘；具3~7条主脉和网状细脉；叶柄具鞘及卷须或无卷须。花小，单性异株，通常排成单枚腋生的伞形花序，稀再排成圆锥花序或穗状花序；花被片6枚，离生；雄蕊常6枚；雌花常具1~6枚退化雄蕊。浆果常球形，具少数种子。

### 1. 菝葜 Smilax china L.

攀缘灌木。根状茎粗厚坚硬。茎疏生刺。叶薄革质，圆形、卵形或其他形状，长3~10cm，叶背多少粉白色或带霜；叶柄有较长鞘，几乎都有卷须。伞形花序生于叶尚幼嫩的小枝上，多花，常呈球状；总花梗长1~2cm；花序托近球形；花绿黄色；雌花有6枚退化雄蕊。浆果熟时红色，有粉霜。花期2~5月，果期9~11月。

### 2. 筐条菝葜 Smilax corbularia Kunth

攀缘灌木。茎枝条有时稍带四棱形，无刺。叶革质，卵状矩圆形、卵形至狭椭圆形，先端短渐尖，基部近圆形，边缘多少下弯，下面苍白色；叶柄脱落点位于近顶端，枝条基部的叶柄一般有卷须，鞘占叶柄全长的一半。伞形花序腋生；花序托膨大；花绿黄色；雄花外花被片舟状，花丝很短，靠合成柱；雌花与雄花大小相似，具3枚退化雄蕊。浆果熟时暗红色。花期5~7月，果期12月。

### 3. 土伏苓 Smilax glabra Roxb.

攀缘灌木。根状茎块状。茎无刺无毛。叶薄革质，狭椭圆状披针形至狭卵状披针形，长6~15cm，先端渐尖，下面多少苍白色；叶柄有短鞘，有卷须。伞形花序常具10余枚花；总花梗长1~8mm；花序托呈莲座状；花绿白色；雌花具3枚退化雄蕊。浆果熟时紫黑色。花期7~11月，果期11月至翌年4月。

## 4. 暗色菝葜 **Smilax lanceifolia** var. **opaca** A. DC.

攀缘灌木。茎无刺。叶常革质，卵状矩圆形、狭椭圆形至披针形，长6~17cm，先端渐尖或骤凸，略有光泽；叶柄具短鞘，常有卷须。伞形花序通常单个生于叶腋，具几十枚花，极少2个伞形花序同生；总花梗较短；花黄绿色；雌花比雄花小一半，具6枚退化雄蕊。浆果紫黑色。种子无沟或有时有1~3道纵沟。花期3~4月，果期10~11月。

## 5. 穿鞘菝葜 **Smilax perfoliata** Lour.

攀缘灌木。叶革质，卵形或椭圆形，先端短渐尖，基部宽楔形至心形，下面淡绿色。圆锥花序长5~17cm，通常具10~30个伞形花序，花序轴常多少呈迴折状；伞形花序每2~3个簇生或近轮生于轴上；雄花内花被片披针形，基部比上部宽得多；雄蕊完全离生，长约5mm，花药条形，长约2mm。浆果直径4~6mm。花期4月，果期10月。

# 302.天南星科 Araceae

草本，稀为攀缘灌木或附生藤本。富含苦味水汁或乳汁。叶单一或少数，有时花后出现，通常基生，如茎生则为互生，2列或螺旋状排列；叶柄有时具鞘；多为网状脉，稀平行脉。花小或微小，常极臭，排列为肉穗花序；花序外面有佛焰苞包围；花两性，或单性则下部为雌花。果为浆果，极稀为聚合果。种子1至多数；外种皮肉质，内种皮光滑。

## ① 广东万年青属 | **Aglaonema** Schott |

草本。茎直立，极稀匍匐。不分枝，或为分枝灌木，具环状的叶痕，光滑，绿色。叶柄大部分具长鞘。花序柄短于叶柄；佛焰苞直立，黄绿色或绿色，内面常为白色，下部常席卷，上部张开，卵状披针形或卵形；肉穗花序近无梗或有时具短梗，与佛焰苞等长或较短；雌雄同序，圆柱形或长圆形，花密；花单性，无花被；雄花具雄蕊2枚；雌花心皮1个。浆果卵形或长圆形，深黄色或朱红色。种子卵圆形或长圆形，直立；种皮薄。

### 广东万年青 **Aglaonema modestum** Schott. ex Engl.

多年生常绿草本。茎直立或上升，上部的短缩。鳞叶草质，披针形；叶片深绿色，卵形或卵状披针形。花序柄纤细；佛焰苞长圆状披针形，基部下延较长，先端长渐尖；肉穗花序长为佛焰苞的2/3，圆柱形，细长，渐尖；雄蕊顶端常四方形，花药每室有圆形顶孔；雌蕊近球形，柱头盘状。浆果绿色至黄红色，长圆形，冠以宿存柱头。种子1粒，长圆形。花期5月，果期10~11月。

## ② 海芋属 | **Alocasia** (Schott) G. Don |

多年生粗厚草本。多为地下茎，稀上升或直立地上茎。叶幼常盾状，成年植株叶多箭状心形，全缘或浅波状；叶柄长，下部多少具长鞘。花序梗后叶抽出；佛焰苞管部卵形、长圆形；肉穗花序短于佛焰苞，圆柱形，直立；雌花序锥状圆柱形；能育雄花为合生雄蕊柱，倒金字塔形，顶部近六角形；不育雄花为合生假雄蕊，扁平，倒金字塔形，顶部平截。浆果红色，椭圆形。种子少数，近球形，直立；种皮厚，光滑；内种皮薄，光滑；胚乳丰富。

### 1. 尖尾芋（假海芋）**Alocasia cucullata** (Loureiro) G. Don.

直立草本。地上茎圆柱形，黑褐色，具环形叶痕。叶柄绿色；叶片膜质至亚革质，深绿色。花序柄圆柱形，稍粗壮，常单生；佛焰苞近肉质，管部长圆状卵形，淡绿色至深绿色，檐部狭舟状，边缘内卷，先端具狭长的凸尖，外面上部淡黄色，下部淡绿色；肉穗花序比佛焰苞短；雌花序圆柱形，基部斜截形；能育雄花序近纺锤形，苍黄色或黄色；附属器淡绿色或黄绿色，狭圆锥形。浆果近球形，通常有种子1粒。花期5月。

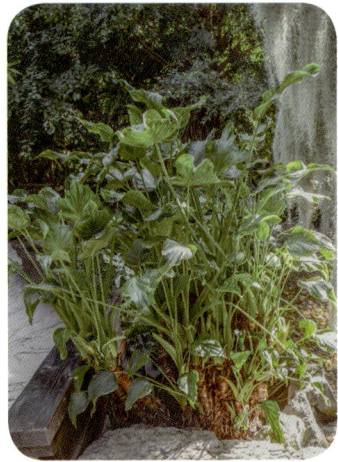

### 2. 海芋（野山芋）**Alocasia odora** (Roxb.) K. Koch

直立草本。具匍匐根茎，根茎粗壮，有节，基部长不定芽。叶柄绿色，螺状排列，粗厚；叶片革质，草绿色，箭状卵形，边缘波状，长50~90cm，宽40~90cm，侧脉9~12对。花序柄2~3枚丛生，圆柱形，绿色；佛焰苞管部绿色，卵形或短椭圆形；檐部舟状，长圆形；肉穗花序芳香；雌花序白色；雄花序淡黄色。浆果红色，卵状。种子1~2粒。花期四季。

## ③ 磨芋属 | Amorphophallus Bl. |

多年生草本。块茎过冬，常扁球形。叶1枚；叶柄光滑或粗糙具疣，粗壮，具各样斑块；叶片通常3全裂，裂片羽状分裂或二次羽状分裂，或二歧分裂后再羽状分裂，最后小裂片多少长圆形，锐尖。花序1枚，通常具长柄，稀为短柄；佛焰苞基部漏斗形或钟形；肉穗花序直立，下部为雌花序；花单性，无花被。浆果。种子1粒或少数；无胚乳；表皮透明，种皮光滑。

### 花磨芋 Amorphophallus konjac K. Koch [A. rivieri Durieu]

多年生草本。块茎过冬，扁球形。先花后叶。叶柄长45~150cm，肉质，光滑，有绿褐色或白色斑块；叶片3裂，常二歧后再羽状分裂，小裂片互生，向上渐大，长2~8cm。花序柄长50~70cm，形似叶柄；佛焰苞漏斗形，檐部内面深紫色；肉穗花序比佛焰苞长1倍。浆果熟时黄绿色。花期4~6月，果期8~9月。

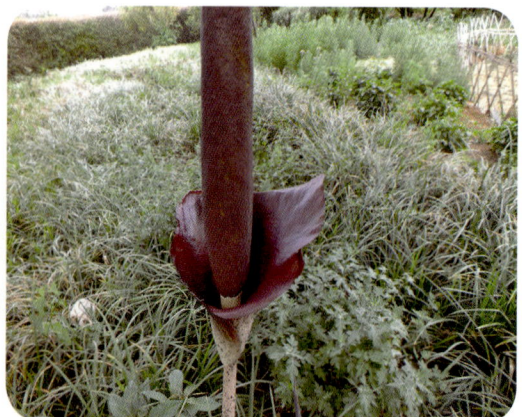

## 4 ▶ 芋属 | **Colocasia** Schott. |

多年生草本。具块茎、根茎或直立的茎。叶柄延长，下部鞘状；叶片盾状着生，卵状心形或箭状心形，后裂片浑圆，连合部分短或达1/2，稀完全合生。花序柄通常多数，于叶腋抽出；佛焰苞管部短，为檐部长的1/5~1/2，佛焰苞果期增大而撕裂；肉穗花序短于佛焰苞；花单性，无花被；不育附属器直立，长或短。浆果绿色。种子多数，长圆形，珠柄长，种阜几与珠柄连生；外种皮薄，内种皮厚。

### 野芋 Colocasia antiquorum Schott.

湿生草本。块茎球形。具匍匐茎。叶柄肥厚，长可达1.2m，常带紫色；叶片草质，盾状着生，表面略发亮，盾状卵形，基部心形，长达50cm以上。花序柄比叶柄短许多；佛焰苞苍黄色，长15~25cm，管部为檐部的1/5~1/2，檐部为狭长的线状披针形，先端渐尖；肉穗花序短于佛焰苞；附属器略长。花期5~9月。

# 306.石蒜科 Amaryllidaceae

多年生草本，稀为亚灌木、灌木以至乔木状。具鳞茎、根状茎或块茎。叶多数基生，多少呈线形，全缘或有刺齿。花单生或排列成伞形、总状、穗状或圆锥花序；通常具佛焰苞状总苞，总苞片1枚至数枚，膜质；花两性；花被片6枚，2轮；雄蕊通常6枚；柱头头状或3裂。蒴果，背裂或不整齐开裂，稀为浆果状。种含有胚乳。

## 1 *文殊兰属 | Crinum L. |

多年生草本。具鳞茎。叶基生，带状或剑形，常宽大。花茎实心；顶生伞形花序有少花至多花，稀单花；总苞片2枚，大而宽；花被辐射对称或两侧对称，高脚碟状或漏头状，花被筒细长，裂片直伸或弯曲；雄蕊6枚，着生于花被管喉部，花丝丝状，分离，花药线形，"丁"字着生；子房3室，每室2至多枚胚珠，花柱纤细，稍外倾，柱头头状。蒴果近球形，不规则开裂。种子大，球形或具棱角。

### * 文殊兰 Crinum asiaticum var. sinicum (Roxb. ex Herb.) Baker

多年生草本。鳞茎长圆柱形。叶深绿色，线状披针形，长达1m，边缘波状。花茎直立，与叶近等长；伞形花序，有花10~24枚；总苞片披针形，小苞片线形；花芳香；花被高脚碟状，花被筒绿白色，直伸。蒴果近球形。种子通常1粒。花期夏季。

## ② *朱顶红属 | **Hippeastrum** Herb. |

多年生草本。鳞茎球状。叶基生，窄长。花茎中空；顶生伞形花序有2枚至多枚花，稀单花；总苞片2枚；花大，漏斗状，下有1枚小苞片；花被筒喉部有小鳞片；花被裂片6个，近相等或内轮较窄；雄蕊6枚，着生于花被筒喉部，稍下弯，花丝丝状，花药"丁"字着生；子房每室多数胚珠，花柱较长，下垂，柱头头状或3裂。蒴果球形，室背3瓣开裂。种子通常扁平。

### 1. * 朱顶红 **Hippeastrum rutilum** (Ker Gawl.) Herb.

多年生草本。鳞茎近球形。花后抽叶。叶鲜绿色，带状，长约30cm。花茎中空，被白粉；花2~4枚；佛焰苞状总苞片披针形；花洋红色稍带绿色；花被筒绿色，圆筒状，喉部具小鳞片。花期夏季。

### 2. * 花朱顶红 Hippeastrum vittatum (L'Her.) Herb.

多年生草本。鳞茎大，球形。叶6~8枚，常花后抽出，鲜绿色，带形；伞形花序，常有花3~6枚；佛焰苞状总苞片披针形；花梗与总苞片近等长；花被漏斗状，红色，中心及边缘有白色条纹；花被裂片倒卵形至长圆形，顶端急尖，喉部有小型不显著的鳞片；雄蕊6枚，着生于花被管喉部，短于花被裂片；子房下位，胚珠多数。蒴果球形，3瓣开裂。种子扁平。花期春夏。

### 3 *水鬼蕉属 | Hymenocallis Salisb. |

多年生草本。鳞茎球形。叶基生，窄长。花茎实心；伞形花序具数花，基部具卵状披针形总苞片；花被筒圆筒形，细弱，上部宽大；花被裂片6个，白色，近相等；雄蕊着生于花被筒喉部，花丝基部合成杯状体，花药"丁"字着生；子房每室2枚胚珠，柱头头状。

### * 水鬼蕉 Hymenocallis littoralis (Jacq.) Salisb.

多年生鳞茎草本。叶基生，倒披针形，长45~75cm，深绿色；多脉；无柄。花茎扁平，高30~80cm；佛焰苞状总苞片基部阔；花茎顶端生花3~8枚，白色；花被管纤细，长短不等，花被裂片线形。花期夏末秋初。

# 307.鸢尾科 Iridaceae

多年生稀一年生草本。地下部分通常具根状茎、球茎或鳞茎。叶多基生，条形、剑形或为丝状。大多数种类只有花茎，少数种类有分枝或不分枝的地上茎。花两性，色泽鲜艳美丽，排列成总状、穗状、聚伞及圆锥花序；雄蕊3枚，花药多外向开裂。蒴果，成熟时室背开裂。种子多数，半圆形或为不规则的多面体，少为圆形，扁平，表面光滑或皱缩；常有附属物或小翅。

## 射干属 | Belamcanda Adans. |

多年生直立草本。根状茎为不规则的块状。茎直立，实心。叶剑形，扁平，互生。二歧聚伞花序顶生；苞片小，膜质；花橙红色；花被管甚短；雄蕊3枚，着生于外轮花被的基部；花柱圆柱形，柱头3浅裂，子房下位，3室，中轴胎座，胚珠多数。蒴果倒卵形，黄绿色，成熟时3瓣裂。种子球形，黑紫色，有光泽，着生在果实的中轴上。

### 射干 Belamcanda chinensis (L.) DC.

多年生草本。根状茎为不规则的块状，斜伸，黄色或黄褐色；须根多数，带黄色。茎实心。叶互生。花序顶生，叉状分枝，每分枝的顶端聚生有数枚花；花梗细；花橙红色，散生紫褐色的斑点；雄蕊3枚，着生于外花被裂片的基部，花药条形；子房下位，倒卵形。蒴果倒卵形或长椭圆形，成熟时室背开裂。种子圆球形，黑紫色，有光泽，着生在果轴上。花期6~8月，果期7~9月。

## 310. 百部科 Stemonaceae

多年生草本或亚灌木，攀缘或直立。全体无毛。具肉质块根，稀具横走根状茎。叶互生、对生或轮生；具柄或无柄。花序腋生或贴生于叶片中脉；花两性，整齐，通常花叶同期，罕有先花后叶者；花被片4枚，2轮；雄蕊4枚，花丝极短，离生或基部合生；柱头不裂或2~3浅裂。蒴果卵圆形，稍扁，熟时裂为2片。种子卵形或长圆形，具丰富胚乳；种皮厚。

### 百部属 | **Stemona** Lour. |

多年生草本或亚灌木。块根肉质，纺锤状，成簇。茎攀缘或直立。叶通常每3~5枚轮生，较少对生或互生；主脉基出，横脉细密而平行。花两性，辐射对称，单枚或数枚排成总状、聚伞状花序；花柄或花序柄常贴生于叶柄和叶片中脉上；花被片4枚，近相等；雄蕊4枚。蒴果顶端具短喙。种子长圆形或卵形，表面具有多数纵纹。

### 大百部（对叶百部）**Stemona tuberosa** Lour.

多年生亚灌木。块根常纺锤状。少数分枝，攀缘状。叶对生或轮生，有时互生，卵状披针形、卵形或宽卵形，长6~24cm，基部心形，边缘稍波状，纸质或薄革质；叶柄长3~10cm。花单生或2~3枚排成总状花序，生于叶腋或偶尔贴生于叶柄上；花被片黄绿色带紫色脉纹；雄蕊紫红色。蒴果光滑。花果期4~8月。

## 311.薯蓣科 Dioscoreaceae

缠绕草质或木质藤本，少数为矮小草本。具根状茎或块茎。茎左旋或右旋，有毛或无毛，有刺或无刺。叶互生，有时中部以上对生，单叶或掌状复叶；叶柄扭转，有时基部有关节。花单性或两性，雌雄异株，稀同株；花单生、簇生或排列成穗状、总状或圆锥花序；花被裂片6枚，2轮，合生或离生。果为蒴果、浆果或翅果。种子有翅或无翅，有胚乳；胚细小。

### 薯蓣属 | **Dioscorea** L. |

缠绕藤本。具根状茎或块茎。单叶或掌状复叶，互生，有时中部以上对生；基出脉3~9条，侧脉网状；叶腋内有珠芽或无。花单性，雌雄异株，很少同株；雄花有雄蕊6枚，有时其中3枚退化；雌花有退化雄蕊3~6枚或无。蒴果三棱形，每棱翅状，成熟后顶端开裂。种子有膜质翅。

#### 1. * 参薯 Dioscorea alata L.

缠绕草质藤本。有块茎。茎右旋，具4狭翅。单叶，茎下部互生，中上部对生；叶纸质，卵形至卵圆形，长6~20cm，基部心形至箭形，有时戟形，无毛；叶腋内有珠芽。雌雄异株；花序穗状；雄花序2至数个簇生或排成圆锥状；雌花序1~3个生于叶腋。蒴果三棱翅状，不反折；种翅周生。花果期11月至翌年1月。

#### 2. 薯莨 Dioscorea cirrhosa Lour.

粗壮藤本。有块茎。茎右旋，无翅，下部有刺。单叶，茎下部互生，中上部对生；叶革质，长椭圆状卵形至卵圆形，长5~20cm，基部圆形，全缘，无毛。雌雄异株；花序穗状；雄花序常排列呈圆锥花序；雌花序单生于叶腋。蒴果三棱翅状，不反折；种翅周生。花期4~6月，果期7月至翌年1月。

### 3. 日本薯蓣 Dioscorea japonica Thunb.

缠绕草质藤本。块茎长圆柱形，垂直生长。茎绿色，有时带淡紫红色，右旋。单叶，在茎下部的互生，中部以上的对生；叶片纸质，变异大；叶腋内有各种大小形状不等的珠芽。雌雄异株。雄花序为穗状花序，雄花绿白色或淡黄色，花被片有紫色斑纹，雄蕊6枚；雌花序为穗状花序，雌花的花被片为卵形或宽卵形。蒴果不反折。种子四周有膜质翅。花期5~10月，果期7~11月。

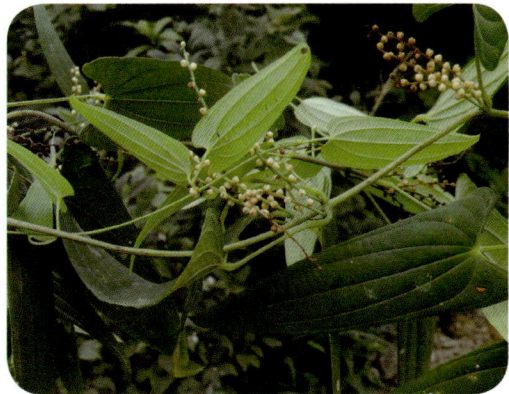

### 4. 褐苞薯蓣 Dioscorea persimilis Prain et Burkill

缠绕草质藤本。块茎长圆柱形，垂直生长，外皮棕黄色，断面新鲜时白色。茎右旋，无毛，较细而硬。单叶，叶片纸质；叶腋内有珠芽。雌雄异株；雄花序为穗状花序，排列呈圆锥花序，有时穗状花序单生或数个簇生于叶腋，花序轴明显地呈"之"字状曲折，苞片有紫褐色斑纹，雄蕊6枚；雌花序为穗状花序，雌花的外轮花被片为卵形。蒴果不反折，三棱状扁圆形。种子四周有膜质翅。花期7月至翌年1月，果期9月至翌年1月。

# 314.棕榈科 Palmae

灌木、藤本或乔木。茎常不分枝，单生或丛生，或有刺，或残存叶柄基部，稀被毛。叶互生，羽状或掌状分裂，稀为全缘或近全缘；叶柄基部具鞘。花小，单性或两性，雌雄同株或异株，有时杂性，组成分枝或不分枝的大型佛焰花序，有佛焰苞；花萼和花瓣各3枚；雄蕊通常6枚，2轮；柱头3个。果为核果或硬浆果。种子通常1粒，有时2~3粒，多者10粒，与外果皮分离或黏合。

## 1 蒲葵属 | **Livistona** R. Br. |

乔木状。直立，单生，有环状叶痕。叶大，阔肾状扇形或几圆形，扇状折叠，辐射状分裂成许多具单折或单肋脉的裂片；叶柄长，两侧无刺或多少具刺或齿。花序生于叶腋；花小，两性，单生或簇生；花冠分裂几达基部；子房由3个离生心皮组成，顶部合生成一共同的花柱。果实通常由1个心皮形成，球形、卵球形或椭圆形，柱头残留于顶部；果皮平滑。种子椭圆形、球形或卵球形。

**蒲葵 Livistona chinensis** (Jacq.) R. Br.

乔木状。基部常膨。叶阔肾状扇形，掌状深裂至中部，裂片线状披针形，两面绿色；叶柄长。花序呈圆锥状，粗壮，总梗上有6~7枚佛焰苞；花小，两性；花萼裂至近基部成3枚宽三角形近急尖的裂片，裂片有宽的干膜质边缘。果实椭圆形，黑褐色。种子椭圆形。花果期4月。

## ② *棕竹属 | **Rhapis** L. f. ex Ait. |

丛生灌木。茎小，直立，上部被以网状纤维的叶鞘。叶聚生于茎顶，叶扇状或掌状深裂几达基部；叶柄两面凸起或上面扁平无凹槽，边缘无刺或具微锯齿。花雌雄异株或杂性；花序生于叶间；雌雄花序相似，基部有2~3个完全的佛焰苞；雄花花萼杯状，花冠倒卵形或棍棒状；雌花的花萼与花冠近似于雄花的，但花萼多少具肉质的实心基部。果实通常由1个心皮发育而成，球形或卵球形，易碎。种子单生，球形或近球形。

### * 棕竹 **Rhapis excelsa** (Thunb.) Henry ex Rehd.

丛生灌木。茎圆柱形，有节，上部被叶鞘。叶掌状深裂，裂片4~10个，边缘及肋脉上具稍锐利的锯齿；横小脉多而明显；叶柄两面凸起或上面稍平坦，边缘微粗糙。总花序梗及分枝花序基部各有1个佛焰苞包着，密被褐色弯卷绒毛；雄花在花蕾时为卵状长圆形，具顶尖，在成熟时花冠管伸长，花萼杯状；雌花短而粗。果实球状倒卵形。种子球形。花期6~7月。

## ③ *金山葵属 | **Syagrus** Mart. |

乔木。植株矮小或高大，单生或丛生，无刺或有刺。茎具叶痕。叶羽状。花序梗上的大佛焰苞宿存，管状；花序轴通常短于花序梗；雄花通常不对称；花瓣3枚，离生，镊合状排列；雄蕊6枚；退化雌蕊小；雌花花瓣3枚；退化雄蕊环膜质。果实小或大，球形、卵球形或椭圆形，绿色、褐色、黄色或淡红色或橙黄色。

* **金山葵 Syagrus romanzoffiana** (Cham.) Glassm.

乔木状。叶羽状全裂，羽片多，线状披针形，顶端的稍疏离，较短，狭成线形，具1条明显的中脉，横脉细而密，两面及边缘无刺，羽片先端浅2裂。花序生于叶腋间，基部至中部着生雌花，顶部着生雄花；花雌雄同株。果实近球形或倒卵球形，稍具喙。种子与内果皮腔同形。花期2月，果期11月至翌年3月。

4　*棕榈属　| **Trachycarpus** H. Wendl. |

乔木状或灌木状植物。树干上部常存下悬枯叶。叶鞘解体成网状的粗纤维，环抱树干。叶片呈半圆形或近圆形，掌状分裂成许多具单折的裂片；叶柄两侧具瘤突或齿，顶端有明显的戟突。花雌雄异株，稀同株或杂性；花序大型，生于叶间，雌雄花序相似，多次或二次分枝；佛焰苞数个。果肾形或椭圆形，有脐或沟槽。种子形如果实；胚乳均匀，角质。

* **棕榈 Trachycarpus fortunei** (Hook.) H. Wendl.

乔木状；树干被不易脱落的老叶柄基部和密集的网状纤维。叶片近圆形，深裂成30~50片具皱折的线状剑形，裂片先端具短2裂或2齿，硬挺；叶柄长，两侧具细圆齿，顶端有明显的戟突。花序粗壮，多次分枝，从叶腋抽出，通常是雌雄异株。果阔肾形，有脐，熟时由黄色变为淡蓝色，有白粉。种子胚乳均匀，角质；胚侧生。花期4月，果期12月。

# 327.灯心草科 Juncaceae

多年生稀为一年生草本，极少为灌木状。根状茎直立或横走。茎多丛生，常具纵沟棱，常不分枝。叶基生成丛，稀茎生；叶细长或退化呈芒状或仅存叶鞘。花序圆锥状、聚伞状或头状，顶生、腋生或假侧生，常再排成复花序，稀单生；花小，两性，稀单性异株；花被片6枚，常2轮。蒴果室背开裂，稀不裂。种子卵球形、纺锤形或倒卵形；种皮常具纵沟或网纹。

## 灯心草属 | Juncus L. |

多年生稀为一年生草本。根状茎横走或直伸。茎圆柱形或压扁，具纵沟棱。叶基生和茎生，或仅具基生叶；叶片扁平或圆柱形，披针形，线形或毛发状，有时退化为刺芒状而仅存叶鞘。花序顶生或有时假侧生，由数至多枚小花集成头状，单生或多个再组成聚伞、圆锥状等复花序；花小，两性。蒴果小。种子多数，表面常具条纹。

### 1. 灯心草 Juncus effusus L.

多年生草本。根状茎粗壮横走，具黄褐色稍粗的须根。茎丛生，直立，圆柱形，淡绿色。叶全部为低出叶，呈鞘状或鳞片状，包围在茎的基部，基部红褐色至黑褐色；叶片退化为刺

芒状。聚伞花序假侧生；总苞片圆柱形；小苞片2枚；花淡绿色；雄蕊3枚，花药长圆形，黄色；雌蕊具3室子房。蒴果长圆形或卵形。种子卵状长圆形，黄褐色。花期4~7月，果期6~9月。

### 2. 笄石菖（江南灯心草）**Juncus prismatocarpus** R. Br.

多年生草本。高17~65cm。茎丛生。叶基生和茎生，短于花序；基生叶少；茎生叶2~4枚；叶片线形通常扁平，长10~25cm，宽2~4mm；具叶鞘和叶耳。花序由5~30个头状花序组成，排列成顶生复聚伞花序，常分枝；头状花序有4~20枚花；花小，具线形叶状总苞片1枚。蒴果小。种子长卵形，具短小尖头，蜡黄色，表面具纵条纹及细微横纹。花期3~6月，果期7~8月。

# 331.莎草科 Cyperaceae

多年生草本，较少为一年生。多数具根状茎，少有兼具块茎。常具三棱形秆。叶基生和秆生，常禾叶状具闭合的鞘，或完全退化成仅有鞘。花序多种多样；小穗单生，簇生或排列成穗状或头状，具1枚至多枚花；花两性或单性，雌雄同株，稀异株，着生于颖片腋间；雄花多具3枚雄蕊。果实为小坚果。

## 1 薹草属 | Carex L. |

多年生草本。根状茎匍匐或缩短。秆常三棱形，基部常具无叶片的鞘。叶基生或兼具秆生，少数边缘卷曲，条形或线形，少数为披针形；基部通常具鞘。苞片叶状或刚毛状；花单性或两性；小穗1枚至多薹，单一顶生或多数时排列成穗状、总状或圆锥花序；雄花具3枚雄蕊，少数2枚。小坚果包于果囊内，三棱形。

### 1. 短尖薹草 Carex brevicuspis C. B. Clarke

多年生草本。根状茎短粗。秆三棱形，坚硬，平滑；基部具深棕色分裂成纤维状的老叶鞘。叶长于秆，平张，顶端渐狭。苞片短叶状，具长鞘；花密生，平滑，其余的包藏于鞘内；雌花鳞片线状披针形。果囊长于或近等长于鳞片，斜展，革质，棕色；小坚果紧包于果囊中，三棱状卵形，黑紫色，基部具弯柄；花柱基部不膨大，柱头3个。果期4~5月。

### 2. 十字薹草 Carex cruciata Wahlenb.

多年生草本。高40~90cm。具匍匐枝。秆三棱形。叶基生和秆生，长于秆，扁平，宽4~13mm，下面粗糙，上面光滑，边缘具短刺毛。苞片叶状；圆锥花序复出，长20~40cm；小穗极多数，全部从枝先出叶中生出，两性，雄雌顺序；雄花部分与雌花部分近等长。果囊长于鳞片，肿胀三棱形，淡褐白色。花果期5~11月。

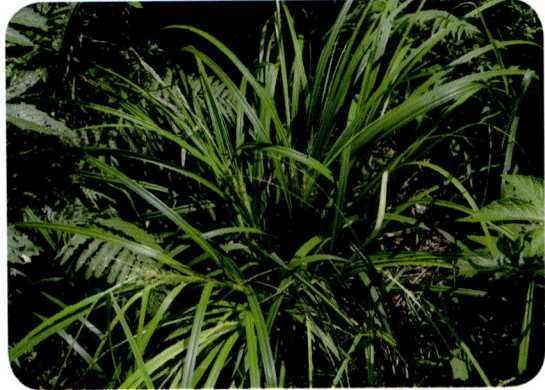

## ② 莎草属 | Cyperus L. |

一年生或多年生草本。秆丛生或散生，仅基部生叶。叶具鞘。长侧枝聚伞花序简单或复出，或有时短缩成头状，基部具叶状苞片数枚；小穗几枚至多枚，成穗状、指状、头状排列于辐射枝上端，小穗轴宿存，通常具翅；鳞片二列状，极少为螺旋状排列，一般具1枚两性花。小坚果三棱形。

### 香附子 Cyperus rotundus L.

多年生草本。高15~95cm。匍匐根状茎长。秆锐三棱形，基部呈块茎状。叶较多，短于秆，宽2~5mm；鞘棕色。叶状苞片2~5枚，常长于花序；长侧枝聚伞花序简单或复出，具2~10个辐射枝；穗状花序具3~10枚小穗；小穗长1~3cm，具8~28枚花，轴具翅；鳞片两侧紫红色或红棕色。小坚果长圆状倒卵形或三棱形，具细点。花果期5~11月。

## ③ 飘拂草属 | Fimbristylis Vahl |

一年生或多年生草本。具或不具根状茎，很少有匍匐根状茎。秆丛生或不丛生，较细。叶通常基生，有时仅有叶鞘而无叶片。花序顶生，为简单、复出或多次复出的长侧枝聚伞花序，稀头状或仅1枚小穗；小穗单生或簇生，具几枚至多枚两性花；鳞片常螺旋状排列或下部二列状或近二列状。果为小坚果。

### 1. 水虱草 Fimbristylis littoralis Gamdich

一年生或多年生草本。无根状茎。秆丛生，扁四棱形，具纵槽；鞘侧扁，鞘口斜裂，向上渐狭窄，有时成刚毛状。叶长于或短于秆或与秆等长，侧扁，套褶；鞘侧扁。苞片2~4枚，刚毛状；小穗单生于辐射枝顶端，球形或近球形，顶端极钝；鳞片膜质，卵形；雄蕊2枚，花药长圆形，顶端钝；花柱三棱形。小坚果倒卵形或宽倒卵形，钝三棱形，具疣状凸起和横长圆形网纹。

### 2. 双穗飘拂草 Fimbristylis subbispicata Nees et Meyen

一年生草本。高15~50cm。无毛或被疏柔毛。叶线形，略短于秆或等长，宽1~2.5mm，被柔毛或无。苞片3~4枚，叶状，通常有1~2枚长于花序，无毛或被毛；长侧枝聚伞花序复出，少有简单；小穗单生于辐射枝顶端，长4~12mm，具多数花；雄蕊1~2枚；柱头2个。小坚果宽倒卵形，双凸状。花果期7~10月。

## ④ 水蜈蚣属 | Kyllinga Rottb. |

多年生稀一年生草本。具匍匐根状茎或无。秆丛生或散生，基部具叶。苞片叶状；穗状花序1~3个，头状，无总花梗，具多数密聚的小穗；小穗小，压扁，通常具1~2枚两性花，极少多至5枚花；鳞片2列；最上鳞片无花，稀具1枚雄花；雄蕊1~3枚；柱头2个。小坚果扁双凸状。

### 单穗水蜈蚣 Kyllinga monocephala Rottb.

多年生草本。具匍匐根状茎。秆散生或疏丛生，细弱，扁锐三棱形，基部不膨大。叶通常短于秆，平张，柔弱，边缘具疏锯齿；叶鞘短，褐色，或具紫褐色斑点，最下面的叶鞘无叶片。苞片叶状，斜展；穗状花序圆卵形或球形，具极多数小穗；小穗近于倒卵形或披针状长圆形；鳞片膜质，舟状；雄蕊3枚。小坚果长圆形或倒卵状长圆形。花果期5~8月。

## 5 扁莎属 | Pycreus P. Beauv. |

一年生或多年生草本。具根状茎或无。秆多丛生，基部具叶。苞片叶状；长侧枝聚伞花序简单或复出，疏展或密集成头状；辐射枝长短不等，有时极短缩；小穗排列成穗状或头状，小穗轴延续；鳞片2列，逐渐向顶端脱落；雄蕊1~3枚药隔凸出或不凸出；花柱基部不膨大。小坚果两侧压扁，棱向小穗轴，双凸状，稍扁或肿胀，表面具网纹、微凸起细点、隆起横波纹或皱纹。

### 球穗扁莎 Pycreus flavidus (Retzius) T. Koyama

一年生草本根状茎短。具须根。秆丛生，细弱，钝三棱形，一面具沟，平滑。叶少；叶鞘长，下部红棕色。苞片细长；小穗密聚于辐射枝上端呈球形；小穗轴近四棱形，两侧有具横隔的槽；鳞片稍疏松排列，膜质，长圆状卵形，顶端钝；雄蕊2枚，花药短，长圆形；花柱中等长，柱头2个，细长。小坚果倒卵形，顶端有短尖，双凸状，稍扁，褐色或暗褐色，具白色透明有光泽的细胞层和微凸起的细点。花果期6~11月。

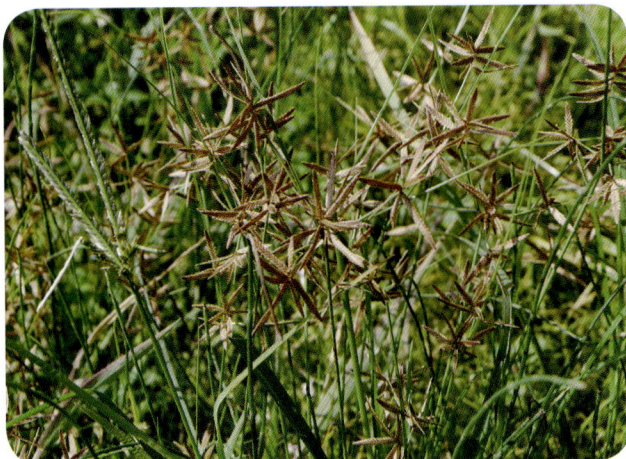

## 6 藨草属 | Scirpus L. |

草本，丛生或散生。秆三棱形，具基生叶或秆生叶，或兼而有之。有时叶片不发达，或叶片退化只有叶鞘生于秆的基部；叶扁平。苞片为秆的延长或呈鳞片状或叶状；圆锥花序；鳞片螺旋状覆瓦式排列，很少呈2列，每鳞片内均具1枚两性花；雄蕊3~1枚；花柱与子房连生，柱头2~3个。小坚果三棱形或双凸状。

### 百球藨草 Scirpus rosthornii Diels

多年生草本根状茎短。秆粗壮，坚硬，三棱形，有节，节间长，具秆生叶。叶较坚挺，秆上部的叶高出花序，叶片边缘和下面中肋上粗糙；叶鞘具凸起的横脉。叶状苞片常长于花序；多次复出长侧枝聚伞花序大，顶生；小穗无柄，卵形或椭圆形；鳞片宽卵形，顶端纯。小坚果椭圆形或近于圆形，双凸状，黄色。花果期5~9月。

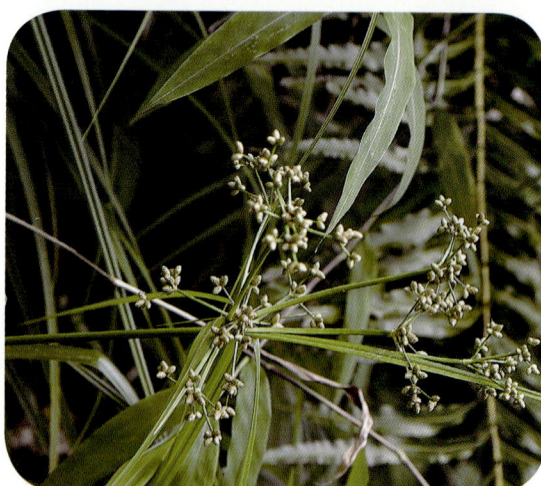

## 7 珍珠茅属 | Scleria Berg. |

多年生或一年生草本。具根状茎或无。秆三棱形，稀圆柱状。叶基生兼秆生，线形，多少粗糙，常具3条较粗的脉；具鞘；大多具叶舌。圆锥花序顶生，复出，稀退化为间断的穗状；苞片叶状，具鞘；有小苞片；花全为单性；小穗也常单性；小穗最下面的2~4枚鳞片内无花；雄蕊3~1枚；柱头3个。小坚果球形或卵形。

**珍珠茅**（毛果珍珠茅）**Scleria levis** Retz.

多年生草本。高70~90cm。根状茎匍匐。秆三棱形，被微柔毛。叶线形，宽7~10mm，无毛；叶鞘无翅；叶舌近半圆形。圆锥花序由顶生和1~2个支圆锥花序组成；小穗单生或双生，无柄，褐色，全部单性。小坚果球状或卵状钝三棱形；下位盘3深裂，裂片披针状三角形。花果期6~10月。

# 332.禾本科 Poaceae

木本或草本。茎多直立，稀匍匐乃至藤状；通常具节，节间中空，稀实心，节处有横隔板。叶为单叶互生，分叶鞘、叶舌、叶片3部分；无柄或有柄；叶片有近轴（上表面）与远轴（下表面）的两个平面，嫩时席卷状；有1条明显的中脉和若干条与之平行的次脉，有时有小横脉。花小型，退化，生于外稃与内稃之间；由内稃及包于其内的鳞被、雄蕊、雌蕊形成小花；由1枚至多数小花和位于基部的2颖片成2行紧密排列于小穗轴上而形成小穗。果为颖果。

## 332A.竹亚科 Bambusoideae

木质化，常呈乔木或灌木状。分枝系统复杂。生长状况因地下茎而异，以竹鞭横走则为单轴型（散生）；以众多秆基和秆柄两者堆聚而成则为合轴型（丛生）；或同时兼有上述两类型则为复轴型(混合)。叶二型，有茎生叶（箨）与营养叶（真叶）之分；箨分箨鞘、箨片、箨舌、箨耳等；真叶常2列。多年才开花。

### 1 簕竹属 | Bambusa Schreber |

乔状或灌状。合轴型。秆丛生，通常直立，稀顶梢攀缘状；秆环较平坦；每节分数枝至多枝，簇生，常有粗长主枝，秆下部小枝有时变刺。秆箨早落或迟落；箨鞘常具箨耳2枚；箨片通常直立，或外折。花序为续次发生；假小穗单生或数枚以至多枚簇生于花枝各节；小穗含2枚至多枚小花。颖果常圆柱状。笋期夏秋季。

#### 1. * 粉单竹 Bambusa chungii McClure

合轴型。高5~10m，直径3~7cm；节间被白色蜡粉；秆环平坦；箨环稍隆起，节下初时有刺毛环后脱落；秆多节后生枝，数枝乃至多枝簇生。箨鞘早落；箨耳窄带形；箨舌具齿或毛；箨片淡黄绿色，强烈外翻，基部明显收窄。叶鞘无毛；叶耳及鞘口繸毛常发达。花枝常每节仅生1或2枚假小穗。未成熟果实的果皮在上部变硬，干后呈三角形，成熟颖果呈卵形。笋期6~7月。

## 2. * 坭竹 Bambusa gibba McClure

秆高7~10m；节间长30~40cm。箨耳显著不相等；箨片直立。叶鞘被微毛或近无毛；叶耳卵形、卵状长圆形或近镰形；叶舌极矮；叶片线状披针形至狭披针形。假小穗以数枚簇生于花枝各节，线形；具芽苞片4枚，圆卵形至卵形；小穗含小花4~8枚；小穗轴节间扁；颖1枚，卵状椭圆形；具15条脉；外稃卵状长圆形；内稃与其外稃近等长或稍短；鳞被3枚；花药先端钝；子房卵形，柱头3分，羽毛状。

## 3. * 孝顺竹 Bambusa multiplex (Lour.) Raeuschel ex J. A. et J. H. Schult.

秆高4~7m；秆壁稍薄；节处稍隆起。箨鞘呈梯形，背面无毛；箨耳极微小以至不明显，边缘有少许繸毛；箨舌高1~1.5mm，边缘呈不规则的短齿裂；箨片直立。末级小枝具5~12枚叶；叶鞘无毛，纵肋稍隆起，背部具脊；叶耳肾形，边缘具波曲状细长繸毛；叶舌圆拱形；叶片线形。假小穗单生或以数枚簇生于花枝各节；小穗含小花；中间小花为两性；小穗轴节间形扁；颖不存在；外稃两侧稍不对称，长圆状披针形；内稃线形；鳞被中两侧的2枚呈半卵形；花药紫色；子房卵球形，羽毛状。成熟颖果未见。

### 4. * 撑蒿竹 Bambusa pervariabilis McClure

丛生竹。秆高7~10m，直径4~5.5cm；节间通直，秆壁厚；节处稍有隆起；秆基部数节于箨环之上下方各环生一圈灰白色绢毛。箨鞘早落，薄革质。叶鞘背面通常无毛，边缘被短纤毛。假小穗以数枚簇生于花枝各节，线形；小穗含小花5~10枚；花丝短，花药长5mm；子房长圆形。颖果幼时宽卵球状，长1.5mm，顶端被短硬毛，并有残留花柱和柱头。笋期6~8月。

### 5. * 甲竹 Bambusa remotiflora Kuntze

秆高8~12m，直径5~7.5cm；节稍隆起；箨环凸起；竿每节分数枝。箨鞘厚革质；箨耳呈狭长圆形；箨舌高2~3mm；箨片外翻，卵状披针形至披针形。末级小枝具8~16枚叶；叶鞘背面通常无毛；叶耳小；叶舌短；叶片披针形或长圆状披针形，两表面均无毛。花枝无叶。假小穗披针形；小穗含小花4~7枚；颖1枚或2枚，宽卵形；外稃宽披针形；内稃与外稃通常近等长；花药线形；花柱极短，羽毛状。

### 6.* 车筒竹 Bambusa sinospinosa McClure

秆高10~24m；节间圆筒形；箨环密生棕色刺毛。箨鞘厚革质，基部有棕色刺毛；箨舌缘有齿和继毛；箨耳近等大，长圆形或倒卵形，有波状皱褶，腹面密生糙毛；箨叶卵形，背面脉间具深棕色刺毛。主枝粗长，常"之"字形曲折；枝条及分枝每节有2~3枚刺，刺"丁"字形开展。小枝有6~8枚叶，叶线状披针形，长7~17cm。小穗含两性小花6~12枚。小颖果常缺。笋期5~6月；花期8~12月。

### 7. * 青皮竹 Bambusa textilis McClure

合轴型。高8~10m，直径3~5cm；节处平坦，无毛；秆多节后生枝，数枝至多枝簇生，中央1枝略粗。箨鞘早落；箨耳小而不等；箨舌高2mm；箨片直立，易脱落，基部收窄。叶鞘无毛；叶耳发达并具继毛；叶舌极低矮。假小穗单生或数枚乃至多枚簇生于花枝各节，鲜时暗紫色；小穗含小花5~8枚。笋期夏季。

### 8. * 青竿竹 Bambusa tuldoides Munro

秆高6~10m；幼时薄被白蜡粉；节微隆起。箨鞘早落；箨耳不相等，边缘具波曲状细弱继毛；箨舌条裂，边缘密生短流苏状毛；箨片直立，背面疏生脱落性棕色贴生小刺毛。叶鞘背面无毛，边缘一侧被短纤毛；叶耳无；叶舌极全缘，被极短的纤毛；叶片披针形至狭披针形，长10~18cm，下表面密被短柔毛。假小穗以数枚簇生于花枝各节，簇丛基部托以鞘状苞片，淡绿色；小穗含小花6~7枚。颖果圆柱形，被长硬毛和残留花柱。

## ❷ 牡竹属 ｜ **Dendrocalamus** Nees ｜

乔木状竹类（个别种可为半攀缘性）。地下茎合轴型。秆单丛生长；节间圆筒形；秆每节具多枝。箨鞘脱性，多为革质；箨舌较明显；箨片常外翻。花枝无叶或有时具叶；外稃似颖，但较大；鳞被常无；雄蕊11枚，花丝分离；子房球形或卵形，体被柔毛；花柱与柱头单一。果小型，亦可呈坚果状而较大。笋期多在夏季。

### 1. \* **麻竹 Dendrocalamus latiflorus** Munro

秆高20~25m，直径15~30cm；节间长45~60cm，在节内具一圈棕色绒毛环。箨鞘易早落，厚革质；箨舌边缘微齿裂；箨片外翻。末级小枝具7~13枚叶。花枝大型，密被黄褐色细柔毛；小穗卵形，甚扁；外稃与颖类似，黄绿色；花药黄绿色；子房扁球形或宽卵形。果实为囊果状，卵球形，长8~12mm，粗4~6mm；果皮薄，淡褐色。

### 2. \* **吊丝竹 Dendrocalamus minor** (McClure) Chia et H. L. Fung

秆高6~12m，直径6~8cm；节间圆筒形；秆壁厚5~5.6mm；秆环平坦；箨环稍隆起；分枝习性高。箨鞘早落性，革质；箨耳极小；箨舌高3~8mm；箨片外翻。末级分枝常单生。叶鞘起初疏生小刺毛；叶耳和鞘口繸毛均无；叶舌高1mm；叶片呈长圆状披针形。花枝细长，无叶；颖通常2枚，宽卵形；外稃纸质或稍变硬，广卵形或心形；内稃质薄，窄披针形；花药黄色，在小花成熟时，整个花药能伸出花外；雌蕊除基部外遍体生细绒毛，子房卵形。果实长圆状卵形；果皮棕色。花期10~12月。

## ❸ 箬竹属 ｜ **Indocalamus** Nakai ｜

灌状。复轴型。秆箨宿存性；箨鞘较长于或短于节间，有毛或无毛；箨耳存在或无；箨舌常低矮。秆每节仅生1枝，有时秆上部的分枝可多至2~3枝。叶鞘宿存；叶片通常大型。花序呈总状或圆锥状，顶生；小穗具花数枚至多枚，疏松排列于小穗轴上。颖果。笋期常为春夏，稀为秋季。

### 箬叶竹 *Indocalamus longiauritus* Hand.-Mazz.

散生竹。秆高0.84~1m，基部直径3.5~8mm；节间长10~55cm；秆节较平坦；秆环较箨环略高。箨鞘厚革质；箨耳大，镰形；箨片长三角形至卵状披针形。叶鞘坚硬；叶耳镰形；叶舌截形；叶片大型。圆锥花序形细长，花序轴密生白毡毛；小穗淡绿色或成熟时为枯草色；小穗轴节间呈扁棒状；颖2枚；外稃长圆形兼披针形；脊上生有纤毛；花药长约5mm；柱头羽毛状。颖果长椭圆形。笋期4~5月。

## ④ 大节竹属 | *Indosasa* McClure |

灌木状至小乔木状。单轴型。秆直立；节间分枝一侧具沟槽，长达节间一半或更长；秆中部每节通常分3枝，中间枝略粗；秆环隆起。箨鞘脱落性，多无斑点；箨片大，直立或外翻。叶片通常略大；小横脉明显。花序圆锥状或总状；小穗含多枚小花，下部1~4枚有时不孕。颖果卵状椭圆形。笋期春季至夏初。

### * 摆竹 *Indosasa shibataeoides* McClure

灌木状至小乔木状。单轴型。秆高达15m，直径10cm；新竹节下方显具白粉；小竹竿环隆起高于箨环，大竹的秆环仅微隆起；秆中部每节3个分枝。箨鞘脱落性，疏被刺毛和白粉，无斑点或有时具细小斑点；箨耳小，具继毛。末级小枝通常仅具1枚叶；叶鞘紫色。笋期4月，笋多为淡橘红色或淡紫红色。

## 5 刚竹属｜ **Phyllostachys** Sieb. et Zucc. ｜

乔木状或灌木状。单轴型。分枝一侧扁平或具浅纵沟；秆环常明显隆起；秆每节分2枝，一粗一细；竿箨早落。箨耳无或大；箨片直立至外翻。末级小枝常具2~4枚叶；叶下表面基部常有毛；小横脉明显。花枝甚短，呈穗状至头状；小穗含1~6枚小花，上部小花常不孕。颖果长椭圆形，近内稃的一侧具纵向腹沟。笋期3~6月，相对地集中在5月。

**毛竹 Phyllostachys edulis** (Carrière.) J. Houzeau

秆高达20m以上。箨鞘背面黄褐色或紫褐色，具黑褐色斑点及密生棕色刺毛；箨耳微小；箨舌宽短；箨片较短。末级小枝具2~4枚叶；叶耳不明显；叶舌隆起；叶片较小较薄，披针形。花枝穗状；佛焰苞通常在10枚以上；小穗仅有1枚小花；小穗轴延伸于最上方小花的内稃之背部；颖1枚；外稃长22~24mm；鳞被披针形；花丝长4cm，花药长约12mm；柱头3个，羽毛状。颖果长椭圆形。笋期4月。

# 332B.禾亚科 Agrostidoideae

一年生或多年生草本，稀灌木或乔木状。茎直立，或匍匐状或藤状；常具节，节间中空。叶在节上单生，或密集于秆基而互生成2列，由叶片、叶鞘及叶舌组成。由多少小穗组成圆锥、穗状或总状花序；单生，指状着生，或具主轴；通常顶生，稀总状花序基部具1枚佛焰苞，再组成有叶的假圆锥花序。果为颖果。

## 1 水蔗草属 | **Apluda** L. |

多年生草本。具根茎。秆直立或基部斜卧，多分枝。叶片线状披针形，基部渐狭成柄状。花序顶生，圆锥状，由多数总状花序组成；每一总状花序具柄及1枚舟形总苞；总状花序轴1节，顶部着生3枚小穗，其中2枚具柄，另1枚无柄；无柄小穗两性，含2枚小花，通常第二小花结实。颖果卵形。

### 水蔗草 **Apluda mutica** L.

多年生草本。高5~30cm。秆基部常斜卧并生不定根。叶鞘具纤毛或否；叶舌膜质；叶耳小；叶片宽3~15mm，无毛或沿侧脉疏生毛，基部渐狭成柄状。圆锥花序先端常弯垂，由许多总状花序组成；每一总状花序包于1枚舟形总苞内，顶生3枚小穗，2枚具柄，1枚无柄；无柄小穗两性，结实。颖果卵形。花果期夏秋季。

## ② 野古草属 ｜ **Arundinella** Raddi ｜

多年生或一年生草本。秆单生至丛生，直立或基部倾斜。叶舌小或无，膜质，具纤毛；叶片线形至披针形。圆锥花序开展或紧缩成穗状；小穗孪生稀单生，具柄，含2枚小花；颖草质，近等长或第一颖稍短，宿存或迟缓脱落；第一小花常为雄性或中性；第二小花两性，结实。颖果长卵形至长椭圆形。

### 毛秆野古草 **Arundinella anomala** Steud.

多年生草本。根茎较粗壮。秆直立。叶鞘无毛或被疣毛；叶舌短，上缘圆凸，具纤毛；叶片常无毛或仅背面边缘疏生1列疣毛至全部被短疣毛。花序开展或略收缩，主轴与分枝具棱，棱上粗糙或具短硬毛；孪生小穗柄无毛；第一颖长，具3~5条脉；第二颖具5条脉；第一小花雄性，约等长于等二颖，外稃长3~4mm，花药紫色；第二小花长2.8~3.5mm；柱头紫红色。花果期7~10月。

## ③ 细柄草属 ｜ **Capillipedium** Stapf. ｜

多年生草本。秆细弱或强壮似小竹，实心，常丛生。叶鞘光滑或有毛；叶舌膜质，具纤毛；叶片狭窄，线形。圆锥花序由具1个至数个总状花序组成；小穗孪生，1枚无柄，另1枚有柄，或3枚同生于花序顶端，其1枚无柄，另2枚有柄，无柄者两性，有柄者雄性或中性；雄蕊3枚。

### 细柄草 **Capillipedium parviflorum** (R. Br.) Stapf.

簇生、多年生草本。秆直立或基部稍倾斜。叶鞘无毛或有毛；叶舌干膜质；叶片线形，顶端长渐尖，基部收窄，近圆形，两面无毛或被糙毛。圆锥花序长圆形；小枝为具1~3节的总状花序；总状花序轴节

间与小穗柄长为无柄小穗之半，边缘具纤毛；无柄小穗基部具髯毛，第一颖背腹扁，第二颖舟形，脊上稍粗糙，第二外稃线形；有柄小穗中性或雄性。花果期8~12月。

## ④ 狗牙根属 | Cynodon Rich. |

多年生草本。常具根茎及匍匐枝。秆常纤细。叶舌短或仅具一轮纤毛。穗状花序2个至数个指状着生；颖狭窄；第一小花外稃舟形，纸质兼膜质，具3条脉，侧脉靠近边缘；内稃膜质，具2条脉，与外稃等长；鳞被甚小；花药黄色或紫色；子房无毛，柱头红紫色。颖果长圆柱形或稍两侧压扁；外果皮潮湿后易剥离。种脐线形；胚微小。

### 狗牙根 Cynodon dactylon (L.) Pers.

低矮草本。具根茎。秆细而坚韧。叶鞘微具脊，鞘口常具柔毛；叶舌仅为一轮纤毛；叶片线形。穗状花序；小穗灰绿色或带紫色；颖长1.5~2mm，第二颖稍长；外稃舟形；内稃与外稃近等长，具2条脉；花药淡紫色；子房无毛，柱头紫红色。颖果长圆柱形。花果期5~10月。

## ⑤ 弓果黍属 | Cyrtococcum Stapf. |

一年生或多年生草本。秆下部多平卧地面，节上生根。叶片线状披针形至披针形。圆锥花序开展或紧缩；小穗两侧压扁；第一颖较小，卵形；第二颖舟形；第一外稃与小穗等长；第一内稃短小或无；第二外稃在花后变硬；鳞被摺叠，很薄，具3条脉，在基部有一舌状凸起；花柱基分离。种脐点状。

### 弓果黍 Cyrtococcum patens (L.) A. Camus.

一年生。秆较纤细。叶鞘常短于节间；叶舌膜质。圆锥花序由上部秆顶抽出；分枝纤

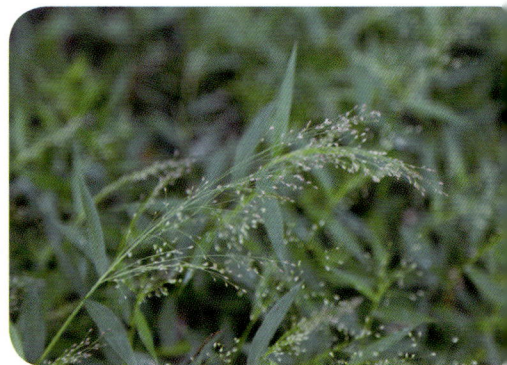

细；小穗柄长于小穗；第一颖卵形；第二颖舟形；第一外稃约与小穗等长，具5条脉；第二外稃背部弓状隆起；第二内稃长椭圆形，包于外稃中；雄蕊3枚，花药长0.8mm。花果期9月至翌年2月。

## 6 马唐属 ｜ **Digitaria** Hall. ｜

多年生或一年生草本。秆直立或基部横卧地面，节上生根。叶片线状披针形至线形，质地大多柔软，扁平。总状花序较纤细，2个至多个呈指状排列于茎顶或着生于短缩的主轴上；小穗含一两性花，2枚或3~4枚着生于穗轴之各节，互生或成4行排列于穗轴的一侧；雄蕊3枚；柱头2个；鳞被2枚。颖果长圆状椭圆形。

**马唐 Digitaria sanguinalis** (L.) Scop.

一年生披散草本。高10~80cm。秆膝曲上升，无毛或节生柔毛。叶鞘短于节间，无毛或散生疣基柔毛；叶舌长1~3mm；叶片线状披针形，宽4~12mm，具柔毛或无毛。总状花序长5~18cm，4~12个成指状着生于长1~2cm的主轴上；孪生小穗同型；第一颖小；第一外稃边脉上具小刺状粗糙。花果期6~9月。

## 7 稗属 ｜ **Echinochloa** Beauv. ｜

一年生或多年生草本。叶片扁平，线形。圆锥花序由穗形总状花序组成；小穗含1~2枚小花，背腹压扁呈一面扁平，一面凸起，单生或2~3枚不规则地聚集于穗轴的一侧，近无柄；颖草质；第一颖小，三角形；第二颖与小穗等长或稍短；第一小花中性或雄性；第二小花两性，其外稃成熟时变硬。

### 1. 光头稗 Echinochloa colonum (L.) Link.

一年生草本。高10~60cm。秆直立。叶鞘压扁而背具脊，无毛；叶舌缺；叶片扁平，线形，宽3~7mm，无毛。圆锥花序狭窄，长5~10cm；主轴具棱，通常无毛；小穗卵圆形，长2~2.5mm，无芒，成4行排列于穗轴一侧；第一颖长为小穗长的1/2；第二颖长于小穗。花果期夏秋季。

### 2. 稗 Echinochloa crusgalli (L.) P. Beauv.

一年生草本。高50~150cm。光滑无毛。秆基部倾斜或膝曲。叶鞘疏松裹秆，平滑无毛，下部者长于而上部者短于节间；叶舌无；叶片扁平，线形，长10~40cm，宽5~20mm，无毛，边缘粗糙。圆锥花序直立，近尖塔形，长6~20cm；第一颖三角形，长为小穗的1/3~1/2，具3~5条脉，脉上具疣基毛，基部包卷小穗，先端尖；第二颖与小穗等长，先端渐尖或具小尖头，具5条脉，脉上具疣基毛；第一小花通常中性，其外稃草质，上部具7条脉，脉上具疣基刺毛，顶端延伸成一粗壮的芒，芒长0.5~1.5（~3）cm；内稃薄膜质，狭窄，具2条脊；第二外稃椭圆形，平滑，光亮，成熟后变硬，顶端具小尖头，尖头上有一圈细毛，边缘内卷，包着同质的内稃，但内稃顶端露出。小穗卵形，长3~4mm，密集在穗轴的一侧；外稃草质，顶端延伸成一粗壮的芒。花果期夏秋季。

## 8 穇属 | Eleusine Gaertn. |

一年生或多年生草本。秆硬，簇生或具匍匐茎，通常1长节间与几个短节间交互排列，因而叶于秆上似对生。叶片平展或卷折。穗状花序较粗壮，常数个成指状或近指状排列于秆顶，偶有单一顶生；小穗无柄，两侧压扁，无芒，覆瓦状排列于穗轴的一侧；小花数枚紧密地覆瓦状排列于小穗轴上；雄蕊3枚。囊果果皮膜质或透明膜质，宽椭圆形。

**牛筋草 Eleusine indica** (L.) Gaertn.

一年生草本。高10~90cm。秆丛生。叶鞘两侧压扁而具脊，无毛或疏生疣毛；叶舌长约1mm；叶片平展，线形，宽3~5mm，无毛或上面被毛。穗状花序2~7个指状着生于秆顶，很少单生；小穗长4~7mm，含3~6枚小花；颖披针形，具脊，脊粗糙。囊果卵形。花果期6~10月。

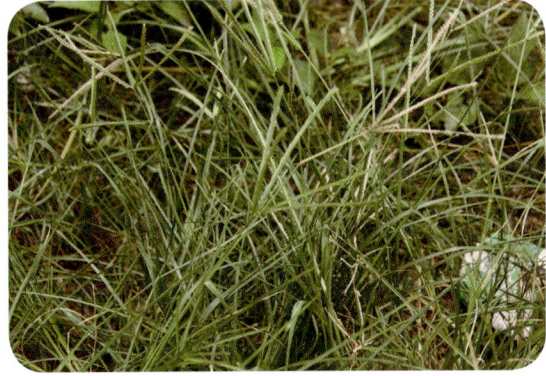

**⑨ 画眉草属 | Eragrostis Wolf |**

多年生或一年生草本。秆通常丛生。叶片线形。圆锥花序开展或紧缩；小穗两侧压扁，有数枚至多枚小花；小花常疏松地或紧密地覆瓦状排列；小穗轴常作"之"字形曲折；颖不等长，通常短于第一小花，具1脉，宿存，或个别脱落；外稃无芒；内稃具2条脊，宿存，或与外稃同落。颖果与稃体分离，球形或压扁。

**乱草 Eragrostis japonica** (Thunb.) Trin.

一年生草本。高30~100cm。秆直立或膝曲丛生，具3~4节。叶鞘常比节间长，无毛；叶舌长约0.5mm；叶片平展，宽3~5mm，光滑无毛。圆锥花序长圆形，整个花序长常超过植株一半以上；花多而乱；分枝腋间无毛；小穗柄长1~2mm；小穗卵圆形，长1~2mm；有4~8枚小花，成熟后紫色。花果期6~11月。

## ⑩ 鹧鸪草属 | Eriachne R. Br. |

多年生草本。叶片纵卷如针状。顶生圆锥花序开展；小穗含2枚两性小花；小穗轴极短，并不延伸于顶生小花之后，脱节于颖之上及2枚小花之间；颖纸质，具数脉，几相等，等长或略短于小穗；外稃背部具短糙毛，成熟时变硬，有芒或无芒；内稃无明显的脊；鳞被2枚；雄蕊2~3枚；雌蕊具分离花柱和帚刷状柱头。

### 鹧鸪草 Eriachne pallescens R. Br.

多年生草本。高20~60cm。秆丛生，细而坚硬，无毛，具5~8节，基部可分枝。鞘口具毛，多短于节间；叶舌长约0.5mm，具纤毛；叶片质地硬，多纵卷成针状，长2~10cm，被疣毛。圆锥花序稀疏开展，长5~10cm，分枝纤细，光滑无毛，单生，含少数小穗；小穗含2枚小花，带紫色。颖果长圆形。花果期5~10月。

## ⑪ 白茅属 | Imperata Cyrillo |

多年生草本。具发达多节的长根状茎。秆直立，常不分枝。叶片多数基生，线形；叶舌膜质。圆锥花序顶生，狭窄，紧缩呈穗状；小穗含1枚两性小花，基部围以丝状柔毛；具长短不一的小穗柄，孪生于细长延续的总状花序轴上；两颖近相等，披针形，膜质或下部草质，具数脉，背部被长柔毛。颖果椭圆形。

### 白茅（丝茅）Imperata cylindrica (Retz.) Beauv.

多年生草本。高25~90cm。具横走多节的根状茎。秆直立，具2~4节，节具白毛。叶鞘常密集于秆基，无毛或有毛，鞘口具毛；叶舌长1mm；叶片线形或线状披针形，宽2~8mm，上面被毛。圆锥花序穗状，长

6~15cm；小穗基部密生长柔毛；两颖几相等，具5脉。颖果椭圆形。花果期5~8月。

## ⑫ 柳叶箬属 | Isachne R. Br. |

多年生或一年生草本。具扁平的叶片和疏散顶生的圆锥花序；小穗小，卵圆形或卵状球形，含2枚小花，均为两性或第一小花为雄性，第二小花为雌性，无芒，两小花的节间甚短；两颖近等长，草质，迟缓脱落；雄蕊3枚；花柱2叉裂，柱头帚状。颖果椭圆形或近球形。

### 柳叶箬 Isachne globosa (Thunb.) Kuntze

多年生草本。高30~60cm。秆丛生，节上无毛。叶鞘短于节间，无毛或上部被毛；叶舌纤毛状；叶片披针形，宽3~8mm，两面被毛，常微波状。圆锥花序卵圆形，长3~11cm，每一分枝着生1~3枚小穗，分枝和小穗柄均具黄色腺斑；小穗椭圆状球形，长2~2.5mm，淡绿色，或成熟后带紫褐色。颖果近球形。花果期夏秋季。

## ⑬ 千金子属 | Leptochloa Beauv. |

一年生或多年生草本。叶片线形。圆锥花序由多数细弱穗形的总状花序组成；小穗两侧压扁，无柄或具短柄，在穗轴的一侧成2行覆瓦状排列，小穗轴脱节于颖之上和各小花之间；颖不等长，通常短于第一小花，偶有第二颖可长于第一小花；外稃具3脉，脉之下部具短毛；内稃与外稃等长或较之稍短，具2脊。

### 1. 千金子 Leptochloa chinensis (L.) Nees.

一年生草本。秆直立，基部膝曲或倾斜，平滑无毛。叶鞘无毛，大多短于节间；叶舌膜质；叶片扁平或多少卷折，先端渐尖，两面微粗糙或下面平滑。圆锥花序分枝及主轴均微粗糙；小穗多带紫色；颖具1脉，脊上粗糙，第一颖较短而狭窄，第二颖长1.2~1.8mm；外稃顶端钝。颖果长圆球形。花果期8~11月。

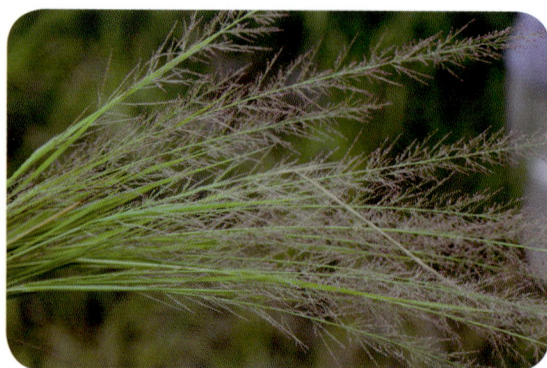

## 2. 虮子草 Leptochloa panicea (Retz.) Ohwi

一年生草本。秆较细弱。叶鞘疏生有疣基的柔毛；叶舌膜质，多撕裂，或顶端作不规则齿裂，长约2mm；叶片质薄，扁平。圆锥花序分枝细弱；小穗灰绿色或带紫色，含小花；颖膜质，脊上粗糙，第一颖较狭窄，顶端渐尖，第二颖较宽；外稃具3脉；内稃稍短于外稃；花药长约0.2mm。颖果圆球形。花果期7~10月。

## ⑭ 淡竹叶属 | Lophatherum Brongn. |

多年生草本。须根中下部膨大呈纺锤形。秆直立，平滑。叶鞘长于其节间，边缘生纤毛；叶舌短小，质硬；叶片披针形，宽大，具明显小横脉，基部收缩成柄状。圆锥花序由数枚穗状花序所组成；小穗圆柱形，含数枚小花；第一小花两性，其他均为中性小花；两颖不

相等；雄蕊2枚。颖果与内外稃分离。

**淡竹叶 Lophatherum gracile** Brongn.

多年生草本。高40~80cm。具纺锤形小块根。秆直立，疏丛生，具5~6节。叶鞘无毛或外缘具毛；叶舌长0.5~1mm，褐色有毛；叶片披针形，宽1.5~2.5cm，具横脉，有时被毛，基部收窄成柄状。圆锥花序长12~25cm；小穗线状披针形，宽1.5~2mm；第一外稃宽约3mm；雄蕊2枚。颖果长椭圆形。花果期6~10月。

### ⑮ 莠竹属 | **Microstegium** Nees |

多年生或一年生蔓性草本。秆多节，下部节着土后易生根，具分枝。叶片披针形，质地柔软；有时具柄。总状花序数个至多个呈指状排列，稀为单生；小穗两性，孪生，1枚有柄，1枚无柄，偶有两者均具柄；两颖等长于小穗，纸质；第一小花雄性；第一外稃常不存在；第二外稃微小。颖果长圆形。

**蔓生莠竹 Microstegium fasciculatum** (L.) Henrard

多年生草本。高达1m。秆多节，下部节着土生根并分枝。叶鞘无毛或鞘节具毛；叶片宽5~8mm，两面无毛，粗糙；不具柄。总状花序3~5个，带紫色，长约6cm；无柄小穗长3.5~4mm；第一颖脊中上部具硬纤毛；第二外稃具长8~10mm且中部膝曲并扭转的芒；有柄小穗与其无柄小穗相似。花果期8~10月。

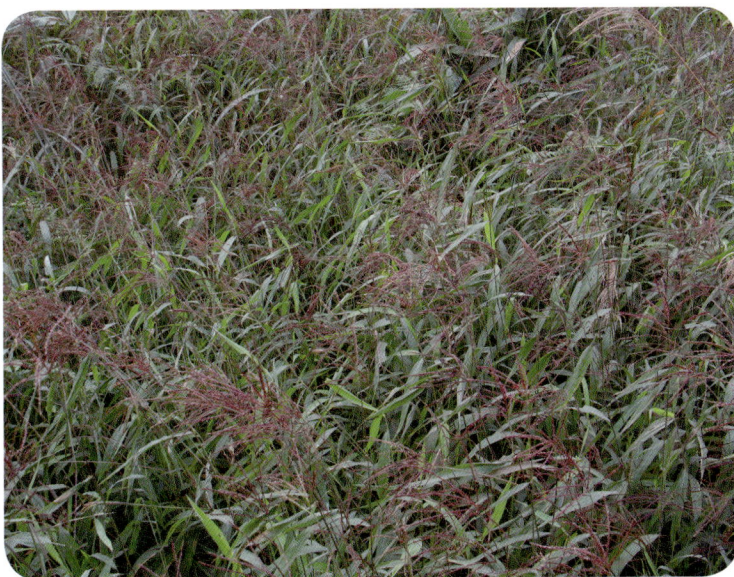

### ⑯ 芒属 | **Miscanthus** Anderss. |

多年生高大草本。秆粗壮，中空。叶片扁平宽大。顶生圆锥花序大型，由多数总状花序沿一延伸的主轴排列而成；小穗含1枚两性花，具不等长的小穗柄，孪生于连续的总状花序轴之各节；两颖近相等，厚纸质至膜质，第一颖背腹压扁，第二颖舟形；雄蕊3枚。颖果长圆形。

### 1. 五节芒 Miscanthus floridulus (Lab.) Warb. ex K. Schum.et Laut.

多年生草本。高2~4m。具发达根状茎。秆高大似竹，无毛，节下具白粉。叶鞘无毛，鞘节具微毛；叶舌长1~2mm，顶端具纤毛；叶片宽1.5~3cm，两面常无毛；中脉粗壮隆起。圆锥花序大型，稠密，长30~50cm；主轴粗壮，延伸达花序的2/3以上，无毛；小穗长3~3.5mm，黄色。花果期5~10月。

### 2. 芒 Miscanthus sinensis Anderss.

多年生草本。高1~2m。秆无毛或在花序以下疏生柔毛。叶鞘无毛，长于节间；叶舌长1~3mm，具毛；叶片线形，宽6~10mm，下面疏生柔毛及被白粉。圆锥花序直立，长15~40cm；主轴无毛，延伸至花序的中部以下，节与分枝腋间具柔毛；小穗长4.5~5mm，黄色有光泽。颖果长圆形，暗紫色。花果期7~12月。

### 17 类芦属 | Neyraudia Hook. f. |

多年生草本。具木质根状茎。秆苇状至中等大小，具多数节并分枝，节间有髓部。叶鞘颈部常具柔毛；叶舌密生柔毛；叶片扁平或内卷，质地较硬。圆锥花序大型，稠密；小穗含3~8枚花；第一小花两性或不孕；第二小花正常发育，上部花渐小或退化；颖具1~3脉，短于其小花；外稃披针形，具3脉；雄蕊3枚。

**类芦 Neyraudia reynaudiana** (Kunth) Keng ex Hitchc.

多年生大中型草本。高2~3m。秆直立，通常节具分枝，节间被白粉。叶鞘仅颈部具毛；叶舌密生柔毛；叶片宽5~10mm，扁平或卷折，无毛或上面生柔毛。圆锥花序长30~60cm，分枝开展或下垂；小穗长6~8mm，含5~8枚小花；第一外稃不孕，无毛；颖片短小；外稃长约4mm；内稃短于外稃。花果期8~12月。

## 18 求米草属 ｜ **Oplismenus** Beauv. ｜

一年生或多年生草本。秆基部常平卧地面并分枝。叶卵形至披针形，稀线状披针形。圆锥花序狭窄，分枝或不分枝；小穗数枚聚生于主轴之一侧，小穗卵圆形或卵状披针形，多少两侧压扁，近无柄，孪生、簇生，稀单生，含2枚小花；颖近等长，第一颖具长芒，第二颖具短芒或无芒；第一小花中性；第二小花两性。

**日本求米草 Oplismenus undulatifolius** var. **japonicus** (Steud) Koidz.

一年生草本。秆纤细。叶鞘短于或上部者长于节间，密被疣基毛；叶舌膜质；叶鞘无毛，仅

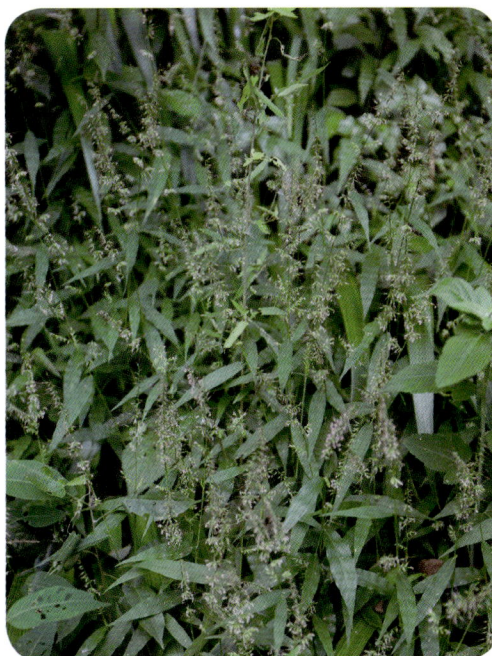

边缘生纤毛；叶片阔披针形或狭卵状椭圆形。圆锥花序，主轴密被疣基长刺柔毛；颖草质，第一颖长约为小穗之半，第二颖较长于第一颖；第一外稃草质，与小穗等长；第二外稃革质；鳞被2枚，膜质；雄蕊3枚；花柱基分离。花果期7~11月。

### ⑲ 露籽草属 | Ottochloa Dandy |

多年生草本。秆蔓生。叶片披针形。圆锥花序顶生，开展；小穗有短柄，均匀着生或数枚簇生于细弱的分枝上；每小穗有2枚小花，背腹压扁；颖长约为小穗长的1/2，具3~5条脉；第一小花不育，外稃膜质，与小穗等长，有7~9条脉；第二小花发育，外稃质地变硬。

#### 露籽草 Ottochloa nodosa (Kunth) Dandy

多年生蔓生草本。叶鞘短于节间，边缘仅一侧具纤毛；叶舌长约0.3mm；叶片披针形，宽5~10mm，两面近平滑。圆锥花序多少开展，长10~15cm，分枝上举，纤细，疏离，互生或下部近轮生；小穗有短柄，椭圆形，长2.8~3.2mm；颖草质，不等长；第一外稃草质；第二外稃骨质。花果期7~9月。

### ⑳ 黍属 | Panicum L. |

一年生或多年生草本。秆直立或基部膝曲或匍匐。叶片线形至卵状披针形；叶舌膜质或顶端具毛。圆锥花序顶生，分枝常开展；小穗具柄，背腹压扁，含2枚小花；第一小花雄性或中性；第二小花两性；颖草质或纸质，几等长；第一内稃有或无；第二外稃硬纸质或革质，有光泽；雄蕊3枚。

#### 短叶黍 Panicum brevifolium L.

一年生草本。秆基部常伏卧于地面。叶鞘短于节间，松弛；叶舌膜质；叶片卵形或卵状披针形。圆锥花序卵形；小穗椭

圆形，具蜿蜒的长柄；颖背部被疏刺毛；第一颖近膜质；第二颖薄纸质；第一外稃长圆形；第二小花卵圆形，长约1.2mm，顶端尖，具不明显的乳突；鳞被长约0.28mm，宽0.22mm，薄而透明，局部折叠，具3条脉。花果期5~12月。

## 21▶ 雀稗属 | Paspalum L. |

多年生或一年生草本。秆丛生，直立或具匍匐茎和根状茎。叶舌短，膜质；叶片线形或狭披针形，扁平或卷折。穗形总状花序2个至多个呈指状或总状排列于茎顶或伸长主轴上；穗轴扁平，具狭窄或较宽之翼；小穗上部1枚小花可育，单生或孪生，2至4行互生于穗轴之一侧，背腹压扁；雄蕊3枚。

### 1. 长叶雀稗 Paspalum longifolium Roxb.

多年生草本。秆丛生，直立，粗壮，多节。叶鞘较长于其节间，背部具脊，边缘生疣基长柔毛；叶片无毛。总状花序6~20个着生于伸长的主轴上；穗轴边缘微粗糙；小穗柄孪生，微粗糙；小穗成4行排列于穗轴一侧，宽倒卵形；第二颖与第一外稃被卷曲的细毛，具3条脉，顶端稍尖；第二外稃黄绿色，后变硬；花药长1mm。花果期7~10月。

### 2. 圆果雀稗 Paspalum orbiculare Forster

多年生丛状草本。高30~90cm。叶鞘长于其节间，无毛，鞘口有毛；叶舌长约1.5mm；叶片长披针形至线形，宽5~10mm，大多无毛。总状花序长3~8cm，2~10个排列于主轴上，分枝腋间有长柔毛；小穗近圆形，单生于穗轴一侧，覆瓦状排列成2行。花果期6~11月。

## 22▶ 狼尾草属 | Pennisetum Rich. |

一年生或多年生草本。秆质坚硬。叶片线形，扁平或内卷。圆锥花序紧缩呈穗状圆柱形；小穗单生或2~3枚聚生成簇，无柄或具短柄，有1~2枚小花，基部具苞片状刚毛；刚毛长于或短于小穗；颖不等长，第一颖质薄而微小，第二颖较长于第一颖；第一小花雄性或中性；第二小花两性；雄蕊3枚。颖果长圆形或椭圆形，背腹压扁。

### 狼尾草 Pennisetum alopecuroides (L.) Spreng.

多年生丛状草本。高30~120cm。秆在花序下密生柔毛。叶鞘光滑，基部跨生状；叶舌具长毛；叶片线形，宽3~8mm。圆锥花序直立，长5~25cm；主轴密生柔毛；苞片状刚毛粗糙，淡绿色或紫色，长1.5~3cm；小穗通常单生，偶有双生，线状披针形，长5~8mm。颖果长圆形。花果期夏秋季。

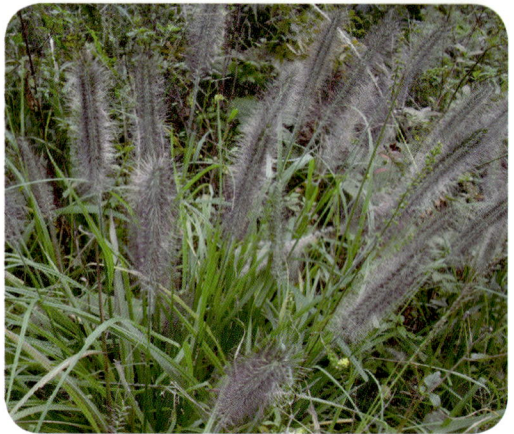

### 23 ▶ 筒轴茅属 | Rottboellia L. f. |

一年生或多年生粗壮草本。秆直立，基部常有支柱根。叶片扁平，较宽。总状花序圆柱形；小穗孪生；无柄小穗两性，嵌生于总状花序轴节间的凹穴中；第一颖革质，背面具脉纹或光滑；第二颖舟形；第一小花中性或雄性；第二小花两性，两稃膜质，近等长，雄蕊3枚，花柱分离。颖果卵形或长圆形。

### 筒轴茅 Rottboellia cochinchinensis (Loureiro) Clayton

一年生粗壮草本。秆直立。叶鞘具硬刺毛或变无毛；叶舌上缘具纤毛；叶片线形。总状花序粗壮直立；总状花序轴节间肥厚；无柄小穗嵌生于凹穴中；第一颖质厚，卵形，边缘具极窄的翅；第二颖质较薄，舟形；第一小花雄性；第二小花两性，雌蕊柱头紫色。颖果长圆状卵形。花果期秋季。

**24** **甘蔗属** ｜ **Saccharum** L. ｜

多年生草本。秆高大粗壮，常实心，具多数节；基部数节生有气生根。叶舌发达，或具纤毛；叶片线形宽大，中脉粗壮。顶生圆锥花序大型，稠密，由多数总状花序组成；小穗孪生，1枚无柄，1枚有柄，均含1枚两性小花；两颖近等长，草质或上部膜质；雄蕊3枚。

**斑茅 Saccharum arundinaceum Retz.**

多年生高大丛状草本。高2~6m。秆粗壮，具多数节，无毛；秆中不含蔗糖。叶鞘长于其节间，有毛；叶舌长1~2m；叶片宽大，线状披针形，宽2~5mm；中脉粗壮。圆锥花序大型，稠密，长30~80cm，每节着生2~4个分支，分支二至三回分出；小穗背部具长柔毛；第二外稃顶端具短芒尖。颖果长圆形，长约3mm，胚长为颖果一半。花果期8~12月。

## 25 狗尾草属 | Setaria Beauv. |

一年生或多年生草本。有或无根茎。秆直立或基部膝曲。叶线形、披针形或长披针形，扁平或具皱折，基部钝圆或窄狭成柄状。圆锥花序通常呈穗状或总状圆柱形；小穗含1~2枚小花，椭圆形或披针形，下方常托有长芒状刚毛；颖不等长，第二颖等长或较短；第一小花雄性或中性；第二小花两性，雄蕊3枚。颖果稍扁。

### 1. 大狗尾草 Setaria faberii Herrm.

一年生草本。通常具支柱根。秆粗壮而高大、直立或基部膝曲，光滑无毛。叶鞘松弛；叶舌具密集的纤毛；叶片线状披针形；叶表皮细胞同荩草类型。圆锥花序紧缩呈圆柱状；小穗椭圆形；第一颖长为小穗长的1/3~1/2；第二颖长为小穗长的3/4或稍短于小穗；鳞被楔形；花柱基部分离。颖果椭圆形，顶端尖。花果期7~10月。

### 2. 莠狗尾草 Setaria geniculata (Lam.) Beauv.

多年生丛状草本。高30~90cm。具多节根茎。秆直立或基部膝曲。叶鞘压扁具脊，无毛；叶舌为一圈短纤毛；叶片质硬，常卷折呈线形，宽2~5mm，无毛或上部叶基部具毛。圆锥花

序稠密，呈圆柱状，长2~7cm，刚毛8~12枚；每小枝具1枚成熟小穗；小穗长2~2.5mm；第一小花内稃窄于第二小花的。花果期2~11月。

### 3. 棕叶狗尾草 Setaria palmifolia (Koen.) Stapf.

多年生丛状草本。高0.75~2m。具根茎。秆直立或基部稍膝曲，具支柱根。叶鞘松弛，具毛或无；叶舌约1mm，具毛；叶纺锤状宽披针形，宽2~7cm，具纵深皱折，两面具毛或无毛。圆锥花序开展或稍狭，长20~60cm；部分小穗下具1枚刚毛；小穗长2.5~4mm；第一颖先端尖；第二外稃横皱纹不显。花果期8~12月。

### 4. 皱叶狗尾草 Setaria plicata (Lam.) T. Cooke.

多年生草本。须根细而坚韧，少数具鳞芽。秆通常瘦弱，节和叶鞘与叶片交接处常具白色短毛。叶鞘背脉常呈脊；叶舌边缘密生长1~2mm纤毛；叶片质薄，椭圆状披针形或线状披针形；叶表皮细胞同棕叶狗尾类型。圆锥花序狭长圆形或线形；小穗着生于小枝一侧；颖薄纸质，第一颖宽卵形，顶端钝圆，第二颖长为小穗的1/2~3/4；第一小花通常中性或具3枚雄蕊，第一外稃与小穗等长或稍长；第二小花两性，第二外稃等长或稍短于第一外稃，具明显的横皱纹，鳞被2枚，花柱基部连合。颖果狭长卵形。花果期6~10月。

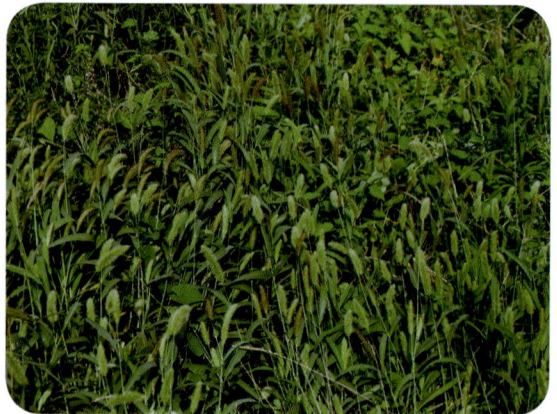

### 5. 光花狗尾草 Setaria plicata var. leviflora (Keng) S. L. Chen et G. Y. Sheng

与原种的主要区别在于：全株比较瘦小；叶片狭长，具明显的纵向皱折；圆锥花序分支简短，长1~3cm；小穗长约15mm；第二外稃光亮，无皱纹。

### 6. 狗尾草 Setaria viridis (L.) Beauv.

一年生草本。根为须状，高大植株具支持根。秆直立或基部膝曲。叶鞘松弛；叶舌极短；叶片扁平。圆锥花序紧密呈圆柱状或基部稍疏离；小穗2~5枚簇生于主轴上或更多的小穗着生在短小枝上，椭圆形；第一颖卵形、宽卵形；第二颖几与小穗等长，椭圆形；第二外稃椭圆形；鳞被楔形；花柱基分离。颖果灰白色。花果期5~10月。

## 26 *高粱属 | Sorghum Moench |

高大的一年生或多年生草本。具或不具根状茎。秆多粗壮而直立。叶片宽线形、线形至线状披针形。圆锥花序直立，稀弯曲，开展或紧缩；小穗孪生，1枚无柄，1枚有柄；总状花序轴节间与小穗柄线形；无柄小穗两性；第二颖舟形，具脊；第一外稃膜质；第二外稃长圆形或椭圆状披针形，全缘。

### * 高粱 Sorghum bicolor (L.) Moench

一年生草本。秆较粗壮。叶鞘无毛或稍有白粉；叶舌硬膜质；叶片线形至线状披针形。圆锥花序疏松；主轴具纵棱；每一总状花序具3~6节；无柄小穗倒卵形或倒卵状

椭圆形；两颖均革质，第一颖背部圆凸，具12~16脉，第二颖7~9脉，背部圆凸；外稃透明膜质；雄蕊3枚；子房倒卵形，花柱分离。颖果两面平凸。花果期6~9月。

## 27▶ 菅属 | **Themeda** Forssk. |

多年生或一年生草本。秆粗壮或纤细。叶鞘具脊，近缘及鞘口常具刚毛，上部的常短于节间；叶舌短具毛；叶片线形，长而狭。总状花序具梗或无，具舟形佛焰苞，单生或数个聚生成簇，再组成扇状花束，最后形成硕大的伪圆锥花序；每总状花序具7~17枚小穗，最下2节各生1对总苞状小穗对，披针形，着生在同一水平或不在同一水平上。颖果线状倒卵形，具沟。

### 1. 阿拉伯黄背草 **Themeda triandra** Forssk.

多年生草本。叶鞘压扁具脊，具瘤基柔毛；叶片线形，基部具瘤基毛。伪圆锥花序狭窄，由具线形佛焰苞的总状花序组成；总状花序由7枚小穗组成，基部2对总苞状小穗着生在同一平面；有柄小穗雄性；第一颖草质，疏生瘤基刚毛，无膜质边缘或仅一侧具窄膜质边缘；无柄小穗两性，纺锤状圆柱形，基盘具长约2mm的棕色糙毛；第一颖革质，上部粗糙或生短毛；第二颖与第一颖同质，等长；第二外稃具长约4cm的芒，一至二回膝曲，芒柱粗糙或密生短毛。花果期6~9月。

### 2. 菅 **Themeda villosa** (Poir.) A. Camus.

多年生草本。具根头与须根。秆粗壮。叶鞘光滑无毛；叶舌膜质；叶片线形。多回复出的大型伪圆锥花序，由具佛焰苞的总状花序组成；总状花序长2~3cm；总花梗上部常被毛，佛焰苞舟形；2对总苞状小穗披针形；颖草质，第一颖狭披针形，第二颖长约8mm；外稃长7~8mm，透明，边缘具睫毛；内稃较短；雄蕊3枚；无柄小穗长7~8mm；有柄小穗似总苞状小穗；颖硬革质，第二颖狭披针形；第二小花两性。颖果被毛或脱落。花果期8月至翌年1月。

## 28 棕叶芦属 | **Thysanolaena** Nees |

多年生高大丛状草本。叶鞘平滑；叶舌短；叶片宽广，披针形；具短柄；中脉明显。顶生圆锥花序大型，稠密；小穗微小，含2枚小花；第一花不孕；第二花两性；颖微小，无脉，顶端钝；第一外稃具1条脉，顶端渐尖，与小穗等长，内稃缺；第二外稃较短而质硬，具3条脉，内稃较短；雄蕊2枚。颖果小。

### 棕叶芦 **Thysanolaena latifolia** (Roxburgh et Hornemann) Honda

多年生丛状草本。高2~3m。秆直立，粗壮不分枝。叶鞘无毛；叶舌长1~2mm，截平；叶片披针形，长20~50cm，宽3~8cm；具横脉，中脉明显；具柄。圆锥花序大型，长达50cm，分枝多；小穗长1.5~1.8mm，小穗柄具关节；颖片无脉，长为小穗长的1/4。颖果长圆形。一年有2次花果期，春夏季或秋季。

# 中文名称索引

# 拉丁学名索引

韶关国家森林公园植物